Oscar bestsellers

Di Piero Angela

nella collezione Oscar

Alfa & Beta
Da zero a tre anni
I misteri del sonno
Oceano: il gigante addormentato (con Lorenzo Pinna)
Premi & Punizioni
La sfida del secolo (con Lorenzo Pinna)
Ti amerò per sempre
Viaggio nel mondo del paranormale

nella collezione Ingrandimenti

Perché dobbiamo fare più figli (con Lorenzo Pinna)

Di Piero e Alberto Angela

nella collezione Oscar

La straordinaria avventura di una vita che nasce
La straordinaria storia della vita sulla Terra
La straordinaria storia dell'uomo
Viaggio nel cosmo

PIERO ANGELA

VIAGGIO NELLA SCIENZA

Dal Big Bang alle biotecnologie

i Libri di Paolo Caruso

OSCAR MONDADORI

I edizione SuperMiti marzo 2002
I edizione Oscar bestsellers agosto 2008

ISBN 978-88-04-57670-9

Questo volume è stato stampato
presso Mondadori Printing S.p.A.
Stabilimento NSM - Cles (TN)
Stampato in Italia. Printed in Italy

Illustrazioni di Valter Fogato:
pagg. 120 - 121 - 123 - 127 - 129 - 135 - 150 - 192
205 - 208 - 210 - 215 - 239 - 241 - 244 - 252 - 257

Indice

Viaggio nella scienza

Introduzione

Ho sempre immaginato quale gioia proverebbe un genio del passato, Leonardo da Vinci per esempio, se potesse tornare improvvisamente nella nostra epoca e trovare qualcuno che gli spiegasse che cosa si è scoperto nel frattempo riguardo all'Universo (ma anche riguardo all'origine della vita e dell'uomo, ai segreti del corpo umano, all'essenza della materia, alla tecnologia ecc.).

La nostra generazione è la prima ad avere un quadro coerente e approfondito del mondo in cui viviamo, grazie al «tessuto incrociato» di fisica, chimica, astronomia, geologia, biologia, genetica, elettronica, paleontologia, neurologia e di numerose altre discipline. Il viaggio nella scienza che stiamo per intraprendere ci condurrà attraverso i diversi campi del sapere, per tentare di rispondere alle innumerevoli domande che un uomo intelligente e curioso non può non porsi su ciò che lo circonda. Domande che, per secoli, sono state al centro dell'interesse dei filosofi: chi siamo, da dove veniamo...

La scienza, naturalmente, non pretende di essere portatrice di Verità con la «V» maiuscola, ma solo di conoscenza. Una conoscenza costruita pazientemente, tassello dopo tassello, che consente di illuminare via via porzioni sempre più grandi del buio che ci circonda.

È incredibile come la cultura scientifica continui a rimanere in ombra rispetto a quella cosiddetta «umanistica». Tanto più in un'epoca dominata dall'impeto della rivoluzione tecnologica, che sta scardinando i precedenti modi di produrre e di vivere, e che richiederebbe una competenza intellettuale ben diversa, per essere gestita in modo intelligente e creativo.

Il criterio adottato in questo libro è quello di cercare di fornire delle «chiavi» di lettura. Esistono infatti in natura alcuni meccanismi basilari (o «regole del gioco», se si preferisce) che, una volta afferrati, possono darci una visione più chiara dell'insieme. È un po' come avviene con la tavola pitagorica: appreso il principio fondamentale, è possibile eseguire da soli qualunque operazione. Non è sempre così ovviamente, ma nel complesso tali «regole del gioco» sono utilissime.

Quindi, salvo eccezioni, l'idea guida di questo libro non è quella di entrare nei dettagli (spesso difficili) della scienza, ma di fornire appunto delle «chiavi» utili ad aprire certe porte d'accesso.

Non mi resta che augurarvi buon viaggio.

Parte prima

L'Universo

La storia della Terra comincia
5 miliardi di anni fa, con la nascita del Sistema solare.
Proprio da qui parte il nostro viaggio
alla ricerca di quanto è accaduto in questo piccolo
angolo di Universo, così importante per noi.
Nel corso dei prossimi capitoli dapprima visiteremo
i pianeti del Sistema solare, poi ci spingeremo
sempre più lontano, tra stelle e galassie,
sino ai confini del Cosmo.
Iniziamo a considerare prima di tutto
la nostra parte di storia, quella che ha dato origine
al granellino di polvere chiamato Terra.
Anche perché il Sistema solare è, in miniatura,
il modello di ciò che potrebbe essere successo
anche altrove nell'Universo,
e il Sole un esempio di come si formano le stelle.

I

Sole, Terra, Luna

Se circa 5 miliardi di anni fa qualcuno fosse passato dalle nostre parti, non avrebbe visto né la Terra né la Luna, né il Sole, e neppure gli altri pianeti del Sistema solare, ma semplicemente un'immensa nuvola di polveri e gas vaganti nello spazio.

Nel cielo c'erano già gran parte delle stelle attuali e praticamente tutte le altre galassie (sebbene ancora in evoluzione). La nostra nuvoletta locale («nebulosa», come viene chiamata) stava però per subire una radicale trasformazione: stava per dare origine al Sole, a nove pianeti e a una sessantina di satelliti. Tra cui la Terra e la nostra Luna.

Una girandola a due velocità

Per capire quello che è successo, bisogna tener conto di un meccanismo molto interessante della nostra Galassia. È un meccanismo poco conosciuto e abbastanza complesso, che cercheremo di spiegare in modo semplice.

La nostra Galassia (come moltissime altre) ha una forma a spirale. Possiamo immaginarla come una girandola con i bracci allungati, che lentamente ruota su se stessa. La cosa curiosa, però, è che i bracci di questa girandola non si muovono alla stessa velocità delle stelle, dei gas e delle polveri che contengono: ruotano in modo rigido (cioè conservano la propria forma, e questo è un fenomeno gravitazionale), mentre le stelle, il pulviscolo e i gas girano a velocità costante (quindi quelli più lontani dal centro, avendo più strada da percorrere, compiono una rotazione in un tempo maggiore rispetto a quelli più vicini al centro). Pertanto, quando gas e pulviscolo entrano nei bracci della Galassia, vengono compressi dalla forza gravitazionale che crea perturbazioni al loro interno. Se la massa di materia è molto grande (per esempio 50.000 volte quella del Sole), queste compressioni gravitazionali determinano la nascita di ne-

NUOVI PIANETI IN VISTA

Fino a poco tempo fa, gli unici pianeti osservabili erano quelli del nostro Sistema solare. Ma con il lancio del telescopio spaziale e il continuo perfezionamento di altri strumenti astronomici, sono stati scoperti nuovi, incoraggianti indizi su altri sistemi solari. Uno dei più recenti avvistamenti intorno alla stella 79 Ceti (117 anni luce da noi) ha permesso di individuare, o meglio sospettare, la presenza di un pianeta addirittura più piccolo di Saturno. Delle decine di pianeti al di fuori del Sistema solare individuati fino a oggi, tutti avevano una massa più grande di Giove. Questa scoperta sembra indicare che la formazione di pianeti più piccoli, come la Terra, non sia dopotutto un fenomeno così raro.

Beta Pictoris è circondata da un alone di polveri e gas simile a quello che, secondo gli scienziati, circondava il Sole appena nato, oltre 4 miliardi e mezzo di anni fa. Forse intorno a Beta Pictoris si stanno formando nuovi pianeti.

Osservazioni nell'infrarosso intorno alla stella Vega hanno mostrato che è circondata da un guscio di polveri. Siamo anche qui in presenza di una nube la cui condensazione darà origine a pianeti simili a quelli che conosciamo? È un'ipotesi piuttosto convincente. Ma le scoperte più sorprendenti sono avvenute osservando tre stelle: 51 Pegaso, 70 Vergine e 47 Orsa Maggiore. Studiando le oscillazioni della luce emessa da queste stelle, gli astronomi sono riusciti a capire che qualcosa sta orbitando loro intorno: probabilmente, pianeti con massa simile a quella di Giove. Un altro pianeta, minore, è stato individuato intorno alla stella Rho nella costellazione del Cancro. Anche il telescopio spaziale ha contribuito alle scoperte, avvistando, nella costellazione di Orione, grandi dischi protoplanetari, forse veri e propri incubatori di pianeti.

bulose locali, da cui in seguito si formano le stelle (o i sistemi solari).

Nel nostro caso, la condensazione che ha dato origine al Sistema solare è stata certamente accelerata dall'esplosione di una supernova avvenuta in una zona non troppo lontana: questa supernova (vedremo in seguito di che si tratta) avrebbe proiettato i suoi gas caldi nello spazio a una velocità altissima (centinaia di chilometri al secondo) fino a raggiungere e avvolgere in parte la nostra fredda nebulosa locale.

Come il caglio nel latte

Usando un paragone un po' ardito (anzi, molto ardito) si potrebbe dire che, così come il caglio messo nel latte crea dei grumi, analogamente l'esplosione della supernova fece «rapprendere» i gas in «grumi», o meglio in nuclei di condensazione, che, attirando sempre nuova materia, cominciarono a vorticare.

Questa nebulosa si trasformò allora in un grande disco ruotante, una specie di «long playing» gassoso: nel mezzo (al posto dell'etichetta) c'era una sfera formata da gas leggeri (soprattutto idrogeno) e lungo i vari solchi giravano altre sfere di gas in formazione, i futuri pianeti.

La sfera centrale continuava a incrementare la sua massa, attraendo un numero sempre maggiore di altri atomi leggeri vaganti. Al centro del long playing, quindi, si formò una palla via via più grande di idrogeno (insieme con un certo quantitativo di elio) che, a forza di crescere, aumentò notevolmente di temperatura al suo interno, fino ad accendersi e diventare una stella: il Sole.

Come mai? È questo uno dei meccanismi di base, una delle chiavi per riuscire a comprendere non solo la nascita (e, ovviamente, la morte) delle stelle, ma anche l'origine di tanti «mostri» del cielo: supernove, stelle di neutroni, buchi neri. E la stessa evoluzione dell'Universo.

Avremo modo di ritornare su questo punto importantissimo. Per ora, è sufficiente ricordare che qualunque gas compresso si scalda. E che la sua temperatura cresce quanto più aumenta la pressione. Nel caso della nostra palla, una tremenda pressione era esercitata dagli atomi che, «piovendo» sulla superficie, premevano sempre più su quelli interni, schiacciandoli in misura crescente. Di conseguenza, la temperatura nella parte centrale aumentava: migliaia, centinaia di migliaia, milioni di gradi.

Arrivati a 10 milioni di gradi, gli atomi venivano letteralmente «rotti» e i nuclei di idrogeno si fondevano tra loro: semplificando molto, potremmo dire che da una formula 1+1 (un protone, un neutrone) gli atomi passavano a una formula 2+2 (due protoni, due neutroni). Ciò significa che dal deuterio si passava all'elio. Una vera «trasmutazione» della materia (quella che gli alchimisti medievali hanno cercato invano di realizzare).

Questo processo creava una brusca ed esplosiva liberazione di energia, esattamente come avviene nella bomba atomica all'idrogeno (la famosa bomba H).

Il caso della pentola a pressione

La grande palla di gas cominciò così a esplodere al suo interno, con la forza di miliardi di bombe termonucleari al secondo.

Ma come mai questa immensa liberazione esplosiva di energia non fece volar via tutto il gas, come avviene appunto in una bomba che scoppia?

Chi ha in casa una pentola a pressione sa che la pressione interna è tale che, se si apre di colpo il coperchio, tutto il contenuto finisce dritto sul soffitto. Ma se il coperchio rimane ben chiuso, ciò non avviene.

Nel caso del Sole, che, in un certo senso, è una pentola a pressione, il «coperchio» è tenuto ben chiuso dal peso degli atomi esterni, peso dovuto all'attrazione gravitazionale e in grado di serrare come una morsa le sfere di gas. È per questo che ancora oggi il Sole può continuare ad avere rea-

I TRE GUSCI DEL SOLE

È risaputo che il Sole è costituito da tre gusci principali. Il più interno è il nucleo dove, a milioni di gradi e miliardi di atmosfere, avvengono le reazioni termonucleari che tengono accesa la stella. Al di sopra si trova la zona radiativa, un guscio dello spessore di centinaia di migliaia di chilometri, racchiuso dalla fascia più esterna, la zona convettiva, dove i gas bollono come l'acqua in una pentola. Ebbene, mentre il nucleo e la zona radiativa ruotano omogeneamente, la zona convettiva presenta un curioso fenomeno: all'equatore ruota in 26,8 giorni, ai poli in 35. Dunque nelle aree di contatto fra zona convettiva e zona radiativa queste diverse velocità di rotazione provocano torsioni e slittamenti nei flussi di gas. Si tratta di fenomeni incommensurabili che, secondo gli scienziati, sono all'origine degli instabili campi magnetici solari.

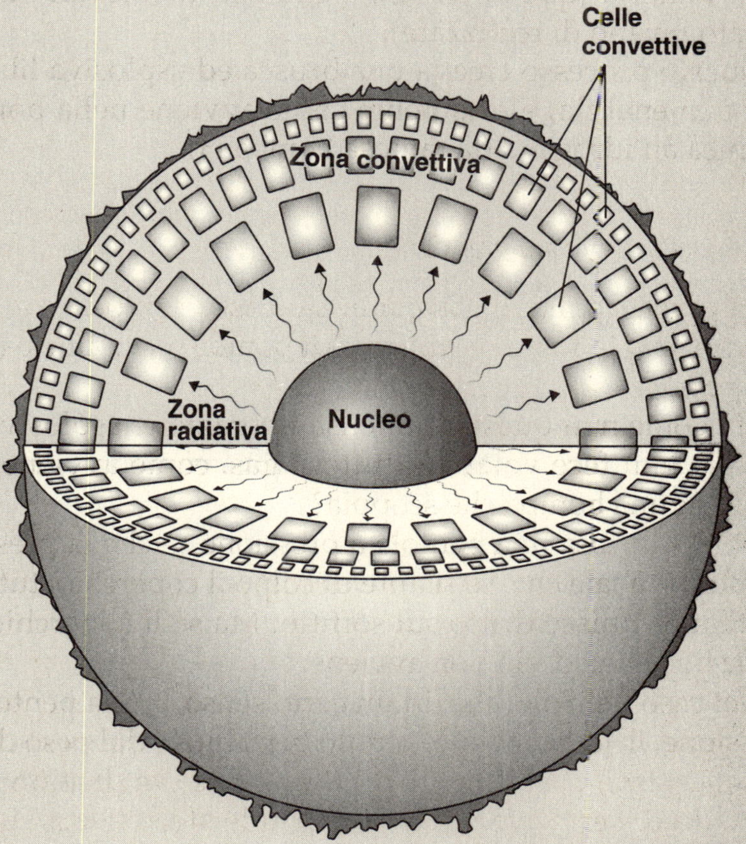

UN MILIONE DI ANNI FA

Nel nucleo del Sole avviene un fenomeno molto sorprendente: l'energia generata nell'infernale fornace impiega un'eternità per risalire alla superficie, oltre 1 milione di anni.

Nelle profondità del nucleo solare, i gas sono talmente densi e compressi da non essere trasparenti ai raggi gamma, cioè all'energia prodotta nel nucleo. In un certo senso, i fotoni superenergetici rimangono intrappolati in questa zona e solo dopo interminabili vagabondaggi riusciranno a emergere. Ma durante le centinaia di migliaia di anni trascorsi a trovare una via di uscita, la loro energia diminuisce.

A circa 350.000 chilometri dalla fornace centrale i gas incandescenti hanno la consistenza dell'acqua, e qui i fotoni, cioè l'energia, vengono condotti verso l'alto da colonne gassose.

Sembra di trovarsi dentro una pentola d'acqua bollente, con il liquido caldo che sale al centro (sotto c'è il fornello), si raffredda in superficie e ridiscende lungo le pareti. Infine, dopo il lunghissimo viaggio, l'energia generata nel nucleo giunge alla fotosfera, cioè alla superficie del Sole.

Quest'ultima non è costituita da una crosta solida, ma da un gas estremamente rarefatto e in continuo movimento. Una sonda potrebbe quindi penetrare nella fotosfera, se non fosse per il tremendo calore e i violenti campi magnetici.

Una curiosità: la luce che oggi illumina la Terra è stata prodotta nell'interno del Sole più di 1 milione di anni fa, cioè quando la nostra specie non era ancora apparsa.

zioni termonucleari al suo interno, senza disintegrarsi. È in equilibrio, grazie al «braccio di ferro» continuo tra la fornace interna, che tende a far espandere i gas, e il «peso» esterno, che glielo impedisce. All'inizio la luce del Sole era più debole, un po' come quella che traspare per luminescenza da un vaso di alabastro; poi, con l'accrescersi della sfera (e quindi con l'aumentare delle temperature interne), è diventata sempre più intensa.

Se il visitatore fosse tornato...

Intanto, lungo i solchi del long playing, altre sfere si accrescevano, con i relativi vortici di gas e polveri: erano i pianeti che avrebbero costituito il Sistema solare, tra cui la Terra. Questi pianeti stavano aggregando all'interno della propria sfera gli elementi più pesanti (i futuri nuclei rocciosi) e all'esterno i gas più leggeri, destinati a formare la loro atmosfera primitiva. Se lo stesso visitatore fosse nuovamente passato da quelle parti dopo 500 milioni di anni (circa 4,5 miliardi di anni fa), per prima cosa avrebbe notato la scomparsa della nebulosa iniziale: al posto del long playing gassoso, gradualmente diradatosi in una specie di girandola, avrebbe visto soltanto il Sole brillare nel buio del Cosmo, in uno spazio quasi terso, circondato da nove pianeti in orbita.

La Terra calva

I gas, invece, erano stati praticamente risucchiati dal Sole e dai pianeti, che avevano agito come «aspiratori» gravitazionali. Il Sole aveva fatto naturalmente la parte del leone, assorbendo addirittura l'atmosfera di idrogeno dei pianeti più piccoli e più vicini, che erano rimasti, per così dire, calvi, non avendo abbastanza forza per trattenere la loro «parrucca» di gas.

La Terra all'inizio era un pianeta gigantesco, avvolto da un involucro di gas: solo la parte centrale era costituita da polveri. Il Sole, divenendo sempre più grande, aumentò man mano la sua attrazione e risucchiò la «parrucca» gassosa della Terra, lasciando solo il pulviscolo centrale, che nel frattempo si era compresso e trasformato in una palla fusa, molto calda al centro.

Nella nebulosa comunque vagavano ancora tanta materia e pulviscolo. Durante il suo processo di formazione, nell'arco di milioni di anni, la Terra attirò parecchia di questa materia, che precipitò sulla sua superficie; non si trattava solo di pol-

IL SOLE PULSA COME UN CUORE

Gli astrofisici dispongono, dal 1996, di un osservatorio solare d'eccezione: il satellite SOHO (Solar and Heliospheric Observer), frutto della collaborazione tra ESA (European Space Agency) e NASA (National Aeronautics and Space Agency). SOHO ha già cominciato a trasmettere le sue prime, sorprendenti osservazioni: l'immane sfera solare pulsa, come il cuore di un essere vivente.

Con una frequenza di circa cinque minuti, la fotosfera (la turbolenta e rarefatta superficie che emette la luce) si solleva di qualche chilometro.

Questo imponente fenomeno viene generato dalle onde sonore propagate dall'interno del Sole che, raggiunta la superficie, rimbalzano di nuovo verso il centro della stella. Si tratta di onde a bassissima frequenza, incapaci di giungere fin sulla Terra, poiché il suono non si propaga nel vuoto cosmico.

veri libere, ma anche di materia aggregata, sotto forma di meteoriti, asteroidi, comete. Ed erano presenti anche quegli elementi necessari a dar origine agli oceani e all'atmosfera.

A un certo punto la Terra, pur essendo diventata «calva», poté comunque generare una nuova piccola atmosfera con i gas che fuoriuscivano dalla sua crosta, e riuscì a trattenerla perché ormai abbastanza massiccia gravitazionalmente. La stessa cosa fecero Venere e Marte, ma non Mercurio (troppo piccolo), e tantomeno la Luna. Gli altri pianeti, più esterni e più voluminosi, mantennero la loro grande primitiva atmosfera e si accrebbero sempre più, senza soffrire della «competizione» con il Sole, com'era avvenuto invece per i pianeti interni. Per questo oggi appaiono giganteschi: posseggono infatti un enorme involucro gassoso (specialmente Giove), con pressioni interne fortissime. Giove, in particolare, sviluppa un elevatissimo calore, con una temperatura che pare raggiunga i 30.000 °C. Giove, sostengono alcuni, è una stella mancata: se fosse riuscito ad aggregare ancora più gas (molto di più, per la verità), avrebbe potuto accendersi, come il Sole.

Un sistema con due soli?

In tal caso, avremmo avuto un Sistema solare con due soli. Capita spesso, nello spazio, che si accendano due stelle gemelle: sono le cosiddette «stelle binarie», che ruotano una intorno all'altra. Naturalmente, se ciò fosse avvenuto, i pianeti, almeno come li conosciamo oggi, non sarebbero mai esistiti: infatti, con due centri di attrazione così potenti e due fonti di calore intensissimo così vicine, la Terra con ogni probabilità non avrebbe mai potuto nascere. Insomma, l'evoluzione del Sistema solare, per quello che ci è dato conoscere, sembra indicare che queste nebulose primitive possono evolvere in modi diversi a seconda degli equilibri e delle «spinte» del momento, ma seguono alcune regole generali, valide in ogni parte dell'Universo: danno cioè origine a «nuclei di condensazione», all'interno dei quali i gas vengono compressi per via dell'attrazione gravitazionale, il che provoca un aumento della temperatura interna direttamente proporzionale al volume della sfera che si è formata.

Per quanto riguarda in particolare la nascita del Sole, e quindi delle stelle, il meccanismo di base essenziale oggi pare sufficientemente chiaro. Si potrebbe dire che, se noi fossimo in grado di fare una palla di idrogeno di enormi dimensioni, grande come il Sole, o poco meno, al suo interno si innescherebbero automaticamente delle reazioni termonucleari, tali che questa palla di gas si accenderebbe diventando una stella.

Come appariva la Terra

E la Terra? Come si presentava, una volta finita la sua evoluzione planetaria?

Quando il nostro pianeta si formò, 4,5 miliardi di anni fa, lo spettacolo non era certo molto accogliente: rocce in fusione, assenza di atmosfera, pioggia di materia vagante nel Cosmo.

Sarebbe stato ben difficile immaginare che, col tempo, tutto ciò si sarebbe trasformato in un mondo abitabile, con alberi, fiori, cielo azzurro, laghi, fiumi. Com'è nato, pian piano, il paesaggio terrestre così come lo conosciamo noi?

Dobbiamo procedere per deduzioni. Sembra comunque verosimile che, quando la Terra raggiunse circa il 99% delle sue dimensioni attuali, la superficie cominciò a raffreddarsi e iniziò a formarsi una crosta solida, molto sottile, simile a quella che può ricoprire un lago di lava incandescente. Dopo 100 o 150 milioni di anni comparve una crosta più stabile che, gradualmente, diventò sempre più spessa. In quel periodo continuarono a cadere sul pianeta grandi quantità di meteoriti, che produssero moltissimi crateri: con ogni probabilità, dunque, la superficie della Terra era molto simile a quella della Luna. Ma al suo interno, sotto questa crosta così arida e inospitale, la Terra nascondeva una grande quantità di acqua e di elementi volatili intrappolati nelle

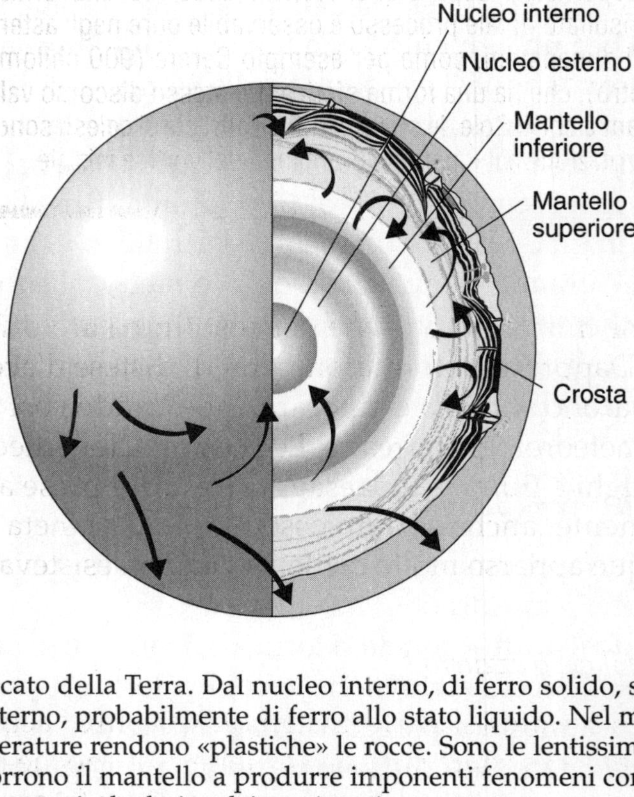

Uno spaccato della Terra. Dal nucleo interno, di ferro solido, si passa al nucleo esterno, probabilmente di ferro allo stato liquido. Nel mantello le alte temperature rendono «plastiche» le rocce. Sono le lentissime correnti che percorrono il mantello a produrre imponenti fenomeni come le eruzioni, i terremoti e la deriva dei continenti.

PERCHÉ LA TERRA È ROTONDA?

Non è casuale il fatto che gli astri abbiano una forma sferica. Così come non è casuale che asteroidi o nuclei di comete abbiano invece una forma a patata, irregolare, allungata, bitorzoluta. Come mai, dunque, i pianeti sono così perfettamente (o quasi) sferici? Perché, spiegano i ricercatori, quando le polveri si aggregano nello spazio (proprio com'è avvenuto durante la formazione del Sistema solare), il fattore determinante, nelle fasi iniziali, non è l'attrazione gravitazionale, bensì i legami molecolari tra i diversi grani del pulviscolo (il cui diametro inizialmente è di circa un millesimo di millimetro). Accrescendosi in questo modo, un po' come succede per un cristallo, la materia assume forme casuali, il che vale per asteroidi e nuclei cometari. Ma con il continuo aumento delle dimensioni, si verifica una vera e propria transizione verso il dominio della gravità: a partire da una certa grandezza, l'attrazione entra in gioco creando dei «tiranti» gravitazionali che agiscono uniformemente su ogni parte della superficie in espansione, determinando così una forma sferica. Il risultato di tale processo è osservabile pure negli asteroidi di grandi dimensioni, come per esempio Cerere (900 chilometri di diametro), che ha una forma sferica. Lo stesso discorso vale per i gas, tant'è che il Sole, le stelle e tutti gli altri corpi celesti sono sferici. La rotazione è il «marchio d'origine» del vortice iniziale.

rocce, che iniziarono a uscire per costituire l'atmosfera e gli oceani. Dapprima si formarono grandi distese d'acqua, che cominciarono subito a evaporare, innescando così una primitiva meteorologia terrestre. Le precipitazioni diedero origine a laghi e fiumi, e il paesaggio terrestre prese a mutare rapidamente, anche se a un osservatore il pianeta sarebbe comunque apparso molto ostile: la vita non esisteva ancora.

Compare il cielo azzurro

Che gli oceani si siano formati molto presto e l'acqua abbia cominciato a scorrere sul nostro pianeta in epoche remote è del resto testimoniato dalle rocce più antiche finora trovate.

Fra tali rocce, quelle scoperte in Groenlandia testimoniano che l'acqua era già presente sulla superficie 3,8 miliardi di anni fa.

Con la formazione degli oceani e dell'atmosfera apparvero le nubi, la luce diffusa e il classico cielo azzurro. Con la comparsa dell'acqua, insomma, il nostro pianeta cominciò a sembrare sempre più diverso dalla Luna o da Mercurio.

Qual era la temperatura della Terra primordiale? In realtà, non lo sappiamo. Alcuni ritengono che fosse più elevata di oggi, sui 60 °C, altri pensano che fosse simile a quella attuale.

Una cosa è certa: la composizione dell'atmosfera era notevolmente diversa, al punto che sarebbe stato impossibile respirare. C'erano anidride carbonica (forse in quantità dieci o anche cento volte superiore a oggi), metano, acido cloridrico, vari altri gas velenosi. L'ossigeno era pochissimo: da alcuni indizi trovati nelle rocce più antiche, gli scienziati hanno calcolato che non potesse superare l'1%. La Terra, tuttavia, era già pronta per innescare il processo che doveva condurre all'origine della vita.

Una storia molto intrigante, cui abbiamo dedicato più avanti un intero capitolo.

COME SI È FORMATA LA LUNA?

Riguardo all'origine della Luna, sono tre attualmente le ipotesi formulate, che elenchiamo molto sinteticamente:

a) è stata catturata dalla gravità terrestre;

b) si è formata contemporaneamente alla Terra;

c) è il risultato dell'aggregazione di materia distaccatasi dalla Terra, in seguito a un violentissimo impatto subíto dal nostro pianeta.

L'ipotesi più verosimile, esclusa la prima, che è la più debole, si ritiene sia una combinazione tra la seconda e la terza: un forte impatto sulla Terra in formazione avrebbe staccato vari frammenti, che si sarebbero ricompattati dando origine alla Luna.

La Luna è di color asfalto

E poi c'è la Luna. La Luna, che per tanto tempo ha affascinato poeti e innamorati, ispirato mitologie e proverbi. È stato il primo corpo celeste studiato dagli astronomi sin dall'antichità. Oggi naturalmente ne sappiamo molto di più, anche perché, sulla Luna, l'uomo addirittura c'è andato.

Quindi, si è potuto finalmente camminare tra i crateri e le «montagne» intraviste da Galileo nel Seicento con i primi telescopi. E ci si è accorti che il suolo lunare non è così bianco come appare: il colore della sabbia che lo ricopre è grigio scuro, un color asfalto.

Inoltre, sono stati raccolti campioni del suolo lunare e si è appurato che l'età delle rocce è antichissima: fra 4 e 4,3 miliardi di anni per quelle provenienti dagli altipiani, fra 3,1 e 3,8 miliardi per quelle dei cosiddetti «mari». Questo significa che la Luna è rimasta praticamente immutata da quando terminarono le ultime fuoriuscite di lava dal sottosuolo, circa 3 miliardi di anni fa.

Le analisi delle rocce riportate a Terra (quasi mezza tonnellata) hanno pure rivelato che sono tutte di origine vulcanica. In altre parole, all'inizio la Luna era un immenso territorio di vulcani, con colate laviche incandescenti ovunque, eruzioni e fiamme. Ed era anche un bersaglio per macigni e frammenti volanti, di ogni forma e dimensione, che piovevano dallo spazio.

Un vero inferno, insomma.

Ma a un certo punto, forse intorno ai 3 miliardi di anni fa, le cose si calmarono. I vulcani si spensero, e tutto si acquietò. Da allora la Luna è praticamente rimasta immutata. Mentre sulla Terra nasceva la vita, i continenti si spostavano, le montagne si innalzavano per le spinte continentali, gli oceani cambiavano forma, la superficie veniva continuamente rimodellata dalle inondazioni, dalla vegetazione, dai vulcani, dal vento, sulla Luna tutto rimaneva immobile, in un silenzio tombale.

Il precipitare di sassi e macigni vaganti nello spazio scuoteva ogni tanto il suolo con violenti impatti, sollevando dal terreno la finissima polvere di regolite, la sabbia che ricopre la Luna, formatasi in miliardi di anni di bombardamento meteoritico. Sulla Terra queste tracce sono scomparse, proprio a causa della continua trasformazione della superficie. Sulla Luna, invece, gli impatti si possono praticamente contare uno a uno: crateri grandi e piccoli, buchi e bucherelli di ogni grandezza, anche minuscoli.

Analizzando la polvere lunare, è stato possibile studiare il comportamento del Sole miliardi di anni fa: nella regolite sono infatti rimaste intrappolate alcune particelle espulse dalla nostra stella in epoche remote.

Tra i minerali riportati a terra c'è una roccia cristallina di quasi 4,6 miliardi di anni fa. È la più antica che si conosca.

Tute molto speciali

Gli astronauti delle sei missioni sbarcate sulla Luna hanno esplorato chilometri e chilometri di superficie, servendosi anche di speciali fuoristrada, i *Lunar Rover*. Le loro tute hanno dovuto affrontare sbalzi termici impensabili sulla Terra: in assenza di atmosfera, infatti, si passa di colpo dai -170 °C nelle zone in ombra alla temperatura dell'acqua in ebollizione nelle zone esposte al Sole. Soltanto girando dietro il veicolo LEM, per esempio, i tessuti della tuta subivano, in pochi secondi, escursioni di quasi 300 °C...

Sulla Luna sono rimasti anche diversi strumenti di misurazione, come quelli destinati a registrare i «lunamoti» (sono circa 3000 le scosse telluriche ogni anno) o l'impatto dei meteoriti (da 70 fino a 150 ogni anno, di corpi pesanti tra 100 chilogrammi e 1 tonnellata).

Le analisi del suolo lunare hanno anche rivelato, purtroppo, che non vi è alcuna traccia d'acqua, e neppure di idrogeno e di carbonio (elementi essenziali alla vita). L'ultima speranza è quella suscitata dalla sonda *Clementine*, le cui immagini potrebbero indicare che forse, sul fondo di alcuni crateri ai poli lunari, si nasconde del ghiaccio.

Tutto ciò pone notevoli problemi ai futuri progetti di basi lunari. Naturalmente si può portare dalla Terra tutto il necessario. Ma i costi sarebbero proibitivi, anche se il continuo riciclaggio permetterebbe di creare un sistema autosufficiente. Comunque, le esperienze di «biosfere» artificiali sperimentate sulla Terra dimostrano che le cose non sono affatto semplici.

Come finirà il Sistema solare?

Ogni cosa che nasce è destinata inevitabilmente a morire. E così il Sole, che ha oggi 5 miliardi di anni, un giorno scomparirà... Questo succederà fra altri 4-5 miliardi di anni. Secondo alcune stime, infatti, il «serbatoio» del combustibile solare, cioè l'idrogeno, è oggi circa a metà. Tuttavia già molto tempo prima, fra 3 miliardi di anni, cominceranno a manifestarsi preoccupanti cambiamenti che renderanno sempre più difficile la vita sulla Terra. Poi la situazione si aggraverà e, a un certo punto, la Terra sarà letteralmente investita e bruciata dall'espansione catastrofica del Sole. Una prospettiva terrificante. E, a quanto sembra, inevitabile.

Prima fase: aumenta la temperatura. Il primo indizio sarà un incremento della luminosità e della temperatura della fotosfera, che passerà da 6000 a 6500 °C. Il Sole si tingerà leggermente di azzurro e si ingrandirà di circa il 15%. Sulla Terra la temperatura media si alzerà di 4-5 °C. I ghiacciai e le calotte polari cominceranno allora a sciogliersi. L'evaporazione degli oceani si accentuerà, determinando in tal modo mutamenti climatici imprevedibili. Probabilmente aumenterà la stessa pressione atmosferica e così pure l'intensità dei raggi ultravioletti. Tutti questi cambiamenti, però, si produrranno lentamente consentendo adattamenti biologici e tecnologici (sebbene sia impossibile immaginare come vivrà l'umanità a quell'epoca). Col passare del tempo, comunque, le condizioni diventeranno sempre più difficili.

Seconda fase: la Terra viene bruciata. La vera fine avverrà prima di 5 miliardi di anni, quando il Sole esaurirà il suo combustibile, l'idrogeno. A quel punto, la fornace solare tenderà a spegnersi e i gas sovrastanti collasseranno al centro. La pressione aumenterà paurosamente, portando le temperature da 10 a 100 milioni di gradi. La fornace tornerà quindi ad accendersi, utilizzando però, come combustibile, l'elio, cioè l'elemento che in precedenza costituiva lo «scarto» della fusione dell'idrogeno. Il nuovo prodotto di scarto sarà questa volta il carbonio. Tali reazioni interne faranno espandere a dismisura il Sole, che diventerà una gigante rossa. Gli strati più esterni inghiottiranno le orbite di Mercurio e di Venere, mentre dalla Terra si vedrà un enorme astro dalla luce rossastra che occuperà più di un terzo del cielo! Questa gigante rossa in continua espansione, con le sue lingue di fuoco a 4000 °C, arriverà infine a inglobare la Terra. Il nostro pianeta verrà interamente bruciato. Gli oceani evaporeranno, le rocce fonderanno. Le mirabili opere della natura e dell'uomo scompariranno. Non rimarrà più nulla delle civiltà che si sono susseguite nella storia del pianeta. Tutto cancellato.

Terza fase: un'escalation di reazioni atomiche. Il Sole non rimarrà a lungo una gigante rossa. Quando anche l'elio si sarà esaurito, gli atomi esterni collasseranno nuovamente al centro e la temperatura aumenterà da 100 a 600 milioni di gradi. Dopodiché sarà il carbonio a servire da carburante, cioè a essere stritolato e fuso, per produrre ossigeno come elemento di scarto. Ogni volta che si innesca questo processo (fine del carburante, collasso degli atomi esterni, aumento della temperatura, passaggio a un nuovo tipo di carburante), il Sole è sconvolto da un'esplosione e lancia nello spazio i gas degli strati più esterni. Fino a quando potrà durare una simile escalation? In teoria l'ossigeno può trasformarsi, a 1 miliardo di gradi, in un nuovo combustibile per produrre zolfo e silicio. Mentre a 3 miliardi di gradi lo zolfo potrebbe a sua volta, con la consueta fusione nucleare, produrre elementi della famiglia del ferro. Ma gli astronomi ritengono che il Sole sia troppo piccolo per raggiungere temperature così elevate. Se fosse più grande (almeno tre volte), potrebbe continuare la sua escalation e diventare una supernova, ossia innescare fusioni nucleari fino agli elementi più pesanti per poi terminare il ciclo con un'enorme esplosione: quella di una supernova, appunto. Vale a dire il tipo di esplosione, di cui parlavamo all'inizio del capitolo, capace di proiettare nello spazio un gran numero di elementi ad altissima velocità e temperatura, raggiungendo magari una nube primitiva di idrogeno vagante nello spazio e provocando, come il caglio nel latte, dei grumi di condensazione: in altre parole, un nuovo Sistema solare. In questo modo il ciclo potrebbe ricominciare altrove, con la nascita di un nuovo Sole e magari di altri pianeti, che utilizzerebbero gli elementi pesanti per autocostruirsi.

Quarta fase: il Sole si riduce a una nana incandescente. Ma il nostro Sole, come abbiamo detto, è troppo piccolo per trasformarsi in supernova. L'ipotesi più plausibile è che diventi una nana bianca. Quando la fornace si spegnerà, gli strati esterni collasseranno nuovamente, ma questa volta la pressione e le temperature non saranno più sufficienti a innescare un'ulteriore fusione nucleare, per salire di un altro gradino nell'escalation. Il Sole si trasformerà allora in una piccola stella, estremamente compatta e luminosa: una nana bianca, appunto. (Tanto per dare un'idea, un cucchiaino di nana bianca peserebbe sulla Terra 1 tonnellata!) Essa continuerà a brillare per milioni di anni, ma la fornace, ormai spenta, lentamente si esaurirà.

Quinta fase: il Sole muore. Infine il Sole diventerà una nana nera, un oggetto scuro, incapace di ulteriore evoluzione: un gigantesco macigno alla deriva nel Cosmo. Sarà la fine del Sistema solare. Spenta la grande lampada centrale, i pianeti rimarranno al buio. La temperatura scenderà ulteriormente sulla loro superficie. Per quanto riguarda la Terra, l'abbraccio mortale della gigante rossa l'avrà distrutta per attrito (un po' come avviene ai piccoli meteoriti che attraversano l'atmosfera).

E l'umanità?

Per fortuna, non dobbiamo preoccuparci di tempi così lontani (5 miliardi di anni sono una distanza inimmaginabile). E poi è impossibile pensare che cosa sarà diventata l'umanità. Forse, sarà già scomparsa da tempo. O forse avrà subito trasformazioni (anche fisiche) per noi inconcepibili. Se esisterà ancora, avrà quasi certamente trovato il modo di trasferirsi altrove, portando con sé tutto quanto sarà stato giudicato essenziale. Magari, potrebbe persino riuscire a modificare a proprio vantaggio il Sistema solare. È un peccato non poter essere presenti per vedere come se la caveranno i nostri ipotetici discendenti.

II

Da Mercurio a Marte

In questo e nel prossimo capitolo visiteremo il Sistema solare, un insieme composto da ben nove pianeti, formatisi, secondo l'ipotesi più accreditata, in seguito alla condensazione di una nebulosa. Pianeti piccoli, come Mercurio, oppure immensi, come Giove.

Una visione del tutto inattesa

In passato i pianeti, visti dalla Terra, apparivano soltanto come puntini luminosi o poco più. Nessuno era stato in grado di comprendere come fossero fatti esattamente.

Con l'arrivo degli ultimi telescopi (in particolare del telescopio spaziale *Hubble*) e delle sonde, però, tutto è cambiato. E oggi possediamo immagini strepitose del Sistema solare. Il telescopio spaziale, in realtà, non è molto più potente di quelli terrestri, anzi: tuttavia, può volare sopra il «lenzuolo sporco» dell'atmosfera. Così, il telescopio spaziale *Hubble* ci sta offrendo una visione non solo del Sistema solare, ma delle stelle, delle galassie, fino alle quasar più lontane (12-13 miliardi di anni luce), quale mai ci saremmo aspettati.

Centinaia di migliaia di foto ci hanno fatto comprendere, o meglio, vedere, le immense forze in gioco, di dimensioni talmente vaste che la Terra, in confronto, è un granellino di sabbia.

L'esplorazione spaziale delle sonde, invece, ha consentito l'attuazione di un nuovo tipo di osservazione ravvicinata: quella ai pianeti del Sistema solare. Con le sonde spaziali è stato addirittura possibile posarsi sulla superficie di Marte o di Venere (per non parlare della Luna); in altri casi, esse sono transitate così vicino ai pianeti da ritrarli come in un reportage fotografico.

Le immagini inviateci dalle sonde *Voyager*, *Galileo*, *Giotto*, *Magellano*, *Pathfinder*, *Mars Global Surveyor* e *Mars 2001 Space Odyssey* ci hanno così fornito una nuova visione del Sistema solare, rendendo improvvisamente obsolete molte nozioni legate alle tradizionali osservazioni a distanza.

Che cosa mostra questa nuova carta del cielo?

Cominceremo dai cosiddetti «pianeti interni», ossia quelli più vicini al Sole: a parte la Terra, essi sono Mercurio, Venere e Marte. Tali pianeti sono immersi nella luce solare e hanno due caratteristiche comuni: dimensioni piuttosto ridotte e una solida crosta, sulla quale potrebbe atterrare un'astronave (mentre i pianeti esterni, come Giove, Saturno, Urano e Nettuno, sono enormi, ma gassosi).

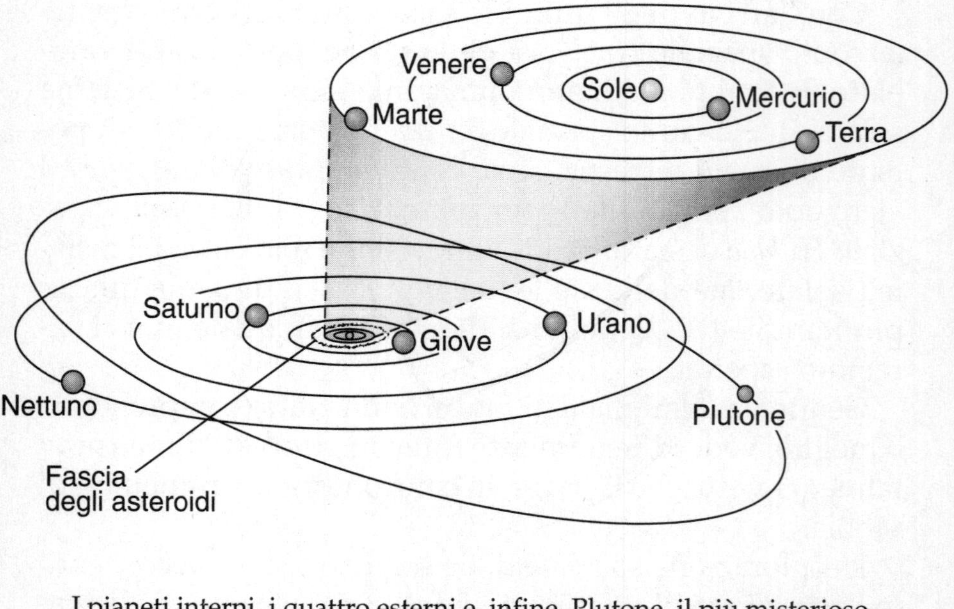

I pianeti interni, i quattro esterni e, infine, Plutone, il più misterioso.

Ritratto di Mercurio

Mercurio è molto piccolo e si trova proprio a ridosso del Sole: appena (si fa per dire) 58 milioni di chilometri. Gira molto più velocemente della Terra intorno al Sole: compie infatti la sua rivoluzione in soli 88 giorni, anziché 365. L'anno su Mercurio, insomma, dura meno di tre mesi.

Ciò è dovuto a quello che si potrebbe chiamare «effetto caffellatte»: se con un cucchiaino si gira velocemente il caffellatte nel mezzo della tazza, si può notare che nella parte centrale il vortice è più veloce, per poi diventare sempre più lento all'estremità. Lo stesso vale per i pianeti del Sistema solare (e anche per le stelle che ruotano intorno alla Galassia): la velocità di rotazione diminuisce man mano che ci si allontana dal centro, costituito dal Sole.

Non è molto facile osservare Mercurio, anche se, al massimo del suo splendore, è visibile a occhio nudo. Questa difficoltà è causata dalla sua vicinanza al Sole. Per tale ragione, Mercurio è individuabile solo nella luce incerta del

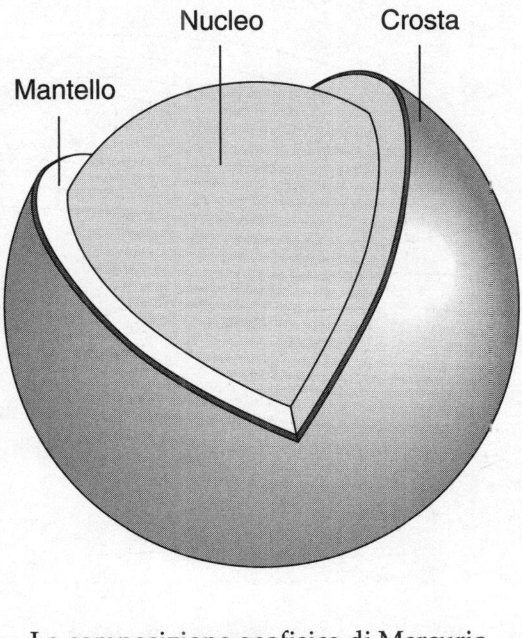

La composizione geofisica di Mercurio

tramonto o dell'alba, mai in piena notte, con il buio completo. Quando si trova allineato con la Terra e il Sole (evento molto raro), è possibile vederlo transitare, come un minuscolo punto nero, contro il disco incandescente del Sole.

Ma, visto da vicino, come appare Mercurio?

Le immagini riprese dalla sonda americana *Mariner 10*, all'inizio degli anni Settanta, hanno permesso di osservare circa il 40% della sua superficie, rivelando una crosta desolata e silenziosa butterata da crateri.

Osservando le fotografie, il suolo di Mercurio ricorda immediatamente quello lunare, con enormi cicatrici circolari lasciate dall'impatto dei meteoriti, e con i «mari» prodotti dalla lava fuoriuscita dal sottosuolo. Sul pianeta più vicino al Sole non tira vento né cade pioggia.

Come la Luna, Mercurio non possiede atmosfera, se non tracce di «vento solare» (le particelle atomiche lanciate dal

La doppia alba su Mercurio. Per effetto della lentissima rotazione del

Sole), e la sua lenta rotazione su se stesso (il giorno mercuriano equivale a 58 terrestri) fa innalzare la temperatura fino a 450 °C, mentre nella notte mercuriana la temperatura tocca i -170 °C: condizioni termiche impossibili per la vita. La superficie di Mercurio, dopo la fase turbolenta della sua formazione (con il consueto fuoco d'artificio di eruzioni vulcaniche e bombardamenti di asteroidi e rocce di ogni dimensione), è rimasta immutata da miliardi di anni.

Una delle più vaste pianure di Mercurio (una superficie levigata e povera di crateri) è stata battezzata Bacino del Calore: assomiglia al *Mare Imbrium* lunare e forse anch'essa venne creata dalla lava fuoriuscita dall'interno del pianeta in seguito all'impatto sulla sua superficie di un enorme asteroide.

In assenza di pioggia e di vento, l'impronta dello scarpone di un astronauta rimarrebbe impressa su Mercurio senza cancellarsi, come sulla Luna, per un tempo indefinito.

pianeta, in rapporto alla sua velocità orbitale, il Sole sorge due volte.

Questo nostro astronauta assisterebbe anche allo strano spettacolo di un Sole gigantesco che arresta il proprio cammino nel cielo, torna indietro verso l'alba e, infine, si dirige nuovamente a occidente. Tali fenomeni sono dovuti alla lunghezza del periodo di rotazione intorno al proprio asse (il giorno) e alla brevità del periodo di rivoluzione intorno al Sole (l'anno): 88 giorni terrestri.

L'astronave del futuro si accorgerà che camminare sulla superficie di Mercurio sarà un po' come camminare su quella della Luna: anche il suolo mercuriano, infatti, è coperto da uno strato di polvere spesso una ventina di metri, la regolite.

L'inferno di Venere

Venere è il corpo celeste più luminoso dopo il Sole e la Luna, ed è facilmente riconoscibile a occhio nudo. La grande luminosità del pianeta dipende dall'alto potere riflettente delle sue nubi, che restituiscono nello spazio quasi l'80% della luce che le colpisce. Poiché Venere ruota su un'orbita più vicina al Sole di quella terrestre, esso appare nel cielo al tramonto e all'alba. Poi, seguendo il Sole nel suo cammino apparente, scompare o sotto la linea dell'orizzonte o coperto dalla luce diurna. Anche con un telescopio amatoriale è possibile osservare le fasi di Venere, analoghe a quelle lunari.

Venere è stato osservato a lungo in passato, ma il telescopio non era mai riuscito a superare la sua spessa coltre di nubi, una densa atmosfera che forse costituisce la caratteristica principale di questo corpo celeste.

Studi effettuati dalla Terra con speciali radar avevano già fatto ipotizzare che le nubi venusiane sono composte principalmente di anidride carbonica, mentre l'acqua è totalmente assente. Anche questo, dunque, è un luogo in cui la vita ben difficilmente avrebbe potuto svilupparsi.

La visita di numerose sonde americane e sovietiche ha confermato le previsioni più pessimistiche.

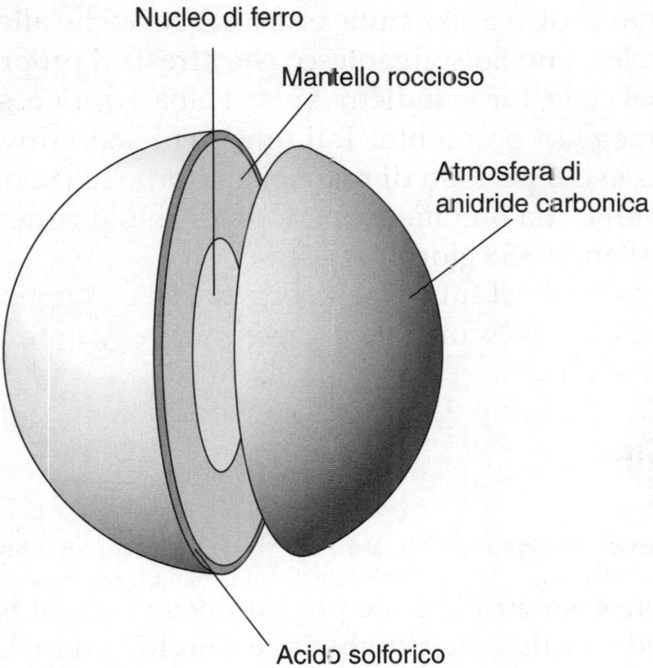

La sezione del pianeta Venere. Le somiglianze di Venere con la Terra fanno ritenere che i due pianeti abbiano una struttura interna simile.

Qualsiasi illusione che sotto queste nubi potesse celarsi un ambiente ospitale è svanita nell'ottobre del 1975, quando per la prima volta due sonde sovietiche, *Venera 9* e *Venera 10*, toccarono il suolo venusiano. Fu come scendere all'inferno.

La temperatura al suolo venne misurata in quasi 500 °C, sufficienti a fondere lo stagno e il piombo. Le due sonde resistettero solo qualche decina di minuti, poi si guastarono, ma i dati inviati furono di grandissimo interesse.

La pressione sulla superficie di Venere è di ben 90 atmosfere. Per una condizione simile sulla Terra, bisognerebbe immergersi a 1000 metri sott'acqua, cioè a una profondità a cui i normali sottomarini correrebbero il rischio di essere stritolati: per resistere a tali pressioni occorrono speciali batiscafi.

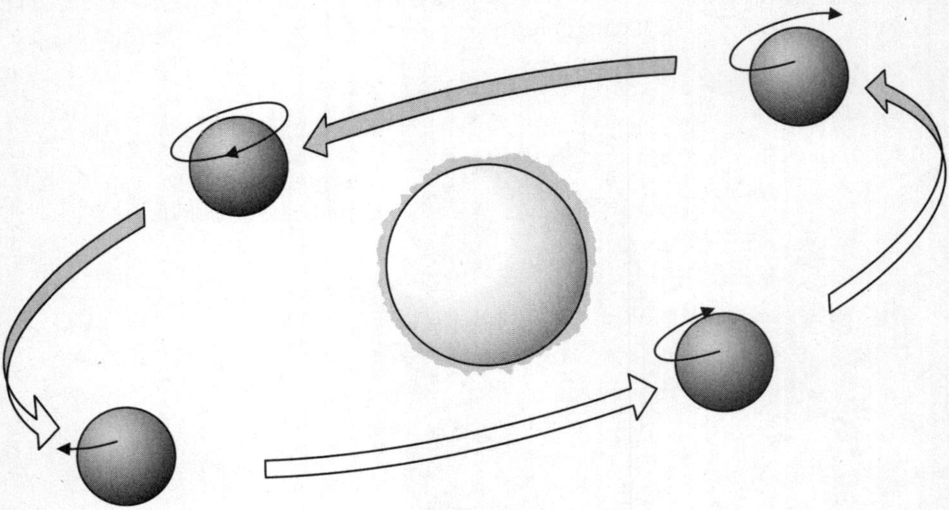

Il movimento di rivoluzione di Venere, opposto a quello di rotazione. Venere e Urano sono gli unici pianeti del Sistema solare che ruotano intorno al loro asse da est a ovest.

La presenza di composti solforosi nell'atmosfera del pianeta, inoltre, scatena temporali apocalittici con piogge di acido solforico, venti che soffiano a decine di chilometri orari e frequentissimi fulmini.

Ma le immagini più straordinarie di Venere sono quelle restituite dalla sonda americana *Magellano* che, impiegando appositi radar, ha disegnato una vera e propria mappa tridimensionale, che include il 98% della superficie venusiana. Inviando segnali radar che raggiungevano il suolo del pianeta, vi rimbalzavano e venivano di nuovo captati in orbita dalle sue sensibili antenne, la sonda ha potuto rilevare tutte le caratteristiche del terreno: montagne, bassipiani, canaloni, scarpate, fino a dettagli di minor entità. Tutto ciò anche se Venere è perennemente coperto di nubi: per le onde radio del radar, infatti, tali nubi erano trasparenti.

Ottenuta l'«altimetria» del terreno (simile a quelle delle carte militari), è stato possibile inserire tutti i dati in un computer e ottenere bellissime immagini tridimensionali, addirittura in movimento, simulanti un volo a bassa quota su Venere. Le diverse osservazioni hanno provato l'esistenza di vulcani ovunque, pur senza ravvisare alcun segno di attività. Venere è il pianeta del Sistema solare più ricco di vulcani.

Dai rilevamenti della *Magellano* è risultato che Venere è costituito da grandi pianure, su cui si innalzano poche montagne. Queste vette, tuttavia, sono veramente imponenti: la più alta, il monte Maxwell, raggiunge gli 11.000 metri; altri due massicci, Theia e Rhea, i 4000 metri. Lo scarso numero di crateri (rispetto a Mercurio o alla Luna) è indice di una superficie protetta dal bombardamento meteoritico. Solo gli asteroidi più grandi, infatti, potrebbero arrivare al suolo senza disintegrarsi nella densa atmosfera di Venere.

La desolazione del mondo venusiano, l'assenza di mari, di acqua e di vita sono dovute non solo alla vicinanza del Sole e alla rotazione molto lenta intorno al proprio asse (il giorno su Venere è lungo 243 giorni terrestri), ma soprattutto a un gigantesco effetto serra provocato dall'atmosfera di anidride carbonica. La luce solare infatti, attraversando il denso involucro, raggiunge il suolo e riscalda la superficie del pianeta, che emette radiazioni infrarosse, cioè calore. Tale calore, intrappolato dalle nubi, non può dissolversi negli spazi esterni, e questo meccanismo provoca su Venere temperature altissime, paragonabili, se non superiori, a quelle di Mercurio, che pure si trova molto più vicino al Sole. Forse, senza un simile effetto, Venere si sarebbe rivelato più accogliente e avrebbe potuto ospitare anche la vita.

Il Pianeta rosso

Proseguendo il viaggio nel Sistema solare, superata la Terra, incontreremmo ben presto Marte. O meglio, l'orbita di Marte: infatti, poiché i pianeti ruotano intorno al Sole con tempi molto differenti l'uno dall'altro, essi possono trovarsi nello stesso momento in posizioni diversissime.

Marte, per esempio, lo si potrebbe incontrare proprio lungo la rotta che stiamo percorrendo o, invece, dalla parte

LE STRANE LUNE DI MARTE

Le due lune di Marte, Phobos (la paura) e Deimos (il terrore), sono conosciute piuttosto bene grazie alle immagini trasmesse dalle sonde spaziali. I due satelliti, avvistati per la prima volta nel 1877, sono così piccoli che dalla Terra era impossibile determinarne le dimensioni. A quanto risulta dalle immagini dalle sonde *Viking*, Phobos e Deimos sono macigni dalla forma irregolare, butterati di crateri.

Phobos, la luna più vicina al pianeta (sul quale cadrà fra un centinaio di milioni di anni), misura 25 x 21 chilometri.

Deimos, che ruota a maggiore distanza, è leggermente più piccolo: 14 x 12 chilometri. Sembra abbia subito una notevole erosione: i margini dei suoi crateri appaiono smussati. Queste osservazioni hanno indotto a ritenere che le età dei due satelliti siano differenti. L'ipotesi più accreditata è che si tratti di due asteroidi attratti in tempi diversi dalla forza gravitazionale di Marte, dopo che si avvicinarono troppo al pianeta.

opposta del Sole. Per questo motivo le rotte delle sonde interplanetarie vengono sincronizzate con le orbite dei pianeti, in modo di trovarsi nel posto giusto al momento giusto, e incrociarli percorrendo il tragitto più breve possibile (sono le cosiddette finestre di lancio).

Marte è il terzo pianeta per luminosità, dopo Venere e Giove. Noto fin dall'antichità, la sua luce presenta un colore rossastro, cui deve il nome di Pianeta rosso. A causa delle rotazioni combinate della Terra e di Marte, quest'ultimo descrive nel cielo una traiettoria alquanto singolare: procede da occidente a oriente, da oriente a occidente, oppure resta immobile per qualche tempo.

Soltanto la Terra e la Luna sono state studiate più a fondo di Marte. Per molto tempo, fino al primo volo ravvicinato della sonda americana *Mariner 4*, nel 1965, l'idea che Marte potesse ospitare una civiltà parallela a quella terrestre ha affascinato l'immaginazione di scrittori e lettori di fantascienza.

Alla fine dell'Ottocento, alcuni astronomi credettero di scorgere sulla superficie del pianeta tracce di colossali opere idrauliche: i famosi canali. Tutto era nato dalle osservazioni di un astronomo italiano, Giovanni Schiaparelli, che, scrivendo delle sue scoperte, aveva rivelato la presenza di canali. Gli studi erano stati ripresi da un altro scienziato, Percival Lowell, un astronomo americano che aveva addirittura disegnato le mappe di questi canali. La convinzione che su Marte abitassero audaci ingegneri idraulici e una civiltà forse più avanzata di quella terrestre si diffuse anche nell'opinione pubblica. Proprio in quegli anni veniva inaugurato il canale di Panamá: un'inezia, in confronto alle opere marziane.

Il progressivo miglioramento dei telescopi fece capire ben presto che i canali di Marte erano frutto della fantasia di Lowell. Ma il colpo di grazia al sogno della civiltà gemella lo dettero negli anni Sessanta le prime immagini inviate dalla sonda *Mariner 4*. Marte appariva un mondo freddo e desolato, butterato dai soliti crateri, dove si aprivano canyon lunghi 4000 chilometri e si ergevano vulcani, ormai spenti, alti decine di chilometri. Su Marte non solo non esistevano civiltà avanzate, ma forse nemmeno primordiali forme di vita.

Successive missioni mostrarono tempeste di polvere rossastra che potevano durare mesi coinvolgendo l'intero pianeta, vulcani, canyon, dune di sabbia e quelli che sembravano i letti di fiumi prosciugati.

La Terra e Marte hanno molto in comune; Marte però è grande solo la metà, è meno denso e la sua atmosfera più rarefatta. In compenso, ha le calotte polari, le stagioni e l'asse inclinato, proprio come il nostro pianeta. Un uomo che sulla Terra pesa 70 chili, sul suolo marziano ne peserebbe soltanto 26: la gravità su Marte, infatti, è circa un terzo di quella terrestre.

Nel 1976, le due sonde americane *Viking* atterrarono sul suolo marziano. Fin dai primi dati inviati si intuì che l'uomo non potrebbe sopravvivere su Marte senza speciali tute protettive. L'atmosfera marziana è composta per il 95% di anidride carbonica. Ma non è tutto. La pressione al suolo della tenue atmosfera marziana è bassissima: sulla Terra, per trovare valori simili bisognerebbe salire a 50 chilometri di quota.

Le osservazioni delle sonde, confermate dalle più recenti osservazioni del telescopio spaziale *Hubble*, hanno permesso di conoscere a fondo la meteorologia marziana.

La temperatura su Marte è piuttosto rigida: oscilla fra i -20 e i -90 °C. Solo all'equatore, durante i mesi estivi, il termometro raggiunge lo zero o qualche grado in più.

Su Marte ci sono due stagioni principali, l'estate e l'inverno, e il loro alternarsi è molto brusco in confronto a quello terrestre. Infatti, è proprio durante il mutamento di stagione che si scatenano le tempeste di polvere, forse la principale caratteristica meteorologica di Marte. Le differenti temperature rilevabili nelle varie regioni del pianeta provocano venti molto forti (fino a 100 chilometri orari), che sollevano la polvere dal suolo portandola fino a 30-40 chilometri di quota. Anche quando le tempeste si calmano, un po' di polvere color ruggine rimane in sospensione, conferendo al cielo una delicata tinta rosata.

Ogni tanto il panorama marziano è abbellito da qualche nuvola somigliante ai cirri terrestri. Persino la nebbia non è sconosciuta: una zona in cui è stata spesso osservata si trova in prossimità del monte Olimpo. Pioggia e nevicate sono invece del tutto assenti.

Marte presenta anche un'altra sorprendente caratteristica: i vulcani. Il più grande vulcano del Sistema solare si trova proprio qui: è il monte Olimpo, alto 27 chilometri (oltre tre volte l'Everest), con un diametro alla base di circa 700 chilometri. Altri quattro giganteschi vulcani si elevano sulla crosta del pianeta nella regione di Tharsis, ma tutti ormai spenti e inattivi.

Fra le altre scoperte effettuate dalle sonde, una ha svelato il perché del colore rosso. L'analisi del suolo ha mostrato infatti l'esistenza, fra i suoi componenti, di una grande quantità di ossido di ferro. Potremmo dire che Marte è un pianeta «arrugginito».

LE MISSIONI *VIKING* E *PATHFINDER*

Esiste, o è esistita, su Marte una forma di vita primordiale, simile ai batteri terrestri? Per rispondere a questa domanda gli americani, nel 1975, lanciano un'ambiziosa missione per esplorare il misterioso Pianeta rosso. La spedizione è costituita da due sonde: ciascuna ospita un modulo di atterraggio che si staccherà una volta raggiunta l'orbita marziana per poi posarsi sulla superficie del pianeta.

La prima missione

Nel giugno 1976 *Viking 1* entra in orbita intorno a Marte e, sulla base delle fotografie inviate, si decide dove far atterrare il modulo: il leggendario *Viking lander*. È il 20 luglio 1976: per la prima volta un robot costruito dall'uomo si posa sul Pianeta rosso. Pochi giorni dopo, la manovra riesce anche alla *Viking 2*. Lo scrittore di fantascienza Ray Bradbury commentò così il buon esito dell'atterraggio: «Adesso i marziani siamo noi!». Appena atterrata, la sonda comincia a inviare immagini. Il suolo marziano appare come una distesa rossiccia cosparsa di macigni, un deserto senza alcuna traccia di vita. Altri dati confermano che Marte è un mondo inospitale: la temperatura nelle vicinanze delle *Viking* oscilla fra -30 e -90 °C.

L'enigma del colore rosso

D'inverno la superficie si copre di una sottile crosta gelata, mentre la pressione è debolissima: paragonabile a quella che sulla Terra si può trovare a 50 chilometri di quota. I bracci delle *Viking* raccolgono anche un campione del suolo e lo analizzano, alla ricerca di tracce di vita. Il risultato non mostra alcun indizio di organismi biologici, ma viene svelato l'enigma del colore rossiccio: si tratta di ossido di ferro. Le *Viking*, sia in orbita sia al suolo, scattano decine di migliaia di fotografie e raccolgono una mole enorme di informazioni. La missione si conclude verso la metà degli anni Ottanta, quando le sonde, dopo quasi dieci anni di lavoro, smettono di funzionare. Dopo 21 anni dalle imprese delle *Viking* è il turno della sonda *Pathfinder*, atterrata su Marte il 4 luglio 1997, e di numerosi altri robot automatici che esploreranno il Pianeta rosso fin dopo il 2010. In quell'epoca è previsto il lancio della missione destinata a riportare sulla Terra una porzione di suolo marziano.

Un mistero che forse solo nuove sonde potranno risolvere è quello dell'acqua. Essa non può esistere sulla superficie del pianeta. Se un astronauta giunto su Marte aprisse un contenitore pieno d'acqua, vedrebbe il liquido vaporizzarsi all'istante. Tuttavia, le oltre 58.000 immagini della *Mars Global Surveyor*, una sonda che dal 1999 sta riprendendo Marte ad alta risoluzione, hanno mostrato alcune caratteristiche del tutto inattese. Agli occhi dei geologi le scarpate, le creste, i canaloni o addirittura i probabili resti di antiche rive di laghi o mari poco profondi e di rocce sedimentarie, raccontano una storia molto precisa: non solo che l'acqua un tempo scorreva sul Pianeta rosso, ma che, almeno in alcuni luoghi, sia ancora presente. Si ritiene che oggi l'acqua si sia raccolta in parte nella calotta ghiacciata del Polo Nord e in parte sia nascosta nelle profondità del sottosuolo, in forma di ghiaccio e mista al terreno: il cosiddetto *permafrost*, che esiste anche nelle regioni perennemente gelate del nostro pianeta.

Le sonde *Viking*, inviate su Marte proprio per condurre alcuni esperimenti ideati per accertare l'esistenza di forme di vita primitiva come i batteri, non hanno scoperto nulla in proposito. Ora l'interesse è concentrato sui dati raccolti dalla sonda *Pathfinder*. Ma forse la prova che sul Pianeta rosso la vita è esistita in un remoto passato ci è giunta direttamente sulla Terra.

Quindici milioni di anni fa, Marte venne colpito da un gigantesco asteroide. I frammenti di quella inimmaginabile esplosione furono proiettati nello spazio cosmico. Dopo un vagabondaggio durato milioni di anni, alcune di quelle schegge caddero, circa 13.000 anni fa, sul grande continente gelato che copre il Polo Sud terrestre: l'Antartide.

Nel paesaggio antartico, i meteoriti risaltano nel bianco della neve: infatti, i movimenti dei ghiacci tendono a concentrare queste schegge rocciose. Su 20.000 meteoriti conosciuti, 12 provengono sicuramente da Marte. Di questi, il più antico venne trovato nel 1984 e fu chiamato, con una formula estremamente burocratica, ALH 84001. Secondo gli scienziati si è formato 4,6 miliardi di anni fa, dalla lava fusa. Il dato interessante è che esso contiene al suo interno dei composti, precisamente dei carbonati, depositatisi 3,6 miliardi di anni fa.

L'analisi chimica e quella al microscopio elettronico di diverse sezioni del meteorite hanno rivelato la presenza di

I TELESCOPI: MACCHINE PER GUARDARE NEL PASSATO

La luce ogni secondo copre una distanza di 300.000 chilometri, vale a dire sette volte il giro della Terra.

Tuttavia, anche a questa velocità, la massima possibile nell'Universo, gli spazi cosmici e le distanze che separano stelle e galassie restano abissali, pressoché incommensurabili.

La vastità del cosmo e la relativa lentezza della luce hanno una curiosa conseguenza: la luce che giunge dalle stelle è partita centinaia, migliaia, forse milioni o miliardi di anni fa. E ci mostra quell'astro com'era in epoche remote, non com'è adesso. I telescopi funzionano perciò come vere e proprie macchine del tempo. Gli oggetti celesti che osserviamo sono lontani non solo nello spazio, ma anche nel tempo.

La luce del Sole, per esempio, impiega 8 minuti per viaggiare dalla sua superficie fino a noi. La luce della stella più vicina, Proxima Centauri, è partita 4 anni e 4 mesi fa. Quando osserviamo il centro della Via Lattea, lo vediamo com'era 30.000 anni fa, cioè all'epoca in cui la luce in arrivo oggi sulla Terra ha cominciato il suo viaggio da quelle remote regioni cosmiche.

La macchina del tempo che si nasconde nei telescopi accelera bruscamente quando si esce dalla nostra Galassia.

Andromeda, la galassia più vicina, ci si presenta com'era 2 milioni di anni fa. Tanto ha infatti impiegato la sua radiazione luminosa per superare l'abisso di spazio che ci separa. E se, su Andromeda, una civiltà tecnologicamente evoluta riuscisse a osservare il nostro pianeta, non vedrebbe la Terra di oggi, ma quella di 2 milioni di anni fa, con gli ominidi nostri antenati che vagabondavano per la savana africana.

complesse molecole organiche: gli idrocarburi aromatici. È vero che queste molecole possono formarsi anche senza bisogno di organismi viventi, durante la nascita delle stelle. Ma questa ipotesi viene ritenuta improbabile da alcuni scienziati perché altri elementi, per esempio determinati composti del ferro, come la magnetite, parrebbero nuovamente indicare un'origine organica.

Non solo. Al microscopio elettronico sono state individuate alcune strutture allungate e tondeggianti che hanno fatto pensare a resti fossili di minuscoli organismi simili a batteri. Mettendo insieme i vari indizi, gli scienziati hanno concluso che probabilmente (la questione è ancora controversa, e i dubbi numerosi) in epoche remote Marte ha ospitato forme di vita simili ai nostri batteri. Anche se oggi sul pianeta organismi biologici simili non potrebbero esistere, non è da escludere che sia stato possibile miliardi di anni fa, quando l'atmosfera era molto più densa e l'acqua scorreva in superficie, come sembrano testimoniare i segni dell'erosione.

Per saperne di più occorrono però nuove indagini eseguite direttamente sul suolo marziano. Non ci sarà da attendere molto. Sonde americane, ma anche europee e giapponesi sono in procinto di farlo, per un'esplorazione senza precedenti dell'unico pianeta, oltre alla Terra, che avrebbe potuto conoscere la vita.

Il pianeta che non c'è

Viaggiando al di là dell'orbita di Marte, si incontra una regione popolata da minuscoli corpi celesti: gli asteroidi. Le loro dimensioni sono estremamente varie. Il maggiore, Cerere, ha un diametro di oltre 900 chilometri, i più piccoli sono costituiti da polveri microscopiche. Secondo le teorie più diffuse, nella regione in cui oggi orbitano gli asteroidi avrebbe dovuto trovarsi un altro pianeta, ma la grande forza gravitazionale di Giove impedì ai frammenti rocciosi di aggregarsi in un corpo celeste di dimensioni planetarie.

La sonda *Galileo*, nel suo viaggio verso Giove, ha incontrato due di questi asteroidi: Gaspra e Ida. Si tratta di corpi celesti di qualche chilometro di diametro, dalle forme irregolari, assomiglianti a patate allungate. Fatto curioso, l'asteroide Ida possiede una piccola luna, Dactyl: è il più piccolo satellite naturale del sistema planetario.

Dalla fascia degli asteroidi, a causa di scontri e perturbazioni gravitazionali, possono allontanarsi corpi minori. Se questi macigni si immettono in orbite che attraversano solo quella di Marte vengono definiti Amor, se raggiungono anche quella della Terra prendono nome di oggetti Apollo.

Esiste un asteroide la cui orbita, ancora più eccentrica (cioè schiacciata), si avvicina al Sole più di Mercurio: il suo nome è, appropriatamente, Icaro. Altri corpi minori, come Chirone, orbitano invece oltre Saturno.

Quanti sono gli asteroidi compresi fra Marte e Giove? Ne sono stati contati oltre 40.000, e sono ovviamente i più grandi. Di circa 13.000 sono state calcolate anche le orbite. Ma ce ne sono altri non visibili: nello spazio fra i due pianeti potrebbero trovarsi fra 400.000 e un milione di corpi minori, oltre a un enorme numero di frammenti ancora più piccoli.

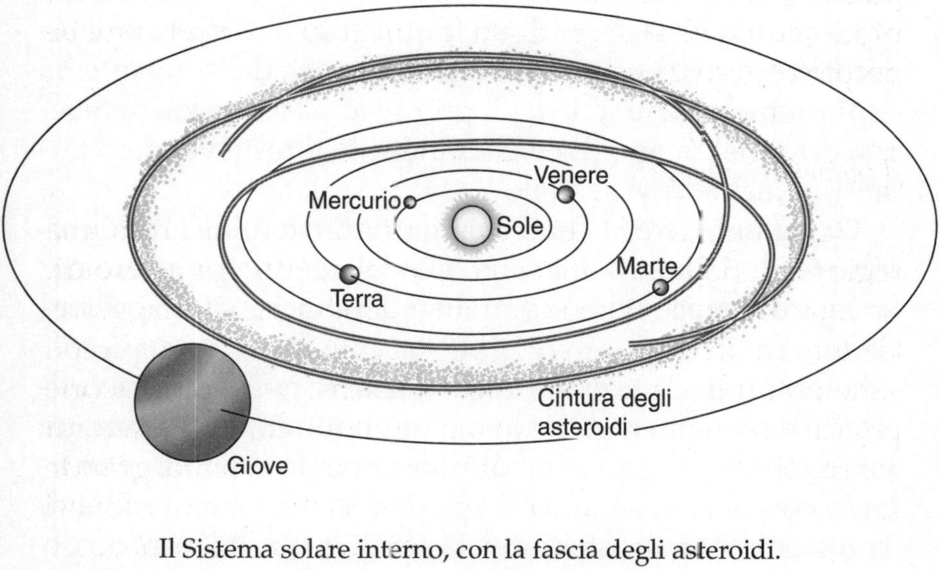

Il Sistema solare interno, con la fascia degli asteroidi.

Le sonde spaziali finora sono riuscite ad attraversare indenni questa fascia: lo spazio, infatti, è immenso, e le probabilità di collisioni in volo sono estremamente esigue (anche se non bisogna dimenticare che questi oggetti viaggiano a velocità elevatissime e anche un piccolo frammento può avere l'effetto di una bomba a mano). Ma ci sono asteroidi, i già citati oggetti Apollo, che possono avvicinarsi notevolmente alla Terra stessa. Essi sono stimati in circa 2000 con diametro superiore al chilometro e, a volte, hanno sfiorato (in termini astronomici) il nostro pianeta.

Nel 1937 l'asteroide Hermes passò a 800.000 chilometri dalla Terra, cioè ad appena il doppio della distanza che ci separa dalla Luna. Castalia, un asteroide di circa 2 chilometri di diametro, nel 1989 è transitato ad alcune decine di milioni di chilometri dal nostro pianeta. Toutatis, un asteroide di circa 4 chilometri di diametro, è invece passato a soli 4 milioni di chilometri da noi (dieci volte la distanza Terra-Luna), nel 1992.

Alcune di queste rocce cosmiche sono cadute sulla Terra, provocando danni limitati. Negli Stati Uniti, in Arizona, un cratere del diametro di 1200 metri testimonia l'impatto, avvenuto circa 20-30.000 anni fa, di un macigno di alcune decine di metri di diametro.

La caduta sulla Terra di un frammento di cometa o di un piccolo asteroide è probabilmente la causa della gigantesca esplosione avvenuta il 30 giugno 1908 a Tunguska, in Siberia, dove nel raggio di 60 chilometri le foreste vennero misteriosamente rase al suolo.

Uno scontro fra la Terra e un grande asteroide (10-20 chilometri di diametro) è anche una delle teorie proposte per spiegare l'improvvisa scomparsa dei dinosauri, 65 milioni di anni fa.

L'ipotesi che una catastrofe del genere possa ancora verificarsi è ovviamente remota; in ogni modo, gli astronomi hanno studiato un sistema di avvistamento che consentirebbe di conoscere con un anticipo di decenni l'eventualità di uno scontro fra un asteroide e la Terra. In questo caso, occorrerebbe pianificare missioni spaziali ad hoc per far deviare l'asteroide dalla rotta di collisione. I metodi proposti sono diversi: dalle esplosioni nucleari provocate nelle vicinanze (non sull'asteroide, perché frammentandolo si creerebbero delle schegge impazzite) alle vele solari, vale a dire semplici attrezzature in grado di sfruttare il vento solare per modificare, sia pure di poco, la traiettoria dell'asteroide.

Ma di che cosa sono fatti questi corpi minori, alcuni dei quali potrebbero metterci in pericolo? Lo studio al telescopio ha permesso di classificarli in diversi gruppi. Circa tre quarti degli asteroidi appaiono all'osservazione molto scuri, e gli scienziati ritengono che siano composti da vari tipi di carbonati. Una piccola porzione (un sesto del totale) appare invece rossiccia, il che rivela ingenti quantità di magnesio e di ferro. Altri ancora sono costituiti da silicati. Nell'eventualità di una colonizzazione umana del Sistema solare, gli asteroidi potrebbero rappresentare un importante giacimento minerario da cui estrarre materie prime per costruire nuove stazioni spaziali o nuove basi.

III

Giove, Saturno e oltre

Superata la fascia di asteroidi del Sistema solare, troviamo i grandi pianeti gassosi: Giove, Saturno, Urano e Nettuno. E il lontanissimo Plutone, del tutto anomalo: piccolo, roccioso, con un'orbita eccentrica. Forse non un vero pianeta, ma un enorme asteroide attratto tanto tempo fa dalla forza gravitazionale solare.

C'è un fattore che solitamente non viene pienamente considerato: l'enorme distanza che separa i diversi pianeti. Nelle rappresentazioni grafiche, infatti, essi sono raffigurati in orbita intorno al Sole a distanza ravvicinata.

Anche le proporzioni non vengono rispettate: basti pensare che tutti i pianeti del Sistema solare messi insieme pesano in realtà solo un millesimo del Sole...

Del resto, sarebbe impossibile fare diversamente: se la Terra fosse grande come un pallone da football, per rappresentare il Sistema solare in scala occorrerebbe un'area grande quanto la Svizzera. In altre parole, i pianeti sono lontanissimi tra loro e orbitano solitari nel buio cosmico, in uno spazio incommensurabile.

Giove: mille volte più grande della Terra

Giove è il pianeta più luminoso e visibile nel cielo terrestre subito dopo Venere. È facile individuarlo a occhio nudo. Osservato con un telescopio amatoriale, Giove mostra le caratteristiche fasce della sua colorata atmosfera.

Distante 800 milioni di chilometri dal Sole, è il pianeta gi-

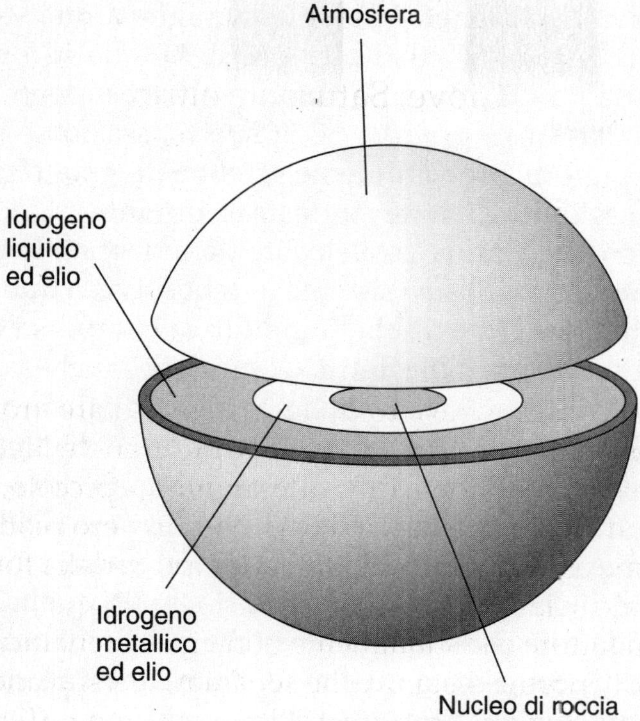

La struttura di Giove, completamente diversa da quella terrestre. Come si nota, il pianeta non possiede una superficie solida, ma strati di gas sempre più compressi e un piccolo nucleo roccioso centrale.

gante del Sistema solare: il suo volume è infatti mille volte quello della Terra. Tuttavia, poiché è formato soprattutto di gas leggeri, la sua massa è soltanto (si fa per dire) 318 volte maggiore di quella terrestre. La composizione di Giove, per il 98% costituito da idrogeno ed elio, rende questo pianeta simile a un'immensa sfera gassosa: esso non ha una crosta, una superficie come la Terra, Venere, Marte o Mercurio, ma una serie di strati di gas sempre più compressi e sempre più caldi. Dunque, nessuna sonda potrà mai posarsi su Giove, ma dovrà limitarsi a orbitare intorno al pianeta. A migliaia di chilometri di profondità i gas, per le eccezionali pressioni cui sono sottoposti (1-2 milioni di atmosfere), si trasformano in liquido.

Più che a un pianeta, Giove assomiglia a una stella. Infatti anche il Sole è costituito per il 99% da idrogeno ed elio. Tuttavia Giove non è riuscito ad accendersi, perché non è abbastanza grande. Se la sua massa fosse stata 50 volte maggiore, probabilmente sarebbe diventato una stella: le pressioni esercitate sugli strati più interni avrebbero prodotto temperature così elevate da innescare le reazioni termonucleari. Il nostro sistema avrebbe avuto due soli ma probabilmente ciò avrebbe impedito la comparsa di qualsiasi forma di vita sulla Terra. Comunque, anche con le dimensioni attuali, Giove irradia più calore di quanto ne riceva dal Sole; al suo interno la temperatura è di circa 30.000 °C, mentre gli strati più esterni sono molto freddi (-150 °C).

Sono state le missioni delle sonde *Voyager* e *Galileo* a documentare con notevole precisione i fenomeni atmosferici di Giove, innescati da due forze principali: quella dovuta alla rapida rotazione del pianeta (che in sole 10 ore compie un giro su se stesso) e quella del calore interno che risale continuamente verso la superficie.

Le sonde sono giunte a 300.000 chilometri dagli strati gassosi più alti: meno della distanza Terra-Luna. La *Galileo* ha addirittura lanciato nell'atmosfera di Giove una sonda figlia che si è tuffata nelle nubi colorate trasmettendo segnali e informazioni per circa un'ora, finché, alla profondità di 200 chilometri, non è stata distrutta dalle pressioni.

Anche il telescopio spaziale, in grado di fotografare Giove con una risoluzione paragonabile a quella delle vecchie *Voyager*, fornisce il suo contributo alla comprensione delle dinamiche meteorologiche di questo pianeta. Grazie alle osservazioni dalla Terra, si sapeva già che Giove ha una circolazione atmosferica complessa, le cui caratteristiche principali sono le fasce, zone parallele all'equatore dove spirano venti che, come ha misurato la sonda figlia della *Galileo*, raggiungono i 600 chilometri orari. Se in una fascia le correnti si dirigono verso est, in quella immediatamente successiva esse sono dirette a ovest. Ogni emisfero ha quattro o cinque fasce, e nelle zone di contatto si producono enormi vortici e turbolenze. La Grande macchia rossa, la più famosa di queste perturbazioni, è un uragano smisurato, delle dimensioni della Terra, dove i venti soffiano circolarmente. Questo fenomeno gioviano venne osservato per la prima volta nel 1664 da Robert Hooke, un astronomo inglese, con uno dei più antichi telescopi costruiti dall'uomo. Si tratta quindi di un uragano che dura sicuramente da oltre tre secoli. I violenti fenomeni atmosferici di Giove sono responsabili dell'aspetto multicolore e variegato che le sonde e il telescopio spaziale hanno osservato in dettagli invisibili dalla Terra. Nel suo volo di avvicinamento, la *Voyager 1* ha scattato una fotografia ogni due ore, permettendo una ricostruzione accelerata del movimento delle masse gassose gioviane. La sequenza delle immagini ha chiarito che la dinamica della circolazione atmosferica gioviana è ancor più complessa dei modelli, già complicati, elaborati con i computer. Oltre alle fasce parallele all'equatore e ai grandi vortici, nell'atmosfera gioviana sono presenti vortici minori e turbolenze che durano pochi giorni o settimane.

Se si pensa che sulla Terra, dove la circolazione atmosferica è meno complessa e il Sole è l'unica fonte di calore, non si riescono a elaborare previsioni meteorologiche che superino la settimana, è facile immaginare quali difficoltà di comprensione comporti la meteorologia gioviana.

Le esplorazioni del pianeta gigante con le sonde spaziali hanno permesso di fare anche altre interessanti osservazioni. Per esempio, sono stati avvistati numerosi fulmini, anche se la *Galileo*, l'ultima sonda, ne ha rilevato un numero minore rispetto alle *Voyager*. Ma, soprattutto, si è scoperto che Giove possiede un tenue sistema di anelli analoghi a quelli di Saturno, sebbene molto più piccoli: una caratteristica non osservabile con i telescopi terrestri. Questo sistema si estende per 6000 chilometri, è largo una trentina e comincia circa 52.000 chilometri sopra l'atmosfera gioviana. Le particelle che formano gli anelli misurano da pochi millimetri a qualche centimetro e si pensa provengano dalle eruzioni vulcaniche avvenute su Io, una delle maggiori lune di Giove.

DUE REPORTER D'ECCEZIONE: *PIONEER* E *VOYAGER*

Al di là dell'orbita di Marte, dove ormai la luce del Sole giunge debolissima, si trovano i pianeti giganti del Sistema solare: enormi sfere gassose senza una crosta su cui sarebbe impossibile atterrare. Questi mondi sconosciuti, osservati solo al telescopio, vengono per la prima volta visitati da due sonde americane, *Pioneer 10* e *Pioneer 11*, partite nel 1972 alla volta di Giove e Saturno.

I due reporter cosmici svolgono in maniera impeccabile il loro lavoro. Centinaia di foto e di misurazioni raggiungono la Terra e svelano i segreti di questi pianeti lontani: l'intensissimo campo magnetico di Giove e i nuovi anelli di Saturno sono fra le scoperte più emozionanti. Come spesso accade, l'allargamento delle conoscenze porta anche nuovi enigmi da risolvere, nuove domande cui rispondere. Nasce così, per esplorare a fondo i pianeti esterni, una delle più ambiziose missioni fino a oggi progettate: il «Grand Tour» del Sistema solare da parte delle due sonde *Voyager*. Se vogliamo fare un paragone con le missioni umane, la *Voyager* è il

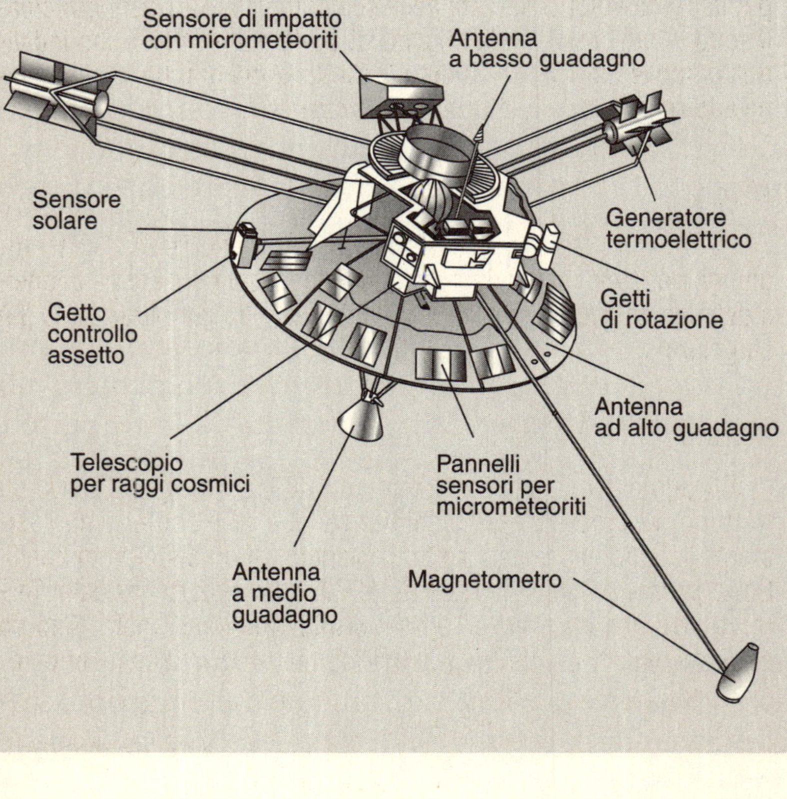

progetto Apollo delle sonde spaziali. Le due sonde partono a quindici giorni di distanza l'una dall'altra nell'estate del 1977. Una rara coincidenza astronomica, l'allineamento dei pianeti, permetterà alle *Voyager* di sfruttare la forza di gravità del corpo celeste visitato per arrivare su quello successivo.

Giove

Le immagini che le due sonde cominciano a inviare da Giove nel 1979 sono straordinarie. Si scopre che anche Giove ha un anello; la macchia rossa, il grande vortice dell'atmosfera gioviana, viene ripresa durante la sua rotazione. Le lune di Giove rivelano una superficie vulcanica continuamente rimodellata da violente eruzioni: una di esse, spettacolare, è ripresa dalle sonde.

Saturno

Su Saturno, raggiunto nel novembre del 1980, le *Voyager* fanno numerose scoperte. La grandiosa architettura degli anelli viene per la prima volta osservata nella sua complessità. Quelli principali sono infatti costituiti da migliaia di anelli più piccoli. Sono individuate nuove lune, e per studiare a fondo la più grande, Titano, viene addirittura deviata la rotta della *Voyager 1*.

Urano

La *Voyager 2* prosegue il suo viaggio verso Urano, che raggiunge nel 1986: la sonda individua il debolissimo sistema di anelli del pianeta e le sue cinque lune principali, fra cui Miranda, la più singolare.

Nettuno

Il viaggio prosegue, e nell'agosto 1989 la *Voyager 2* arriva su Nettuno, vengono scoperte sei nuove lune ed è confermata l'esistenza, anche per questo remoto pianeta, di un sistema di anelli. Sono passati 12 anni dall'agosto 1977, data di partenza dalla Terra: la *Voyager* ha percorso oltre 4,5 miliardi di chilometri. Ancora oggi questa sonda continua a trasmettere il suo debolissimo segnale dagli spazi interstellari.

Proprio come una stella, Giove ha un piccolo sistema di satelliti che gli orbitano intorno. Di questi 17 satelliti, i quattro più grandi, di dimensioni paragonabili alla nostra Luna, furono osservati per la prima volta da Galileo. Altri, come per esempio Amalthea, vennero scoperti nel 1892 in seguito al perfezionamento della tecnologia ottica; gli ultimi due, infine, del diametro di circa 20 chilometri, sono stati osservati per la prima volta grazie alle telecamere delle sonde. Fra i 16 satelliti di Giove, i più interessanti sono senza dubbio quelli galileiani; gli altri assomigliano ad asteroidi dalle forme irregolari e forse alcuni di essi furono effettivamente attratti nel campo gravitazionale gioviano.

Le due lune, che attirano maggiormente l'attenzione degli astronomi per le loro caratteristiche uniche, sono Io e Europa. Esse mostrano come possano esistere nel Sistema solare attività vulcaniche e, probabilmente, acqua allo stato liquido. Ciò confermerebbe l'ipotesi che condizioni adatte alla vita possano sussistere in altri sistemi solari (data l'astronomica quantità di stelle nell'Universo e, quindi, il numero di combinazioni possibili).

Io, il satellite galileiano più vicino a Giove, è sicuramente uno dei corpi celesti più bizzarri e singolari del Sistema solare. Quando, nel 1979, le sonde *Voyager* cominciarono il loro avvicinamento a Giove, Io colpì immediatamente gli scienziati. Le immagini trasmesse a Terra dalle sonde mostravano già da lontano un satellite dall'aspetto «malato». Non apparivano (come tutti si aspettavano) le consuete cicatrici dei grandi crateri meteoritici o gli estesi mari di lava rappresa, ma un insieme di macchie: rosse, gialle, nere.

Lo studio più approfondito del profilo della luna gioviana rivelò un'enorme cupola, alta 300 chilometri, formata da gas e altra materia. L'ipotesi che si trattasse di un'immane eruzione vulcanica si è poi rivelata esatta.

Io è una luna disseminata di vulcani attivissimi. Le *Voya-*

ger ne hanno fotografati ben nove, di cui uno in eruzione. La superficie di Io mostra i segni di immense colate laviche e i colori sulfurei sembrano l'elemento predominante di questi paesaggi extraterrestri. La massiccia presenza di zolfo spiegherebbe anche, secondo gli scienziati, la straordinaria violenza dei suoi vulcani e il fatto che la lava sia così liquida da non riuscire a formare, intorno al cratere, il caratteristico cono.

Perché Io è così attivo? Da dove estrae l'energia necessaria alle incessanti eruzioni vulcaniche? La spiegazione più plausibile potrebbe essere costituita dalle maree gravitazionali provocate da Europa, la luna che orbita all'esterno di Io e dello stesso Giove. Queste maree provocherebbero sollevamenti di circa 100 chilometri nella crosta di Io e l'enorme attrito generato causerebbe la liquefazione del suo sottosuolo, fornendo l'energia ai suoi numerosi vulcani. L'intensa attività eruttiva di Io ha come conseguenza il lancio di notevoli quantità di materiali sulfurei, che in parte ricadono verso la superficie e in parte si disperdono nello spazio, forse a rifornire i tenui anelli di Giove.

Le immagini di Europa inviate dalla sonda americana *Galileo*, in orbita intorno a Giove, si sono rivelate veramente straordinarie. La superficie di questa luna sembra una specie di oceano congelato (simile al pack dei mari polari terrestri) e sotto si sospetta l'esistenza di acqua: è la prima volta, nell'esplorazione del Sistema solare, che ci si trova di fronte alla ragionevole possibilità di scoprire acqua allo stato liquido (non sotto forma di ghiaccio o vapore acqueo). Questa ipotesi nasce dal fatto che la crosta gelata di Europa sembra essere rimodellata: infatti, contrariamente agli altri corpi del Sistema solare, non presenta i tipici crateri, testimonianze di antiche «cicatrici». La loro scomparsa potrebbe essere spiegata dai movimenti e dalle correnti di uno strato liquido presente sotto il pack, proprio come avviene nella nostra banchisa polare.

I MISTERI DI GIOVE: LE SCOPERTE DELLA SONDA *GALILEO*

L'avventura della *Galileo* è cominciata nell'ottobre 1989. Prima di arrivare su Giove, essa ha compiuto un lungo cammino, puntando verso Venere e poi di nuovo verso la Terra per aumentare la velocità grazie ai «calci gravitazionali» e arrivare, dopo tre anni di volo, fino al pianeta gigante del Sistema solare. Durante il viaggio ha potuto incontrare anche gli asteroidi Gaspra e Ida, quest'ultimo con una piccolissima luna: Dactyl. Infine, nel 1995, l'arrivo su Giove.

Un tuffo nell'atmosfera

La prima parte della missione prevedeva il lancio di una piccola sonda all'interno della turbolenta atmosfera gioviana. Le manovre si sono svolte alla perfezione e il 7 dicembre 1995, per la prima volta, l'atmosfera del grande pianeta è stata esplorata. La sonda, penetrata negli strati gassosi a oltre 150.000 chilometri orari, ha subito una violenta decelerazione e, grazie a uno scudo termico, è uscita indenne dalla brusca frenata. Dopo alcuni istanti ha aperto i paracadute e per 57 minuti è riuscita a mantenere i contatti con la sonda madre, scendendo per circa 200 chilometri nelle colorate nubi di Giove. Che cosa ha scoperto? Innanzitutto, ha confermato che Giove, proprio come le stelle, è composto di idrogeno ed elio. Ma ci sono anche diverse novità. Prima grande sorpresa: i venti di Giove sono molto più violenti e impetuosi di quanto si pensasse; soffiano a 650 chilometri orari e coinvolgono anche gli strati profondi dell'atmosfera. Secondo gli scienziati, ciò starebbe a indicare che è il calore interno del pianeta, non quello del Sole, a mettere in movimento le variopinte masse gassose. Seconda sorpresa: l'atmosfera di Giove è estremamente secca, c'è molta meno acqua del previsto. Altra scoperta: lampi e fulmini sono rarissimi, contrariamente a quanto avevano fatto credere le osservazioni di sonde precedenti, come le *Voyager*.

Le lune di Giove

La *Galileo* ha fornito agli scienziati una massa di informazioni, sia sul pianeta sia sulle sue lune. Nelle foto di Ganimede, il più grande dei satelliti di Giove, scattate ad appena 835 chilometri dalla sua superficie, si notano le caratteristiche tracce circolari dei crateri, ma anche lunghe creste montagnose e canaloni, tipici segni di un imponente rimodellamento della crosta. La causa di tali fenomeni è per il momento ignota. Anche Io, la luna più ricca di vulcani del Sistema solare, è stata fotografata in dettaglio. La sonda *Galileo* è riuscita persino a scoprire la struttura interna della turbolenta luna: un enorme nucleo di ferro, quasi metà del suo diametro, si trova al centro del satellite; al di sopra, lo strato di rocce, continuamente fuso dalle maree gravitazionali innescate da Europa e Giove. Sono proprio queste maree la causa dell'eccezionale attività vulcanica di Io. La *Galileo* ha effettuato il suo sesto e ultimo volo radente ad appena 100 chilometri dalla superficie della luna Io nel gennaio 2002. La NASA ha deciso di lanciare la gloriosa sonda (ha compiuto una missione tre volte più lunga e fruttuosa del previsto) contro Giove, dove verrà distrutta dalle enormi pressioni del pianeta. Ciò per evitare che la *Galileo* possa accidentalmente finire su Europa, la luna ghiacciata che potrebbe ospitare un gigantesco oceano sotterraneo e, forse, primordiali forme di vita.

L'ipotesi parrebbe confermata da un'altra scoperta, ossia l'esistenza di banchi di ghiaccio, enormi frammenti lunghi centinaia di chilometri che paiono galleggiare sulla superficie gelata: forse, i segni di una gigantesca spaccatura dell'oceano ghiacciato, poi rimarginata.

Sono anche questi indizi a far sospettare l'esistenza di un oceano liquido qualche chilometro sotto la crosta. È un'ipotesi molto probabile, secondo gli scienziati, e che in parte spiegherebbe le caratteristiche della crosta di Europa.

La presenza d'acqua (e in così grandi quantità) pone un ulteriore interrogativo: può esistere una forma di vita primordiale su Europa? È una domanda affascinante, che richiederà nuove, approfondite ricerche.

L'elegante Saturno

Saturno è l'ultimo pianeta visibile a occhio nudo: lo si può individuare agevolmente consultando le tabelle delle sue albe e tramonti. Con un telescopio amatoriale è facile distinguerne gli anelli, che all'inizio sembrano un ovale compatto intorno alla sfera planetaria. Il disco di Saturno non presenta i variopinti colori di Giove, mentre con uno strumento più potente è possibile notare le divisioni fra i vari sistemi di anelli.

Saturno è una specie di fratello minore di Giove. Infatti, anche questo pianeta (il secondo per grandezza nel Sistema solare) è costituito principalmente da idrogeno ed elio: non ha una superficie solida come la Terra, ma solo strati di gas che diventano via via più compressi. Naturalmente, la caratteristica principale di Saturno è il sistema di anelli, che le esplorazioni delle *Voyager* e le osservazioni del telescopio spaziale hanno contribuito a farci conoscere in modo più approfondito.

Rispetto a quella di Giove, l'atmosfera saturniana appare più calma: vortici e turbolenze sono assai meno visibili, anche se le telecamere delle *Voyager* ne hanno osservati diverse decine (dalla Terra, prima dell'avvento del telescopio spaziale, erano state avvistate solo cinque o sei perturbazioni). La calma di Saturno, però, è solo apparente. I venti, che, come su Giove, spirano in direzioni opposte nelle varie fasce, raggiungono all'equatore i 1800 chilometri orari.

La complessa dinamica dell'atmosfera di Saturno viene spiegata, anche in questo caso, con la presenza di due fonti di calore: una proveniente dal Sole (assai debole, vista la grande lontananza), una dall'interno del pianeta. Si pensa che il centro di Saturno raggiunga i 20.000 °C, mentre la temperatura degli strati gassosi più esterni dovrebbe essere di -170 °C.

Piogge in corso da circa 2 miliardi di anni farebbero precipitare l'elio allo stato liquido verso le parti più interne del pianeta.

Una delle scoperte più sorprendenti della nuova esplorazione del Sistema solare riguarda i famosi anelli di Saturno. Con i telescopi terrestri era stato possibile identificare cinque o sette anelli (il numero non era sicuro), separati da zone vuote come la famosa divisione di Cassini (osservata dall'astronomo italiano nel 1675).

Le «istantanee» scattate dalla *Voyager* alla distanza di 1,5 milioni di chilometri da Saturno hanno consentito di fare maggior chiarezza al riguardo. Gli anelli non sono né cinque né sette ma migliaia, raggruppati in sette fasce principali. Visti attraverso gli occhi elettronici delle sonde, sembrano un gigantesco long playing.

L'intero sistema si estende per 275.000 chilometri (due terzi della distanza Terra-Luna) e ha lo spessore di circa 1 chilometro.

Gli anelli sono composti principalmente di particelle ghiacciate delle più varie dimensioni: da macigni di decine di metri di diametro a pulviscolo microscopico. In alcune fasce, come quella chiamata A dagli astronomi, prevalgono i grossi iceberg cosmici di 10 metri e più; nelle fasce B e C si trovano blocchi più piccoli, di circa 1 metro di diametro. La stessa divisione di Cassini, larga 4500 chilometri, non è affatto vuota, ma ospita un centinaio di anelli più tenui, costituiti di frammenti molto piccoli.

Sono state scoperte anche nuove lune, dette pastore: piccoli satelliti che sembrano in grado di mantenere la stabilità almeno della parte più esterna del sistema, come la fascia F, dove le telecamere hanno visto persino alcuni anelli intrecciarsi.

Saturno possiede un folto gruppo di satelliti, senza dubbio il più numeroso del Sistema solare: se ne contano 28.

Di alcuni possediamo immagini molto dettagliate. Di Mimas, per esempio, si conosce molto bene la superficie, segnata da un gigantesco cratere di 130 chilometri di diametro; così come quelle di Teti, Dione ed Encelado, ghiacciate e butterate dai soliti crateri. Dei satelliti minori, come Iperione, le *Voyager* hanno mostrato le forme irregolari.

NUOVE GRANDI ESPLORAZIONI IN PREPARAZIONE

Marte

Due clamorosi fallimenti non hanno fermato l'esplorazione di Marte. Il Pianeta rosso rimane ancora la meta più popolare delle sonde interplanetarie. Le due missioni americane *Mars Climate Orbiter* e *Polar Lander* si sono perse nel 2000 per errori del software di bordo o a causa di ordini errati ricevuti dalla Terra. Si contava molto su queste due missioni per rispondere a un interrogativo che sta diventando sempre più appassionante: è esistita ed esiste ancora acqua su Marte? La NASA, tuttavia, si è ripresa molto rapidamente. La missione 2001 *Mars Odyssey* ha già raggiunto la sua meta; un'altra missione, assai più impegnativa, è prevista per il 2003: è la *2003 Mars Exploration Rovers*, in realtà una doppia missione. Questa volta, verrà tentato un nuovo atterraggio sulle desolate distese del Pianeta rosso. Le jeep automatiche saranno molto più grandi e indipendenti. Si prevede che potranno avanzare di 100 metri al giorno durante la missione, che durerà tre mesi. Gli strumenti di bordo, a parte la solita telecamera panoramica, permetteranno di eseguire numerosi rilevamenti e analisi. Ci sarà persino un piccolo microscopio in grado di riprendere i dettagli delle rocce, scalfite da un attrezzo montato su un braccio meccanico.

Intanto, altre missioni sono in preparazione: la *Mars Reconnaissance Orbiter*, il cui lancio è previsto dopo il 2005, che proseguirà lo studio dall'alto della superficie marziana; la *Smart Lander and Long Range Rover*, programmata per il 2007, che dovrebbe proseguire le esplorazioni della superficie; e altre missioni, come la *Scout Missions*, che potrebbero utilizzare palloni e alianti per ricognizioni ravvicinate. La missione chiamata *Sample Return*, che riporterà sulla Terra un frammento di Pianeta rosso, è prevista dopo il 2010. Anche il Giappone e l'Europa stanno preparando missioni marziane. L'ESA ha in programma per il giugno del 2003 il lancio della *Mars Express*. La prima sonda europea verso il Pianeta rosso sarà composta da un modulo che rimarrà in orbita per studiare la superficie e persino il sottosuolo con uno speciale radar, in grado di penetrare in profondità per diversi centimetri. Un modulo di atterraggio, invece, il *Beagle 2*, si poserà sulla superficie e analizzerà rocce e suolo con diversi strumenti, fra i quali il microscopio.

Saturno

Nel 1997 è partita una grande missione verso Saturno e la sua enigmatica luna, Titano: la *Cassini*, così chiamata in onore del grande astronomo italiano che nel Seicento osservò gli anelli del pianeta. È una missione congiunta della NASA e dell'ESA. Sul modello della *Galileo*, anche la *Cassini* trasporta un modulo, chiamato *Huygens* e costruito dall'ESA. Quando, nel 2004, la *Cassini* entrerà in orbita intorno a Saturno, iniziando uno studio approfondito che durerà quattro anni, la sonda *Huygens* verrà sganciata e penetrerà nell'atmosfera di Titano a 20.000 chilometri orari, cominciando una violenta frenata. Quando, per l'attrito dell'atmosfera, la velocità si sarà ridotta a 1400 chilometri orari, si aprirà il primo paracadute, che porterà la velocità a 300 chilometri orari. In prossimità della superficie, la sonda abbandonerà il suo guscio protettivo per cominciare le misurazioni a una quota di circa 120 chilometri. Contemporaneamente si aprirà un secondo paracadute. Dopo due ore di lenta discesa, la Huygens toccherà il suolo a velocità ridottissima (20 chilometri orari). Finirà in un oceano di metano liquido o su un iceberg di ammoniaca. Che cosa ci racconteranno gli strumenti di bordo su questa luna che, come la Terra, possiede un'atmosfera? La temperatura, forse di -200 °C, rende impossibile la vita, ma gli scienziati ritengono che i composti chimici come il metano e gli altri idrocarburi siano simili a quelli presenti sul nostro pianeta 4 miliardi di anni fa.

Su Titano, il brodo primordiale dal quale sulla Terra è nata la vita è stato, per così dire, conservato in frigorifero. E gli scienziati sono molto curiosi di sapere com'è fatto.

Ma è Titano il satellite che interessa di più. Le immagini ricevute dalle sonde hanno per ora deluso le speranze degli astronomi: infatti, una fitta coltre di nebbia avvolge questa luna e impedisce di osservarne la superficie. Da alcune caratteristiche dell'atmosfera rilevate dallo *Hubble*, si è dedotto che la superficie potrebbe presentare formazioni montuose. Ma si tratta solo di un'ipotesi.

Perché tanto interesse per Titano? Innanzitutto perché,

fra i satelliti del Sistema solare, è l'unico a essere circondato da una densa atmosfera composta, come avevano già rivelato le analisi compiute sulla Terra, da metano, azoto e ammoniaca: vale a dire, da molecole che sono alla base delle strutture chimiche della vita.

L'ultima speranza di trovare tracce di vita, seppur primordiale, dopo le delusioni di Venere e Marte, era riposta in Titano: ma le immagini hanno mostrato solo una densa e impenetrabile foschia che nascondeva completamente il suolo. Se le fotografie sono state una delusione, analisi effettuate con altri strumenti di bordo hanno dato risultati più interessanti e soddisfacenti. È stata confermata la composizione dell'atmosfera, a base di metano e azoto. La temperatura sulla superficie di Titano è di -180 °C, mentre la pressione è una volta e mezzo quella terrestre.

Quale paesaggio potrebbe apparire a un ipotetico astronauta atterrato su questo corpo celeste? Certamente, un paesaggio da film di fantascienza. Forse, vedrebbe pesanti nubi di metano aleggiare a 40-50 chilometri di quota nel cielo, illuminato da una luce debolissima; una pioggia perenne di idrocarburi renderebbe l'atmosfera completamente satura di smog.

Poiché la temperatura è sufficientemente bassa per liquefare il metano, non è improbabile che su questo satellite esistano oceani vastissimi, in cui, secondo alcune ipotesi, navigherebbero iceberg di ammoniaca.

Titano, insomma, sarebbe il più grande giacimento di idrocarburi del Sistema solare.

Verso i confini del Sistema solare: Urano e il gemello Nettuno

Urano, il settimo pianeta del Sistema solare, troneggia nelle regioni più esterne, ruotando su un asse bizzarramente inclinato. È un altro dei giganti gassosi. Fino al 1986, di Urano non si sapeva praticamente nulla. Dalla Terra le sue immagini apparivano molto confuse. Poi, nel gennaio 1986, arrivò la *Voyager 2*, ormai così distante dal nostro pianeta che per mantenere il contatto fu necessario realizzare antenne riceventi ancora più grandi.

La sonda confermò la presenza di un'atmosfera turbolenta, che neppure i filtri riuscirono a penetrare. Fu rilevato anche un campo magnetico, che consentì di cronometrare la rotazione completa di Urano su se stesso: circa 17 ore.

Anche Urano possiede degli anelli, che, al loro interno, potrebbero contenere la Terra. Per dimensioni, è il terzo pianeta dopo Giove e Saturno e, al pari di questi, si può definire come una palla gassosa di idrogeno ed elio, con un minuscolo nucleo roccioso al centro.

Prima della *Voyager*, di Urano si conoscevano solo cinque lune. La *Voyager* ne ha contate 15 e ulteriori osservazioni dalla Terra hanno portato il totale a 21 (solo nel 1999, sono stati scoperti quattro nuovi satelliti). La più bella è Miranda: una palla di ghiaccio con diametro inferiore ai 500 chilometri, un miscuglio di strutture geologiche straordinariamente interessanti.

Uno dei compiti più importanti della *Voyager* era lo studio degli anelli, rivelatisi completamente differenti da altri

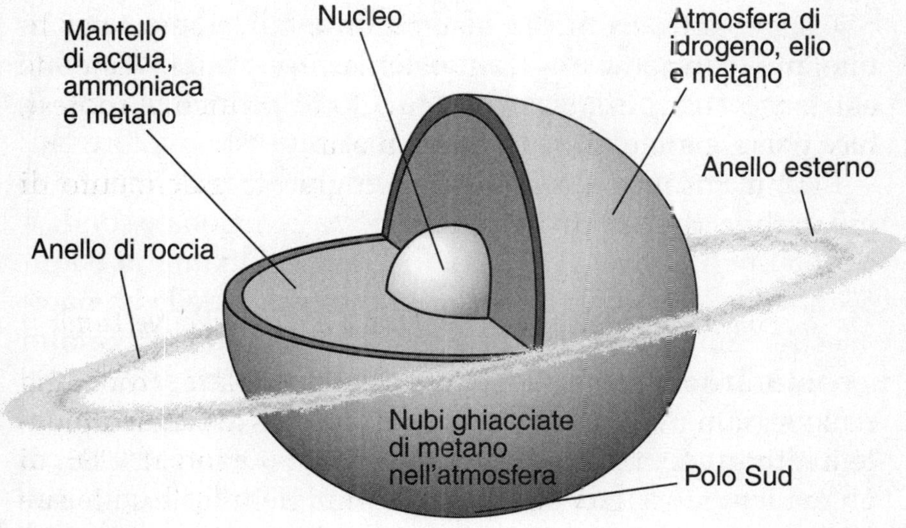

La composizione geofisica di Urano.

sistemi di anelli presenti nel Sistema solare. Sicuramente meno spettacolari di quelli di Saturno, all'apparenza sono costituiti da piccoli blocchi di ghiaccio sporco. Gli anelli potrebbero essere polvere di lune distrutte, o frammenti prodotti da una collisione avvenuta in tempi remoti. L'inclinazione dell'asse di Urano potrebbe essere stata modificata proprio dall'impatto di un corpo grande quanto la Terra.

Quattro anni più tardi, la *Voyager* ha raggiunto Nettuno, dopo un viaggio di 12 anni dalla Terra. I suoi segnali, viaggiando alla velocità della luce, impiegavano ben quattro ore per giungere fino a noi.

Nettuno è quasi il gemello di Urano, ma molto più facile da osservare: una sfera gassosa con un minuscolo nucleo solido.

Gigantesco rispetto alla Terra, Nettuno è leggermente più piccolo di Urano e il suo calore interno genera più energia di quanta il pianeta ne riceva dal Sole. Da ciò derivano una meteorologia alquanto variabile e immensi uragani. La grande macchia scura è una tempesta delle dimensioni della Terra.

Tale macchia ruota intorno al pianeta ogni 18 ore, spostata verso ovest da continui e fortissimi venti che soffiano a 2200 chilometri orari.

Anche Nettuno ha un sistema di anelli, uno esterno e uno, più tenue, interno. L'atmosfera è formata da idrogeno, elio e metano in scarsa quantità. Quest'ultimo assorbe la luce rossa, conferendo al pianeta il caratteristico colore blu.

L'ultima missione della *Voyager* era fotografare Tritone, il più grande satellite di Nettuno. Questa eccezionale sonda è riuscita nell'impresa azionando i razzi di manovra e allineandosi alla velocità di Tritone per ottenere delle immagini estremamente nitide, che hanno rivelato una luna molto insolita. Tritone ha la superficie più fredda che si conosca, eruzioni congelate, una rarefatta atmosfera di azoto, un'orbita retrograda. E, soprattutto, un geyser d'azoto che lascia un'evidente scia nera, con pennacchi proiettati a 8 chilometri d'altezza che poi scorrono per 150 chilometri sottovento.

Probabilmente un tempo Tritone orbitava intorno al Sole

VERSO MONDI SCONOSCIUTI

Plutone

Nel 2006 è prevista la partenza di una sonda verso l'unico pianeta non ancora esplorato: Plutone. La missione della NASA si chiamerà *New Horizon* e dovrebbe raggiungere Plutone e la sua luna Caronte fra il 2016 e il 2018. La sonda poi continuerà il suo lungo viaggio fino alla fascia di Kuiper, dove giungerà nel 2026. Qui l'attenderà l'esplorazione di enormi iceberg ghiacciati, grandi quanto montagne, lontani 4 ore luce dal Sole. Gli strumenti della *New Horizon* non analizzeranno solo la struttura e la composizione della superficie di Plutone, ma anche la sua tenue atmosfera, che si forma quando il pianeta si trova in perielio.

Comete

L'ESA ha allo studio due missioni interplanetarie: la prima verso una cometa, probabilmente la Wirtanen, la seconda verso il pianeta più vicino al Sole, Mercurio, che, come quello più lontano, Plutone, è uno dei meno conosciuti.

La missione cometaria, chiamata *Rosetta* si preannuncia particolarmente interessante perché la sonda si avvicinerà al nucleo della Wirtanen quando questa sarà ancora lontana dal Sole e vi lancerà due moduli di atterraggio che potranno studiarne dettagliatamente la superficie.

Questo fu possibile per la *Giotto*, che sfiorò il nucleo della Halley, passandogli a circa 1000 chilometri di distanza. La partenza della sonda *Rosetta* è prevista per il 2003 e l'arrivo sulla cometa Wirtanen intorno al 2011.

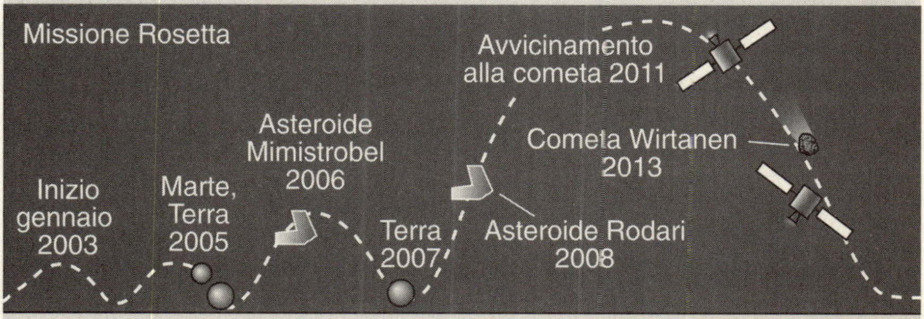

come un piccolo corpo celeste autonomo, ma transitando troppo vicino a Nettuno deve essere stato attratto dalla forte attrazione gravitazionale del pianeta.

I misteri di Plutone

Ai confini del Sistema solare si trova la grande orbita di Plutone. Per il momento, l'unico strumento con cui è possibile osservare il pianeta, vista la sua lontananza, è il telescopio spaziale *Hubble*. Visto dal telescopio, Plutone presenta un'immagine sfuocata. Tuttavia, si è potuto scoprire che il pianeta possiede una luna, Caronte, grande circa la metà.

Nelle migliori immagini ottenute le zone chiare e scure corrispondono a diverse caratteristiche topografiche della superficie. Di che cosa sono formate? Per ora rimane un mistero.

Soltanto la *Voyager* avrebbe potuto svelare questi enigmi, ma Plutone era ormai troppo lontano dalla rotta della sonda, diretta verso gli abissi interstellari.

La nube delle comete

Oltre Plutone c'è il buio interstellare, l'incommensurabile vuoto che separa il Sistema solare dalle altre stelle: quella più vicina, Alpha Centauri, si trova a oltre 4 anni luce. Secondo le ipotesi più accreditate, però, a metà strada fra il Sole e Alpha Centauri dovrebbe trovarsi un fantastico «deposito» di comete. In questa regione, ipotizzata dall'astronomo Jan Oort e nota oggi appunto come nube di Oort, si troverebbero ben 2000 miliardi di comete. In questo grande frigorifero, così distante dal Sole, le comete non assomigliano affatto alla splendida immagine che a volte capita di osservare nel cielo notturno, ma piuttosto a palle di neve sporca. Si pensa infatti che le comete non siano altro che un miscuglio di ghiaccio, polvere e roccia condensati in blocchi di alcuni chilometri di diametro.

Ogni tanto alcuni di questi macigni ghiacciati vengono

espulsi dal «deposito» (lontano 2 anni luce) a causa di maree gravitazionali provocate, forse, dal passaggio di una stella. Dirigendosi verso il Sole, a un certo punto, i macigni cominciano a sentire gli effetti del suo calore. Il ghiaccio evapora e le molecole gassose, sospinte dal vento solare (cioè dai protoni e da altre particelle emesse dalla nostra stella), formano la coda della cometa. Sebbene il nucleo abbia un diametro di pochi chilometri, la coda può arrivare a misurarne anche 10 milioni. Quanto più si avvicina al Sole, tanto più la cometa risplende; ma non appena ricomincia ad allontanarsi dalla sorgente di calore, torna a essere una palla di neve sporca. Nel suo viaggio verso le regioni più interne del Sistema solare, la cometa può subire i contraccolpi gravitazionali dei pianeti più grandi, come Giove e Saturno, e ridursi in frammenti: ciò è accaduto per esempio alla cometa Shoemaker-Levy 9, precipitata nel luglio 1994 nell'atmosfera di Giove.

Oggi sono note circa 600 comete. Un centinaio di esse vengono definite di breve periodo, perché ricompaiono in meno di 200 anni, e sono naturalmente le meglio conosciute, come la cometa di Halley.

Fu proprio Edmund Halley, un brillante scienziato inglese, che cominciò a svelare, nel Settecento, i segreti delle comete. Per gli antichi astronomi era infatti molto difficile collocarle nella loro complessa concezione del Cosmo. Isaac Newton, il grande matematico e uomo di scienza, aveva inventato il telescopio a riflessione e aveva diviso la luce bianca nei colori che la compongono. Aveva anche avvistato una cometa nel 1680 e aveva scoperto che il suo percorso era un'ellisse intorno al Sole. Nei vent'anni successivi, Edmund Halley, utilizzando le leggi e i calcoli di Newton, analizzò il percorso di 20 comete già osservate. La sua attenzione fu attratta da tre date: 1531, 1607 e 1682. Le comete apparse in quei tre anni avevano un percorso virtualmente identico. Se la legge di gravitazione scoperta da Newton fosse stata valida, la successiva apparizione si sarebbe verificata nel 1758, dimostrando che si trattava della stessa cometa. Halley morì molto prima di tale data, ma la cometa riapparve puntualmente, come lui aveva previsto: il giorno di Natale del 1758 venne individuata, in Germania, da un contadino. La cometa di Halley è ricomparsa nuovamente nel marzo 1986, e una serie di sonde sono state lanciate per carpirne tutti i segreti. La missione più audace è stata quella dell'ESA (European Space Agency), con la sonda *Giotto*. Per la prima volta l'uomo ha potuto così osservare da vicino la forma e la struttura di una cometa.

Quando la sonda *Giotto* venne lanciata verso la cometa, man mano che si avvicinava all'obiettivo trasmetteva un flusso di immagini computerizzate.

Prima scoperta: sebbene la luce solare impedisca di rendersene conto, la superficie della Halley è liscia e nera, costituita probabilmente da una crosta di polvere congelata spessa 1 metro e annerita da un bombardamento di raggi cosmici durato 4 miliardi di anni. Il Sole riscalda il ghiaccio sotto la crosta, formando un gas che fuoriesce insieme alla polvere attraverso fessure sulla superficie dando origine alla chioma e alla coda.

A circa 1000 chilometri dal nucleo, la sonda *Giotto* venne colpita dai detriti della cometa e rimase danneggiata; ma sopravvisse all'incontro ravvicinato e negli anni successivi venne riutilizzata per altre osservazioni cometarie.

La cometa di Halley non tornerà fino al 2061. Ma molte altre nel frattempo lasceranno la nube di Oort. Alcune, come Halley, rimarranno per sempre intrappolate nel Sistema solare. Altre si tufferanno nel Sole. Magari ancora più splendenti, come la Hale-Bopp, che nella primavera del 1997 ha tenuto col naso all'insù tutti, astronomi e no, per la sua eccezionale luminosità e bellezza.

Ma nessuna diventerà leggendaria come la cometa scoperta da Edmund Halley.

IV

L'evoluzione dell'Universo

La moviola cosmica

Miliardi di miliardi di stelle, un numero che sfugge alla nostra capacità di intuizione. Miliardi di stelle e miliardi di galassie che si allontanano le une dalle altre nello spazio-tempo, in un grandioso volo cosmico, originato molto probabilmente da una gigantesca esplosione, circa 15 miliardi di anni fa (anche se su questa data non ci sono certezze).

Se potessimo, come alla moviola, fermare l'azione e tornare indietro nel passato, vedremmo queste stelle avvicinarsi e convergere verso un unico punto. Un inizio estremamente denso e caldo, dove non esistevano ancora atomi, ma presumibilmente solo una concentrazione di particelle elementari e di radiazione, esplosa con il famoso Big Bang.

Per la verità non si trattò di una vera e propria esplosione, così come avviene, per esempio, quando una bomba scoppia proiettando i suoi frammenti nello spazio circostante; in realtà, lo spazio non esisteva: fu creato dall'esplosione seguita al Big Bang. Fu per così dire lo spazio a deflagrare e dilatarsi. Anche il tempo non esisteva prima del Big Bang, e per questo è inutile chiedersi cosa vi fosse in precedenza. Il prima non è possibile senza il tempo. E il tempo cominciò a scorrere soltanto dal momento dell'esplosione. In questo senso, se guardiamo verso il passato, il tempo non è eterno, ma finito.

All'interno di quella deflagrazione iniziale, potremmo dire, tutti noi eravamo già presenti: perché i protoni, i neutroni e gli elettroni, che costituiscono oggi gli atomi del nostro corpo, esistevano nell'istante iniziale. Col Big Bang, cominciarono ad aggregarsi gli atomi di idrogeno e di elio, dando luogo a un'immensa nube di gas; questi gas, attraverso successive fusioni atomiche (ne abbiamo parlato nel primo capitolo), si trasformarono in carbonio, ossigeno, azoto e così via, formando galassie, stelle, pianeti e, alla fine, gli esseri viventi. Si trattò insomma di una grandiosa evoluzione atomica, che precedette quella chimica e poi biologica.

Il Big Bang appare sempre più confermato dai dati sperimentali (anche se non mancano voci dissenzienti). Esso può essere considerato un po' il nostro antenato più lontano, il primo ceppo dell'albero genealogico del Cosmo, che attraverso ramificazioni successive ha portato alla nascita di tutto ciò che vediamo nello spazio, compresa questa fogliolina che è la vita sulla Terra.

I primi tre minuti

Ma cosa successe esattamente negli istanti iniziali? Nonostante sia impossibile risalire all'istante zero, gli scienziati dei grandi laboratori di fisica moderna sono riusciti a riprodurre le condizioni esistenti nell'Universo negli attimi immediatamente successivi.

Com'è ovvio, energie tanto elevate sono state raggiunte solo per poche frazioni di secondo nei grandi acceleratori, dove le particelle atomiche vengono spinte a velocità altissime per essere poi fatte scontrare frontalmente o contro un bersaglio fisso. Da questi studi si è riusciti a comprendere il comportamento della materia in condizioni di temperature e densità elevatissime, proprio com'è accaduto nel Big Bang.

Ecco il quadro, non ancora completo dell'origine dell'Universo. Il sipario si alza a una minima frazione di secondo dall'inizio, quando la temperatura supera i miliardi di miliardi di gradi.

Dalla «singolarità» iniziale (un *quid* in cui le leggi della fisica a noi note perdono la loro validità) comincia a sepa-

IL TELESCOPIO SPAZIALE *HUBBLE*

Lanciato in orbita dalla navetta spaziale *Discovery* nel 1990, *Hubble* ha trasmesso sulla Terra immagini sfocate per alcuni mesi, fino al 1993, quando gli astronauti dello *Shuttle* hanno corretto la sua vista. Il telescopio ha scattato da allora centinaia di migliaia di fotografie e grazie a questo infaticabile lavoro molti degli enigmi nascosti nelle profondità cosmiche cominciano a essere risolti.

Nel febbraio del 1996 l'equipaggio dello Space Shuttle ha recuperato il telescopio spaziale e vi ha inserito due nuovi strumenti: un sensore a infrarossi e un sofisticato spettrometro.

Intanto, l'immagine che emerge da questo straordinario album fotografico è quella di un Universo violento, in cui l'energia generata dai fenomeni cosmici è incomparabilmente più grande di quella prodotta dal Sole ogni giorno.

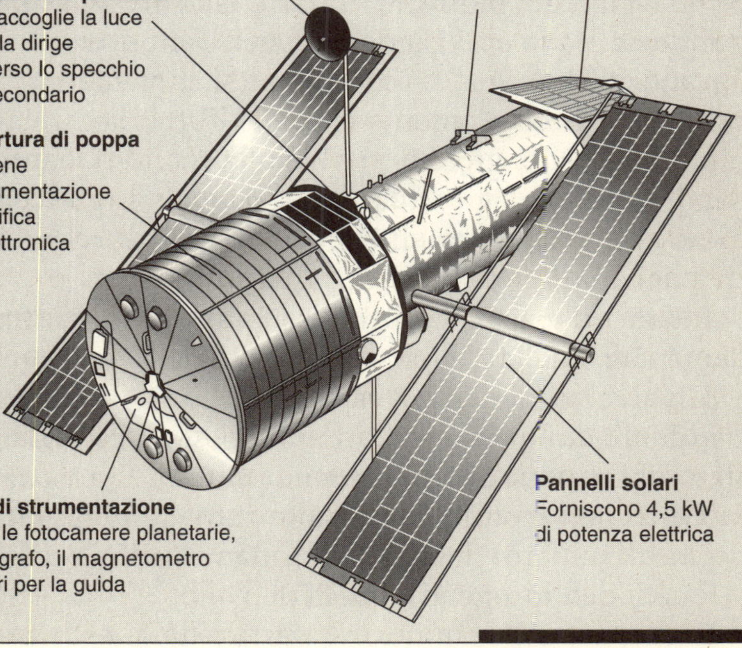

rarsi la forza di gravità, seguita poco dopo dalla forza nucleare forte, due tra le forze fondamentali dell'Universo. La materia ancora non esiste, tutto è energia. Il tempo ha cominciato a scorrere, e dopo altre brevissime frazioni di secondo, avviene un fenomeno straordinario: l'Universo si espande con una rapidità mai più eguagliata. È la cosiddetta inflazione.

Quasi nello stesso istante (non sono passati che pochi miliardesimi di secondo), fanno la propria comparsa la materia e l'antimateria; quest'ultima è in tutto simile alla materia, ma ha carica elettrica opposta: mentre gli atomi «normali» (quelli che costituiscono tutta la materia attuale conosciuta) sono formati da un nucleo di protoni (con carica positiva) e, eventualmente, neutroni (neutri), con uno o più elettroni (con carica negativa) che «orbitano» intorno al nucleo, gli atomi di antimateria sono in tutto uguali, tranne che per le cariche, contrarie (hanno cioè protoni negativi ed elettroni positivi).

Se si incontrassero nello spazio, materia e antimateria si annichilirebbero. È quanto sarebbe avvenuto appunto nei primi istanti del Big Bang, con la trasformazione di materia e antimateria in energia pura: quark e antiquark si materializzano dall'energia, si scontrano e si annientano a vicenda producendo nuovamente energia. Tuttavia, i quark sono più numerosi degli antiquark e una piccola quantità (probabilmente uno ogni miliardo) sopravvive agli scontri: tutto ciò che è presente nell'Universo, compresi noi stessi, deriva dai quark sopravvissuti.

Intanto, il tempo scorre e si separano altre due forze fondamentali: quella elettromagnetica e quella nucleare debole.

L'Universo continua a espandersi e la temperatura a raffreddarsi. I quark superstiti non possono più esistere allo stato libero: nascono neutroni e protoni. È trascorso poco meno di un secondo dall'istante zero, la temperatura è di decine di miliardi di gradi: si formano i primi nuclei atomici, quelli dell'idrogeno e quelli dell'elio.

Sono passati tre minuti. A partire da questo momento,

per circa 3000 anni la forza di gravità agisce sull'energia a causa della straordinaria densità. È l'era dell'energia.

Dopo 3000 anni, l'Universo si è espanso e raffreddato a sufficienza per far sì che la materia prenda il sopravvento. La forza di gravità agisce principalmente sulla nube di gas sorta dal Big Bang. È l'era della materia, che dura fino a oggi.

A 300.000 anni dal Big Bang avviene un fatto straordinario: un ipotetico spettatore avrebbe visto apparire la luce. Infatti, fino a quel momento materia ed energia erano così dense che i raggi luminosi non potevano attraversarle. Dunque, l'esplosione iniziale non è stata un grande fuoco artificiale come molti immaginano. È avvenuta nel buio più completo. La luce è apparsa solo molto tempo dopo.

L'eco del Big Bang

Si saranno svolti veramente in questo modo, i fatti?

Esistono prove convincenti riguardo alla teoria del Big Bang. Gli scienziati ne hanno scoperte almeno tre e una di esse è veramente sorprendente. Si tratta dell'eco del Big Bang.

Il primo «radio-vagito» del Cosmo è stato intercettato quasi per caso da due ricercatori americani, Arno Penzias e Robert Wilson, mentre con la loro antenna tentavano di captare un'emissione radio proveniente dal centro della nostra Galassia: durante queste osservazioni, si accorsero dell'esistenza di un rumore di fondo che proveniva da tutto l'Universo.

I due scienziati cominciarono a studiare il fenomeno, chiedendosi se, per caso, non c'era qualche difetto nelle apparecchiature; rimossero persino il nido che alcuni piccioni avevano fatto sull'antenna. Ma alla fine dovettero arrendersi. La radiazione che proveniva da ogni direzione esisteva veramente. Era stato scoperto l'eco fossile del Big Bang, la cosiddetta radiazione di fondo a 3 gradi Kelvin.

Quando erano partiti i fotoni che trasportavano tale radiazione? Secondo le stime degli stessi Penzias e Wilson (che vinsero nel 1978 il premio Nobel per questa scoperta),

LA GRANDE ESPLOSIONE

1) L'istante zero, il vero e proprio attimo iniziale, è probabilmente destinato a rimanere un mistero. Per il momento si sa unicamente che temperatura e densità erano infinite: ciò che viene definito come *singolarità iniziale*.

2) L'evoluzione dell'Universo può essere conosciuta solo a partire da 10^{-43} secondi (cioè un decimilionesimo di miliardesimo di miliardesimo di miliardesimo di miliardesimo di secondo) dall'inizio: è il cosiddetto tempo di Planck. Da tale momento, l'Universo comincia a differenziarsi rispetto alla misteriosa singolarità iniziale.

3) In questo processo di raffreddamento ed espansione, innumerevoli elementi fusi insieme nella singolarità acquistano un'identità definita e separata dalle altre. La forza di gravità è la prima entità a separarsi, proprio intorno al tempo di Planck.

4) A 10^{-36} secondi dall'inizio si separa la forza nucleare forte. La materia non esiste ancora.

5) Da 10^{-36} a 10^{-32} l'Universo si espande con una rapidità mai più eguagliata in seguito. È l'inflazione, scatenata dal separarsi della forza nucleare forte.

6) 10^{-32} secondi dall'inizio: compaiono i quark e gli antiquark; scontrandosi fra loro, queste particelle e antiparticelle si annichiliscono, ritrasformandosi in energia.

7) A 10^{-12} secondi si separa la forza nucleare debole.

8) Sempre intorno a 10^{-12} secondi, si separa anche la forza elettromagnetica.

9) A 10^{-9} secondi si forma la materia come la conosciamo: i quark sopravvissuti all'annichilazione con l'antimateria si legano insieme in protoni e neutroni.

Da questo istante non potranno più esistere liberi, ma solo «confinati».

10) Siamo a un secondo dall'inizio, e neutroni e protoni si uniscono per formare i primi nuclei atomici.

11) Per circa 3000 anni l'Universo neonato è dominato dall'energia. Raffreddamento ed espansione continuano.

12) Fra 3000 e 300.000 anni è la materia a prendere il sopravvento, per diventare la principale fonte dell'attrazione gravitazionale che tiene insieme l'Universo.

13) A 300.000 anni, un ipotetico spettatore avrebbe visto nascere la luce: avrebbe cioè assistito alla separazione fra la materia e l'energia elettromagnetica. I fotoni adesso possono viaggiare liberamente ed essere rilevati come radiazione cosmica di fondo: l'eco del Big Bang.

14) A 200 milioni di anni dall'inizio, comincia la formazione delle galassie.

15) Si costituiscono quasar e galassie.

16) Continuano l'espansione e il raffreddamento: l'Universo assume la struttura a spugna osservata ai nostri giorni.

quando l'Universo aveva appena 20 milioni di anni. Se si dovesse tradurre questa radiazione in un'immagine, dovremmo raffigurarla come una macchia bianca (un po' quello che succede quando si guarda il Sole), formata cioè da tutte le lunghezze d'onda dello spettro luminoso.

È possibile captare eco ancora più remote, vale a dire risalire ancora più indietro nel tempo? Come spiega Arno Penzias, la risposta è no. Infatti, durante il percorso a ritroso la materia diventa molto calda e il calore impedisce la trasparenza, proprio come succede con il gas che esce da un accendino: trasparente, finché la fiamma non si accende. La stessa cosa è accaduta per l'Universo nelle sue fasi iniziali: era troppo caldo perché fosse possibile vederlo.

L'alfabeto atomico

Comunque si siano svolti gli avvenimenti, è opinione comune che gli atomi, così come noi li conosciamo, non esistessero all'istante zero e che si siano formati successivamente, come risultato dell'esplosione iniziale. Da essa nacque infatti, come si sa, una grande nube di idrogeno e di elio destinata a evolversi, dando origine ad atomi sempre più complessi, secondo un procedimento che oggi appare sufficientemente chiaro (ne abbiamo parlato nel primo capitolo).

Ci si potrebbe chiedere come mai i primi atomi fossero esclusivamente di idrogeno.

La risposta più plausibile è che, partendo dalle particelle di base della materia (protoni, neutroni, elettroni), l'aggregazione più semplice era proprio quella dell'atomo di idrogeno: cioè un solo protone intorno al quale gira un solo elettrone.

In quella prima nube si formarono anche altri atomi, in cui per esempio un neutrone si collocava accanto al protone dando origine al deuterio (un isotopo dell'idrogeno, cioè un atomo simile, ma più raro e di peso maggiore).

Era l'abc dell'alfabeto atomico; dopodiché, aggiungendo a un atomo, tramite successive fusioni, un numero sempre crescente di protoni, neutroni ed elettroni, si passava ad atomi via via più pesanti, con la creazione progressiva di tutti gli elementi oggi noti in natura: dall'azoto al carbonio, dal sodio al potassio, dal ferro all'oro.

Questa graduale evoluzione dell'Universo ha dato progressivamente origine alla grande varietà dei corpi celesti nello spazio. È un'evoluzione di cui possiamo renderci conto osservando il cielo, poiché gli astri che vediamo non sono lontani solo nello spazio, ma anche nel tempo. Infatti la luce, pur con la sua straordinaria velocità (circa 300.000 chilometri al secondo, la massima nell'Universo), impiega anni – a volte migliaia, milioni o miliardi di anni – per coprire le abissali distanze cosmiche. Pertanto, quando la luce di una stella lontana giunge a noi, noi non vediamo la stella qual è oggi, ma com'era quando quel raggio di luce è partito. Forse, addirittura, oggi quella stella non esiste più.

Questa specie di macchina del tempo ci permette di osservare contemporaneamente (secondo la distanza-luce a cui si trovano) corpi celesti apparsi in epoche diverse del passato, e quindi in tempi differenti della loro evoluzione o, addirittura, al momento della loro formazione. È un preziosissimo archivio dell'evoluzione cosmica, che ci consente di leggere come un libro aperto la storia dell'Universo, risalendo all'indietro per scoprire ogni volta nuovi fogli e nuove illustrazioni. Anche se, almeno per ora, manca la prima pagina.

INCRESPATURE, STELLE E GALASSIE

Come si sono formate le stelle e le galassie? Perché la grande nube di idrogeno ed elio sorta dal Big Bang, a un certo punto, ha cominciato ad addensarsi e a formare nuclei di materia più compatti, dai quali sarebbe poi nato l'Universo che conosciamo? Le osservazioni astronomiche nelle profondità del Cosmo hanno rivelato una struttura molto caratteristica: la materia luminosa non è sparsa uniformemente nello spazio, ma è distribuita in gruppi. Le stelle sono raggruppate in galassie, le galassie in ammassi di galassie, gli ammassi in superammassi. Su grande scala, centinaia di milioni di anni luce, l'Universo appare come una spugna, con immensi vuoti al suo interno.

Questi raggruppamenti di materia luminosa sono separati da regioni completamente vuote, estese decine e decine di milioni di anni luce. Il passaggio dalla grande nube gassosa primordiale a questa complicata struttura si è rivelato un vero rompicapo per gli astronomi. Tanto più che l'osservazione della radiazione cosmica di fondo, omogenea in qualsiasi direzione dello spazio, non forniva alcun elemento per comprendere la formazione delle galassie. Forse questa radiazione che permea l'Universo non è così omogenea? Esistono forse piccole irregolarità, lievi increspature, che possono spiegare l'attuale struttura cosmica? Per verificare questa ipotesi è stato lanciato un satellite, il COBE (Cosmic Observatory Background Emission), che all'inizio degli anni Novanta ha tracciato una mappa completa della radiazione cosmica di fondo. Ebbene, le lievi increspature esistono davvero. Si tratta di minime differenze di temperatura (uno scostamento tra un decimillesimo e un centimillesimo).

Come spesso accade in questo genere di osservazioni, però, le increspature non erano delle dimensioni previste dalle teorie elaborate dagli astrofisici.

Sono dunque le increspature ad aver fatto sì che l'Universo possieda oggi galassie, stelle e pianeti e non sia soltanto una nube di gas espansa e fredda?

Il meccanismo che dalla nube primordiale ha portato alle galassie non è stato dunque ancora completamente chiarito. Ma la scoperta delle increspature nella radiazione cosmica di fondo ha fatto comprendere che questa è la strada giusta.

Le quasar e l'infanzia dell'Universo

Cominciamo con gli oggetti più distanti (miliardi di anni luce) che i telescopi riescono a scorgere: le quasar. Purtroppo non è ancora possibile osservare nei dettagli corpi così lontani: ma gli astronomi sono convinti che esse siano le antenate delle galassie. Si tratta di immense concentrazioni di gas con nuclei molto attivi, in cui avvengono fenomeni estremamente violenti.

Osservare oggetti così lontani (8, 10, 12 miliardi di anni luce) significa andare indietro nel tempo fino a un'epoca sempre più vicina al Big Bang. Se, com'è opinione diffusa, il Big Bang diede origine inizialmente a un'immensa nube di idrogeno, che poi, lentamente, si concentrò in condensazioni locali, allora le quasar potrebbero essere il primo stadio di tali condensazioni: ovvero, la fase iniziale della formazione delle galassie.

Di quasar ne sono state avvistate molte, sparse in tutto l'Universo, ma nessuna galassia tanto antica è mai stata osservata: anche questo avvalora l'ipotesi che, in un'epoca così remota, non esistevano ancora le galassie, ma solo le quasar. Le galassie più lontane sono di forma irregolare.

C'è un anello mancante, per così dire, tra le quasar e le prime galassie: forse ciò si spiega (è una delle ipotesi) con una transizione relativamente rapida tra le due forme.

Tra l'altro, va detto che le quasar sono, in un certo senso, un'illusione ottica: infatti, noi le vediamo com'erano miliardi di anni fa. Oggi non sappiamo come siano evolute. Le quasar sarebbero dunque l'infanzia, la prima fase di quella serie di reazioni a cascata che diede origine al firmamento così come lo conosciamo oggi. Per ora, però, le informazioni sono troppo frammentarie, talora contraddittorie. È ancora prematuro trarre conclusioni in proposito.

Galassie in gerarchia e costellazioni illusorie

Guardando il cielo, possiamo vedere galassie di tipi diversi: alcune irregolari, altre a spirale, altre ancora ellittiche (a disco); alcune in evoluzione, altre già adulte; alcune molto grandi, altre piccolissime. Osservandole nei vari stadi, possiamo farci un'idea della loro storia evolutiva. Anch'esse seguono il modello del Sistema solare, in scala però molto maggiore, per dimensioni e complessità: un nucleo più denso al centro e un disco (o una spirale) di altro gas e materia che ruota intorno. Ovunque, specialmente nelle zone periferiche, piccole condensazioni locali: le stelle (miliardi o centinaia di miliardi), in via di formazione o già formate.

È opinione diffusa che nel cuore delle cosiddette galassie con nucleo attivo (cioè caratterizzato da violenti fenomeni che avvengono nella zona centrale) esista, come anche nelle quasar, un particolare motore energetico: un gigantesco buco nero, che inghiotte la materia circostante creando un immenso vortice, un disco d'accrescimento generatore di energia.

Nell'Universo vi sono miliardi di galassie, forse centinaia di miliardi. Gli astronomi hanno osservato che è possibile ordinarle in una vera e propria gerarchia. La nostra, per esempio, fa parte di un gruppo locale di galassie. Tali gruppi locali si possono riunire, a loro volta, in ammassi galattici, che possono essere raggruppati in superammassi. Quest'ultimo sembra essere, per ora, il livello gerarchico più elevato. In mezzo a tutte queste galassie, il vuoto, in cui ancora vagano residui di materia primordiale.

Le costellazioni, invece, sono soltanto un'illusione ottica, per quanto di grande utilità come carta geografica. Inarcando il cielo, parrebbe che alcune stelle traccino nello spazio linee e disegni: quelli che hanno dato origine ai segni dello Zodiaco. In realtà, stelle che appaiono vicine, o sullo stesso piano, sono molto distanti le une dalle altre, nel tempo e nello spazio: in certi casi a decine, centinaia, migliaia di anni luce. Non si può nemmeno escludere che alcuni di questi astri abbiano mutato posizione, o siano addirittura scomparsi.

COME SI OSSERVA IL COSMO

La luce che i nostri occhi possono vedere è solo una piccola porzione dello spettro elettromagnetico. Molte radiazioni luminose emesse da stelle, galassie e altri oggetti celesti passerebbero totalmente inosservate se gli astronomi non avessero costruito sensibilissimi strumenti capaci di captare questi invisibili segnali del cielo.

Radio

I radiotelescopi captano le onde radio emesse dalla Via Lattea e da altre galassie. Questi segnali consentono di localizzare oggetti, come le pulsar, che non diffondono alcuna luce visibile. Anche la distribuzione dell'idrogeno, il gas più comune nel Cosmo, viene misurata con questo strumento.

Microonde

La famosa radiazione cosmica di fondo, l'eco del Big Bang, viene rilevata studiando lo spettro delle microonde (onde radio dalla frequenza più alta). Il satellite COBE ha elaborato una mappa di questa radiazione.

Infrarosso

L'Universo nell'infrarosso è completamente diverso da quello cui siamo abituati. Nuove sorgenti luminose appaiono in questa lunghezza d'onda, mentre i centri delle galassie, di solito nascosti da nuvole di polvere, risultano maggiormente visibili nell'infrarosso.

Visibile

È il cielo che conosciamo grazie ai telescopi, che, a partire da quello messo a punto da Galileo Galilei nel 1610, sono andati sempre più perfezionandosi, fino allo straordinario telescopio spaziale che, in volo al di sopra dell'atmosfera terrestre, può scrutare nelle profondità cosmiche senza l'impedimento dello strato d'aria.

Ultravioletto

A queste lunghezze d'onda cominciano ad apparire i processi più violenti del Cosmo, quelli in cui vengono prodotte enormi quantità di energia. Osservato nell'ultravioletto, il Sole mostra la struttura nascosta della corona, la rarefatta atmosfera solare, in cui sono stati individuati numerosi «buchi». L'osservazione della Via Lattea nell'ultravioletto mostra invece le stelle più grandi e calde.

Raggi X

Le reazioni ad alte energie sviluppate nelle grandi nubi di gas che permeano la nostra Galassia sono responsabili della maggior parte dei raggi X osservati dagli astronomi. Ma esistono anche altre sorgenti di tali radiazioni, come Cignus X-1, forse un buco nero.

Raggi gamma

I più violenti processi fisici dell'Universo causano queste radiazioni, al massimo livello di energia. I raggi gamma vengono prodotti in particolari reazioni nelle nubi di gas o sono generati da sorgenti come le pulsar Geminga, del Granchio, della Vela. Le sorgenti di raggi gamma nascondono ancora molti segreti.

Ogni astro ha una sua personalità

In passato, inoltre, le stelle sembravano tutte uguali, e così i pianeti: puntini luminosi nel cielo. L'astronomia moderna e l'esplorazione spaziale ci hanno insegnato che le differenze tra quei puntini luminosi sono spesso notevoli.

Nei precedenti capitoli, per esempio, abbiamo visto quanto possano essere differenti tra loro i pianeti: ognuno ha proprie dimensioni, atmosfera, superficie, temperatura ecc. Lo stesso avviene per le stelle: si distinguono per età, dimensione, stadio di evoluzione, caratteristiche chimiche. Tant'è che si parla di stelle di prima oppure di seconda generazione, stelle doppie, giganti rosse, stelle collassate e così via.

Per comprendere meglio tali diversità è possibile affidarsi a un criterio molto semplice, ma indubbiamente efficace: quello delle dimensioni dell'astro. Indubbiamente entrano in gioco anche molti altri fattori, ma seguendo il *fil rouge* delle dimensioni tutto appare immediatamente più chiaro.

MOSTRI COSMICI

I buchi neri

Nascono in seguito all'esplosione di stelle molto più grandi del Sole. In queste catastrofi stellari una grande quantità di gas viene lanciata nello spazio, mentre un nucleo centrale di materia subisce pressioni inimmaginabili: gli atomi che compongono questo nucleo vengono come stritolati e fusi insieme. Ciò che rimane è un fluido di neutroni ultracompatto. Se la massa di questi relitti cosmici non è superiore di circa due volte a quella del Sole, si forma una pulsar o stella di neutroni. Ma se la massa è maggiore, avviene un fenomeno straordinario: il peso del fluido neutronico è così elevato che crolla su se stesso, in un collasso gravitazionale senza fine. Niente può uscire da un buco nero, nemmeno la luce. Non solo. Un simile mostro lacera la struttura spazio-temporale dell'Universo: si ritiene infatti che nel buco nero il tempo rallenti e addirittura si fermi. Ma sono state formulate ipotesi ancora più sorprendenti. I buchi neri sarebbero come imbuti che, forando la struttura dello spazio-tempo, condurrebbero verso altre regioni dell'Universo o, addirittura, di universi paralleli, dove apparirebbero come buchi bianchi.

Le quasar

Abitano nelle profondità cosmiche, a miliardi di anni luce dalla Terra: sono le quasar (Quasi-stellar Radio Source, radiosorgente quasi stellare), oggetti celesti molto compatti – 1-2 anni luce di diametro – la cui luminosità è mille volte maggiore di quella della più grande galassia conosciuta. Qual è la fonte di una simile energia? È stato ipotizzato che si tratti di un buco nero di massa grandissima, che inghiotte i gas circostanti. Una cosa è certa: le quasar erano molto più comuni nell'Universo alcuni miliardi di anni fa.

In un Sistema solare, per esempio, gli elementi più piccoli sono gli atomi di gas e le polveri vaganti. Se queste polveri, si aggregano, formano una «ghiaia», con detriti di varie dimensioni che, a loro volta, possono diventare semplici meteoriti, oppure unirsi tra loro e con del ghiaccio per dare origine a nuclei di comete. Può anche accadere che polveri e sassi creino corpi più compatti e di volume maggiore, gli asteroidi, a loro volta di dimensioni variabili: piccoli (con forma a patata) o grandi (con forma più o meno sferica).

Se la materia si aggrega, com'è avvenuto per i nostri pianeti, con vortici di gas e polveri, possono nascere corpi ancora più grandi, che grazie alla loro attrazione gravitazionale catturano sempre più materia vagante.

Nascono così pianeti che si differenziano in base alla concentrazione di gas e polveri, ma soprattutto in base alle dimensioni. I pianeti rocciosi, quanto più sono piccoli tanto meno riescono a trattenere le proprie atmosfere, cioè i gas che si trovano nella parte esterna. I pianeti gassosi, quanto più sono grandi tanto più possono assomigliare a una stella.

Come si è detto, se riuscissimo a formare una palla di idrogeno grande quanto il Sole, essa si accenderebbe spontaneamente con reazioni nucleari interne. Così nascono le stelle. Che, a un certo punto, esauriscono il proprio carburante interno e collassano, diventando stelle nane molto dense: nane bianche se hanno la dimensione del Sole, stelle di neutroni se sono molto maggiori; e addirittura buchi neri, se sono ancora più grandi. Questi ultimi, sono il risultato del collasso di stelle giganti, che implica una compressione gravitazionale della materia di entità tale da creare oggetti molto speciali: il buco nero, appunto. A causa della sua eccezionale densità, niente riesce più a uscire da un buco nero, nemmeno i fotoni, le particelle elementari di energia luminosa. Questi astri diventano pertanto invisibili, corpi oscuri che inghiottono tutto. Proprio per tale ragione essi non possono essere osservati dagli astronomi. La loro presenza si può rilevare indirettamente, tramite le radiazioni emesse dalla materia che si trova nelle immediate vicinanze.

QUALE DESTINO PER L'UNIVERSO?

Com'è noto, l'Universo si sta espandendo. Ciò è provato dalla constatazione che le galassie si stanno allontanando le une dalle altre, fenomeno rilevabile grazie alla misurazione del red shift (spostamento verso il rosso) galattico: la luce di questi oggetti cosmici devia verso il rosso (effetto Doppler) e ciò sta a significare che una sorgente luminosa si sta allontanando da un osservatore. Al contrario, un blue shift, o spostamento verso il blu, indicherebbe un avvicinamento rispetto all'osservatore stesso. Domandarsi quale sarà il destino dell'Universo significa chiedersi: l'espansione continuerà all'infinito oppure a un certo punto si fermerà e comincerà una contrazione?

La scelta fra i due destini dipende dalla quantità di materia presente nell'Universo. Infatti, come prevede la teoria della relatività di Einstein, la materia curva lo spazio, facendogli acquistare particolari forme geometriche. Se la materia è sufficiente, lo spazio è chiuso, ha cioè la forma di un'enorme sfera, e l'Universo è finito. Ciò vuol dire che fra qualche miliardo di anni l'espansione si fermerà e il Cosmo comincerà a contrarsi. Le galassie si avvicineranno le une alle altre e gli osservatori di quelle epoche remote misureranno nella loro luce *blue shift* sempre più intensi. Tutto finirà per convergere in un unico punto: le galassie, le stelle, i pianeti si fonderanno in una nube di materia sempre più densa e calda. Alla fine, in una singolarità simile a quella del Big Bang, la temperatura e la densità tenderanno all'infinito e tutto, spazio, tempo, materia, cesserà di esistere. Sarà il Big Crunch.

Qualora invece la materia non fosse sufficiente, lo spazio assumerà una figura geometrica aperta e l'espansione continuerà all'infinito. A un certo punto, le stelle e le galassie si spegneranno, senza che altre se ne formino. La materia lentamente si raffredderà e sarà forse risucchiata da immensi buchi neri. Nel cielo, completamente nero, non brillerà più alcuna luce. Poi, come hanno ipotizzato alcuni fisici (per esempio Stephen Hawking), anche i buchi neri supermassicci evaporeranno; l'Universo sarà allora un enorme spazio vuoto inondato da una radiazione sempre più fredda.

Esiste anche una terza eventualità: che l'Universo si trovi esattamente sulla sottile linea che separa le due possibilità, cioè l'espansione eterna e il Big Bang alla rovescia. Cosa succederà in questo caso? La risposta è che non lo sappiamo e, forse, non lo sapremo mai.

L'Universo invisibile

I buchi neri, del resto, non sono gli unici corpi invisibili nel cielo. L'Universo è pieno di oggetti che non riusciamo a vedere: si calcola che addirittura il 90-95% della materia esistente non emetta luce (dalle polveri ai gas, da una gamma di particelle agli asteroidi, agli stessi pianeti, per non parlare dei neutrini). Dunque la norma, nel Cosmo, non è la luce, non sono le stelle e le galassie, ma questa materia oscura, per ora inaccessibile ai nostri telescopi. Sono quindi molti gli interrogativi che attendono ancora una risposta. Ma quanto i ricercatori hanno finora scoperto ci consente di avere una visione d'insieme abbastanza coerente, benché incompleta. Soprattutto per quanto riguarda l'*inizio*.

Parte seconda

La nascita della vita

Il passaggio dall'inanimato all'animato, o meglio,
dal non vivente al vivente, è un tema
di straordinario interesse. Quando
e come si è «accesa» la vita sul nostro pianeta?
In che modo, dalla materia inerte,
hanno avuto origine esseri in grado di riprodursi?
Cercheremo di mettere insieme gli elementi del puzzle,
per vedere a che punto è la nostra conoscenza.
E anche la nostra ignoranza.
L'argomento non è dei più facili, ma proveremo
a trattarlo nella maniera più chiara possibile.

I

L'origine della vita

L'origine della vita, la straordinaria capacità che ha la materia di muoversi, reagire, correre e magari pensare, ha da sempre affascinato l'uomo, mobilitando la fantasia e l'ingegno di filosofi e di scienziati per millenni. Solo nel corso degli ultimi decenni, però, è stato possibile cominciare a tracciare un quadro attendibile degli avvenimenti, grazie, in particolare, allo sviluppo delle conoscenze nel campo della biochimica.

In questo capitolo, naturalmente, non potrà essere trattato in modo esauriente l'argomento dell'apparizione del codice genetico e della progressiva evoluzione della materia (montaggi molecolari, meccanismi di riproduzione, mutazioni, selezione ambientale, relazione tra strutture e comportamenti ecc.), a causa della sua complessità. E anche i meccanismi dell'evoluzione verranno analizzati successivamente.

Probabile o improbabile?

Di fondamentale importanza è capire se i processi che hanno portato all'apparizione della vita sulla Terra sono qualcosa di eccezionale e di altamente improbabile o se potrebbero aver luogo spontaneamente, regolati da leggi naturali.

Oggi non abbiamo ancora modo di verificare se e come la vita altrove, nell'Universo, può essersi sviluppata: tutto quello che possiamo fare è studiare il solo modello che abbiamo a disposizione, la Terra. Questo modello offre un vantaggio: ha funzionato, cioè ha dato effettivamente origine alla vita. Ma anche uno svantaggio: non è ancora chiaro in che modo tutto ciò sia accaduto. Mancano ancora molti anelli a questa catena di avvenimenti. Tuttavia, come si diceva, alcune linee d'insieme cominciano a delinearsi. Per collocare l'origine della vita sulla Terra dobbiamo tornare a 4 miliardi e mezzo di anni fa.

A quel tempo il nostro pianeta non era certo un posto raccomandabile: se oggi Marte e Venere ci colpiscono per il loro aspetto ostile, altrettanto avremmo potuto dire della Terra primordiale. Anche dopo l'inizio della solidificazione della crosta terrestre, l'ambiente era totalmente inospitale: vulcani, lava, fulmini e, soprattutto, un'atmosfera irrespirabile per l'uomo, composta da ammoniaca, idrogeno, vapore acqueo, metano (oltre a idrogeno solforato, anidride solforosa e ossido di carbonio); e pressoché assenza di ossigeno. Si pensa che sotto l'azione dell'energia solare e dei fulmini i gas presenti nell'atmosfera abbiano dato luogo a una reazione, formando i primi composti organici (forse in parte portati anche dalle comete), che gradualmente riempirono gli oceani, dove l'acqua li proteggeva dall'azione dei raggi ultravioletti. Per prima cosa ebbero origine gli amminoacidi. Poi questi primi composti (sempre sotto l'azione dell'energia solare) si unirono casualmente in aggregati più grandi e più complessi, i cosiddetti polimeri. In questo «brodo caldo», com'è stato definito, per molti milioni di anni è avvenuto un rimestamento di molecole organiche sempre più numerose e complesse, fino all'emergere di molecole capaci di stampare copie identiche di se stesse. Questo processo, secondo alcuni, potrebbe probabilmente aver avuto luogo in prossimità delle sorgenti sulfuree calde dei vulcani sottomarini, a quel tempo numerosissimi. Nacque così la replicazione, assieme alla selezione ambientale, che portò a molecole ancor più complesse ed efficienti che, unendosi in ulteriori montaggi spontanei e cominciando a replicarsi dentro una membrana, diedero origine alle prime forme cellulari, e quindi alla vita vera e propria: esseri unicellulari (alghe verdazzurre o solfo-batteri) destinati a evolversi.

La boccia delle meraviglie

Questa, grosso modo, è l'ipotesi che al momento trova più consensi tra i ricercatori che si occupano dell'origine della vita. Ma naturalmente mancano molti passaggi di questa sequenza, anche perché nessuno era presente a vedere come andarono realmente i fatti. Quello che si può fare oggi è tentare di ricostruire gli avvenimenti e cercare di riprodurre, almeno parzialmente, alcuni di questi processi in laboratorio.

Il primo grande successo, in questo senso, è stato ottenuto negli anni Cinquanta dal biologo Stanley Miller, che effettuò un esperimento perfettamente ripetibile, rimasto un classico. Impiegando un apparecchio come quello dell'illustrazione riportata a pagina seguente, mise nell'ampolla superiore i gas che si presume costituissero l'atmosfera primitiva della Terra: idrogeno, metano, ammoniaca, vapore acqueo. Poi, per simulare l'energia primitiva dei fulmini, sottopose questi gas a scariche elettriche. Dopo una settimana, nel fondo della sfera di vetro si erano formati nientemeno che degli amminoacidi. E gli amminoacidi, com'è noto, sono i costituenti delle proteine, cioè i mattoni con cui vengono costruite tutte le nostre cellule.

Da allora altre ricerche sono continuate lungo la stessa linea, utilizzando oltre alle scariche elettriche anche altre forme di energia naturali, come fasci di particelle. Si sono così ottenute sostanze quali l'adenosina, che è un componente degli acidi nucleici, cioè del famoso DNA, la molecola a doppia elica che costituisce i cromosomi.

Uno dei possibili sviluppi di queste ricerche è arrivare a individuare molecole di proteine e di DNA, che unite darebbero origine a un virus, cioè a qualcosa che è già in grado di replicarsi. Com'è ovvio, l'obiettivo di questi studi è cercare di giungere spontaneamente a queste molecole, poiché con metodi artificiali si è già arrivati a costruire dei virus in laboratorio, partendo da catene molecolari preesistenti. Già nel 1967 il premio Nobel Arthur Kornberg della Stanford University era riuscito a unire quelli che si potrebbero chiamare i «cromosomi» di un virus, cioè produrre del DNA di un virus in provetta, inserirlo all'interno di un batterio particolare e ricavarne molti altri virus. E un virus, per quanto sia in grado di autosostenersi soltanto all'interno di una cellula vivente, è veramente molto vicino a essere una forma di vita.

La vita e il trenino elettrico

A questo punto, per comprendere meglio il seguito del discorso, forse sarebbe bene chiarire un concetto fondamentale: la differenza tra la vita e la non vita, tra la materia vivente e quella inerte.

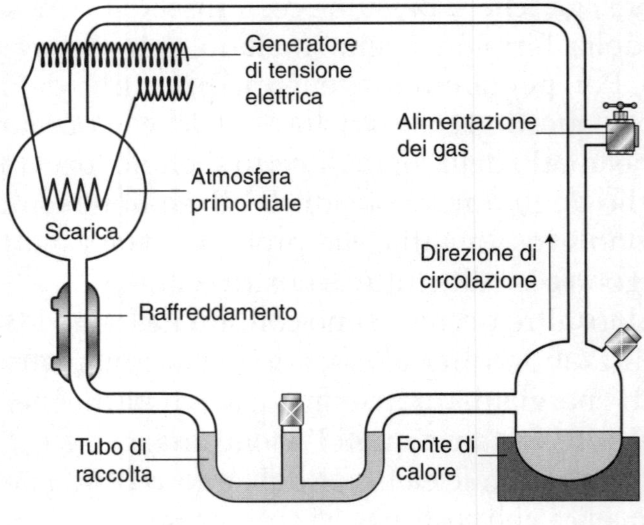

Ecco l'apparato che permise a Stanley Miller di effettuare il suo famoso esperimento. La parte fondamentale è l'ampolla nella quale in un miscuglio di gas, simili all'atmosfera primordiale, venivano fatte scoccare potenti scariche elettriche. Dopo una settimana, nel tubo di raccolta Miller trovò diversi amminoacidi, i mattoni fondamentali della vita.

Noi siamo infatti abituati a fare una grande differenza tra le due cose, come se appartenessero a due mondi completamente diversi: in realtà tutto ciò che la ricerca scientifica ci sta mostrando è che si tratta semplicemente di una differenza di struttura. Sarebbe come dire che un trenino elettrico funzionante è materia vivente mentre uno guasto è materia inerte: si tratta sempre dello stesso trenino. La differenza consiste nel fatto che le diverse parti – rotelle, fili (o, se preferite, i vari atomi) – sono disposte in un modo piuttosto che in un altro: «giusto» oppure «sbagliato». Spostando determinati pezzi il trenino vivo tornerà a essere inerte, e viceversa. Così è per un organismo vivente. Il nostro corpo è costituito esattamente dagli stessi atomi di un sasso o di un fondo stradale, oppure di un trenino elettrico: idrogeno, carbonio, ossigeno, azoto, fosforo, ferro, sodio, potassio, calcio… Disponendo tutti questi atomi nel modo corretto si ottiene un organismo vivente (e infatti quando i meccanismi interni si guastano, come nell'esempio del trenino elettrico, noi torniamo a essere materia inerte, cioè morti).

Energia solare

Attraverso il metabolismo, noi cambiamo continuamente tutti i nostri atomi, perfino quelli delle cellule cosiddette perenni, cioè delle cellule nervose, e quindi anche del cervello. Quotidianamente preleviamo dall'ambiente miliardi di atomi (respirando, mangiando, bevendo) e ne rigettiamo altri miliardi (espirando, sudando, eliminando rifiuti). Nel nostro organismo c'è un ricambio incessante di questi atomi inerti, che vanno però a collocarsi nel punto giusto e rendono tutta la nostra struttura funzionante, proprio come un trenino elettrico. Tutti i tessuti delle varie parti del corpo (occhi, cuore, labbra, pelle, fegato, stomaco, lingua, lo stesso cervello) vengono sostituiti nel giro di qualche mese, oggi interamente costituiti da atomi che prima si trovavano nei negozi di alimentari sotto forma di pomodori, marmellate, grissini, cavoli, patate… Anche i nostri ricordi vengono continuamente smontati e rimontati grazie a questo ricambio molecolare e atomico, così come a una casa si possono sostituire i mattoni o a un apparecchio radio i transistor, senza che in apparenza nulla cambi.

Ma da dove proviene l'energia per la vita? Come per il trenino elettrico, anche la nostra presa di corrente è esterna, il Sole, da cui ricaviamo direttamente o indirettamente (attraverso la fotosintesi) l'energia in pillole sotto forma di cibo, vegetale o animale, che ci consente di far funzionare la nostra macchina biochimica. Ciò che è importante sottolineare è che la differenza tra materia inerte e vivente è proprio una differenza di struttura, cioè di montaggio di atomi. In effetti, se per un insieme di circostanze certi atomi cominciano casualmente ad aggregarsi in determinate strutture, sotto l'azione dell'energia solare, diventa possibile innescare un processo che gradualmente, attraverso un meccanismo di selezione, può portare a strutture sempre più complesse e funzionanti.

Una «Divina Commedia» chimica

Può l'aggregazione degli atomi essere avvenuta nel «brodo caldo» della Terra primordiale, oltre 4 miliardi di anni fa? Come si è visto, oggi è stato dimostrato che i mattoni di base delle strutture viventi (amminoacidi, precursori del DNA ecc.) si formano facilmente e in modo spontaneo in presenza di gas primitivi e di energia. Non sappiamo esattamente cosa sia avvenuto alcuni miliardi di anni fa, quando le prime molecole di DNA vennero prodotte e si riprodussero, dando origine a strutture più complesse. Ma alcune ipotesi sono state formulate.

I ricercatori che si occupano dell'origine della vita pensano che i mattoni costitutivi del DNA si aggregarono grazie a una serie di circostanze fortunate, creando una struttura capace di replicarsi. Da quel momento, attraverso una lunga sequenza di tempi, ci fu un'evoluzione verso molecole sempre più complesse, fino ad arrivare a quelle che si

LE PIÙ ANTICHE TRACCE DI VITA

In alcune rocce australiane, risalenti a circa 3,5 miliardi di anni fa, sono stati osservati, al microscopio, i segni di antichi organismi viventi. Si tratta di vescicole o di bastoncini più o meno allungati; tracce lasciate, in epoche remote, dagli abitanti della Terra primordiale. Secondo gli scienziati la fauna batterica presente in queste rocce mostra una discreta varietà di forme e di strutture. Un indizio che la vita, in quel periodo, si era non solo solidamente stabilita sulla Terra, ma aveva anche cominciato a differenziarsi. Altre rocce trovate in Groenlandia risalgono addirittura a 3,8 miliardi di anni fa. Si tratta di alcune fra le rocce più antiche mai trovate sul nostro pianeta. Ebbene lo studio al microscopio di sottili sezioni di tali rocce ha rivelato la presenza di tracce fossili di antichi organismi, simili a batteri. Contrariamente alle rocce australiane, qui non sembra esservi molta varietà fra i vari microfossili. Forse la vita non era ancora così differenziata o più semplicemente le rocce ci mostrano solo una particolare nicchia. Ovviamente, di questi antichi batteri è rimasta solo un'impronta nella roccia. Tutto la materia organica è ormai scomparsa e pertanto non è possibile analizzarne il DNA o le proteine. Ma il ritrovamento è comunque un'importante scoperta. Dimostra infatti che 3,8 miliardi di anni fa la vita era presente sulla Terra, cioè ad appena poche centinaia di milioni di anni dalla formazione e dal raffreddamento del pianeta.

possono oggi vedere in natura. L'incontro e l'unione di miliardi di molecole, per centinaia di milioni di anni, sotto l'azione dell'energia solare: quante probabilità avevano questi agganci casuali di organizzarsi in strutture come quelle del DNA? Alcuni ritengono che si sia trattato di una probabilità estremamente bassa, frutto di una serie di circostanze del tutto eccezionali. Basterebbe fare i conti, dicono, per accorgersi che dal punto di vista statistico è infatti astronomicamente improbabile che un tale avvenimento possa aver avuto luogo. È utile a questo proposito citare il famoso esempio della scimmia. Battendo a casaccio i tasti di una macchina da scrivere in teoria una scimmia potrebbe comporre la *Divina Commedia*, se le si dessero abbastanza fogli e tempo: ma è evidente che si tratta di un risultato praticamente impossibile da ottenere.

Ma non bisogna dimenticare che entrano in gioco anche altri elementi, a modificare notevolmente questa visione pessimistica. Innanzitutto, non è necessario che la scimmia batta a macchina la *Divina Commedia* tutta in una volta. La molecola di DNA infatti non è stata scritta di getto, ma è il frutto di un montaggio progressivo di elementi più piccoli. Così la nostra scimmia avrebbe potuto produrre gradualmente alcune pagine giuste, messe ogni volta da parte e usate successivamente per il montaggio finale. In tal caso l'indice di probabilità aumenterebbe enormemente (soprattutto se si tiene conto che lo stesso discorso vale per ogni singola pagina, risultante da un montaggio graduale di parole). Non solo, ma bisogna tener presente che la *Divina Commedia* non è l'unico testo letterario che può scaturire da una battitura casuale: poemi, novelle, libri di storia o di matematica, biografie, saggi, tutto può risultare. Pertanto, le possibilità di scrivere altre opere, tutte diverse, sono pressoché illimitate. Non solo, ma la stessa cosa si può scrivere in moltissimi modi, e in moltissime lingue.

Il gioco della frase misteriosa

C'è, in proposito, un esperimento molto interessante condotto da uno dei padri fondatori della teoria dell'informazione, Claude E. Shannon. Egli sottopose un gruppo di studenti a una prova curiosa: indovinare una frase segreta, suggerendo delle lettere alle quali l'esaminatore rispondeva semplicemente con un sì o con un no. Se per esempio la frase in questione era: «Il gatto passeggia sul tetto», gli studenti dovevano, con una serie di tentativi, indovinare le 24 lettere della frase nella giusta sequenza. Affrontato in modo puramente casuale (traendo per esempio a caso da un sacchetto le lettere dell'alfabeto), questo gioco sarebbe stato praticamente infinito, dato lo sterminato numero di combinazioni di lettere nelle 24 posizioni. Ma la logica del linguaggio non procede in questo modo. Nel linguaggio infatti esiste un certo equilibrio tra consonanti e vocali, tra sillabe e associazioni di sillabe. Qualcuno che voglia indovinare una frase del genere, in altre parole, non comincerebbe mai col mettere 24 A di seguito, poi 24 B, 24 C e così via, procedendo per tentativi metodici fino alla Z. Nel caso specifico, dopo aver indovinato la I iniziale, tenterebbe subito di proporre una L, per ottenere l'articolo «il», con il quale spesso ha inizio una frase. Indovinata la G e la A successive, tenterebbe subito di proporre «gatto» (oppure «gallo» ecc.), riducendo enormemente il numero degli errori. Chi ha familiarità con le parole incrociate (e i giochi enigmistici in genere) sa che esistono chiavi e scorciatoie per trovare in tempi ragionevoli le varie soluzioni. Ebbene anche nella chimica c'è un'analoga logica. Le associazioni non sono puramente casuali: esiste una certa «grammatica» chimica. Quando, per esempio, Stanley Miller fece passare delle scariche elettriche nelle sue ampolle contenenti gas simili a quelli della Terra primordiale, ottenne delle molecole organiche che erano frutto di quella grammatica. C'è insomma una naturale tendenza delle molecole ad aggregarsi in certi modi e non in altri, in presenza di determinate circostanze.

La «macchina dell'evoluzione»

Tutto questo ci mostra che l'evoluzione delle molecole primordiali è molto meno legata alle regole del puro caso astratto; essa è piuttosto una risposta alle situazioni ambientali, combinate con le leggi della chimica. Tenendo anche presente che sin dall'inizio della costruzione della vita si sono create delle situazioni di «selezione», ormai verificate in laboratorio, anche per quanto riguarda le molecole. Il biochimico tedesco Manfred Eigen, premio Nobel, ha in proposito realizzato, nei suoi laboratori al Max Planck Institute, un'ingegnosa «macchina dell'evoluzione» composta di apparecchi chimici e fisici, che consente di accelerare

QUATTRO IPOTESI SULL'ORIGINE DELLA VITA

Atmosfera

Com'è noto, uno dei primi esperimenti, quello di Stanley Miller, dimostrò che nell'atmosfera primordiale (composta da anidride carbonica, metano, ammoniaca, vapore acqueo ecc.) lo scoccare di una scarica elettrica (un fulmine) dava luogo a una serie di molecole «prebiotiche», cioè di amminoacidi, forse le basi chimiche da cui si è evoluta la vita, dopo agganci di queste molecole avvenuti nei mari e nelle lagune primordiali.

Oceani

Altri ricercatori hanno pensato che il fondo dell'oceano fosse un'incubatrice più accogliente. Qui sono state scoperte numerose sorgenti termali di origine vulcanica. Attorno a queste «fumarole» sottomarine vive un esteso ecosistema di animali che possono fare a meno della luce. Il primo anello di questa straordinaria catena alimentare, che ha luogo nel buio più completo, sono alcuni batteri. Ebbene, gli scienziati hanno pensato che forse la vita è cominciata qui, a grandi profondità, negli oceani primordiali, al riparo dagli sbalzi di temperatura e dal bombardamento meteoritico che devastarono per milioni di anni la superficie terrestre.

Comete

Un'altra ipotesi sull'origine della vita chiama in causa uno spettacolare fenomeno celeste: le comete. La materia prebiotica, i mattoncini fondamentali per costruire il primo organismo capace di replicarsi, sarebbe stata portata da questi corpi celesti. Sicuramente la Terra primordiale venne sottoposta a un intenso bombardamento, e le comete fecero la loro parte. In realtà, come hanno dimostrato in questi anni le osservazioni astronomiche, le comete contengono numerosi composti organici. Ma alcuni interrogativi sorgono spontanei. Tali composti sono sopravvissuti all'impatto con l'atmosfera terrestre e alle alte temperature? Oppure si sono disintegrati? E sono poi quelli giusti per comporre la vita? Comunque siano andate le cose, se gli elementi precursori (o addirittura la vita) sono arrivati con le comete, il problema è semplicemente rinviato. Come hanno fatto a nascere sulle comete?

Argilla

Per altri ricercatori la vita non è nata né nell'atmosfera né sulle comete, né in mezzo agli oceani, bensì nel sottosuolo, nell'argilla. Secondo questi scienziati la concentrazione di molecole prebiotiche, sia nell'atmosfera sia negli oceani, sarebbe stata troppo bassa per riuscire a generare il primordiale organismo capace di replicarsi. Nell'argilla invece certi cristalli potrebbero aver svolto una fondamentale funzione: quella di stampo. Le molecole concentratesi negli strati di argilla avrebbero cominciato a replicarsi grazie agli stampi cristallini. Solo in un secondo momento, quando il meccanismo della replicazione era già stato messo a punto, sarebbero filtrate nell'oceano, dove poi si sarebbe svolta una parte importante dell'evoluzione. Aria, acqua, suolo, spazio cosmico: la culla della vita non è ancora stata individuata. O forse la vita si è evoluta passando attraverso questi vari elementi. Come in un giallo, ci sono diversi indizi, e alcuni indiziati. Attualmente i sospetti sono puntati soprattutto sulle fonti termali dei fondali oceanici.

l'evoluzione di un virus, simulando e studiando le mutazioni delle sequenze di DNA.

Darwin, scrive Eigen, propose che il più complesso si generasse dal meno complesso, per selezione naturale. Perché mai questo principio non dovrebbe valere anche per la complessità delle macromolecole? Anche qui competizione, e... «cooperazione», hanno permesso di scartare un numero enorme di mutazioni casuali, e di migliorare e stabilizzare quelle selezionate. È impossibile, dice Eigen, ricostruire le varie tappe di questo percorso, ma è possibile in compenso comprendere le leggi naturali che devono aver governato quegli stadi dell'evoluzione. La nostra attuale scarsa conoscenza della dinamica di certi processi può farci sembrare le cose più difficili di quanto non siano in realtà. Potrebbe cioè esistere qualche scorciatoia, qualche meccanismo che ancora non riusciamo a vedere, che rende tutto questo montaggio assai meno problematico.

Quando comincia la vita?

È importante sapere a che punto ha avuto inizio veramente la vita. Abbiamo visto prima che un virus, che è una struttura notevolmente complessa composta di DNA e proteina, è già qualcosa in grado di replicarsi. Il virus però ha bisogno di una cellula per questa sua replicazione, cioè necessita di un organismo già vivente, anche se si può ipotizzare che in passato certi virus potessero replicarsi usando semplicemente involucri di proteina. La vita sulla Terra non si è accesa come una lampadina, ma piuttosto come quelle lampade teatrali che si illuminano poco alla volta. O come per il passaggio dalla notte al giorno: è difficile dividere nettamente una cosa dall'altra.

Secondo i ricercatori che si occupano dell'origine della vita, vi è stata una gradualità nel passaggio, così come nella costruzione delle strutture che hanno portato alle forme viventi. Noi possiamo vedere chiaramente le due estremità, cioè la non vita e la vita; ma c'è una continuità tra le due cose, e a questo punto la definizione di vita diventa forse una questione di interpretazione. Dipende da come uno scienziato si pone di fronte a questo problema. Alcuni ritengono che la vita cominci nel momento in cui la sintesi proteica e il DNA si uniscono (ed effettivamente questo è un momento molto importante per l'origine della vita). Altri ritengono che non sia sufficiente avere la sintesi proteica, ma sia necessario che ciò avvenga all'interno di una cellula, o comunque in una zona confinata di qualche tipo, in un sistema «separato».

Per noi l'idea di vita è associata naturalmente anche a quella di movimento, di capacità di reagire e di muoversi autonomamente, di nutrirsi. A che punto, nel montaggio molecolare, le molecole che erano per così dire passive diventano attive? In questo senso, un momento molto importante nell'evoluzione della vita è stato l'apparizione di un primitivo metabolismo. Cioè la capacità di una molecola non soltanto di riprodursi, ma di imparare a costruire dei pezzi in grado di modificare il proprio ambiente chimicamente, e di distruggerli, poi, per rifarne altri, e così via.

Uno dei punti su cui sembra esserci accordo è che la vita, comunque siano andate le cose, è cominciata nell'acqua, cioè dove si sono formate e si sono assemblate per milioni di anni le molecole organiche, sotto l'azione dell'energia solare, o di quella dei vulcani sottomarini. L'acqua presentava un gran numero di vantaggi: per esempio proteggeva le prime molecole organiche dai raggi ultravioletti, la temperatura era più stabile, l'ambiente liquido favoriva la riproduzione, la minore gravità facilitava i movimenti. Si ritiene quindi che negli oceani iniziò la vita e dall'acqua emersero i primi organismi, pronti ad affrontare la grande avventura della superficie terrestre.

Tutti parenti

Possiamo a questo punto chiederci se per caso la vita abbia avuto non uno, ma più inizi: cioè se nel «brodo primordiale» ci siano stati altri tipi di molecole, diverse dal DNA, capaci di replicarsi; e se in definitiva sia prevalso un solo modello (appunto il DNA), rivelatosi il più adatto e il più efficiente. Un modello che, dopo essere partito da una famiglia di molecole, se non proprio da una sola molecola, ha poi seminato la vita sulla superficie terrestre.

Su questo punto molti ricercatori oggi sono d'accordo: tutte le forme viventi della Terra sembrano aver avuto un solo inizio, avvenuto circa 3 miliardi e mezzo di anni fa. Se Darwin avesse conosciuto la struttura di tali molecole, avrebbe fornito la seguente spiegazione: che, replicandosi, queste molecole a volte commettevano degli errori; se per caso certi errori si fossero rivelati più utili all'efficienza della struttura, era quella molecola a essere scelta e selezionata. In questo modo poterono svilupparsi famiglie di molecole capaci di replicarsi meglio, più in fretta, e da queste famiglie ne derivò finalmente una dalla quale probabilmente discendono tutte le forme viventi. Tra tutte le cellule esistenti in natura vi è una straordinaria unitarietà, una sorprendente parentela, che sembra proprio indicare l'origine comune di ogni forma vivente. Un cane, una cavalletta, un limone, un rinoceronte, una medusa, un garofano, un protozoo, un pappagallo, una noce, un tonno, un uomo: tutti parenti.

Ciò che continua a stupire è il fatto che una molecola del tipo del DNA sia virtualmente identica in un batterio primitivo, in un albero, in una cellula umana, così com'è sorprendentemente simile il meccanismo alla base della formazione di proteine ed enzimi. Naturalmente vi sono notevoli differenze che distinguono le nostre cellule da quelle delle piante, per esempio, oppure dei batteri, ma l'evoluzione ha, in pratica, adottato questo unico modello per ricamarci sopra, giungendo in definitiva a certe peculiarità come quelle che permettono di sviluppare una farfalla, un'orchidea o un essere umano.

Allo stadio attuale delle conoscenze, per noi è più difficile capire il passaggio dalle prime forme molecolari al batterio che non quello dal batterio all'uomo. Quando l'evoluzione giunge a questo punto, i dati a disposizione e il confronto tra similitudini e differenze ci permettono di valutare con sufficiente precisione quanto tempo è stato necessario per passare da una forma all'altra. Mentre per il periodo precedente, quello tra le primitive forme molecolari e la nascita di un batterio, si possono fare soltanto ipotesi.

Un buio di mezzo miliardo di anni

Tra il primo amminoacido e il primo batterio esiste infatti un intervallo di mezzo miliardo di anni, o forse più, in cui non sappiamo precisamente cosa sia avvenuto. Ci sono ipotesi, qualche buon esperimento e alcune valide osservazioni, ma manca ancora l'esatta sequenza degli avvenimenti.

Oggi abbiamo acquisito molte conoscenze. La questione non è più se è possibile costruire degli amminoacidi (poiché ciò è stato ormai realizzato), ma se per studiarne l'origine bisogna continuare sulla strada delle scariche elettriche nell'atmosfera o su quella dei meteoriti, oppure dell'attività vulcanica. Ci sono diverse possibilità di ricerca, e il problema attuale è quello di comprendere meglio quale direzione prendere. Per ora gli scienziati pensano di aver capito il tracciato, ma non possono affatto vedere i dettagli. Per questo, probabilmente, ci vorrà molto tempo.

Da tutto ciò che si è imparato in questi ultimi anni si possono trarre conclusioni circa la probabilità che il processo di montaggio molecolare della vita abbia avuto luogo anche altrove, su altri pianeti? Possiamo soltanto tirare a indovinare, perché ognuno potrebbe dire la sua, dal momento che manca qualsiasi prova o indizio. Rimaniamo dunque nel campo delle ipotesi, delle opinioni. Tuttavia, molti hanno la sensazione che, in definitiva, qualcosa ci possa essere. Le leggi della fisica e della chimica, per quanto se ne sa, valgono in tutto l'Universo; il numero degli astri è enorme; i tempi a disposizione sono molto lunghi; gli elementi chimici che costituiscono la vita terrestre sono i più diffusi nel Cosmo; nello spazio sono già state trovate molecole organiche; la storia dei pianeti è regolata dagli stessi meccanismi ovunque; e solo nella Via Lattea ci sono più di 100 o 200 miliardi di stelle. L'impressione comune è che se si riesce a superare la prima fase, quella che permette di passare dalle molecole organiche a un semplice batterio, il meccanismo della selezione naturale potrebbe portare gradualmente all'apparizione di forme sempre più evolute e complesse. Ma ne parleremo in seguito più dettagliatamente.

Una molecola sbalorditiva

Un'ultima cosa, per concludere, che mi colpì molto ai miei esordi di divulgatore scientifico: la scoperta dell'estrema complessità del vivente, una complessità che lascia davvero a bocca aperta.

Pensate che in una goccia di sangue di 1 millimetro cubo

vi sono circa 5 milioni di globuli rossi. Se guardiamo all'interno di un singolo globulo notiamo che contiene 280 milioni di molecole di emoglobina. Una molecola di emoglobina è composta di circa 10.000 atomi e questi atomi hanno una loro precisa collocazione spaziale, strutturale. È suf-

LA NASCITA DI UNA MEMBRANA

Esistono molecole composte di due parti: una che ama l'acqua (idrofila), l'altra che la respinge (idrofoba). Quando molte di queste molecole entrano in contatto in un ambiente acquoso, tendono a unirsi in un modo particolare: le parti idrofobe si serrano aderendo le une alle altre, quelle idrofile si espongono invece all'acqua, creando così un doppio strato. Ne nasce una conformazione che, scossa dai movimenti ondosi, ha la naturale propensione a racchiudersi su se stessa, formando una membrana di forma sferica. Queste molecole, oggi molto diffuse, sono i fosfolipidi (particolari tipi di grassi) e costituiscono più del 50% delle nostre membrane cellulari. La loro origine ancora una volta potrebbe essere imputabile alle rocce vaganti nello spazio (asteroidi e planetesimi), che portarono sulla Terra una buona consistenza di metano ghiacciato. Quest'ultimo, sciolto nei mari, subì l'attacco dei raggi ultravioletti e fu trasformato in un immenso strato di idrocarburi condensati (secondo il ricercatore Dick Holland dell'Università di Harvard, Usa, nei mari della preistoria si sarebbe formato uno strato spesso vari metri). Gli idrocarburi furono a loro volta lentamente demoliti dalla radiazione solare, parzialmente ossidati e solubilizzati. Alla fine del processo pertanto sulla superficie degli oceani rimasero larghe chiazze oleose che, per effetto del moto ondoso o della pioggia, diedero origine a un'infinità di sferule, o sacche. È forse questa l'«invenzione» fondamentale nella storia della vita, perché in questo modo apparentemente semplice e spontaneo vennero a crearsi dei «luoghi privilegiati» per l'evoluzione. Un involucro di tali dimensioni avrebbe infatti potuto consentire la concentrazione al suo interno di molte molecole, che poterono così incontrarsi e interagire, proprio come avviene in provetta. Anche i chimici, del resto, hanno bisogno di provette per mettere a contatto i vari composti e innescare reazioni che, altrimenti, si disperderebbero in grandi spazi, annullandosi.

ficiente sostituire nelle molecole di emoglobina tre atomi di carbonio in una certa posizione, eliminandone due di ossigeno, per provocare la morte dell'individuo. Queste cose me le spiegava il professor Max Perutz, premio Nobel, che da trent'anni studiava la struttura della molecola di emoglobina. Nel suo laboratorio all'Università di Cambridge, su una specie di tavolo da ping-pong aveva ricostruito, con una serie di fili di ferro, bulloncini e morsetti, la struttura spaziale di una molecola di emoglobina. «Ho dedicato tutta la vita alla scoperta di questa struttura, e devo dirle che non ho ancora finito. Pensi che l'emoglobina è soltanto una delle grandi molecole che appartengono alla classe degli enzimi, e di tipi di enzimi (cioè di modelli diversi) si suppone ve ne siano svariati milioni nel corpo umano. Noi ne conosciamo pochissimi, per ora. Questo le lascia immaginare» sospirò Perutz «quanto sia complicato il nostro organismo, e quanto siamo ancora indietro, malgrado tutti i progressi.» Insomma, a livello molecolare (o addirittura a livello atomico), il nostro corpo sbalordisce per la sua straordinaria complessità e precisione. È quasi incredibile che tutto riesca a funzionare a dovere, che non vi siano alterazioni ogni secondo, dal momento che un piccolo spostamento di atomi è sufficiente per provocare la morte.

Il pianista e le «stecche»

Visto nel suo insieme, effettivamente l'organismo non può darci la chiave per capire come possano essersi organizzate delle strutture vitali così complesse, per la semplice ragione che un organismo è il punto d'arrivo di un processo evolutivo durato miliardi di anni. È come se, dopo aver ascoltato un pianista, ci mettessimo al pianoforte per la prima volta. Potremmo riprendere la frase di prima e dire che l'esecuzione del pianista «sbalordisce per la sua straordinaria complessità e precisione. È quasi incredibile che tutto riesca a funzionare a dovere, e che non vi siano "stecche" ogni secondo, dal momento che un piccolo spostamento di note è sufficiente per provocare la morte dell'esecuzione». Com'è ovvio, la risposta è che l'esecuzione del pianista è il culmine di un lungo processo cominciato con le scale, gli arpeggi, i pezzi facili, per continuare poi con quelli sempre più complessi, più «strutturati», fino ad arrivare al brano da concerto. È cioè una lenta evoluzione, lungo la quale sono state eliminate via via tutte le stecche e i difetti. In realtà sono stati scartati anche tutti i pianisti che non erano in grado di arrivare alla sala da concerto. Per l'uomo è accaduta la stessa cosa: la vita è passata dalle prime lettere chimiche alle pagine, ai volumi, all'enciclopedia. E a questo punto sarà bene portare il discorso sull'evoluzione, e vedere come si è passati dal semplice al complesso, dalle pagine sciolte all'enciclopedia.

II

In diretta dalla preistoria

In queste pagine andremo per così dire a visitare «in diretta» le prime fasi dell'evoluzione della vita sulla Terra, osservando al microscopio alcuni arcaici microrganismi (probabilmente tuttora molto simili a quelli che vivevano centinaia di milioni di anni fa), ma soprattutto immaginando di immergerci nei mari e nelle lagune della Terra primordiale, per assistere ad alcuni momenti cruciali dell'evoluzione: la comparsa dei primi pluricellulari, dei primi esseri «corazzati», delle prime mascelle, fino allo sbarco sulla terraferma, con il passaggio dagli anfibi ai rettili. Assisteremo anche a predazioni e lotte di esseri stranissimi, spesso mostruosi, in un certo senso nostri antichissimi antenati, che hanno permesso gradualmente alla vita di evolversi e di dar luogo a forme sempre più complesse e sofisticate, di cui noi rappresentiamo l'ultima espressione.

In diretta dai mari, 1,2 miliardi di anni fa

Stiamo navigando in un mondo popolato di stranissime forme viventi che, come piccole mongolfiere, vagano ovunque. Sono cellule complesse, ormai dotate di nucleo, almeno dieci volte più grandi di quelle primitive, di tipo batterico.

Passiamo accanto a una sorta di dirigibile, fornito di due lunghi flagelli mobili nella parte posteriore, che come un'elica gli forniscono la propulsione; altre piccole ciglia, nella parte centrale, stabilizzano il movimento (così come la piccola elica posteriore degli elicotteri). Sulla sinistra intanto una specie di salsicciotto sfreccia con movimenti a spirale, quasi come un aereo in avvitamento. È un vero e proprio zoo in miniatura quello che si agita in queste acque. Scendiamo di qualche metro e ci avviciniamo al fondo melmoso, evitando di toccarlo per non finire impantanati. Anche qui è tutto un formicolare di strani esseri dalle forme più incredibili; ci fermiamo per vederli passare: lenti, veloci o striscianti. Alcuni di questi protozoi nuotano, altri vivono sul fondo, fissati come bicchieri trasparenti, altri assomigliano davvero a mongolfiere trasportate dalle correnti, altri ancora ricordano dischi volanti o cactus in miniatura, oppure cappelli, o fiaschi rovesciati muniti di tentacoli. L'impressione è quella di trovarsi su un altro pianeta, con forme che stupirebbero perfino gli autori di fantascienza.

Ma ecco un microrganismo che si può osservare ancora oggi al microscopio, e che probabilmente esisteva già negli oceani 1 miliardo di anni fa. Il suo aspetto, a prima vista, non presenta caratteristiche particolarmente originali: è un essere dalla forma tondeggiante e allungata, che si muove in

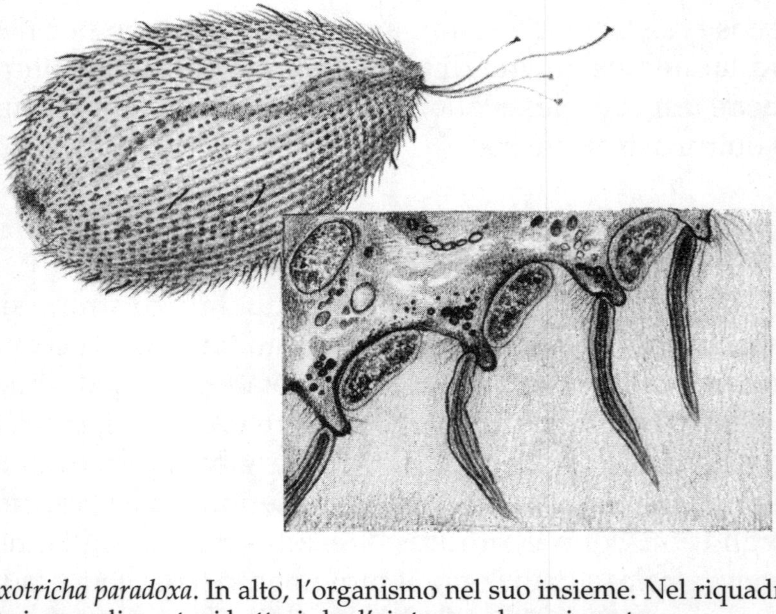

Myxotricha paradoxa. In alto, l'organismo nel suo insieme. Nel riquadro, a forte ingrandimento, i batteri che l'aiutano nel movimento.

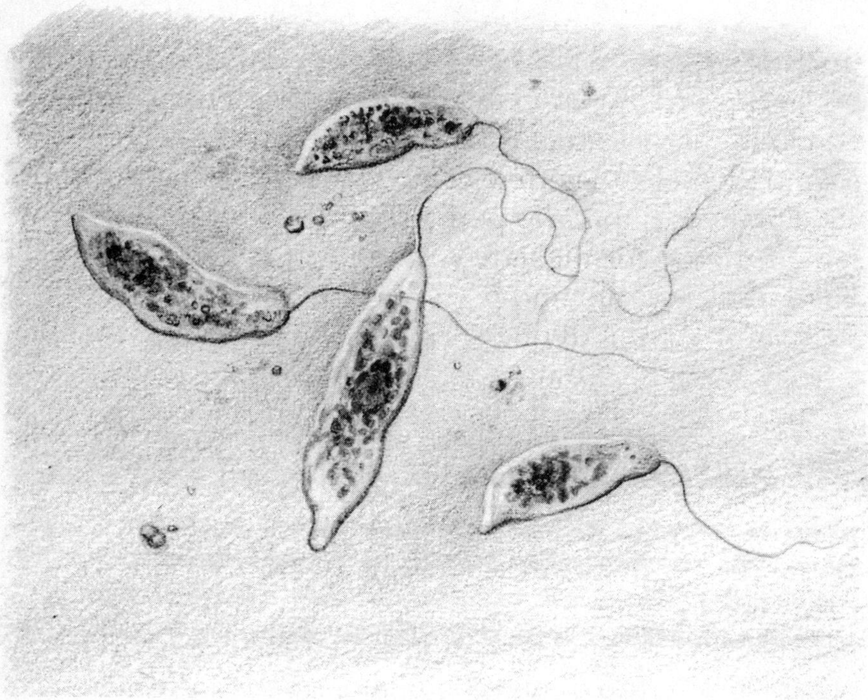

L'euglena è un essere davvero molto particolare, a metà strada tra il mondo animale e quello vegetale. A seconda delle circostanze può nutrirsi come una pianta o come un animale, o anche come un fungo.

modo rettilineo grazie a un flagello che gli imprime una rotazione a spirale. Potrebbe passare inosservato, ma l'euglena (questo è il suo nome) è davvero un essere molto particolare, a metà strada tra un animale e un vegetale. O meglio, è un essere che può, a seconda delle circostanze, comportarsi e nutrirsi come un animale o come una pianta, oppure come un fungo. È polivalente, in definitiva, come quelle centrali elettriche che possono funzionare a gas, combustibile o carbone. Nel bricolage dell'evoluzione, il montaggio di elementi diversi ha realizzato qui una forma vivente mista, multiuso, un po' come quelle strane automobili di James Bond che possono funzionare come motoscafi quando si trovano in acqua, oppure decollare come piccoli aerei. Analogamente, l'euglena può essere considerata un vegetale mobile, oppure un animale capace di fotosintesi.

ERE	PERIODI, EPOCHE E GRANDI EVENTI		INIZIO (milioni di anni fa)
Cenozoica Durata 65 milioni di anni	*Quaternario*		
	Il primo *Homo sapiens*. Estese glaciazioni e scomparsa di molti grandi mammiferi.	Olocene	0,01
		Pleistocene	1,8
	Neogene		
	Primi ominidi. I caratteri di flora e fauna diventano simili a quelli attuali.	Pliocene	5
		Miocene	23
	Paleogene		
	Rigogliose foreste favorite dal clima temperato. Massima diffusione dei mammiferi.	Oligocene	37
		Eocene	55
		Paleocene	65
Mesozoica Durata 185 milioni di anni	*Cretacico*		
	Propagazione delle piante con fiori (angiosperme). Primi mammiferi placentati. Estinzione di dinosauri e ammoniti.		140
	Giurassico		
	Compaiono gli uccelli. Culmine della diversificazione dei rettili.		210
	Triassico		
	Compaiono i mammiferi e si diffondono i primi dinosauri. Grande espansione dei rettili.		250
Paleozoica Durata 340 milioni di anni	*Permiano*		
	Diversificazione dei rettili-mammiferi. Estinzione dei trilobiti.		290
	Carbonifero		
	Felci e conifere. Grande sviluppo delle foreste. Compaiono i rettili. Massima espansione di anfibi. Diffusione di insetti alati.		360
	Devoniano		
	Prime piante con semi (gimnosperme). Compaiono gli anfibi. Diffusione dei pesci ossei.		410
	Siluriano		
	Primi dipnoi (pesci con polmoni) e comparsa degli acantodi. Prime piante terrestri (psilofite).		440
	Ordoviciano		
	Diversificazione dei vertebrati marini. Comparsa degli *ammonoidei*.		500
	Cambriano		
	Diffusione dei principali gruppi di invertebrati. Primi vertebrati marini.		590
Archeozoica Durata 4160 milioni di anni	*Algonchiano*		
	Produzione di ossigeno da fotosintesi e prime forme di vita pluricellulari.		2500
	Archeano		
	Prime forme di vita unicellulari. Formazione della Terra.		4750

In diretta dai mari del Cambriano, 500 milioni di anni fa

È passato più di mezzo miliardo di anni. Nell'oscurità dei mari del Cambriano avanza ora un piccolo sottomarino appiattito, attratto forse dalla nostra luce: è un trilobite. È una macchina molto ben riuscita, dal punto di vista biologico, tanto da conoscere un successo strepitoso in questi mari, in tutte le versioni e in tutti i formati. Questo esemplare è lungo circa 5 centimetri, ma esistono «modelli» che raggiungono i 70: alcuni nuotano liberamente, altri vivono tra gli scogli, altri ancora si muovono appena sotto la sabbia, come talpe sottomarine. Sono i dominatori del sottocosta, un po' come i moderni granchi. Il trilobite ha ora cambiato direzione, forse disturbato dalla nostra presenza. Girandosi mostra bene le sue antenne, situate sulla testa o sulla coda. Sono dei sensori in grado di percepire ciò che avviene nell'ambiente intorno. La testa ricorda vagamente un cofano arrotondato dal quale spuntano due fanali vecchio stile: gli occhi. Lo seguiamo nei suoi spostamenti, zig-

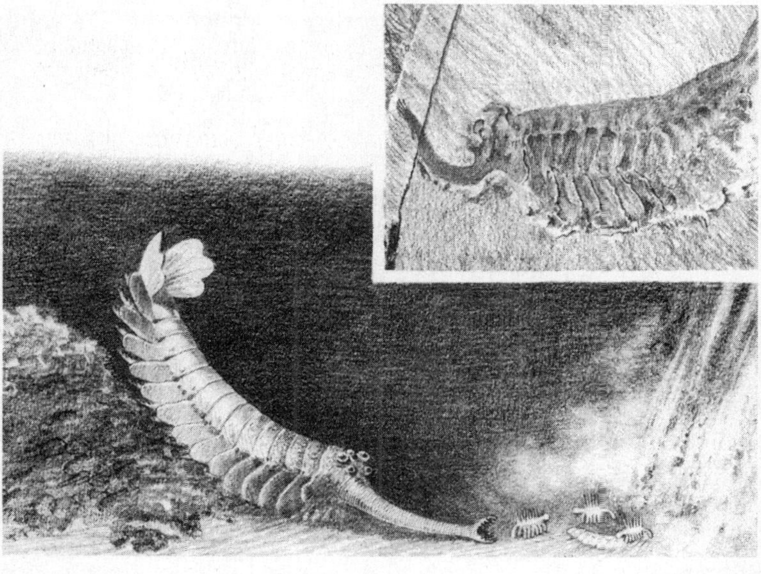

L'opabinia, un essere dall'aspetto inquietante, con cinque occhi e un lungo tentacolo che termina con una bocca dai denti aguzzi.

zagando sul fondale come un piccolo hovercraft. Ma è nella parte nascosta, quella ventrale, che il trilobite ha le sue armi segrete: otto paia di zampe (destinate al movimento e alla cattura delle prede), con una serie di piccoli «pettini» su ciascuna, per la respirazione: le cosiddette branchie filamentose. Una specie di piccola dea Kalì, insomma, capace con le sue numerose articolazioni di camminare, nuotare, afferrare, percepire, in modo estremamente coordinato. Il trilobite improvvisamente vira in picchiata verso il fondale: deve aver avvistato una preda. Una piccola nuvola di sabbia si alza, e il trilobite riemerge tenendo qualcosa tra le zampe anteriori: è un minuscolo verme che viene subito straziato e divorato. È questa la prima vera predazione a

LE SPUGNE

Le spugne sono probabilmente i più arcaici organismi pluricellulari. È praticamente uno dei primissimi tentativi fatti in natura per costruire, a partire da una colonia di cellule, un sistema un po' più complesso, con un abbozzo di spartizione dei compiti. C'è voluto molto tempo per capire che questi esseri non sono vegetali, ma animali. Benché siano organismi così semplici, le spugne sono capaci di sorprendenti performance. Se si prende una spugna, la si spappola e la si fa filtrare attraverso un fine tessuto di seta (ottenendo così una poltiglia di cellule isolate sul fondo di una bacinella, opportunamente riempita d'acqua), in breve tempo essa è in grado di autoricostruirsi... Le cellule isolate, infatti, cominciano a riunirsi, poi a sviluppare delle protuberanze che vanno a collegarsi con gli altri gruppi. A questo punto i vari tipi di cellule riprendono la posizione, e pian piano rielaborano la struttura: pori, tuboli, cunicoli, camere ecc. Dopo appena una settimana la spugna si è completamente rigenerata, come la Fenice dalle sue ceneri. La cosa sorprendente è che anche nel nostro corpo possono avvenire prodigi di questo genere: se infatti si riduce in un'analoga poltiglia un tessuto epiteliale «giovane» (quello cioè che si trova sopra il derma), le cellule così isolate si ricollegano nuovamente ricostruendo gradualmente il tessuto.

cui assistiamo, nel senso moderno, e che prelude a tante altre forme di caccia.

Navigando a poca distanza dal fondale avvistiamo un'altra inquietante creatura, che striscia sulla melma. È un mostriciattolo, degno di un film dell'orrore: sulla testa possiede cinque occhi che ricordano un grappolo di piccoli funghi; il corpo è segmentato e termina con due timoni verticali. Ma il particolare più impressionante è un lungo tentacolo che parte e termina con una bocca irta di zanne, simile a una tagliola. L'opabinia, così viene chiamato, forse utilizzava quest'organo predatorio proiettandolo in avanti con la precisione di un camaleonte con la sua lingua. E probabilmente lo adoperava anche per frugare nelle tane sommerse.

Ma ecco un altro straordinario animale, la pikaia, simile a una lunga e stretta foglia argentea, agile e scattante. Possiede una caratteristica unica: nel suo dorso è contenuta una notocorda, una delle «invenzioni» più importanti dell'evoluzione. È infatti l'antenata della spina dorsale, cioè un cordone sottile e cilindrico, che costituisce la base su cui si attaccano i muscoli segmentati (a spina di pesce). Molto lentamente, si trasformerà in colonna vertebrale, dando origine a quella struttura portante che permetterà un giorno agli animali terrestri di camminare, saltare e volare.

Dai mari del Devoniano, 380 milioni di anni fa

Sono trascorsi altri 120 milioni di anni, molto è cambiato sotto i mari della Terra. Stiamo esplorando i bassi fondali di un'insenatura, dove l'acqua è turbolenta. Il fondo è melmoso e cosparso da ciuffi di alghe che ondeggiano lievemente. A poca distanza, notiamo uno strano oggetto triangolare affiorare dal fondo. Parrebbe una piccola vanga con due borchie, o bulloni. Scendiamo un po' più in profondità e, improvvisamente, l'essere si solleva dal fango e schizza via. È un ostracoderma, cioè un proto-pesce, molto primitivo, con la testa corazzata. Come un missile su una rampa di lancio, se ne stava infilato nel fango in posizione obliqua; spuntava solo la testa, di una strana forma triangolare arrotondata. Al momento della fuga abbiamo intravisto per un attimo il suo corpo, molto sottile e aerodinamico. È un *Drepanaspis*, un ostracoderma lungo una trentina di centimetri, corazzato come un guerriero medievale. Sul cranio questo proto-pesce presenta una placca ossea molto estesa, una specie di elmo piatto, mentre altre placche più piccole corazzano i bordi e la parte frontale della testa. Gli occhi (le due borchie) si affacciano lateralmente; anche il corpo è ricoperto di scaglie e di piccole spine.

Eccone un altro muoversi sul fondo. Questo è completamente diverso: in testa ha uno strano elmo, a scalini, che termina con piccoli alettoni, probabilmente destinati a stabilizzare il nuoto. In cima all'elmo si innalza una grande spina ossea. Ma è soprattutto il muso a essere sorprendente: una larga punta corazzata lo fa assomigliare a Pinocchio. Anche lui relativamente piccolo (una ventina di centimetri), si chiama *Pteraspis*, ed è un buon nuotatore.

Tali ostracodermi vivono in abbondanza nelle acque dolci del Devoniano (così è stato denominato questo periodo, dai giacimenti fossili trovati nel Devonshire, una contea della Gran Bretagna). Questi pesci primitivi posseggono un certo numero di caratteristiche comuni: in particolare sono corazzati e non hanno mandibole. Quindi non sono predatori, malgrado il loro aspetto temibile. Appartengono alla classe degli Agnati, che significa proprio «senza mascelle». Quello che sanno fare molto bene è filtrare l'acqua e trattenere tutto ciò che di nutriente essa contiene.

D'improvviso vediamo due ostracodermi appiattirsi sul fondo e immergersi rapidamente nel fango, fino a scomparire dentro una piccola nuvola di sedimenti. Evidentemente qualcosa li ha spaventati: forse hanno percepito l'avvicinamento di un predatore. Questi animali, come del resto la lampreda, con ogni probabilità posseggono un sistema sensibile alle variazioni di pressione dell'acqua, situato lungo i fianchi e chiamato «linea laterale». È un tipo di percezione a noi sconosciuto, ma comune a quasi tutti i pesci: una via

In alto, l'impronta fossile di una pikaia, antenata degli attuali anfiossi (sotto), ormai ritenuti il punto di passaggio verso i vertebrati.

di mezzo tra il tatto e l'udito. Ed ecco infatti il predatore, un immenso scorpione d'acqua che avanza come un mezzo corazzato, con le sue potenti chele, a caccia di potenziali vittime. È un animale lungo forse 2 metri, che scivola silenziosamente sui fondali. Nuota aiutandosi con due arti remiganti e con piccoli ondeggiamenti della coda, così come può fare un delfino. Ora si è fermato e si appoggia sul fondo, reggendosi su otto piccole zampe. Deve aver percepito la presenza di una preda. Avanza lentamente, muovendo in sequenza le sue zampette. Le chele, lunghe e robuste come tenaglie, cominciano a frugare nella melma. Qualcosa si agita: una forma sta cercando di uscire, dibattendosi. Per un attimo sembra avercela fatta, e parte in avanti, ma con un guizzo della coda e delle remiganti lo scorpione gli è addosso, e le sue chele non perdonano. L'animale si agita disperatamente, cercando di liberarsi, ma ormai è nella morsa implacabile dello scorpione. È qui, nelle acque del Devoniano, che nascerà una struttura del tutto nuova nella storia dell'evoluzione, la mascella, quella «tagliola» che darà forma e vita a tanti grandi protagonisti della predazione: dagli squali ai tirannosauri, dai coccodrilli ai leoni. Ma prima ancora darà vita ai placodermi, vero terrore di queste acque.

370 milioni di anni fa

Sono passati altri 10 milioni di anni. Ci troviamo ora davanti un autentico mostro: un enorme pesce corazzato lungo 7-8 metri, forse più, che si aggira come uno squalo in cerca di prede con le sue immense fauci semispalancate. Non possiede veri e propri denti, ma grandi e terribili zanne e cesoie, lunghe oltre mezzo metro. Per profilo e dimensioni ricorda vagamente una grande orca marina, ma il suo aspetto è molto più terrificante: la testa e le mascelle sono ricoperte da grandi placche corazzate, come anche una parte del corpo. Dà l'impressione di una vera macchina per uccidere, feroce e implacabile. Come l'orca, è un predatore

L'AMEBA

Un minuscolo essere avanza in modo stranissimo. Sembra un sacco pieno d'acqua che si deforma rotolando per le scale, ma al rallentatore. È un'ameba. La sua forma cambia in continuazione, assumendo gli aspetti più bizzarri: sembra quasi di vedere quelle forme che si ottengono con le ombre cinesi. Anche nell'ameba appaiono, sia pur faticosamente, delle dita (o, come vengono chiamati, dei «prolungamenti digitiformi») che modificano continuamente i suoi contorni. Avanza come piccolo mostro da film di fantascienza: lento ma inesorabile. Si sta avvicinando a una preda, un minuscolo essere unicellulare, che non si rende conto del pericolo. L'ameba è probabilmente attratta da qualche sostanza chimica lasciata in giro dalla sua vittima, e i suoi tentacoli mobili cominciano un'azione di accerchiamento. È un abbraccio mortale quello che si sta preparando, e che si concluderà con la morte del piccolo protozoo. L'ameba ha assunto ormai una forma molto allungata e circolare: sembra un pezzo di plastilina, in continua trasformazione. La preda non può fuggire, è intrappolata, e la presa si sta chiudendo. In questo momento stanno per entrare in funzione delle sostanze destinate a uccidere: vengono prodotte da speciali vacuoli che l'ameba possiede al suo interno. Sono delle sostanze chimiche destinate a funzionare come digestivi (e che, in un certo senso, possono anche essere considerate come veleni). Il protozoo sta ora scomparendo, fagocitato dal suo killer. Una piccola tragedia si è consumata in una goccia d'acqua.

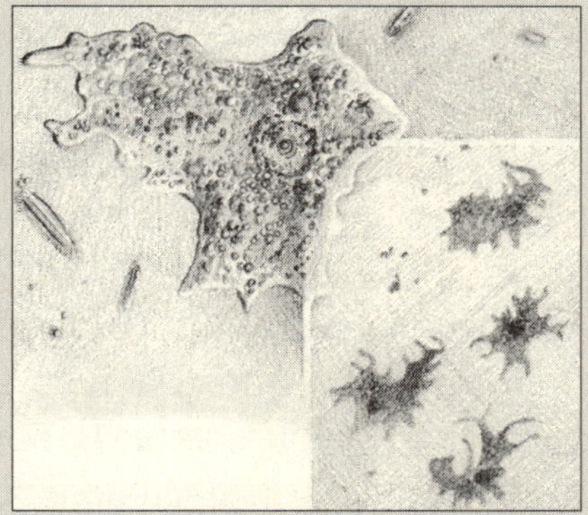

Un'ameba a forte ingrandimento. Nel riquadro a destra si possono vedere alcune delle infinite forme assunte da questi microrganismi quando si muovono.

LA RIVOLUZIONE DELL'OSSIGENO

Dopo essere stati abitati per oltre 2 miliardi di anni da semplici cellule batteriche (in particolare alghe verdazzurre) i mari della Terra primitiva conoscono una grande rivoluzione: quella dell'ossigeno. Dalle «ciminiere» dei primordiali batteri (le alghe verdazzurre, che compiono ripetutamente fotosintesi) continua infatti a uscire ossigeno di scarico. Ossigeno puro che sta inquinando sempre più l'ambiente. Ma questo gas velenoso sta provocando anche un piccolo prodigio: la nascita di cellule che, per autodifesa, diventano capaci di convivere con l'ossigeno. Anzi, di utilizzarlo come carburante. Sono le cellule aerobiche, che in questo modo potranno trarre una quantità di energia 18 volte maggiore dagli scarti organici di cui si nutrono. Un colpo da maestro! Da questa straordinaria «invenzione» biochimica prende inizio il lungo cammino della respirazione, che tanto successo avrà nella storia dell'evoluzione. Nei mari di circa 1,4-1,2 miliardi di anni fa, si delineano così con chiarezza tre «modelli di vita», molto diversi, in funzione del loro rapporto con l'ossigeno (modelli destinati a influenzare profondamente l'evoluzione di tutta la vita sulla Terra).

1) I fermentatori esclusivi, che si rifugiano sempre più in luoghi non contaminati dall'ossigeno (i futuri funghi).

2) I produttori di ossigeno, come le alghe verdazzurre, che continuano a produrre ossigeno attraverso la fotosintesi (le future piante).

3) I consumatori di ossigeno, cioè le nuove cellule aerobiche che utilizzano l'ossigeno come fonte energetica (i futuri animali).

di mare aperto che occasionalmente può spingersi in acque basse. Intorno al *Dinichthys* – questo è il suo nome – si è fatto il vuoto: tutti i pesci, piccoli e grandi, sono scappati o si tengono a debita distanza. Anche gli scorpioni d'acqua sono fuggiti dinanzi a questo dominatore assoluto. Nessuno può competere con la sua forza.

Questa rivoluzione nelle gerarchie è il frutto di una semplice ma decisiva «invenzione» anatomica: la mascella. Finora i vertebrati non possedevano fauci, ma soltanto un'apertura boccale, un imbuto per ingerire il cibo. Al massimo la bocca era rafforzata da un bordo indurito, tuttalpiù con qualche papilla cornificata che fungeva da dente. Ma niente di paragonabile a una mascella articolata, azionata da muscoli così potenti da trasformare la bocca in una morsa d'acciaio.

I primi sbarchi sulla terraferma

Nei mari della preistoria, 370 milioni di anni fa, l'evoluzione ha portato a esemplari molto diversificati, di notevoli dimensioni, già assai complessi. Le trasformazioni stanno ora nettamente accelerando. Basti pensare che sono occorsi più di 2 miliardi di anni per passare semplicemente da una cellula batterica senza nucleo (procariota) a una cellula nucleata (eucariota), e ora in poche centinaia di milioni di anni si è passati dai primi organismi pluricellulari a forme di vita già molto evolute. Pronte persino a sbarcare sulla terraferma.

Sulla terraferma, per la verità, lo sbarco è già avvenuto. Le prime truppe d'assalto sono state le piante. Dei muschi che, crescendo tra acqua e riva, sono riusciti ad adattarsi al nuovo ambiente, reso abitabile dalla grande quantità di ossigeno che ha finalmente creato un provvidenziale strato di ozono (cioè un «giubbotto antiproiettile» capace di proteggere dalle radiazioni cosmiche). Poi, con il diffondersi della vegetazione, sono arrivati i primi invertebrati marini, dei lontani parenti dei millepiedi. Per respirare hanno sviluppato una soluzione semplice ma efficace, senza dover ricorrere a complicati organi: ogni segmento anellare del corpo possiede dei pori, piccole prese d'aria che, attraverso tubicini ramificati, veicolano l'ossigeno direttamente alle cellule. Ogni segmento pertanto è indipendente, con muscoli, zampette e propria respirazione. La presenza di millepiedi e di altri piccoli invertebrati (cioè di prede) ha stimolato a questo punto l'arrivo di predatori acquatici:

prima i ragni, poi gli scorpioni. Anch'essi adattati a una vita aerobica (prima temporanea poi definitiva).

Ma il grande momento sta arrivando: lo sbarco sulla terraferma dei vertebrati, vale a dire dei nostri antenati. E degli antenati di tutti i mammiferi che vediamo oggi sul nostro pianeta.

LA NASCITA DEI PLURICELLULARI

Il cambiamento di questo periodo ricorda un po' quello avvenuto nella storia dell'uomo, con la transizione da semplici cacciatori-raccoglitori a membri di società sempre più organizzate, dove la crescente specializzazione e la ripartizione dei compiti consentiva prestazioni d'insieme sempre più efficienti (permettendo nello stesso tempo a ogni singolo individuo una migliore condizione di sopravvivenza). Analogamente gli esseri unicellulari dei primordi, cacciatori-raccoglitori, hanno cominciato ad associarsi in forme via via sempre più complesse.

Con l'avvento delle strutture pluricellulari ora tutto è cambiato: ogni cellula assume un ruolo, come un individuo in una società. Per esempio non deve più procurarsi cibo da sola, perché c'è qualcun altro che lo fa per lei (lo raccoglie, lo digerisce, lo porta a domicilio attraverso il sistema circolatorio, e alla fine ne elimina gli scarti). Si passa cioè da un'economia di sussistenza, dove ognuno deve svolgere tutti i compiti, a un'economia di mercato, dove ogni cellula riceve ciò che le è necessario dando in cambio qualcos'altro. Possono così nascere funzioni (e organi) che da sole sarebbero incapaci di sopravvivere, ma che, inserite in un sistema interconnesso, offrono prestazioni utilissime per la sopravvivenza dell'insieme: movimento, percezione, digestione, depurazione, replicazione... ossia muscoli, sistema nervoso, stomaco, intestino, reni, organi genitali... E cervello. Questa grande evoluzione verso organismi pluricellulari non è cominciata che 700 milioni di anni fa, con le spugne. Se si pensa che la vita è nata circa 4 miliardi di anni fa, si deve concludere che la Terra è stata per la maggior parte della sua esistenza il pianeta dei batteri (unicellulari).

Arrivano i nostri

Per un organismo complesso, le cose sono state più difficili che per un millepiedi o un ragno. I problemi di respirazione, infatti, richiedevano una soluzione più adatta alla quantità di tessuti e di organi da ossigenare.

Le attuali ricerche mostrano che i polmoni hanno avuto origine da un «difetto» dell'esofago: cioè da estroflessioni (ernie), che hanno creato delle tasche, simili a vesciche. Le pareti interne di queste estroflessioni, ricche di vasi sanguigni, si sono dimostrate adatte ad assorbire l'ossigeno dell'aria (analogamente a quanto avviene nelle pareti della bocca del perioftalmo moderno). Attraverso una serie di trasformazioni quest'anomalia ha portato alla formazione di pesci polmonati, cioè capaci di assorbire ossigeno direttamente dall'aria. Di pesci polmonati ne sono stati trovati diversi, in giacimenti di 370 milioni di anni fa. Alcuni di questi appartengono alla linea dei dipnoi, antichi pesci che erano in grado di respirare temporaneamente fuori dall'acqua.

Ma i polmoni non bastavano, occorreva potersi sostenere, per «camminare» poi sulla terraferma. E nei sedimenti di quell'epoca si sono ritrovati pesci dotati di pinne indurite. Uno di questi è il celacanto (il cui discendente vive ancora oggi), che usava queste pinne-stampella per spostarsi sui fondali. C'è stato però un pesce che è riuscito ad abbinare queste due caratteristiche, polmoni e pinne indurite, trovandosi così in una posizione privilegiata per potersi avventurare sulla terraferma.

Ecco la cronaca immaginaria di quello sbarco.

Una conquista difficile

Ci siamo appostati dietro una piccola macchia di arbusti, proprio a ridosso di un grande specchio d'acqua dolce, dove si sta preparando il grande evento, lo sbarco sulla terraferma dei vertebrati, i nostri più lontani antenati. Naturalmente questo sbarco non è mai avvenuto, non c'è stata un'ora X, come in Normandia; qui le cose si sono svolte gradualmente, con adattamenti e aggiustamenti successivi. È il momento in cui il nostro pianeta, per miliardi di anni un'immensa pietraia di lava, comincia finalmente a cambiare volto.

L'acqua si sta ora muovendo, vicino a riva. Emerge una testa, molto simile a quella di un comune pesce. L'animale si è fermato e si guarda intorno. Poi torna a muoversi in avanti lentamente, camminando nel breve tratto che lo separa dalla spiaggia. Le due pinne anteriori pian piano affiorano dall'acqua, e subito dopo anche quelle posteriori. È una stranissima sensazione vederlo avanzare con questa andatura faticosa e tuttavia decisa; ha l'aspetto di un pesce, il corpo è ricoperto di scaglie, ma ha quattro «stampelle» ampie e carnose per sorreggersi e una bocca che si muove ritmicamente per inghiottire aria. Sembra veramente un «montaggio» di parti diverse l'*Eusthenopteron*, questo il suo nome. È tutt'altro che piccolo: circa 60 centimetri di lunghezza. Avanza arrancando sulla riva, con la parte posteriore che ondeggia lievemente, ricordando il movimento di un pesce (andatura che caratterizzerà tanti animali terrestri). Anche il cranio possiede ossa robuste e compatte. Sono già presenti le coane, cioè quelle aperture che collegano le cavità nasali con l'interno della bocca, tipiche degli animali che respirano. L'*Eusthenopteron* è il punto di arrivo di una serie di adattamenti, cominciati con certi suoi antenati, come l'*Osteolepis*, considerato il capostipite della dinastia. Appartiene ai cosiddetti «ripidisti», un gruppo distinto sia dai celacanti che dai dipnoi, ma che riunisce e migliora le loro due qualità, camminatoria e respiratoria. I ripidisti (di cui fa parte l'*Eusthenopteron*) hanno adottato la classica linea «gradualista». Dapprima spostandosi di pozza in pozza, poi diventando sempre più indipendenti dall'acqua. Una conquista irta di difficoltà, ma anche di vantaggi. La Terra infatti comincia ora a trasformarsi in un giardino pieno di cibo (vegetali e invertebrati di ogni tipo); non solo, è un luogo in cui i grandi predatori marini non hanno ancora messo piede. Conquistare la terraferma quindi vuol dire trovarsi a disposizione molte prede e al tempo stesso liberarsi dai predatori, alcuni dei quali, lo abbiamo visto, assai potenti e aggressivi. L'*Eusthenopteron* sta continuando nella sua buffa marcia, con il busto eretto tra le due pinne rigide, e la testa che sembra continuamente cercare qualcosa. Non è un animale particolarmente evoluto, rispetto a quelli che ha lasciato dietro di sé in mare, ma è perfettamente adattato a questa nuova nicchia, ed è quello che conta. Nella storia della vita, infatti, le forme troppo «specializzate» finiscono per entrare prima o poi in un vicolo cieco evolutivo; sono invece quelle «aperte» ai cambiamenti ad adattarsi meglio ai nuovi ambienti. L'*Eusthenopteron* si sta lentamente inoltrando tra la vegetazione. Sulla sabbia, dietro di lui, è rimasta solo una bizzarra traccia, un'impronta assai diversa da quella lasciata dal primo astronauta sulla Luna, ma altrettanto (e forse più) importante.

L'*Eusthenopteron*, uno dei primi vertebrati a conquistare la terraferma. Le sue pinne gli consentono di muoversi inizialmente da pozza a pozza; poi, migliorata la capacità respiratoria, si inoltra nella vegetazione in cerca di cibo.

Una preziosissima roulotte

Tutto ormai comincia a procedere sempre più velocemente. L'*Eusthenopteron* e altri membri della sua famiglia (i ripidisti) sono infatti i progenitori degli anfibi. E con gli anfibi ha luogo la vera rivoluzione per la conquista della Terra: il passaggio verso i rettili. Grazie all'uovo amniotico. Perché esso è come una roulotte: consente di andare ovunque, portando a bordo tutto quello che è necessario per sopravvivere, ossia cibo, alloggio ma soprattutto acqua.

L'indipendenza dall'acqua per riprodursi permette ai rettili – che si liberano anche del problema di tenere umida la pelle grazie a una respirazione totalmente polmonare – di colonizzare zone lontane dagli stagni e dalle paludi, tipiche «prigioni» degli anfibi. E di avventurarsi così nelle foreste, nelle savane e persino nei deserti. I reni cominciano a funzionare: l'ammoniaca viene trasformata in urea, e non sono più necessari grandi quantità di acqua per diluirla. Naturalmente, come succede in tutti i gruppi primitivi, il cespuglio evolutivo è molto complicato e intrecciato: la transizione dagli anfibi ai rettili avviene attraverso un labirinto di variazioni e di aggiustamenti, sui quali l'ambiente gioca il consueto ruolo di selezionatore. Ed è da questi rettili che comincerà la grande differenziazione che porterà poi ai mammiferi e all'uomo moderno. E all'intelligenza. Avremo occasione di riparlarne successivamente.

III

Verso l'intelligenza

L'intelligenza è certamente la qualità che distingue l'uomo dal resto degli esseri viventi sulla Terra. C'è un tale salto tra un uomo e gli animali (anche quelli geneticamente più vicini), da sembrare quasi inspiegabile. In questo capitolo vedremo quale può essere stato il percorso seguito dall'evoluzione per lo sviluppo del sistema nervoso: uno sviluppo graduale che, partendo da esseri primordiali dotati di cellule «sensibili», ha portato lentamente fino all'uomo moderno, grazie anche a due periodi di accelerazione. È una storia ancora poco chiara nei dettagli, ma di cui oggi conosciamo la trama. Una storia veramente affascinante, anche perché è l'itinerario seguito da ognuno di noi attraverso i propri antenati, per milioni e milioni di generazioni.

Un sedano non impara

Come si sa, un sedano non è in grado di apprendere. Anche se posto in un ambiente culturalmente stimolante. Questo vale per le cipolle, i pini, gli oleandri, gli albicocchi, le sequoie o i cactus. Le piante non hanno bisogno di essere intelligenti, dal momento che non si muovono, ma utilizzano direttamente l'energia solare; gli animali invece devono darsi da fare per sopravvivere. Infatti tutti gli organismi viventi hanno bisogno di carbonio e di energia, e ci sono fondamentalmente due modi diversi per procurarsene: le piante si procacciano da sole il cibo con la fotosintesi, utilizzando l'anidride carbonica dell'aria e l'energia del Sole; gli animali, invece, non sono capaci di procurarsi il cibo da soli, e debbono perciò nutrirsi di piante, oppure di animali che si nutrono di esse. Pertanto, mentre le piante possono rimanere immobili al Sole, gli animali debbono sapersi muovere efficacemente e sviluppare degli organi sensibili all'ambiente. Ecco perché sono diventati più intelligenti delle piante.

Naturalmente è stato un processo lento. All'inizio il sistema era estremamente semplice, come nella medusa, con la comparsa non solo di recettori per percepire l'ambiente, ma anche di cellule muscolari che consentivano lo spostamento. Il collegamento fra recettori e muscoli costituiva di fatto un abbozzo di sistema nervoso, che permetteva di spostarsi in un ambiente più favorevole per la sopravvivenza.

Le prime cellule sensibili

Fu nei mari primordiali, in un'epoca ancora non ben definita, che apparvero i primi esseri dotati probabilmente di cellule «sensibili», antenate di quelle del sistema nervoso. È un processo evolutivo ancora oscuro, ma sul quale alcuni paleontologi, come il canadese Dale Russell, hanno cominciato a fare qualche ipotesi.

«Effettivamente non sappiamo come siano andate le cose,» dice Russell «ma è ragionevole pensare che un organismo che doveva muoversi ed esplorare l'ambiente era avvantaggiato se disponeva di una maggiore sensibilità alla periferia del corpo, in modo da reagire più efficacemente. È quindi mia opinione che i precursori dei neuroni cominciarono a svilupparsi originariamente sulla superficie dell'organismo. Suppongo che fossero delle cellule sensoriali, che permettevano di rispondere meglio all'ambiente, e costituivano quindi un vantaggio competitivo nei confronti di altri organismi. Attraverso la selezione naturale, perciò, si moltiplicarono quegli individui che erano in grado di sopravvivere più facilmente, grazie a queste cellule sensibili. Nelle mutazioni successive si affermarono poi quelle varianti che risultavano via via sempre più efficaci, e le primitive cellule nervose vennero così inglobate all'interno del corpo, in modo da essere meglio protette. A quel punto cominciò a svilupparsi una rete nervosa, e le informazioni vennero a concentrarsi nella testa, cioè nella parte frontale dell'organismo, quella che esplora. E vennero poi protette da un cranio osseo.» Infatti, sempre nella testa sono concentrati gli organi di senso (udito, olfatto, vista, gusto), proprio perché situati vicino alla «centralina» del cervello. Non è un caso se noi abbiamo un viso composto da occhi, naso, bocca, orecchie... La cosa interessante è che, una volta messo a punto un modello nervoso ottimale, la natura lo ha poi conservato per milioni di anni.

L'idra, per esempio, che appartiene alla classe dei celenterati (nella scala evolutiva sono comparsi all'epoca delle spugne), possiede dei neuroni che non sono molto differenti da quelli dell'uomo. Ciò che è cambiato nel corso dell'evoluzione è soprattutto il numero e il montaggio di questi neuroni, attraverso una quantità enorme di varianti, selezionate dall'ambiente. Ma il modello di base dei neuroni si è conservato pressoché uguale. Infatti esistono, sotto questo punto di vista, due tipi diversi di neuroni: quelli più primitivi, che assicurano le connessioni a distanza, e quelli più recenti, che collegano i neuroni tra loro, infittendo la rete. Si può infatti notare che nel cervello degli animali superiori (e soprattutto nell'uomo), aumenta enormemente il numero delle cellule che «elaborano», rispetto alle cellule che «portano» le informazioni.

Nel cervello del polpo, per esempio, vi sono circa 500 milioni di neuroni. Di questi, 300 milioni sono utilizzati per muovere i tentacoli e 130 milioni per l'apparato visivo, mentre i centri di controllo impiegano solo mezzo milione di neuroni. Nell'uomo, su una stima di 100 miliardi di cellule nervose, circa la metà è impiegata per funzioni di controllo, cioè per elaborare le informazioni (moltissime nel cervelletto, per la coordinazione fine dei movimenti). Esse sono concentrate nella parte più recente del cervello dal punto di vista evolutivo, la corteccia.

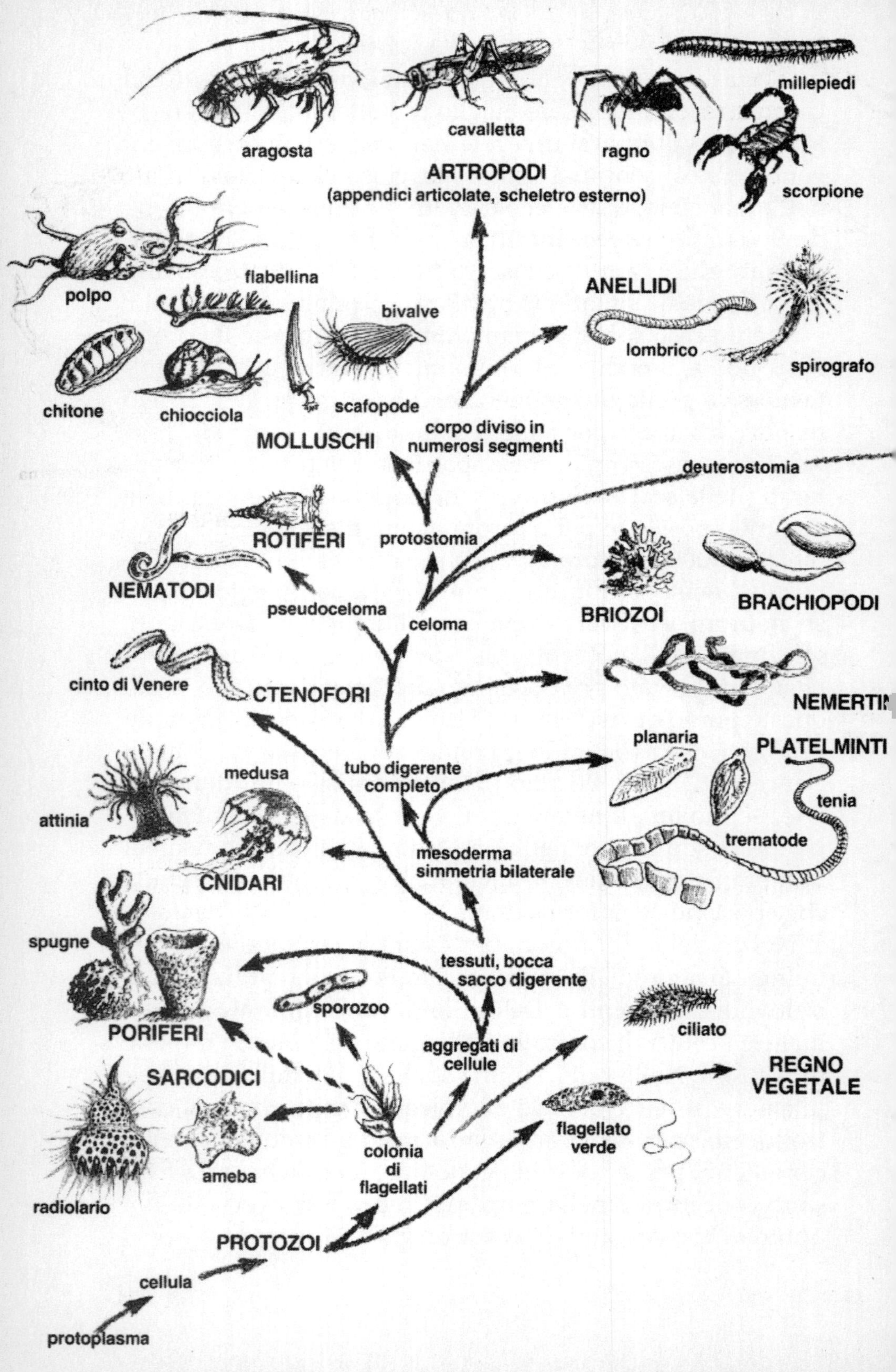
aragosta
cavalletta
ragno
millepiedi
scorpione
ARTROPODI
(appendici articolate, scheletro esterno)
polpo
flabellina
bivalve
ANELLIDI
lombrico
spirografo
chitone
chiocciola
scafopode
corpo diviso in
numerosi segmenti
MOLLUSCHI
deuterostomia
ROTIFERI
protostomia
NEMATODI
pseudoceloma
celoma
BRIOZOI
BRACHIOPODI
cinto di Venere
CTENOFORI
NEMERTIN
planaria
PLATELMINTI
tenia
trematode
tubo digerente
completo
medusa
attinia
mesoderma
simmetria bilaterale
CNIDARI
spugne
tessuti, bocca
sacco digerente
sporozoo
PORIFERI
ciliato
aggregati di
cellule
SARCODICI
REGNO
VEGETALE
flagellato
verde
colonia
di
flagellati
ameba
radiolario
PROTOZOI
cellula
protoplasma

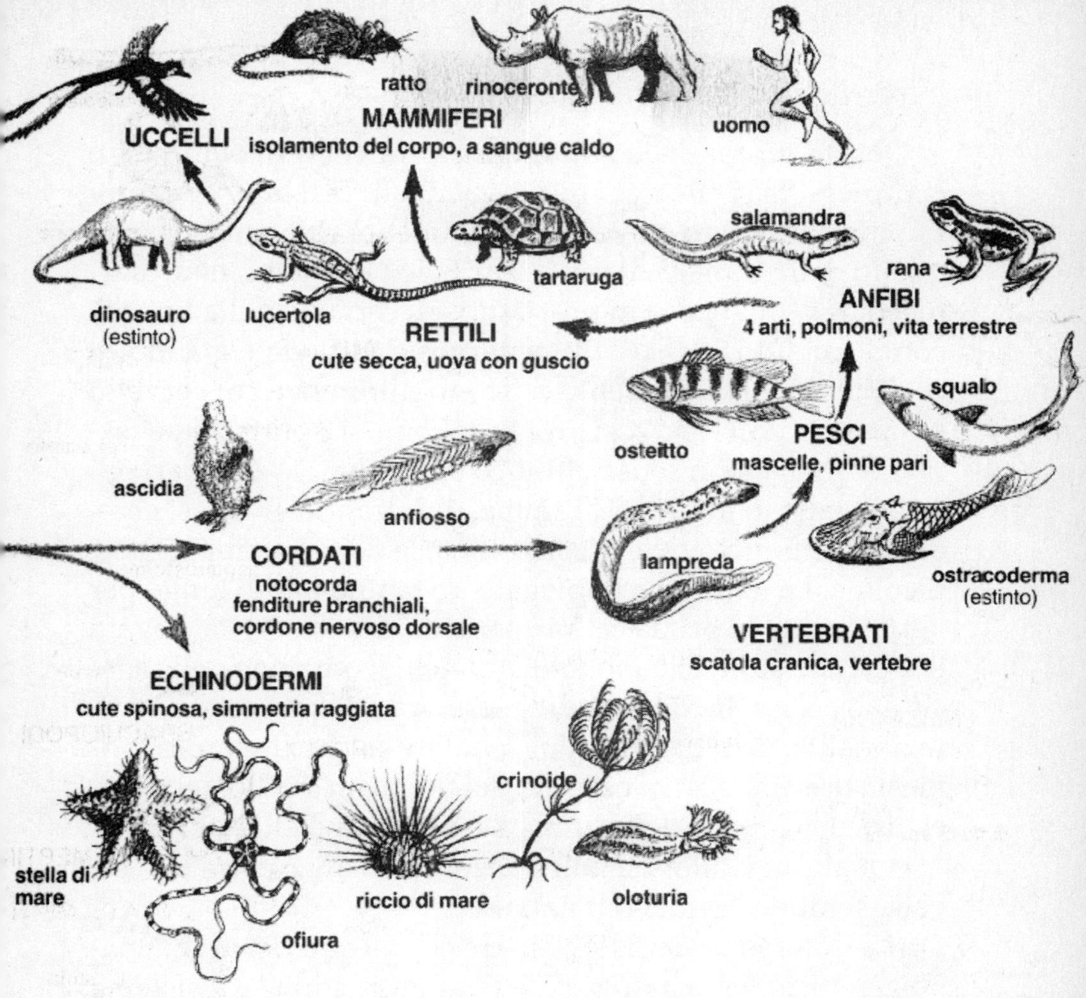

I percorsi della vita: ogni freccia indica una «svolta» evolutiva. O meglio, la progressiva acquisizione di caratteri sempre più complessi. Partendo dagli aggregati di cellule si può osservare come man mano compaiano per esempio i tessuti, la bocca, il sacco digerente, il mesoderma (che organizza la geometria del corpo e la sua struttura), il tubo digerente, il celoma (cavità del corpo che contiene i visceri), la protostomia e la deuterostomia (due vie differenti nello sviluppo embrionale che portano: la prima a molluschi, anellidi e artropodi, la seconda a echinodermi e cordati, quindi a tutti gli animali superiori), la notocorda ecc. Si può così vedere quali gruppi «collezionano» via via certi nuovi caratteri, e quali invece si fermano per strada, per così dire, o deviano. Questo «albero» mostra come pesci, anfibi, uccelli e mammiferi (che ci appaiono così diversi e lontani tra loro) appartengono, tutto sommato, a un gruppo molto omogeneo: sono tutti vertebrati a quattro «zampe». Il regno vegetale è qui semplicemente indicato nella sua origine da una «freccia segnaletica».
Da Storer, Usinger, Stebbins e Nybakken, modificato

Il cervello della lumaca e quello dell'uomo

Questa sostanziale somiglianza tra cervelli semplici e complessi fa sì che oggi molti scienziati cerchino di capire l'uomo studiando cervelli estremamente elementari, come quello della lumaca. Il professor Ezio Giacobini, neurofarmacologo, mi diceva in proposito: «Il cervello della lumaca conta soltanto 10.000 cellule nervose, tuttavia è già molto complesso. Naturalmente esistono differenze col cervello umano ma non sono così profonde come si è portati a pensare. Per lo meno in senso chimico e fisiologico i due cervelli funzionano in modo assai simile, utilizzando gli stessi «mediatori» chimici, come la serotonina, la noradrenalina, l'acetilcolina. La natura ha impiegato un tempo molto lungo per perfezionare la prima cellula nervosa, ma una volta trovato il sistema adatto lo ha mantenuto nell'evoluzione delle specie e dei cervelli. Si tratta di un esempio di economicità e di razionalità. Così l'acetilcolina, per fare solo un esempio, è rimasta tale e quale nel cervello del polpo, in quello del pesce elettrico, in quello della lumaca e via via fino all'uomo».

«Quali sono allora le differenze, a suo avviso, tra un cervello semplice e quello umano?»

«Le differenze consistono in ciò che gli americani chiamano genericamente *wiring*, cioè l'organizzazione e il sistema di comunicazione (più complesso e con unità più numerose). La differenza, in parole povere, è come quella esistente tra una calcolatrice da tavolo e un computer molto potente.»

Il domino dell'intelligenza

Talune specie animali, dopo aver sviluppato al massimo in milioni di anni il loro sistema nervoso, sono arrivate a un vicolo cieco, perché il loro tipo di struttura non permetteva di ottenere un ulteriore miglioramento dell'efficienza del sistema (così come il domino può rimanere bloccato da una certa disposizione dei pezzi che impedisce successive combinazioni).

In altri rami e deviazioni, invece, sono apparse strutture nervose capaci di performance più complesse, e soprattutto di aprire su successive evoluzioni. Chi si è trovato nel giusto canale dell'evoluzione, deviando al momento opportuno in questo o quel ramo, è andato sempre più avanti: l'uomo rappresenta oggi la punta più avanzata di questo processo. In ognuno dei suoi precedenti stadi (mammifero, rettile, pesce, invertebrato) ha progressivamente costruito la sua struttura nervosa, la sua intelligenza.

Il meccanismo genetico che ha permesso il graduale aumento di questa qualità è analogo a quello che ha portato allo sviluppo di tutte le altre: mutazioni, errori di copia, lotterie ereditarie, continuamente setacciate dalla selezione ambientale che premiava i più adatti ed eliminava gli altri. L'intelligenza, infatti, è stata nel corso dell'evoluzione una qualità utile alla sopravvivenza, analoga alla forza, alla velocità, alla resistenza, alla prolificità.

L'evoluzione dell'intelligenza animale

Tutta la storia dei ritrovamenti fossili indica che vi è stato un graduale aumento del volume del cervello animale a mano a mano che si è saliti nella scala dell'evoluzione (per aumento del volume, naturalmente, s'intende sempre l'aumento del volume rispetto al peso corporeo). E che questo aumento della massa cerebrale (e dei neuroni capaci di elaborare, cioè dell'intelligenza) è continuato all'interno delle singole specie, sia pure con una velocità diversa: quasi nullo nei rettili, poco negli uccelli, abbastanza nei mammiferi, molto nell'uomo. È un processo tuttora in corso anche negli animali, ma naturalmente è troppo lento perché lo si possa osservare direttamente. Ma se si guarda indietro nel tempo, questo aumento appare con evidenza.

Il dottor Harry J. Jerison, dell'Istituto del cervello dell'Università di California, a Los Angeles, mi ha mostrato tutta una serie di modellini e di calchi in gesso di cervelli di animali primitivi, in particolare quelli degli antenati del cavallo. In base a questi sembra che il cavallo sia più intelligente oggi rispetto a qualche milione di anni fa.

«Sì, abbiamo la testimonianza dell'evoluzione del cavallo perché, attraverso i ritrovamenti fossili, possediamo i crani (e quindi la misura del cervello) dei suoi antenati. Partendo dall'*Eohippus* vissuto circa 50 milioni di anni fa, si possono così notare le varie differenze dei cervelli, fino al cavallo moderno. Pur tenendo conto delle diverse dimensioni degli animali (l'*Eohippus* era grande come un cane), si registra un aumento relativo della grandezza del cervello, e quindi molto presumibilmente dell'intelligenza.»

Volume e complessità

Naturalmente non c'è un rapporto diretto tra volume del cervello e capacità mentali. Esse, lo abbiamo visto, sono soprattutto struttura, chimismo, capacità genetica di memorizzare e associare i ricordi. Tuttavia, in linea generale, è evidente che vi sia un legame tra volume relativo (peso cervello/peso corporeo) e intelligenza, documentato da tutta la storia dell'evoluzione. Questo aumento della massa cerebrale è continuato con velocità diverse lungo i vari rami dell'evoluzione. La velocità più alta è stata quella registrata lungo il ramo che ha portato all'uomo moderno. In definitiva, il dottor Jerison ritiene che la complessità dei tracciati cerebrali, del *wiring* straordinario dell'uomo, non sia altro che il risultato diretto dell'aumento del volume cerebrale: più il cervello di una specie è sviluppato, più si hanno strutture complesse e intrecciate. E, dunque, prestazioni cerebrali più elaborate e «intelligenti».

Questa sarebbe la lenta scalata verso l'intelligenza umana. Il dato interessante è che questo processo di crescita e di «complessificazione» del cervello è stato relativamente più rapido nel periodo di tempo compreso tra 700 e 230 milioni di anni fa. Poi sembra rallentare. Per registrare infine una fortissima impennata con l'emergere dell'uomo, negli ultimi 2 milioni e mezzo di anni.

A questo punto è forse necessario uno sforzo di modestia. Noi attribuiamo solitamente al cervello umano una collocazione del tutto speciale nella storia della vita: ed è giusto che sia così. Ma tendiamo spesso a dimenticare che, dal punto di vista biologico, il cervello è in realtà un organo come tutti gli altri. Le cellule nervose non sono cellule speciali ma specializzate. Specializzate nel condurre informazioni, grazie a «filamenti» (assoni) molto lunghi, e nell'elaborare i segnali. Tuttavia derivano anch'esse (come quelle del fegato o delle dita dei piedi) da un'unica cellula uovo fecondata, che attraverso sdoppiamenti successivi ha creato cellule, tessuti e organi atti a determinate funzioni. Così come le cellule delle ossa agendo insieme si sono specializzate nelle funzioni di sostegno, o quelle dei muscoli nel movimento, o quelle dello stomaco nella digestione, quelle nervose (agendo in una rete estremamente intricata) si sono perfezionate nella percezione, memorizzazione, associazione.

L'aumento rapido e straordinario delle cellule nervose nel cervello umano non è un fatto inspiegabile: in tutte le specie, nella storia dell'evoluzione, sono avvenute crescite e trasformazioni sorprendenti di tessuti o di organi, come risposta alle pressioni selettive dell'ambiente. E in certi animali si sono verificate trasformazioni altrettanto (o ancor più) complesse in varie altre parti del corpo (polmoni, cuore, sistema circolatorio, metabolismo, articolazioni ecc.). In altre parole, così come prede e predatori hanno sviluppato strumenti di difesa e di attacco (velocità, olfatto, corna, zanne, pellicce ecc.) in risposta alle pressioni ambientali, analogamente i primi ominidi, così deboli, lenti, privi di zanne e di corna, per sopravvivere hanno sviluppato più rapidamente degli altri animali le loro abilità cerebrali (memoria, apprendimento, elaborazione delle esperienze), in modo da migliorare le loro capacità di cacciare e di difendersi dai predatori. Portando all'estremo quella tendenza ad arricchire la «centralina» nervosa nata nei mari primordiali con le prime cellule sensibili sulla superficie del corpo. E riuscendo così ad analizzare in modo sempre più raffinato i segnali in arrivo, confrontandoli con quelli memorizzati, e prendere una decisione di volta in volta più «intelligente». Uno sviluppo che ha portato ad affinare anche la capacità di comunicare (molto più che nelle specie animali) e di trasferire agli altri individui, grazie a un linguaggio più articolato, le esperienze. Dando così un impulso straordinario alla cultura.

La diversità del cervello umano

Osservando più da vicino le trasformazioni avvenute nel cervello nel corso dell'evoluzione, ci si rende conto che naturalmente non è solo il volume a cambiare, ma anche la distribuzione delle cellule nervose nelle varie aree preposte alle diverse funzioni. Certe zone regrediscono, altre invece si sviluppano. L'illustrazione riportata nella pagina qui accanto ci consente di capire come si differenzino le varie parti del cervello nel passaggio dal rettile al mammifero primitivo, all'uomo. Molto schematicamente si può osservare che la neocorteccia (in nero) è già presente nel rettile, ed è abbastanza sviluppata nel mammifero primitivo marsupiale. Nell'uomo questo sviluppo è però estremamente più pronunciato, e richiede il «trucco» delle circonvoluzioni (che si usa per i radiatori), per fare in modo che l'aumento della superficie possa essere ospitato in uno spazio ristretto.

Nel disegno, è interessante anche vedere come si siano modificate le altre zone: nell'uomo i centri dell'odorato (la regione più arcaica della corteccia) si riducono enormemente, mentre le altre parti primitive cambiano leggermente forma, ma sostanzialmente si conservano. Osservando ancora più da vicino le strutture cerebrali, ci si rende conto che persino l'aumento della corteccia non è un fatto unico: ci sono animali che hanno conosciuto uno straordinario aumento della corteccia (sempre in termini di peso cervello/peso corporeo), persino maggiore di quello dell'uomo. È il caso, per esempio, del delfino che, in proporzione, possiede più cellule corticali dell'uomo. Ma ciò non significa che sia più intelligente di noi poiché in realtà questo sviluppo riguarda so-

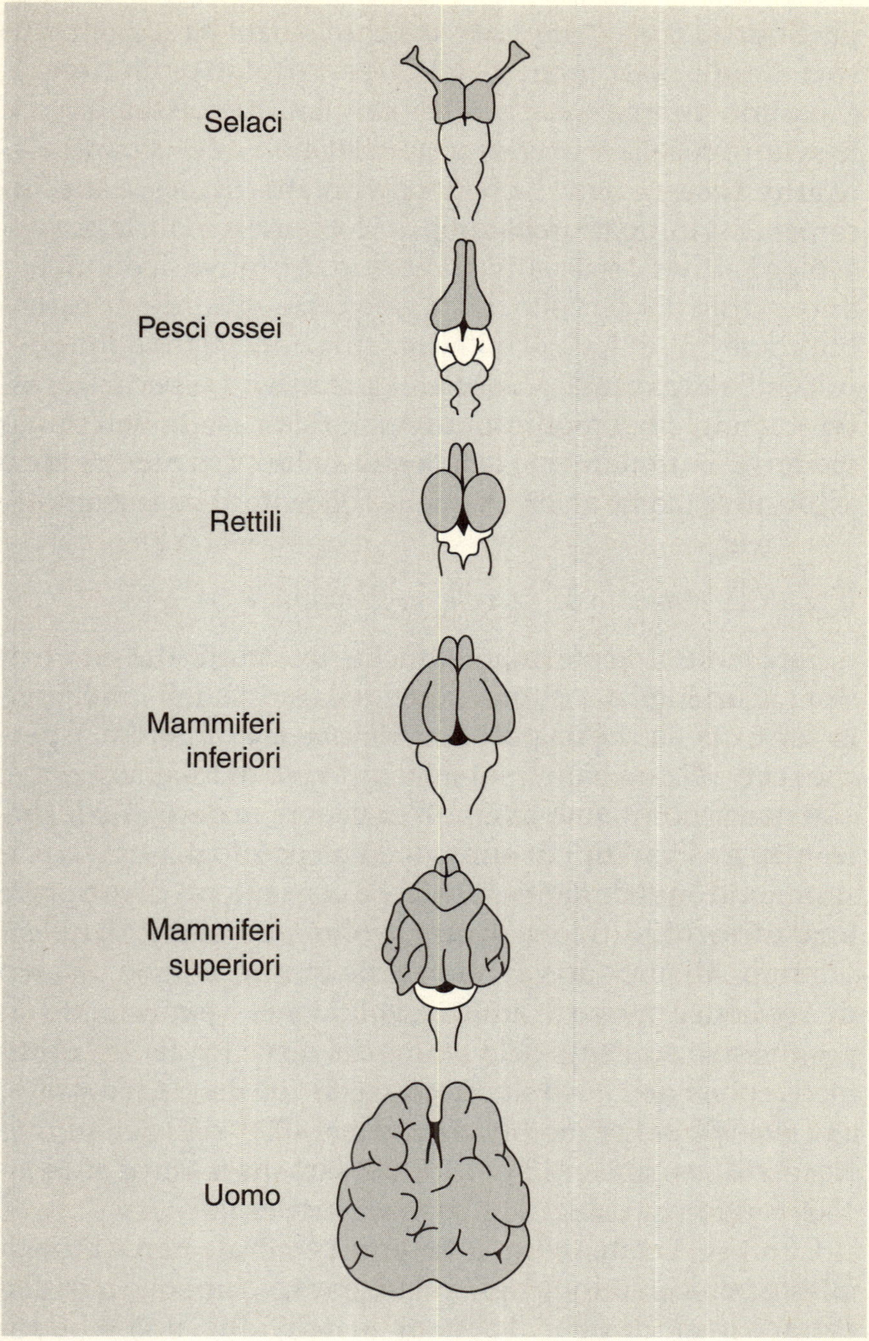

L'evoluzione del cervello dalle specie più arcaiche a quelle più moderne come l'uomo. È visibile la continua tendenza all'aumento del volume cerebrale.

prattutto la zona della corteccia che controlla i segnali acustici. Com'è noto, infatti, i delfini sono dotati di un complicatissimo sistema sonar per la vita subacquea, e sembra che lo sviluppo della loro corteccia sia legato a questa particolare attività sensoriale. La corteccia umana, invece, è specificamente sviluppata nella zona dei lobi prefrontali, là dove si svolge l'attività associativa. Che è, in definitiva, il punto più importante del cervello, in quanto certe straordinarie qualità come l'intelligenza o l'immaginazione si fondano proprio sulla capacità di «associare» precedenti esperienze, assemblandole nei modi più diversi. E la nascita dell'uomo moderno è strettamente legata allo sviluppo di queste zone associative (come anche di quelle collegate al linguaggio).

Il graduale aumento del cervello negli ominidi

Sarà naturalmente molto difficile ricostruire, dal punto di vista neurologico, l'ultima parte della storia dell'intelligenza (cioè quella che ha portato all'*Homo sapiens sapiens*), perché i cervelli non hanno subito il processo di fossilizzazione, e pertanto non siamo in grado di vedere in dettaglio le differenze tra i vari tipi di ominidi. I paleontologi, tuttavia, dispongono oggi di molti teschi, che consentono di misurare un dato significativo: il diverso volume cerebrale di questi ominidi. Misurando vari crani, che rappresentano un arco di 2 milioni e mezzo di anni di evoluzione, si è constatato un progressivo aumento del volume del cervello: dai 450 centimetri cubici dell'australopiteco ai 600-700 dell'*Homo habilis*, agli 800-900 del primo *Homo erectus*, ai 1000-1100 dell'ultimo *Homo erectus*, fino ai 1200-1300 dei sapiens fossili e ai 1400-1500 centimetri cubici degli uomini moderni.

Com'è già stato detto, il volume cerebrale non è l'unico fattore per lo sviluppo dell'intelligenza; ve ne sono altri che entrano in gioco, quali il peso di un individuo, il sesso, e anche fattori personali, che possono produrre notevoli differenze pur senza incidere sull'intelligenza. È però molto significativo vedere come vi sia una grande continuità nell'evoluzione del cervello umano attraverso i tempi. Un'ascesa graduale, senza sbalzi, durata 2 milioni e mezzo di anni. Un periodo tutto sommato breve, dal punto di vista evolutivo, ma che equivale comunque a mille volte la distanza di tempo che ci separa dagli antichi Greci.

LE IMPRONTE DEL CRANIO

Com'era strutturato il cervello dei primi ominidi; che tipo di corteccia avevano gli australopitechi? A queste domande non è facile rispondere, perché nessuno di tali cervelli è giunto fino a noi, dal momento che il cervello, come i muscoli o il grasso, non si fossilizza. Quello che si sa, osservando le scimmie moderne, è che la corteccia umana è in proporzione 3,2 volte più grande. L'evoluzione è consistita essenzialmente in questo lungo viaggio di quantità e di qualità (ed è probabile che a un certo punto la quantità inneschi la qualità).

Secondo alcuni è possibile ricavare qualche testimonianza fossile dei cervelli osservando le impronte all'interno della scatola cranica, da cui si possono ricavare non solo la forma generale dei lobi, ma anche le indicazioni indirette su altre strutture. Il cervello modella il cranio durante lo sviluppo e, a ogni battito cardiaco, preme contro le pareti craniche imprimendo una sua impronta. Nei giovani l'impronta delle circonvoluzioni cerebrali è netta, ed è una fortuna da questo punto di vista che la maggioranza dei fossili appartenga a individui morti in giovane età.

I ricercatori, osservando queste tracce nei crani fossili dei nostri lontani antenati, hanno scoperto che, per quando riguarda i lobi frontali (importanti per la capacità associativa) l'australopiteco è ancora molto scimmiesco, mentre nell'*Homo habilis* sono già presenti le circonvoluzioni dei lobi frontali disposte come nell'uomo moderno, così come il centro di Broca, l'area del cervello che presiede al linguaggio. Il lobo parietale, fondamentale per il pensiero, nel quale si trova il centro di Wernicke, è naturalmente molto più sviluppato nell'uomo, ma la parte inferiore è già molto complessa nell'*Homo habilis*. C'è oggi unanimità tra i ricercatori nel ritenere – sia pure con grande prudenza – che alcune fasi dell'evoluzione siano effettivamente intuibili attraverso la forma e le impronte lasciate all'interno del cranio.

Ma c'è un'altra osservazione di grande interesse che è stata fatta recentemente. Il biologo S.J. Gould, qualche anno fa, ha messo in evidenza la grande somiglianza tra un feto di scimpanzé e un feto umano. Crescendo, lo scimpanzé cambia notevolmente il volto, mentre l'uomo conserva un'impronta del viso strutturalmente molto simile a quella del feto, come si può osservare dal disegno qui sotto. Questa osservazione ha stimolato molte riflessioni e ipotesi; in particolare, quella che nell'uomo vi sia una spe-

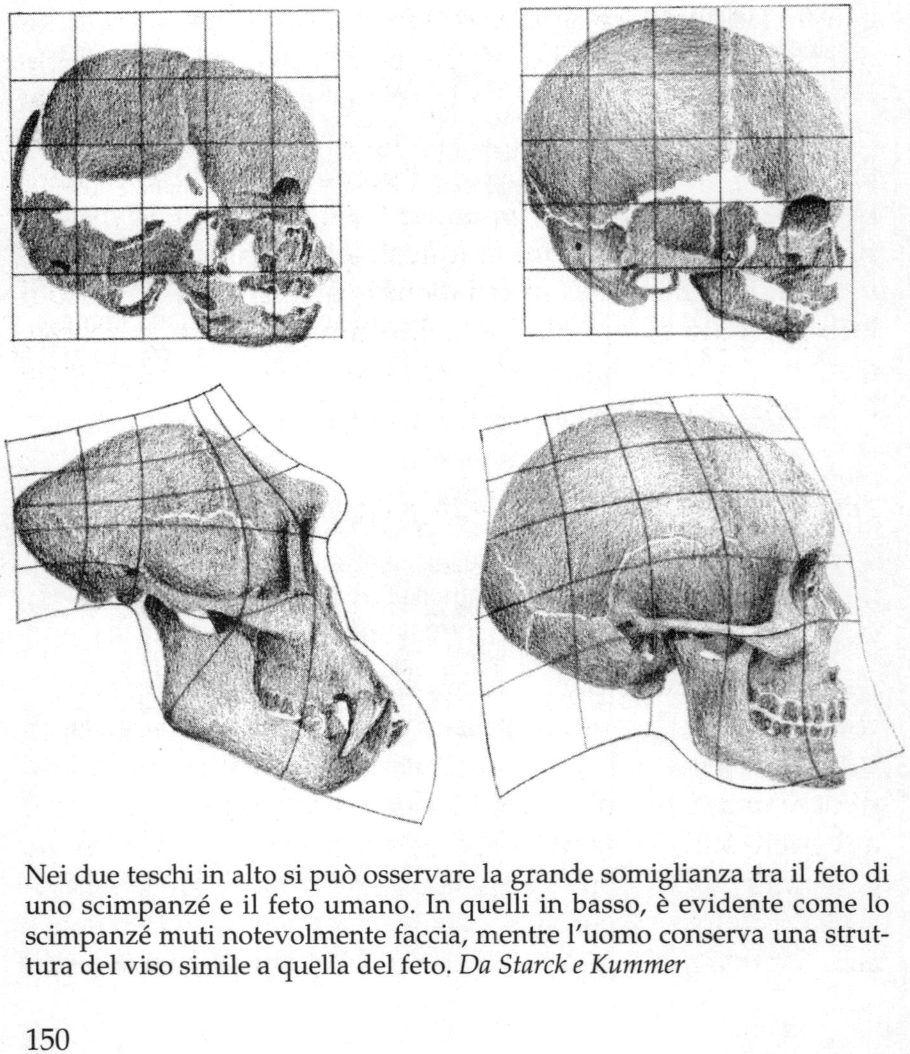

Nei due teschi in alto si può osservare la grande somiglianza tra il feto di uno scimpanzé e il feto umano. In quelli in basso, è evidente come lo scimpanzé muti notevolmente faccia, mentre l'uomo conserva una struttura del viso simile a quella del feto. *Da Starck e Kummer*

cie di prolungamento dell'età fetale anche dopo la nascita, e che ciò costituisca un immenso vantaggio per la maturazione cerebrale (notevolmente protratta nel tempo) e quindi per l'accumulazione culturale. Questa prolungata esposizione ai fattori ambientali è estremamente importante per selezionare i circuiti, potenziando le sinapsi utili a spese di quelle non utili.

La lunga infanzia dell'uomo costituisce un grande vantaggio, fatto su cui oggi tutti sono d'accordo. Dal punto di vista genetico, questa maturazione cerebrale prolungata è forse dovuta a certi geni di regolazione, che provocano ritmi diversi nei cicli di sviluppo? Attualmente la genetica sta cominciando a fare chiarezza, circa le similitudini tra l'uomo e lo scimpanzé. Ci dice, per esempio, che l'uomo è geneticamente molto simile allo scimpanzé, più del cavallo rispetto alla zebra, con una somiglianza che si avvicina al 99%. Nel corso dell'evoluzione l'uomo e lo scimpanzé hanno collezionato geni estremamente simili – anzi, identici – fino a 5-7 milioni di anni fa (questo è infatti, approssimativamente, il momento in cui alcuni calcolano sia vissuto il loro antenato comune). Poi, nell'ultima parte del percorso, ognuno ha introdotto nel patrimonio genetico le proprie differenze, racchiuse in quell'1%.

Potrebbe esserci la vita su un altro pianeta?

La domanda che molti si sono posti, osservando l'evoluzione della vita sulla Terra, è se un tale processo non si sia potuto verificare anche altrove, su un altro pianeta, partendo da forme semplici (per esempio di tipo batterico), per arrivare a forme intelligenti, o addirittura a società tecnologiche. È un interrogativo al quale, naturalmente, nessuno è in grado di dare una risposta. Ma molti sono convinti che quello che è avvenuto sulla Terra potrebbe essersi ripetuto anche altrove.

Com'è ovvio, non necessariamente tutte le semplici forme di vita generatesi in altri pianeti potrebbero condurre a esseri intelligenti. Ma ciò che abbiamo detto in questo capitolo ci ha mostrato che qui sulla Terra c'è stata una pressione selettiva in tal senso. Una pressione non certo esclusiva della nostra linea evolutiva: la massa cerebrale è aumentata infatti poco negli uccelli, abbastanza nei mammiferi, molto nell'uomo. È come se fosse esistita un'esigenza spontanea e generalizzata a migliorare le prestazioni cerebrali, per rispondere alle pressioni dell'ambiente.

Anche sulla Terra, in teoria, le cose sarebbero potute andare diversamente; se tutto oggi ricominciasse daccapo, tornando indietro ai primi batteri, avrebbe l'evoluzione terrestre nuovamente percorso la stessa strada, giungendo all'*Homo sapiens sapiens*? È ovviamente un esperimento irrealizzabile, ma si può immaginare che i percorsi sarebbero stati diversi, come magari i punti di arrivo. Non bisogna dimenticare infatti che tutta la storia dell'evoluzione è stata caratterizzata da un susseguirsi di estinzioni, alcune delle quali dovute a grandi catastrofi climatiche. Sarebbero bastate significative variazioni nel clima, in epoche diverse, per creare linee evolutive del tutto differenti.

Ma un sistema nervoso, o il suo equivalente, sarebbe comunque apparso? Ci sono casi molto interessanti che provano l'esistenza di questa spinta verso lo sviluppo della percezione. L'evoluzione, per esempio, ha per ben tre volte «inventato» gli occhi, in modi del tutto indipendenti, in diversi tipi di animali: invertebrati, insetti, pesci. C'era una «richiesta» per sviluppare la vista (molto vantaggiosa), e la pressione selettiva ha operato in varie direzioni, giungendo a tre diversi risultati.

Il dinosauro intelligente

E l'intelligenza, poteva svilupparsi in modo diverso da quello che conosciamo?

Anche in questo caso non c'è risposta, ma un fatto abbastanza significativo, che può far riflettere. Si è infatti oggi scoperto, attraverso reperti fossili, che decine di milioni di anni fa esisteva un essere che sorprendentemente possedeva già quelle caratteristiche ritenute dai paleontologi necessarie per la graduale apparizione dell'uomo; camminava su due piedi, aveva la mano prensile e il polso rotante, gli occhi frontali e probabilmente anche la capacità di vocalizzare. E, a quel tempo, dominava l'ambiente. Era un piccolo dinosauro... scomparso improvvisamente, assieme agli altri, 65 milioni di anni fa. I dinosauri sono comunemente ritenuti creature stupide, ma forse ciò non è valido per tutti. Ecco cosa mi aveva detto in proposito il paleontologo canadese Dale Russell.

«Sembra che, in generale, i dinosauri avessero più o meno l'intelligenza dei rettili attuali, diciamo di un coccodrillo. C'erano tuttavia delle eccezioni: circa 15 milioni di anni prima dell'estinzione apparvero dei piccoli dinosauri che avevano un cervello molto sviluppato. Diciamo che potevano essere forse cinque o sei volte più intelligenti degli altri. Ma non ebbero il tempo di evolvere ulteriormente. Erano carnivori, e probabilmente più intelligenti anche dei mammiferi esistenti a quel tempo sulla Terra. Vivevano nei delta del Canada e nella Mongolia.»

«Se non fossero improvvisamente scomparsi, è possibile concepire che avrebbero potuto sviluppare la loro intelligenza e dar luogo a una civiltà tecnologica?»

«Non possiamo scartare una tale ipotesi. È teoricamente concepibile!»

Una grande adattabilità

Al di là dei paradossi, lo studio della vita sulla Terra mostra quanto sia ampia la varietà e la ricchezza delle soluzioni e delle «invenzioni» biologiche: forme viventi adatte a tutti gli ambienti e a tutte le temperature, capaci di vivere sott'acqua o nell'aria, nelle tundre gelate o nei deserti, sottoterra o persino nelle sorgenti calde sulfuree.

Possibile, allora, che qualcosa di simile non possa essere accaduto anche altrove? Nelle prossime pagine vedremo cosa pensano gli scienziati in proposito.

IV

Esiste la vita nel Cosmo?

Siamo soli nell'Universo? In questo spazio immenso, con miliardi di stelle in ogni galassia e con miliardi di galassie, è possibile ci sia stato qualcun altro? Qualcun altro come noi (o forse diverso da noi) che sta magari pensando la stessa cosa?

In questo e nel prossimo capitolo cercheremo di fornire delle risposte. Per la prima volta, infatti, la scienza si sta affacciando su un panorama del tutto nuovo, grazie alle conoscenze ora acquisite in biologia, astronomia, fisica, chimica e cosmologia. E certi ricercatori cominciano a elaborare ipotesi e congetture stimolanti e di grande interesse. Seguiamoli nei loro ragionamenti.

Il cervello: un frammento d'Universo

Dopo un fantastico viaggio nel Cosmo iniziato con il Big Bang, tutti gli atomi che vediamo in natura sono stati cucinati nelle supernove: in seguito compressi, aggregati, bolliti, raffreddati. E infine riuniti insieme per costruire questi straordinari esseri viventi (e pensanti) che ci circondano. Quelli del cervello, in fondo, sono atomi che ora tornano a guardare verso lo spazio da dove sono venuti, e a contemplare la propria origine. In un certo senso, è l'Universo – come abbiamo detto in precedenza – che comincia a guardare se stesso. E a porsi delle domande. C'è qualcun altro in questa immensa distesa di stelle? Qual è la probabilità che tale processo, che sulla Terra ha portato alla vita intelligente, si sia verificato anche altrove? Questa è l'opinione del professor Franco Pacini, direttore dell'Osservatorio di Arcetri.

«Credo che nessuno possa darle una stima circa questa probabilità. Io direi che è elevata, senza però poter contare sull'ausilio delle cifre. Ciò che posso dire è che, rispetto a molti anni fa, oggi riteniamo questo molto più probabile. Perché ci si è accorti che, quasi certamente, ci sono altri pianeti intorno ad altre stelle; e perché le condizioni che portano allo sviluppo della vita (la presenza, per esempio, di molecole complesse) sono un fenomeno comune all'interno della nostra Galassia. Si trovano molecole preliminari per la formazione della vita anche nelle nubi presenti tra stella e stella. Su questa base, pertanto, si può dire che la probabilità dovrebbe essere alta. Ma non mi chieda quanto.»

Per tentare di rispondere a questa domanda, bisogna cominciare a porsene un'altra: quanti altri pianeti possono essersi formati nell'Universo? E quanti di essi sarebbero veramente in grado di ospitare la vita?

Alla ricerca di altri pianeti

Cominciamo col chiederci quanto è grande l'Universo. Lo spazio in cui siamo immersi è talmente immenso che c'è quasi da spaventarsi a guardarlo con un telescopio. Sappiamo che la Terra è meno di un granello di sabbia rispetto all'Universo, ma ogni volta che facciamo delle stime precise ne rimaniamo agghiacciati.

Supponiamo che la Terra sia grande come un chicco di grano. Ebbene, la Luna si troverebbe a 2 centimetri, il Sole già a 10 metri, Giove a oltre 50, Plutone a 400. Poi usciremmo dal Sistema solare, e (sempre immaginando che la Terra sia grande quanto un chicco di grano) dovremmo viaggiare circa 1000 chilometri prima di incontrare la stella più vicina. Occorrerebbero poi altre migliaia di chilometri per incontrare altre stelle, tutte molto lontane tra loro, sparse nell'Universo. Con una visione d'insieme, supponiamo di riuscire a inquadrare 200.000 milioni di stelle: cosa ne risulterebbe?

Avremmo soltanto l'immagine della nostra Galassia, un'enorme isola di stelle. E nell'Universo esistono miliardi di galassie, separate una dall'altra. Tutto questo non soltanto ci dà l'idea di quanto siamo piccoli, ma anche di quanti altri corpi celesti esistano nell'Universo a noi sconosciuto.

Lampadine accese e lampadine spente

Guardando il cielo possiamo vedere numerosissime stelle, perché esse emanano luce propria, come lampadine accese; i pianeti, invece, sono estremamente difficili da osservare perché possono essere paragonati a lampadine spente: l'unica luce che emanano è quella riflessa, come nel caso della stessa Terra e della Luna. A una certa distanza, quindi, non sono più visibili.

Negli ultimi anni, il telescopio spaziale *Hubble* ci ha permesso, per la prima volta, di avere la conferma diretta dell'esistenza di pianeti al di là del Sistema solare, grazie all'osservazione di un certo numero di grandi pianeti che orbitano intorno a stelle relativamente vicine a noi. È quindi evidente che, con tutti i miliardi di stelle (cioè di soli) presenti nell'Universo, il cielo è pieno di pianeti che ancora non riusciamo a vedere.

Nell'Universo esistono stelle diverse, molte delle quali incapaci di generare un sistema solare abitabile. Per esempio le stelle doppie (quelle che ruotano legate da un'attrazione reciproca), perché gli eventuali pianeti verrebbero disturbati dall'attrazione gravitazionale dei due soli, e le orbite sarebbero troppo ellittiche, con eccessiva vicinanza a un sole in certe epoche e troppa distanza in altre. Di conseguenza, questi eventuali pianeti passerebbero da un eccessivo caldo a un eccessivo freddo. Ci sono poi le stelle estremamente calde, che hanno una vita troppo breve (1-10 milioni di anni) per garantire ai loro pianeti il tempo necessario per sviluppare forme di vita. Le altre stelle – che sono la maggioranza – potrebbero teoricamente possedere dei sistemi planetari.

A questo proposito, è interessante l'opinione dell'astrofisica Margherita Hack: «In realtà non sappiamo quanti sistemi planetari possano esistere nella Galassia: però possiamo dire che – dato che le stelle hanno tutte la stessa composizione chimica, possiedono un'analoga struttura fisica e probabilmente si formano tutte allo stesso modo – è possibile pensare che la formazione di un sistema planetario sia un fenomeno che si verifica normalmente ogni qual volta si forma una stella».

«E lei lo pensa?»

«È probabile, ma è difficile dirlo, anche perché non sappiamo esattamente come si è formato il nostro Sistema solare. Se però così fosse, ci sarebbero allora molti sistemi planetari, e in tal caso è possibile che esista un numero notevole di pianeti simili alla Terra. E quindi potremmo anche dire che se tutte le volte che si verificano le condizioni adatte alla vita essa veramente si sviluppa, allora è possibile che vi sia nella Galassia un numero abbastanza grande di pianeti sui quali possono essersi sviluppate forme di vita.»

Tra 100 milioni e 1 miliardo?

Tra tutte queste stelle che vediamo in cielo, dunque, soltanto una parte sembra adatta ad avere dei pianeti abitati. Come abbiamo detto, infatti, le stelle doppie creano dei problemi di orbita e di distanza. Le stelle troppo grandi hanno un'esistenza relativamente breve, e quindi forse non sufficiente per dar tempo alla vita di evolversi; quelle troppo piccole non sono forse sufficientemente calde e luminose.

Quante stelle rimangono allora nella nostra Galassia adatte ad avere pianeti simili a quelli del Sistema solare? È molto difficile azzardare delle cifre. Forse una stella su 100 o una stella su 1000, dicono gli esperti. Solo nella nostra Galassia, però, esistono oltre 100 miliardi di stelle (forse 200 miliardi, o anche più) e quindi si tratterebbe comunque di un numero molto elevato. Cioè, solo nella nostra Galassia,

100 milioni o 1 miliardo di stelle adatte ad avere sistemi planetari o pianeti simili a quelli del nostro Sistema solare.

Certo, 100 milioni o 1 miliardo di stelle sono un numero ragguardevole, tanto più se si tiene conto che ci sono miliardi di altre galassie. Ma, naturalmente, non basta che certe stelle siano adatte ad avere pianeti, occorre anche che questi pianeti siano a loro volta adatti a ospitare la vita. Infatti, non ci importerebbe molto sapere che l'Universo è pieno di pianeti inospitali come Mercurio, Saturno o Plutone, ma che questi corpi celesti siano adatti allo sviluppo di forme viventi. E ora il discorso si fa molto più complesso.

Non è detto che eventuali pianeti adatti alla vita debbano necessariamente essere uguali alla Terra, cioè avere esattamente le sue dimensioni, la sua temperatura, la sua atmosfera. La Terra stessa, del resto, ci mostra come la vita possa esistere nelle condizioni più diverse.

Ci sono batteri che vivono nel fango, senza ossigeno, o nelle sorgenti di acqua bollente, oppure in fondo agli oceani, dove la pressione può raggiungere livelli elevatissimi. Per esempio, è stato trovato un granchio che vive nelle grandi profondità dell'oceano, con una pressione di 90 atmosfere. E vive benissimo. Per non parlare dei pesci abissali. La fauna e la flora sulla Terra sono così varie, che è quasi come se vivessero su pianeti diversi, in ambienti di vita cioè del tutto estranei l'uno all'altro. Detto questo, però, sembrano effettivamente esserci dei limiti fisici oltre i quali la vita non solo non può esistere, ma non può neppure cominciare.

L'esempio di Venere e Marte

Per ora tutto quello che possiamo fare è osservare i pianeti del nostro Sistema solare, e capire meglio cos'è successo sulla loro superficie.

Negli ultimi anni sia i russi sia gli americani hanno inviato numerose sonde nel Sistema solare, cercando di trarne il maggior numero di informazioni. Specialmente per quanto riguarda i due corpi celesti più simili alla Terra: Venere e Marte. Il primo è stato ormai sufficientemente esplorato per conoscerne le caratteristiche essenziali. Abbiamo visto che è avvolto da una coltre di nubi spessa oltre 60 chilometri, composta al 97% di anidride carbonica, con degli strati superiori di acido solforico, cioè vetriolo. La pressione al suolo è di circa 90 atmosfere, la temperatura di circa 450 °C, cioè sufficiente a far fondere il piombo. Un luogo, insomma, in cui sarebbe difficile immaginare l'esistenza della vita, anche in forme semplici. Per quanto riguarda Marte, le informazioni sono ancor più dettagliate. La superficie appare come una landa deserta senz'acqua, cosparsa di sassi rossastri a perdita d'occhio. L'atmosfera è sottilissima e la temperatura glaciale.

Altre sonde sono state inviate verso altri pianeti, in particolare Giove e alcuni suoi satelliti. Tutte queste esplorazioni hanno evidenziato che un dato essenziale è la quantità d'acqua che deve essere presente nell'atmosfera di un pianeta. L'atmosfera di Marte ha pochissima acqua, e ciò causa la formazione dei perossidi che, al contatto con la superficie, distruggono i composti organici. C'è da chiedersi quanti dei pianeti sparsi nell'Universo abbiano in realtà una quantità di acqua sufficiente per la nascita della vita.

Un esercizio di immaginazione

Oltre alla presenza di acqua, tuttavia, almeno altri due elementi vanno considerati di primaria importanza per l'esistenza di forme di vita: le dimensioni di un pianeta e la sua orbita, cioè la sua distanza dal Sole. Non basta infatti che un pianeta possieda acqua in abbondanza, poiché, se la temperatura non è quella giusta, l'acqua è come se non esistesse. Le osservazioni fatte dalle sonde spaziali su Venere e su Marte sembrano indicarci chiaramente che la Terra è stata molto fortunata a trovarsi alla distanza giusta dal Sole e ad avere una dimensione appropriata: né troppo piccola né troppo grande. Tutto ciò sembra indicarci che se qualche

GLI STRUMENTI DEL FUTURO

Il limite degli strumenti astronomici attuali non consente di rispondere all'appassionante domanda circa la presenza della vita su altri pianeti. La tecnologia è tuttavia in continua evoluzione e alcuni progetti mirano proprio a superare questi limiti. L'ESO (European Southern Observatory) ha costruito in Cile, a Cerro Paranal, una serie di telescopi in grado di funzionare in sincrono, dando luogo al fenomeno dell'interferometria ottica. Se più telescopi, distanti qualche decina o centinaia di metri, osservano lo stesso oggetto e le loro immagini vengono combinate e sincronizzate, sarà come vedere quell'oggetto attraverso un unico strumento con uno specchio principale di decine o centinaia di metri. Uno strumento così grande e potente è impossibile da costruire, ma con la tecnica dell'interferometria si ottiene lo stesso risultato. Questi telescopi «in batteria» potranno avvistare i pianeti più grandi, di taglia simile a quella di Giove. Per i pianeti terrestri sarà invece necessario spostarsi nello spazio. Un progetto dell'ESA (European Space Agency) prevede di lanciare a qualche decina di milioni di chilometri dalla Terra una serie di telescopi che lavoreranno nell'infrarosso. *Darwin* – questo il nome del progetto – consentirà non solo di avvistare pianeti piccoli come la Terra, ma persino di analizzare la loro atmosfera, alla ricerca dell'ossigeno: uno dei segnali più facilmente individuabili di un'eventuale vita extraterrestre.

altro pianeta si trovasse nelle stesse condizioni della Terra, sarebbe probabilmente adatto a ospitare la vita.

Per capire meglio questo meccanismo possiamo provare a fare un esercizio di immaginazione. Se spostassimo la Terra in un'orbita un po' più vicina al Sole, gli oceani comincerebbero a scaldarsi, e a liberare più vapore. Tale vapore comincerebbe allora a provocare il cosiddetto «effetto serra», una buona trappola per trattenere maggiore calore solare nell'atmosfera. Riscaldandosi l'atmosfera, si riscalderebbero nuovamente anche gli oceani, e altro vapore salirebbe aumentando ancor più l'effetto serra. Scatenando così una reazione a catena che renderebbe l'atmosfera talmente calda da far bollire gli oceani, e tutta l'acqua salirebbe allora nell'atmosfera. A quel punto tutto questo vapore acqueo, che è composto di idrogeno e ossigeno (H_2O), subirebbe il bombardamento delle radiazioni ultraviolette provenienti dal Sole, facendo probabilmente rompere le molecole: l'idrogeno si disperderebbe lasciandosi dietro l'ossigeno, un gas molto attivo che si ricombinerebbe con le rocce della superficie. Questo processo continuerebbe fino alla totale scomparsa dell'acqua, lasciando un'atmosfera simile a quella di Venere, cioè sostanzialmente composta di anidride carbonica. Calcolando quanta anidride carbonica attualmente è intrappolata dentro le rocce e quanta andrebbe nell'atmosfera, si è scoperto che in quel caso la Terra si troverebbe ad avere proprio un'atmosfera quasi identica a quella di Venere. Cioè niente vapore acqueo, immense nubi di anidride carbonica, alta temperatura, 90 atmosfere di pressione in superficie. In altre parole, spostandola sull'orbita di Venere, la Terra diventerebbe come Venere. E la stessa cosa potrebbe valere per Marte? Questo è un po' più complicato, perché dipende in gran parte dalla quantità di anidride carbonica che è presente esattamente nell'atmosfera terrestre.

In realtà, se noi prendessimo la Terra attuale e la muovessimo sull'orbita di Marte, avremmo un effetto inverso. Ovvero gli oceani si raffredderebbero, la superficie terrestre si congelerebbe in vicinanza dei poli, creando grandi superfici bianche che rifletterebbero nello spazio la luce del Sole più di quanto avviene oggi, raffreddando maggiormente la Terra. Avremmo così una specie di ghiacciaia, che in definitiva congelerebbe il pianeta.

Possibilisti e non possibilisti

Proprio per queste e altre considerazioni, alcuni astrofisici ritengono che la possibilità della vita su altri pianeti sia molto ridotta e che la Terra rappresenti forse un caso unico, dato che piccoli cambiamenti possono produrre grandi conseguenze. Altri obiettano che le cose non sono così automatiche. Da quando esiste la vita, la Terra si è trasformata da pianeta ricco di idrogeno a pianeta ricco di ossigeno, cioè l'esatto opposto nello spettro chimico. Abbiamo avuto delle glaciazioni, i continenti si sono spostati, il Sole ha cambiato luminosità; ciononostante, il clima è rimasto relativamente stabile, e la vita è continuata, per miliardi di anni. Del resto, le variabili sono molte in ogni senso. Per esempio, se si spostasse la Terra su un'orbita più esterna, verso Marte, e se ci fosse un po' più di anidride carbonica nell'atmosfera, si creerebbe forse un effetto serra sufficiente per mantenere la Terra adeguatamente calda.

Com'è ovvio, ci sono altre condizioni necessarie oltre alla distanza dal Sole e al tipo di atmosfera: la dimensione di un pianeta, per esempio. Se la Terra fosse molto più piccola non avrebbe abbastanza gravità per trattenere un'atmosfera, com'è successo sulla Luna. Tutti i gas che esistono nell'atmosfera, come per esempio l'anidride carbonica, l'ossigeno o l'azoto, svanirebbero nello spazio. D'altra parte, se la Terra fosse troppo grande, poniamo come Giove, la gravità sarebbe troppo forte, e il pianeta conserverebbe tutto il suo idrogeno iniziale. Pertanto, ci sarebbe una superficie non solida, ma gassosa, e mancherebbe lo spazio per gli oceani, cioè un luogo per concentrare le soluzioni. Ci sarebbe inoltre una quantità di idrogeno mille volte maggiore di qualsiasi altro elemento, e l'idrogeno renderebbe difficile il formarsi di molecole complesse, perché tende a permeare tutto e a ricombinarsi con tutto. Cioè nel caso si originasse un'evoluzione chimica, le molecole a un certo punto comincerebbero a rompersi per ricombinarsi con l'idrogeno. E queste circostanze renderebbero naturalmente molto difficile lo sviluppo della chimica organica, e della vita.

Una conclusione sorprendente

Cerchiamo di riassumere le varie condizioni che, alla luce delle attuali conoscenze, sembrano necessarie a un pianeta per lo sviluppo della vita.

1) Trovarsi in un sistema solare idoneo. Ciò significa che il sole intorno al quale esso orbita deve rispondere ad alcuni requisiti. Non essere troppo grande, perché altrimenti l'instabilità che ne deriva impedirebbe una lunga vita ai suoi pianeti, che non avrebbero quindi il tempo di sviluppare esseri di livello superiore (non dimentichiamo che sulla Terra sono occorsi circa 4 miliardi e mezzo di anni per arrivare a una civiltà tecnologica). E nemmeno troppo piccolo, altrimenti non potrebbe irradiare sufficiente calore. Non deve appartenere a un sistema binario, perché in tal caso provocherebbe orbite troppo ellittiche al pianeta, causando un suo continuo allontanarsi e avvicinarsi, ed eccessivi sbalzi di temperatura.

2) Non avere un tempo di rotazione su se stesso troppo lento (il cosiddetto momento angolare), poiché diventerebbe difficile il mantenimento di una certa omogeneità climatica.

3) Possedere le giuste dimensioni: non essere troppo grande, per evitare di rimanere avvolto in una «parrucca» di gas (come Giove), né troppo piccolo, per non diventare totalmente «calvo» (come la Luna) e perdere così anche la sua atmosfera di superficie.

4) Essere a una giusta distanza dal sole: né troppo vicino, per evitare l'evaporazione degli oceani, né troppo lontano, per scongiurare il congelamento.

5) Disporre in superficie di acqua liquida.

La prima cosa che colpisce è che tutto sommato un pianeta adatto alla vita non dovrebbe essere poi molto diverso dal nostro. In altre parole, le leggi della fisica e della chimica, per quanto ne sappiamo uguali in tutto l'Universo, ci indicano che, studiando attentamente le condizioni necessarie perché un pianeta sia abitabile e cercando di ricostruirne l'identikit, si finisce per dipingere il ritratto di un pianeta di tipo terrestre.

Possono naturalmente esistere situazioni particolari o anche alternative, a noi non ancora comprensibili, ma stando ai dati attuali sembrerebbe che la Terra costituisca un buon modello per gli altri pianeti sparsi nell'Universo. Se fosse veramente così, sarebbe in fondo una cosa confortante tale «umanizzazione» dell'Universo. Ciò non significa che su altri pianeti vi siano forme di vita simili a quelle terrestri, anzi, la vita potrebbe avere caratteristiche del tutto diverse, addirittura con tipi di strutture differenti. Per esempio, sulla Terra la chimica del vivente si basa sul carbonio (che è un atomo a quattro valenze e, per così dire, funziona molto bene come «scheletro» chimico); qualcuno ipotizza che altrove l'elemento fondamentale potrebbe essere un altro, per esempio il silicio. Può anche darsi, ma una serie di osservazioni sembrano indicare che anche altrove eventuali forme viventi siano fondate sulla chimica del carbonio. Per varie ragioni, non ultima quella che il carbonio è diffusissimo nell'Universo, e soprattutto perché le tracce di chimica finora osservate nello spazio sono legate proprio a questo elemento. Si ritiene molto probabile dunque che anche su altri pianeti la vita, se esiste, si fondi su tale chimica. Questo tutto sommato non deve sorprendere, perché i quattro elementi base più diffusi nell'Universo sono proprio l'idrogeno, il carbonio, l'azoto e l'ossigeno, cioè quelli di cui sono composti tutti gli esseri viventi della Terra.

I limiti della temperatura

Questo ci porta a un'altra considerazione. Se anche altrove la chimica del carbonio fosse alla base dei composti organici, si può ragionevolmente presumere che, come sulla Terra, vi sarebbero dei limiti – superiori e inferiori – per la vita, dovuti alla temperatura. Quasi tutti i composti del carbonio infatti verrebbero distrutti, per esempio, a una temperatura di 400 °C. In pratica, poi, i limiti sono ancora più bassi perché i composti degli organismi terrestri cominciano a disgregarsi già a temperature molto inferiori. Gli organismi che riescono ad adattarsi meglio sono quelli che vivono nelle sorgenti calde intorno a 100 °C: il limite superiore. Per quanto riguarda il limite inferiore, certi organismi sembrano sopravvivere senza difficoltà a basse temperature, ma il metabolismo e la riproduzione si fermano intorno a 0 °C. In buona sostanza, per gli organismi terrestri l'arco della temperatura è grosso modo quello dell'acqua liquida: tra 0 e 100 °C.

Che cosa raccontano i meteoriti

Un meteorite è come un reperto archeologico o, se si preferisce, come un osso di dinosauro, a partire dal quale è possibile ricostruire la struttura dell'animale e anche l'ambiente in cui è vissuto. I meteoriti hanno un'età compresa tra 2,5 e 4,5 miliardi di anni, e la loro importanza consiste nel fatto che si sono conservati, per tutto questo tempo, in una specie di freezer, cioè nello spazio, e quindi praticamente non hanno subito cambiamenti dal giorno della loro formazione. Si evince che è molto facile la formazione di composti organici basati sul carbonio; si sono individuati composti organici negli spazi interstellari, analoghi composti si possono trovare nell'atmosfera di Giove, o in un satellite di Saturno, e anche nei meteoriti. Nei meteoriti sono stati addirittura trovati degli amminoacidi che, com'è noto, qui sulla Terra costituiscono i mattoni di base per la costruzione dei sistemi viventi. Tutto ciò suggerisce che la chimica organica è molto diffusa nel Cosmo, e che in qualche punto dello spazio, in un determinato momento, un processo naturale ha provocato la nascita di molecole di questo tipo, conservandole nei meteoriti giunti fino a noi.

Eccezione o norma?

In futuro forse ne sapremo di più sull'esistenza di altri pianeti, e in tal caso potremo cominciare a valutare meglio se il nostro Sistema solare rappresenti un'eccezione oppure la norma.

Alcuni scienziati pessimisti affermano che, anche se altrove esistessero molti pianeti, difficilmente potrebbero essercene di adatti alla vita, poiché le condizioni favorevoli necessarie sarebbero troppe, dal momento che anche piccole differenze di dimensioni, orbite, temperature, come abbiamo già visto – per non parlare del ruolo della Luna, che stabilizza l'inclinazione terrestre –, possono produrre effetti tali da rendere il pianeta inadatto alla vita.

Altri invece sono più ottimisti, ritenendo che già nel nostro Sistema solare esistono due pianeti, Venere e Marte, che si trovano ai limiti di una zona dove le condizioni possono essere favorevoli, e poiché esistono miliardi di stelle come il Sole, le probabilità che ci siano pianeti nelle orbite giuste sono molte alte.

Ma questo vorrà anche dire che la vita si è veramente sviluppata, com'è avvenuto sulla Terra, o che sono addirittura nate civiltà tecnologiche? Ne parleremo nel prossimo capitolo.

V

Esistono civiltà extraterrestri?

L'argomento di questo capitolo è estremamente interessante: la possibilità che nell'Universo esistano altre civiltà, pianeti in cui esseri intelligenti abbiano costruito case, telescopi, televisori, sonde spaziali, e si pongano in questo momento la nostra stessa domanda. Nelle prossime pagine cercheremo di rispondere a tre interrogativi: qual è la probabilità che ciò sia avvenuto; sarebbe possibile, in caso affermativo, un eventuale contatto via radio; quali sarebbero le conseguenze?

La NASA è impegnata in questo campo, e da tempo ha lanciato un programma di ricerca di intelligenze extraterrestri, il progetto SETI (Search for Extra-Terrestrial Intelligence). L'ipotesi dell'esistenza di altre forme di vita è ritenuta ormai come plausibile da gran parte della comunità scientifica, sia pure in una vasta gamma di posizioni: non impossibile, possibile, probabile, molto probabile. D'altra parte, solo nella nostra Galassia vi sono oltre 200 miliardi di stelle, e nell'Universo vi sono miliardi di galassie: è difficile escludere a priori tale ipotesi. È comunque un esercizio mentale molto stimolante, che permette di riflettere anche su certe strutture dell'Universo e sulle leggi che lo regolano.

Per cominciare, è forse bene precisare che tutto quello che verrà detto in questo capitolo non ha nulla a che vedere con gli UFO, considerati dalla comunità scientifica materia di scarso interesse, perché palesemente frutto di errori, illusioni ottiche, scherzi. E infatti nessuno se ne occupa, tantomeno la NASA. Altra cosa invece è ragionare sulla possibilità che un processo analogo a quello che ha avuto luogo sulla Terra possa essere avvenuto altrove; perché escluderlo? Nel precedente capitolo abbiamo visto le condizioni necessarie – allo stadio attuale delle conoscenze – all'origine della vita, così com'è accaduto sul nostro pianeta. Ora vedremo quali sono le probabilità che ciò si sia realizzato e che abbia dato luogo allo sviluppo di forme intelligenti e tecnologiche. Inizieremo subito col proporre delle valutazioni probabilistiche basate su vari studi (e su opinioni personali), elaborate con l'aiuto di Alfonso Cavaliere e Daniele Fargion, astrofisici all'Università di Roma.

Un calcolo delle probabilità

Cominciamo col dire che, naturalmente, può esserci un atteggiamento di totale negazione, aprioristica, dell'esistenza di altre civiltà extraterrestri; e in tal caso le cifre sono inutili.

Un altro atteggiamento – che è sostanzialmente quello condiviso dalla maggioranza degli scienziati – consiste nel dire che, giacché esistono leggi generali che valgono in tutto l'Universo, si può ragionevolmente pensare che un certo fenomeno avvenuto in un punto possa verificarsi anche in un altro, se le condizioni sono analoghe. Naturalmente la difficoltà consiste nel valutare i vari processi e situazioni, e trarne poi una probabilità statistica. Pertanto, abbiamo cercato di tracciare due «curve»: ottimistica e pessimistica. La prima corrisponde alle valutazioni fatte da persone come lo scrittore Isaac Asimov o l'astronomo Carl Sagan. Nel suo libro *Civiltà extraterrestri*, Asimov fa un'analisi accurata delle probabilità dell'esistenza di altri mondi; noi le considereremo il massimo dell'«ottimismo ragionato» e rappresenteranno quindi la curva ottimistica. Per quanto riguarda la seconda curva, è difficile dire fino a che punto si possa essere pessimisti; le cifre indicate nel paragrafo seguente possono comunque rappresentare una valutazione abbastanza restrittiva. I dati si riferiscono alla nostra Galassia, una realtà di cui conosciamo meglio il numero di stelle e alcune condizioni locali.

Naturalmente si tratta di cifre arbitrarie, ma che costituiscono un esercizio interessante, per ragioni che vedremo in seguito.

Ottimismo e pessimismo

Iniziamo dunque col primo dato, il numero di stelle della nostra Galassia: circa 200 miliardi, forse 300; solo 100 per un calcolo pessimistico.

Numero delle stelle nella nostra Galassia
OTTIMISTA 300 miliardi
PESSIMISTA 100 miliardi

Quante di queste stelle possono avere un sistema solare simile al nostro? Se si scartano le stelle doppie, quelle troppo grandi, quelle troppo piccole ecc., si arriva alle seguenti valutazioni, che tengono conto del fatto che la vita media di una stella deve essere abbastanza lunga per favorire la nascita di un organismo vivente su un pianeta.

Numero dei sistemi solari simili al nostro
OTTIMISTA 1,7% di 300 miliardi = 5 miliardi
PESSIMISTA 0,1% di 100 miliardi = 100 milioni

Ma se davvero esistono sistemi solari simili al nostro, quante probabilità vi sono che possa esistere un pianeta nella posizione adatta, vale a dire non troppo caldo e non troppo freddo?

Alcuni studiosi ritengono sia estremamente raro che un pianeta possa trovarsi alla giusta distanza, che forse noi siamo gli unici. Tuttavia, la maggior parte degli esperti è piuttosto incline a credere che un pianeta in orbita giusta non dovrebbe costituire un'eccezione. La stima ottimistica è del 20%, quella pessimistica può scendere al 10%.

Numero dei sistemi solari simili al nostro
che potrebbero avere un pianeta in posizione adatta
OTTIMISTA 20% di 5 miliardi = 1 miliardo
PESSIMISTA 10% di 100 milioni = 10 milioni

Come si nota, in due passaggi la valutazione pessimista è già cento volte inferiore rispetto a quella ottimista (vale a dire 10 milioni rispetto a 1 miliardo). A questo punto sorge spontanea una domanda fondamentale: ammesso che esista un pianeta adatto, qual è la probabilità che la vita sia poi veramente cominciata? Tutti sono d'accordo sul fatto che ovunque si possano molto facilmente formare molecole organiche, le quali sono già in pratica i mattoni della vita; quanto però alla probabilità che si uniscano per creare grandi molecole capaci di replicarsi, e poi dar origine a forme di vita di tipo batterico, ciò dipende da valutazioni veramente soggettive, perché oggi non disponiamo di parametri validi.

Quanto è probabile la vita?

Alcuni ritengono che ciò sia assai poco probabile, altri invece credono che se il tempo a disposizione per un'evoluzione biochimica è sufficiente, ci sono buone probabilità che questo processo si verifichi. Altri ancora pensano che si tratti di un fenomeno addirittura spontaneo, così come avviene per la formazione degli amminoacidi. Fra questi c'è Asimov, e nel suo libro tale evento è dato come sicuro al 100%, considerato praticamente una naturale conseguenza, quando il pianeta è adatto alla vita.

A questo punto ci sembra ragionevole sdoppiare l'ipotesi pessimistica. Un moderato (ovvero chi accoglie le precedenti valutazioni pessimistiche, ma assai più possibilista) darebbe a questo evento il 50% di probabilità.

L'ipotesi estremamente pessimistica potrebbe, in teoria, scendere a zero, ma in realtà nessuno di coloro che studiano tali problemi esclude che ciò sia avvenuto. Una probabilità su 10.000 (lo 0,01%) sembra rappresentare una valutazione sufficientemente pessimistica. Si hanno quindi a questo punto tre cifre.

Numero dei pianeti adatti alla vita su cui può essersi sviluppata una forma di tipo batterico

OTTIMISTA 100% di 1 miliardo = 1 miliardo

MODERATO 50% di 10 milioni = 5 milioni

PESSIMISTA 0,01% di 10 milioni = 1000

Il passo successivo è l'evoluzione della vita. Qui c'è sufficiente unanimità sul fatto che un organismo, una volta apparso, possa in qualche modo evolvere. Per gli ottimisti, la nascita di esseri pluricellulari è solo questione di tempo: 70% di probabilità. Per i moderati, 20%; per i pessimisti, 5%.

Numero dei pianeti sui quali, partendo da forme di vita di tipo batterico, avrebbero potuto svilupparsi forme di vita di tipo pluricellulare

OTTIMISTA 70% di 1 miliardo = 700 milioni

MODERATO 20% di 5 milioni = 1 milione

PESSIMISTA 5% di 1000 = 50

Quanto è probabile l'intelligenza?

Passiamo ora al gradino successivo: lo sviluppo dell'intelligenza. Per gli ottimisti il passaggio da esseri pluricellulari a forme intelligenti è quasi certo: 90%. Per i moderati, 25%; per i pessimisti, 2%.

Numero dei pianeti sui quali, partendo da forme di vita di tipo pluricellulare, avrebbero potuto svilupparsi forme intelligenti

OTTIMISTA 90% di 700 milioni = 600 milioni

MODERATO 25% di 1 milione = 250.000

PESSIMISTA 2% di 50 = 1

Una volta arrivati agli esseri intelligenti, gli ottimisti ritengono che il passaggio a forme di vita sociale, con lo sviluppo di forme di tecnologia, sia scontato (100%). Anche i moderati si sbilanciano e accettano l'idea che partendo da forme intelligenti – dato un tempo sufficiente – si possa giungere a società tecnologiche (100%). I pessimisti, invece, ritengono che ciò possa avvenire solo molto raramente (5%).

Numero dei pianeti sui quali, partendo da forme intelligenti, avrebbe potuto svilupparsi una civiltà tecnologica

OTTIMISTA 100% di 600 milioni = 600 milioni

MODERATO 100% di 250 000 = 250.000

PESSIMISTA 5% di 1 = 0,05

Ma subentra a questo punto un altro passaggio notevolmente restrittivo. Se fossimo in grado di comunicare con un'altra civiltà extraterrestre, infatti, non saremmo interessati alle eventuali civiltà già scomparse, o a quelle non ancora nate, ma solo a quelle contemporanee, cioè che esistono in questo momento. Per fare questo calcolo occorrerebbe sapere la durata di una civiltà tecnologica, perché se il lasso di tempo è molto lungo, ci sono più probabilità che le nostre esistenze si incrocino; se è molto breve, le probabilità diminuiscono notevolmente.

Mediamente, sulla Terra un mammifero, inteso come specie, dura 5 o 10 milioni di anni; e l'uomo, con la sua civiltà tecnologica? Asimov dice di meno: solo 1 milione di anni. Se si applica un criterio analogo per gli altri pianeti, facendo un po' di conti c'è solo una probabilità su mille (cioè lo 0,1%) che un'altra civiltà tecnologica sia nostra contemporanea. Questa è l'ipotesi ottimistica.

I pessimisti moderati potrebbero affermare che la durata di una civiltà tecnologica è di molto inferiore a 1 milione di anni: solo 20.000. Tuttavia, poiché un sistema solare simile al nostro è solo a meta strada della sua esistenza (e quindi ha ancora qualche miliardo di anni di vita), potrebbero riemergere in seguito sullo stesso pianeta, varie volte, diverse civiltà. Diciamo dieci altre volte, per complessivi 200.000 anni: lo 0,02%.

Il pessimista, invece, potrebbe affermare che una civiltà tecnologica dura solo 2000 anni, poi si autodistrugge per non riapparire mai più. Ecco dunque le ultime cifre.

Numero dei pianeti della Galassia sui quali esiste oggi una civiltà tecnologica

OTTIMISTA 0,1% di 600 milioni = 600.000

MODERATO 0,02% di 250.000 = 50

PESSIMISTA 0,0002% di 0,05 = 0,0000001

La cifra ottimista è molto elevata: secondo Asimov nella nostra Galassia oggi esisterebbero 600.000 civiltà extraterrestri. Ci sembrano decisamente troppe, anche se non abbiamo prove fondate per dimostrare il contrario.

I pessimisti moderati giungono alla cifra di 50; in altre parole, noi saremmo una delle poche civiltà tecnologiche oggi presenti nella Galassia. Tra queste due cifre, 50 e 600.000, esiste un ventaglio di probabilità, in cui si collocano coloro che ritengono possibile o probabile l'esistenza di altre civiltà nella nostra Galassia.

Quanto ai pessimisti, sono scesi molto al di sotto dello 0 e, secondo i loro calcoli noi praticamente non dovremmo esistere, se non per puro caso. C'è infatti solo una probabilità su 10 milioni (appunto lo 0,0000001) che nella nostra Galassia oggi esista una civiltà tecnologica. Siamo stati eccezionalmente fortunati ad apparire, come fare cinque volte di seguito en plein alla roulette!

Una sorprendente moltiplicazione

Non so quale di tali opzioni sia più vicina al vostro modo di vedere. Si tratta, naturalmente, di un esercizio teorico, e ognuno può scegliere la sua strada e rifare i conti per collocare le sue ipotesi. Se però sostanzialmente le vostre conclusioni rimangono nell'arco di queste valutazioni, c'è un fatto molto sorprendente di cui tener conto. Queste cifre infatti si riferiscono soltanto alla nostra Galassia. E nell'Universo esiste un numero immenso di galassie: si calcola ve ne siano 100 miliardi. A questo punto le cifre cambiano completamente, perché bisogna moltiplicare tutto per almeno 100 miliardi.

I pessimisti, in tal caso, salirebbero da 0,0000001 a 10.000. Vale a dire, in base alle loro percentuali di valutazione restrittive, oggi nell'Universo vi sarebbero almeno 10.000 civiltà extraterrestri. I moderati salirebbero a 5000 miliardi... E gli ottimisti a 60 milioni di miliardi di civiltà extraterrestri contemporanee alla nostra! Ecco quindi i dati conclusivi per l'Universo.

Numero di civiltà tecnologiche oggi nell'Universo

OTTIMISTA 60 milioni di miliardi
MODERATO 5000 miliardi
PESSIMISTA 10.000

Sono cifre strabilianti; d'altra parte, si deve pur ammettere che per escludere l'esistenza di altre civiltà nell'Universo bisognerebbe ricorrere a percentuali ancora più basse di quelle adottate dall'ipotesi pessimistica. In altre parole, tale calcolo delle probabilità ci mostra che il numero di stelle è talmente elevato che, pur stando bassi, si ottengono cifre sorprendenti ma indefinite, perché ognuno può rendersi conto che le variabili sono troppe.

L'unico modo per verificare l'esistenza di civiltà extraterrestri è mettersi in ascolto e cercare di captare dei segnali radio.

Copernico e Einstein in altri pianeti

È preferibile l'uso dei segnali radio perché viaggiano alla velocità della luce, sono economici e possono trasportare molte informazioni. Dice il professor Frank Drake, della

Cornell University, uno dei pionieri in questo campo: «Anch'io sono convinto che altre civiltà extraterrestri siano arrivate alla conclusione che le onde radio sono le più adatte per comunicare nello spazio. Ne avranno discusso anche loro. Per quanto possano essere diverse, queste altre civiltà debbono aver tuttavia progredito nella conoscenza seguendo un itinerario simile al nostro, scoprendo via via le stesse leggi».

Anche il professor Edoardo Amaldi, nel corso dei nostri lunghi colloqui, che portarono a un libro-intervista, riteneva plausibile tale ipotesi. «Se questi esseri extraterrestri esistessero, avrebbero necessariamente attraversato una serie di scoperte e invenzioni simili alle nostre: avrebbero cioè prima scoperto la meccanica classica, poi l'elettromagnetismo, e col passare degli anni avrebbero scoperto la relatività, la meccanica quantistica ecc. Insomma, dovrebbero aver avuto una storia del pensiero scientifico non molto diversa dalla nostra.»

In fondo non ci dispiacerebbe sapere che in altri punti della Galassia ci siano stati altri Archimede, Copernico, Maxwell, Marconi o Einstein, che con i loro teoremi e le loro equazioni siano arrivati a scoprire passo per passo le leggi della natura e a utilizzare poi le onde elettromagnetiche per comunicare a distanza, grazie a qualcosa di simile a un radiotelescopio. Tutto ciò ci farebbe sentire molto più vicini a questi esseri, anche se il loro aspetto esteriore fosse assai diverso dal nostro.

Una fantastica enciclopedia

Sorge a questo punto un problema. Se per esempio ricevessimo un messaggio da un pianeta distante 1000 anni luce che dice: «Ehi! Siamo qui. Come va?», la nostra risposta «Bene!» ne impiegherebbe altrettanti per arrivare a destinazione. E magari dopo lo stesso lasso di tempo riceveremmo un altro messaggio: «Come?...».

Il professore Phillip Morrison del MIT, che lanciò per primo assieme al fisico italiano G. Cocconi l'idea di comunica-

COME COMUNICARE CON GLI EXTRATERRESTRI

Il professor Drake, della Cornell University, da parecchi anni suggerisce una strada cieca circa l'invio di messaggi. L'idea di base è che, dato che le leggi della chimica e della fisica sono le stesse ovunque, si dovrebbe poter comunicare grazie a un linguaggio scientifico-matematico. Si potrebbero cioè inviare semplici impulsi decifrabili da altri scienziati extraterrestri. Drake ha da tempo preparato un messaggio formato da 551 impulsi, che così funzionerebbe. Il sistema di trasmissione sarebbe di tipo binario, come si usa per i calcolatori elettronici: 0, 1, 0, 1 ecc. Questi 551 caratteri dovrebbero essere interpretati in modo logico. E la logica dice che l'unico modo possibile per disporli in una figura geometrica (senza che rimanga un «resto») è un rettangolo di 19 x 29 cm. Il passo logico successivo è quello di trasformare lo 0 in spazi bianchi e l'1 in spazi neri. Ne deriverebbe un'immagine simile a uno schema di parole incrociate, con figure geometriche che emergono dalla disposizione delle caselle bianche e nere. Il professor Drake ha quindi riunito un gruppo di matematici, astronomi, biologi e chimici, che nell'arco di un giorno ha scoperto che questo ipotetico messaggio poteva essere decifrato. Ecco alcune delle cose in esso contenute: la descrizione del sistema solare in cui vive il mittente del messaggio, con i vari pianeti; gli schemi strutturali del carbonio e dell'ossigeno, che indicano qual è il processo metabolico; il sistema di numerazione, le misure fondamentali, l'indicazione del numero degli abitanti. Si vede anche un omino stilizzato. Inoltre, alcuni concetti sono indicati da una particolare configurazione, così da ricorrere soltanto come simbolo – e quindi come parola – in un messaggio successivo.
Questo, naturalmente, è soltanto un esempio di come sarebbe possibile procedere. Lo stesso professor Drake ha realizzato altri schemi di questo genere, e un messaggio più elaborato è stato realmente trasmesso nello spazio dal grande radiotelescopio di Arecibo (Puerto Rico) sotto forma di impulsi. La trasmissione è durata pochi minuti ed è stata ripetuta tre o quattro volte. Il messaggio, tra le varie informazioni, contiene anche un rudimentale schema visivo della struttura a doppia elica del DNA. Se mai qualche extraterrestre lo avesse captato nello spazio, questo è il rompicapo da risolvere. Una cartolina postale enigmistica.
Dalla Terra, con tanti auguri.

zioni radio con gli extraterrestri, ritiene che anche il monologo offra, comunque, grandi possibilità.

«Se lei ci pensa bene» dice Morrison «il monologo è qualcosa che usiamo molto spesso, anche nella nostra vita culturale. Per esempio, la televisione non stabilisce un dialogo con il telespettatore, ma trasmette in una sola direzione. Analogamente, quando leggiamo un libro sulla civiltà ateniese non interroghiamo Socrate per chiedergli: "Scusi, lei cosa intende quando dice questo?". Certo, ci piacerebbe farlo, ma non possiamo. Malgrado questa limitazione, però, sappiamo molte cose sulla civiltà greca, disponiamo di un ricco materiale da studiare, interpretare, discutere. La stessa cosa potrebbe avvenire con i messaggi spaziali.»

«Effettivamente penso che potrebbe contenere proprio qualcosa come un'enciclopedia» afferma Drake. «Con le tecniche attuali si può trasmettere il contenuto di un'intera enciclopedia in pochi istanti. Pertanto, oggi è possibile inviare un'enorme massa di informazioni in un tempo molto breve, e un messaggio di questo genere potrebbe essere trasmesso in continuazione nello spazio, magari per milioni di anni.»

In tal modo si potrebbero di colpo avere a disposizione conoscenze, leggi, processi, scoperte, invenzioni, che alla nostra civiltà richiederebbero tempi lunghissimi. Sarebbe un po' come ricevere in anticipo libri non ancora scritti e conoscere già ora le risposte a tanti problemi scientifici: l'origine dell'Universo, la nascita della vita, il futuro dell'espansione, o magari la storia del Cosmo prima del Big Bang e così via. Per non parlare degli sviluppi in campo tecnologico: dall'elettronica alle comunicazioni, dagli impieghi della fisica nucleare alla progettazione di nuove macchine straordinarie. Tali e tante conoscenze da far compiere al nostro progresso tecnico-scientifico un balzo in avanti senza precedenti.

Le cose però non sarebbero così semplici. In realtà, anche se riuscissimo a captare una tale massa di informazioni, probabilmente non riusciremmo a decifrarle. Sarebbero al di là della nostra comprensione, così come per un pastore etrusco sarebbe stato incomprensibile un trattato di elettronica, anche se fosse stato scritto nella sua lingua. In altre parole, anche riuscendo a tradurli, certi concetti potrebbero andare oltre la nostra capacità di comprensione.

Si può tuttavia pensare che una civiltà intelligente, in grado di trasmettere questo tipo di messaggi, si porrebbe essa stessa il problema, risolvendolo in un modo semplice: l'enciclopedia conterrebbe tutto il sapere, dalla tavola pitagorica in avanti, in modo che ogni nuova conoscenza sarebbe inserita nel contesto di quelle precedenti, adattandosi al livello culturale di qualsiasi civiltà ricevente. Una specie di storia generale delle scoperte, con un contenuto via via più complesso ma costantemente comprensibile, perché spiegato da una serie di «lezioni» progressive.

Telefoto da altri pianeti

Un'altra cosa a cui si può pensare è invece che una civiltà extraterrestre potrebbe inviarci delle vere e proprie fotografie, grazie a un sistema basato sulla stessa tecnica adottata dal professor Drake (vedere il riquadro a pag. 164), ma utilizzando qualche milione di «caselle» anziché solo qualche centinaio, e magari con diverse «gradazioni». In tal modo sarebbe possibile inviare attraverso lo spazio delle «telefoto a mosaico», in cui ogni casella rappresenterebbe un puntino del retino. Potremmo così vedere non solo gli abitanti di quel pianeta, ma anche animali e paesaggi, opere d'arte, palazzi, macchine, fabbriche e altre cose ancora. In pratica, attraverso la fotografia, sarebbe possibile trasmettere un enorme numero di informazioni, superando così gli ostacoli della lingua e della decodificazione. Rimarrebbe il problema di interpretare le immagini, ma ciò potrebbe costituire una difficoltà assai minore. Osservando per esempio un animale, o più animali, si potrebbero dedurre diverse informazioni circa il clima, la pressione, la gravità ecc. Analogamente, osservando palazzi, paesaggi o macchine, sarebbe possibile venire a conoscenza di moltissime cose sulla civiltà di quel pianeta.

IL FATTORE SINCRONISMO

Le probabilità di captare un messaggio sono rese più remote dal fattore sincronismo. Supponiamo infatti che nella nostra Galassia ci siano molti pianeti con civiltà al livello evolutivo dei tempi di Leonardo, Galileo, Mozart, Beethoven: non sentirebbero niente, ascoltando il cielo, per l'assenza di uno strumento di ricezione radio (e non potrebbero né inviare né ricevere messaggi). Ma supponiamo che esistano civiltà come la nostra, capaci di trasmettere. Anche in questo caso occorrerebbero molti anni, probabilmente secoli o millenni, prima che le onde radio possano giungere fino a noi, pur viaggiando alla velocità della luce; solo i nostri posteri le riceverebbero. D'altra parte, potrebbe anche darsi che certe civiltà abbiano già trasmesso in passato e che siano ora scomparse, da secoli, millenni, o milioni di anni. E che i loro messaggi siano passati sulle nostre teste all'epoca di Garibaldi, di Tito Livio, o dell'australopiteco.

Shock culturali e crisi religiose

Molti ritengono che un segnale extraterrestre provocherebbe un forte shock; la consapevolezza infatti dell'esistenza di altre intelligenze sposterebbe radicalmente l'orbita culturale dell'umanità. Così come dopo Copernico l'uomo si trovò spaesato, perdendo la centralità dell'Universo, allo stesso modo la scoperta di altre intelligenze metterebbe in crisi la presunta unicità e superiorità dell'uomo nei confronti del resto del creato. Ma tale shock vi sarebbe davvero? Personalmente credo proprio di no. Per varie ragioni. Per prima cosa, la nostra cultura in realtà non ne uscirebbe sconfitta ma rafforzata, proprio perché sarebbe stata capace di compiere un'eccellente impresa. La seconda è che la cultura del nostro tempo – quella vera, cioè che si basa sulla conoscenza e non sui miti – già da parecchio tempo dà per scontato che la vita possa essere sorta altrove, in favorevoli condizioni biochimiche; un eventuale messaggio extraterrestre costituirebbe, pertanto, una conferma di quanto essa

SEGNALI DI ALTRE CIVILTÀ

I ricercatori che hanno cominciato ad ascoltare il Cosmo con i radiotelescopi, nella speranza di trovare un segnale intelligente, si sono dovuti porre all'inizio alcune domande. In quale lunghezza d'onda cercare questo segnale, e dove puntare l'antenna? Una cosa certa è che, se anche una civiltà sta trasmettendo, se non ci sintonizziamo sul giusto segnale non potremo mai individuarla, proprio come per la televisione. Gli astronomi hanno pensato che civiltà tecnologiche avrebbero scelto lunghezze d'onda che, per una ragione o per l'altra, sono divenute «popolari» fra gli scienziati. Una di queste lunghezze corrisponde a una riga dello spettro atomico dell'idrogeno; ma ve ne sono altre, su cui in una prima fase è stato effettuato l'ascolto, con risultati negativi. In seguito sono stati adottati sistemi più complessi che analizzano automaticamente molte lunghezze d'onda, ma anche in questo caso senza alcuna scoperta significativa. Per quanto riguarda il secondo interrogativo – dove puntare le antenne –, all'inizio sono state studiate le stelle vicine e che assomigliano al Sole, poi si è passati agli ammassi di stelle ed è stato ascoltato anche il centro della Galassia. Tuttavia, non è detto che le probabilità di intercettare segnali intelligenti non siano maggiori in direzione opposta al centro galattico.

è andata scoprendo in tutti questi decenni, e non una rottura culturale.

Altri invece propendono per l'esplosione di una crisi religiosa. Lo studio SETI della NASA porta prudentemente in prima pagina la prefazione di un teologo – Theodore M. Hesburgh, presidente dell'Università di Notre-Dame – per cautelarsi da eventuali critiche da parte delle diverse confessioni religiose. Essa conclude con queste parole: «Come teologo, vorrei dire che questa proposta di ricerca di civiltà extraterrestri è anche una ricerca per conoscere e capire Dio attraverso le sue opere, specialmente attraverso quelle opere che più lo riflettono. Trovare altri esseri, oltre a noi stessi, significherebbe conoscerlo ancor meglio». La religione, dunque, che è sopravvissuta a Galileo, Darwin e al Big Bang, è già pronta ad accogliere tale novità.

E le masse, come reagirebbero? I sondaggi dicono che un numero altissimo di persone crede nell'esistenza degli UFO, perciò molti sono già entrati in questa dimensione extraterrestre. Ma una cosa è pensare, un'altra è sapere. Non c'è dubbio che intercettare un segnale intelligente dallo spazio sarebbe una notizia talmente straordinaria da offuscare tutte le altre. Ne deriverebbero speciali, dibattiti, talk show; si direbbero cose prevedibili e scontate, e piano piano le informazioni e i commenti su questo fatto eccezionale comincerebbero a perdere d'importanza, lasciando nuovamente le prime pagine alle notizie sull'aumento delle tasse e sulle partite di calcio. Avverrebbe come per lo sbarco sulla Luna: dopo il quarto o il quinto, quasi non vi erano più notizie.

Anche se fossimo soli...

Giungendo al termine di questa breve trattazione, credo sia difficile trarre delle conclusioni. Abbiamo visto quali sono le difficoltà, le speranze, le probabilità, le ipotesi e le tecniche. È possibile che, in definitiva, dallo spazio giunga solo il ronzio di fondo della radiazione cosmica, cioè un gelido silenzio: nessuna voce, né messaggio, né segnale. Un silenzio che potrebbe forse indicare che siamo i soli a navigare nel Cosmo, sperduti in una spirale di stelle e di gas interstellari. Ma se anche così fosse, sarebbe un messaggio importante, che darebbe una nuova dimensione alla nostra vita, rivelandoci quanto sia prezioso e unico il nostro pianeta.

Parte terza

L'evoluzione

Perché alcune cellule primordiali si sono via via trasformate in organismi pluricellulari, invertebrati, pesci, anfibi, rettili, mammiferi e, infine, uomini? Nelle prossime pagine cercheremo di spiegare quello che la genetica ha scoperto un secolo dopo Darwin. La sua teoria, infatti, trova piena conferma nelle attuali ricerche di biologia, paleontologia, biochimica ecc. Con ulteriori aggiunte e perfezionamenti. È un meccanismo che, con un po' di fantasia, si potrebbe riassumere con tre noti proverbi: non tutte le ciambelle riescono col buco; non tutto il male viene per nuocere; da cosa nasce cosa. La teoria è un po' più complessa, naturalmente; ma tenteremo di esporla in modo chiaro. Cominciando dalla storia dell'uovo e della gallina.

I

I sorprendenti meccanismi dell'evoluzione

È nato prima l'uovo o la gallina? È una domanda in apparenza senza risposta, perché per avere un uovo ci vuole una gallina, e viceversa. Una cosa genera l'altra. Come si esce da questa impasse? In realtà, una risposta c'è: è nato prima l'uovo. E chi ha fatto l'uovo? Un animale che non era proprio una gallina, ma un gallinaceo leggermente diverso. Questo animale generò un uovo «difettoso», un uovo con un errore nei cromosomi. E questo uovo «difettoso» diede luogo alla nascita di una gallina. Ma se l'uovo era difettoso, non doveva andare a male? Effettivamente è quello che succede di solito: quando nella riproduzione della vita qualcosa va storto, un individuo nasce con qualche difetto genetico, e di solito muore in breve tempo. Spesso muore ancor prima di nascere. È quello che capita anche nella fecondazione umana: addirittura il 50% delle uova femminili fecondate muore prima ancora di impiantarsi nell'utero. Metà delle fecondazioni finisce in un aborto spontaneo precocissimo, senza che neppure la donna se ne renda conto.

Un difetto buono

A volte – in milioni di riproduzioni – capita che questo errore genetico sia neutrale, cioè senza conseguenze. O addirittura utile; anzi, molto utile per sopravvivere e riprodursi. Allora quell'individuo – un po' diverso – non muore più, ma continua a vivere e a prolificare, riproducendo altri esseri simili, cioè dotati anch'essi del «difetto buono». O addirittura si riproduce più degli altri, perché è più adatto all'ambiente. Le sue caratteristiche, così, si diffondono e si affermano.

Ma questo gallinaceo era nato a sua volta da un uovo difettoso? Forse non proprio lui: magari il suo bisnonno, o il suo bis-quadrisavolo. Effettivamente anche quell'individuo era uscito da un uovo difettoso generato da un gallinaceo ancora leggermente diverso. E così via. Andando sempre più indietro nel tempo vedremmo che gli antenati della gallina – per via di questo accumularsi di mutazioni – assomigliano sempre meno a una gallina, non solo nell'aspetto ma anche negli organi interni, nel metabolismo, nella biochimica. Se li potessimo allineare in un'unica e ipotetica fila, ci accorgeremmo che questi antenati a un certo punto comincerebbero ad assomigliare sempre più a un rettile. E l'ultimo della fila sarebbe veramente un rettile. Infatti tutti gli uccelli, gallina compresa, discendono con ogni probabilità da piccoli dinosauri arboricoli.

Andando ancora a ritroso si vedrebbe questo rettile diventare sempre più simile a un anfibio, a un pesce, a un invertebrato ecc. E alla fine si arriverebbe alle prime cellule apparse sulla Terra circa 3,6-3,8 miliardi di anni fa. E da cosa erano state prodotte queste prime cellule? Da altre cellule, le quali a loro volta derivano da cellule (o da sferule) un po' diverse… Si arriva così all'origine della vita, di cui abbiamo parlato in precedenza.

I tre proverbi

Naturalmente, ciò che vale per la gallina vale per qualsiasi altro essere vivente che oggi vediamo sulla Terra: un gatto, un elefante, una zanzara, un cavolfiore, una lucertola… o un uomo. Tutti i loro (nostri) antenati convergono verso esseri sempre più primitivi, fino ad arrivare all'origine comune della vita. Volendo compiere il cammino inverso, si può dire che le prime cellule viventi hanno generato sulla Terra una sterminata discendenza, ramificatasi in tutte le direzioni, che ha dato origine a forme di vita molto diversificate, che si sono trasformate (casualmente, grazie a «difetti buoni») e che hanno così potuto adattarsi agli ambienti e alle situazioni più diversi. La selezione ha fatto da filtro, lasciando passare ogni volta soltanto le forme adatte, ed eliminando impietosamente le altre.

Ecco quindi come si spiegano i tre proverbi di cui parlavamo all'inizio: non tutte le ciambelle riescono col buco (cioè nel DNA possono esservi degli errori di copia, delle mutazioni casuali); non tutto il male viene per nuocere (queste anomalie a volte possono costituire un vantaggio, e quindi per-

LA LOTTERIA DELLE MUTAZIONI

La mutazione si potrebbe paragonare a un biglietto della lotteria, per partecipare alle grandi estrazioni della vita. La mutazione che si afferma nell'ambiente è, in un certo senso, il numero vincente. Dei miliardi e miliardi di tentativi non riusciti – eliminati dall'ambiente durante l'evoluzione – oggi vediamo solo quelli che hanno avuto successo, i vincitori della lotteria. E fra tutti i discendenti di questi vincitori vediamo soltanto quelli che a loro volta hanno vinto un'altra lotteria... e via di seguito. Ecco quindi come la diversità delle mutazioni, e la loro indipendenza da fattori ambientali diretti, ha permesso la continua evoluzione della vita, filtrata dalle leggi della selezione.

Oltre a un errore di copia, anche una sostanza chimica, un virus, possono modificare in qualche punto il filamento di DNA di una cellula, e in tal modo l'alfabeto chimico viene alterato nella sua sequenza con nuove e diverse lettere. Quando la cellula si riproduce, automaticamente riproduce anche questo piccolo «errore», stampando un filamento leggermente diverso: se tale mutazione avviene negli spermatozoi e negli ovuli, ne nascerà un individuo leggermente diverso.

La variabilità degli individui è moltiplicata dal rimescolamento sessuale dei cromosomi, ossia dall'accoppiamento che mescola ogni volta i cromosomi paterni e materni, dando luogo alla nascita di un nuovo, diverso individuo.

mettere all'individuo di sopravvivere ancora meglio); da cosa nasce cosa (perché il susseguirsi di mutazioni può dar luogo a individui capaci di prestazioni o di adattamenti impossibili ai loro progenitori).

I giocatori e la schedina

In definitiva, c'è una cosa che emerge chiarissima: la vita può adattarsi – e l'evoluzione continuare – solo grazie al fatto che nascono in continuazione individui e specie diversi. È questa varietà, in perenne trasformazione, che consente alla vita di superare tutti gli ostacoli e di occupare tutte le nicchie, nonostante i cambiamenti climatici e ambientali. È come se, ogni volta, all'ambiente venisse offerta una rosa di candidati: 99 varianti si rivelano inutili o sbagliate, ma una è addirittura migliore del modello preesistente, e ha il sopravvento.

Secondo la biologia moderna, tutto ciò è reso possibile non solo dall'immenso numero di variazioni, ma anche dai tempi lunghissimi: milioni o miliardi di anni. È un po' come il Superenalotto: le combinazioni sono sterminate, ma il numero di giocatori è altrettanto vasto, e alla fine c'è sempre qualcuno che diventa miliardario.

Attraverso questa selezione, l'ambiente ha finito per «modellare», indirettamente, le caratteristiche delle forme viventi; caratteristiche di volta in volta necessarie per adattarsi a quella particolare nicchia. Anche la capacità di utilizzare nuove fonti alimentari è stata una delle carte vincenti della selezione; in particolare, se permetteva di trarre calorie da sostanze che per altri erano indigeste, o inaccessibili, o poco nutrienti, o magari velenose.

L'elefante equatoriale diventa nordico?

Questi cambiamenti, o «mutazioni», debbono essere necessariamente casuali, cioè non influenzati direttamente dall'ambiente. Per una ragione molto semplice: la mutazione non può scegliere la direzione, perché ciò significherebbe «prevedere» quali saranno le necessità ambientali future e quindi i tipi di mutazioni favorevoli. Ciò non è possibile, perché le variazioni d'ambiente sono imprevedibili, sempre diverse; le mutazioni debbono pertanto agire «a tutto campo» per poter essere efficaci.

Per questa ragione, per esempio, l'elefante – animale tipicamente equatoriale – presenta sempre nella sua discendenza una leggerissima tendenza a diventare nordico, corretta naturalmente dall'ambiente, che elimina il portatore del carattere quando è troppo accentuato. In passato, si può supporre che un tale carattere sia stato invece premiato quando le condizioni ambientali lo richiedevano, e ne sia originato il mammut, cioè un elefante lanoso, che poteva sopravvivere anche in Siberia. Analogamente, si può pensare che l'orso polare moderno, tra le tante possibili tendenze mutanti, abbia anche quella di diventare un animale tropicale. Solo l'ambiente lo ha stabilizzato (relativamente, a seconda che si conti in millenni o in milioni d'anni). In definitiva, le mutazioni che possono intervenire, creando un nuovo carattere – sia pure quasi inavvertibile –, sono necessariamente indipendenti dall'ambiente; esse operano a caso, in tutte le direzioni.

La cosa importante, come dicevamo, è che attraverso il «setaccio» finiscono per passare anche molte mutazioni che non sono obbligatoriamente favorevoli o vincenti, ma semplicemente neutre, magari associate a un altro carattere vantaggioso. Esse si possono così accumulare creando in un individuo, o in un gruppo, dei preadattamenti. In altre parole, nel corso dell'evoluzione, certe nuove funzioni non appaiono improvvisamente, per un colpo di bacchetta magica, ma sono il frutto di una graduale trasformazione (o accumulo), che ha avuto il tempo di costruirsi senza un preciso obiettivo, ma che a un certo punto può rispondere a una nuova richiesta ambientale.

I FIGLI DEI MURATORI NON NASCONO CON I CALLI

I caratteri acquisiti non sono ereditari. Che cosa vuol dire? Semplicemente che il figlio di un manovale non nascerà coi calli alle mani e quello di un cavallerizzo con le gambe storte. E questo malgrado i padri, durante la vita, si siano adattati all'ambiente assumendo certe caratteristiche fisiche. I figli dovranno ricominciare il loro adattamento da capo, ogni volta. Questi caratteri acquisiti, infatti, non sono entrati nei cromosomi e quindi non possono essere ereditati. Analogamente, non basta allungare il collo mangiando sui rami alti, come fa la giraffa, per far sì che i figli nascano col collo più lungo. L'esperienza quotidiana, insomma, non entra direttamente nel patrimonio genetico. E se il messaggio ereditario non è alterato, la discendenza «ignorerà» quello che è accaduto ai genitori o agli antenati in un certo momento della loro vita. Ciò significa che l'intelligenza può trasmettersi attraverso generazioni di analfabeti.

Il «bricolage» dell'evoluzione

Esiste poi quello che il biologo francese François Jacob ha definito il «bricolage dell'evoluzione»: cioè certi «pezzi» utili a un determinato scopo possono servire in seguito per altri scopi, grazie a piccole variazioni (la natura è piena di esempi di questo tipo). È un meccanismo efficacissimo, che consiste in pratica nell'assemblare in modo nuovo cose vecchie. Senza un progetto particolare.

L'evoluzione non sa cosa produrrà, ma può recuperare tutti i pezzi che trova per costruire cose diverse, così come si può costruire un ventilatore partendo da una ruota, o un ombrellone partendo da un tavolo. Allo stesso modo, da una zampa può nascere un'ala, da un frammento di mascella una parte di orecchio. Certe parti, leggermente modificate, possono essere utilizzate per altre funzioni, tagliando, allungando, ritoccando.

Un esempio significativo a questo riguardo è il polmone. Il polmone, ne abbiamo già parlato, sembra essersi formato a partire dall'esofago di antichi pesci d'acqua dolce che vivevano in paludi. Per procurarsi più ossigeno essi cominciarono a inghiottire aria e assorbirla attraverso le pareti dell'esofago: per progressiva selezione si svilupparono dei diverticoli (ernie) che diedero pian piano origine ai polmoni. «Fabbricare un polmone con un pezzo di esofago» commenta Jacob «assomiglia molto a fare una gonna con una tenda della nonna...»

Un abito di Arlecchino

Ma la natura, com'è noto, non solo tende a modificare bensì anche a conservare. Conservare le cose che funzionano. «Colleziona», cioè, le mutazioni favorevoli (magari apparse una sola volta, in un solo individuo). Una volta acquisite, esse si diffondono nelle generazioni, viaggiano nei millenni e si ramificano ovunque, seguendo gli imprevedibili itinerari dell'evoluzione.

Se infatti guardassimo a fondo dentro i nostri cromosomi, come stanno facendo i genetisti, ci renderemmo conto che il nostro patrimonio genetico è, per così dire, ad «abito d'Arlecchino», nel senso che noi possediamo ancora molti geni in comune non solo con gli animali, ma persino con le piante, pur essendosi col tempo modificati. Certi geni umani sono addirittura rimasti quasi identici a quelli dei batteri; così com'è rimasta uguale, per esempio, la proteina – e quindi il relativo gene – che regola la capacità retrattile di un tessuto: è la stessa sia in un'ameba sia in un concertista.

Come modificare un arto

Uno dei fatti più sorprendenti è come tutti questi meccanismi genetici e ambientali finiscano per «modellare» in modo straordinario tutte le forme viventi. È interessante osservare per esempio come, partendo da un modello comune, gli arti anteriori di certi animali si siano variamente modificati, in risposta a esigenze funzionali diverse: camminare, volare, nuotare, scavare, manipolare. Nell'illustrazione qui sotto è possibile confrontare gli adattamenti avvenuti in nove animali (rettili, uccelli, mammiferi). Tutti gli arti sono costituiti dallo stesso tipo di ossa, che però si sono adattate attraverso una serie di piccoli cambiamenti di forma, modellate dall'evoluzione.

Ma c'è di più. Se osserviamo quello che accade sulla Terra, ci accorgiamo facilmente che, attraverso la selezione naturale, l'ambiente finisce persino per rimodellare completamente certe forme viventi. Per esempio, se un mammifero comincia – o meglio ritorna – a vivere nel mare, com'è accaduto probabilmente alla balena o al delfino, finisce per assumere un aspetto molto simile a un pesce. La stessa cosa vale per un anfibio o un rettile. Se si mostrassero a un profano un ittiosauro (rettile), un delfino (mammifero), un gerrothorax (anfibio) e un tonno (pesce), egli potrebbe scambiarli per quattro pesci, tale è la loro somiglianza. Analogamente, quando animali di tipi diversi sviluppano una capacità di adattamento allo spostamento in aria, le loro forme – sia pure in misura minore – tendono anche in tal caso ad assomigliarsi. Così certi animali del tutto diversi ma che volano, come un gabbiano (uccello), un pipistrello (mammifero), uno pterodattilo (rettile), un pesce volante (pesce), presentano sorprendenti caratteristiche comuni.

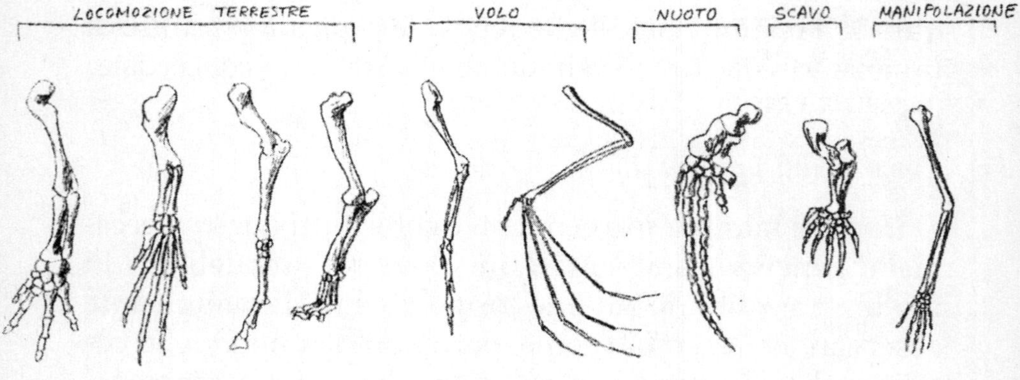

Da sinistra, gli arti anteriori di salamandra, coccodrillo, cavallo, tigre, uccello, pipistrello, cetaceo, talpa, uomo.

I MECCANISMI DELL'EVOLUZIONE

I conigli selvatici non sono tutti uguali fra loro: possono nascere individui più grigi o più bianchi, più pelosi o meno. Se una certa popolazione di conigli è costretta a spostarsi in montagna, quei rari esemplari a pelo bianco, che in pianura erano le vittime più frequenti (perché si mimetizzavano meno bene tra gli arbusti), una volta sulle nevi si troveranno invece avvantaggiati. Non solo, ma tra i conigli a pelo bianco sopravvivono meglio quelli che hanno una pelliccia più spessa che li protegge dal freddo. E poiché questi caratteri sono ereditari, anche i loro figli saranno in gran parte così. Ecco quindi che, più o meno rapidamente, la popolazione di conigli di montagna diventa di pelo bianco e folto. Non sono dunque il freddo e la neve che hanno trasformato il colore e la pelliccia dei conigli: semplicemente sono morti quelli a pelo corto e scuro, mentre gli altri si sono moltiplicati. Naturalmente, potrà accadere che non tutti i nuovi nati saranno bianchi e a pelo lungo. Alcuni saranno più scuri, o a pelo corto, ma proprio per questo verranno man mano eliminati dall'ambiente. Altri nasceranno, per caso, con nuove caratteristiche (orecchie più lunghe, zampe più sottili ecc.): sarà sempre l'ambiente a decidere qual è il più adatto alla situazione del momento, con il premio della sopravvivenza o con la punizione della morte. Ciò ha portato, tra l'altro, all'estinzione di un numero enorme di specie animali, di cui abbiamo oggi testimonianze fossili.

Veder crescere l'erba

Tutti i cambiamenti e le trasformazioni di cui abbiamo parlato – è bene ricordarlo ancora una volta – avvengono in tempi molto lunghi: non è possibile vedere operare l'evoluzione a occhio nudo, per così dire. È come per la crescita dell'erba, o l'invecchiamento di continenti: possiamo notare i cambiamenti e le trasformazioni solo confrontando certe situazioni a distanza di tempo. Lo stesso vale per l'evoluzione, che è possibile percepire soltanto quando la si osserva lungo un arco di tempo sufficientemente ampio: almeno decine di migliaia di anni, o, meglio, milioni di anni.

Così, siamo incapaci di seguire l'evoluzione di una specie da un anno all'altro, o anche da un decennio all'altro. E non riusciamo a vedere certi «anelli» di transizione tra una forma e l'altra: i tempi dell'evoluzione sono stati lunghissimi, e troppi gli animali esistiti.

Conosciamo solo ciò che ci è arrivato attraverso i fossili, vale a dire una minima parte degli esseri vissuti in passato: il processo di fossilizzazione è infatti un fenomeno molto raro. Inoltre, le parti molli non si fossilizzano, spesso i resti sono incompleti e frammentari e le specie numerosissime. Per questo e per altre ragioni ancora è difficile ricostruire l'intero puzzle. Il complesso dei fossili può certo offrirci una visione panoramica dell'evoluzione, mostrandoci bene i grandi cambiamenti e i passaggi fondamentali ma non i piccoli cambiamenti intermedi. Per poterli osservare bisognerebbe, in teoria, disporre di tutti i fossili degli animali vissuti nell'arco di miliardi di anni (o meglio ancora del loro DNA, ammesso che un giorno diventi possibile «leggere» le mappe genetiche e disporle come in un dizionario). Inoltre, le forme di transizione riguardano solitamente piccoli gruppi, ed è quindi statisticamente molto improbabile ritrovare oggi un'intera serie fossile che testimoni in sequenza tali passaggi.

Gli equilibri puntuati

Quest'idea dei piccoli gruppi è stata ripresa e codificata, in tempi recenti, dalla cosiddetta teoria degli «equilibri puntuati», versione aggiornata della teoria di Darwin.

Darwin riteneva che il passaggio da una specie all'altra richiedesse tempi molto lunghi, milioni di anni, a causa della gradualità dei cambiamenti: ma mancavano molti anelli, vale a dire quelle forme intermedie che testimoniassero dei vari passaggi da una specie all'altra, a causa dell'insufficienza di ritrovamenti fossili.

Due paleontologi americani, Stephen J. Gould e Niles Eldredge, hanno invece avanzato l'ipotesi che questi anelli mancanti probabilmente non siano mai esistiti, nel senso che l'evoluzione potrebbe essere stata caratterizzata da periodi di relativa stabilità, punteggiati da squilibri improvvisi, durante i quali avrebbe potuto apparire rapidamente una nuova specie. (Per nuova specie si intende, naturalmente, una forma vivente molto simile a quella precedente, ma con sufficienti differenze nei cromosomi da non potersi più accoppiare con essa per dar luogo a una prole fertile.)

Ebbene, andando alla ricerca di prove che dimostrassero la validità di questa teoria, qualche anno fa si sono scoperti nella Valle della Morte, tra il Nevada e la California, dei pesciolini che sembrano dar ragione – almeno in questo caso – a Gould e Eldredge. Si chiamano pesci-cucciolo e sono miracolosamente scampati all'estinzione rimanendo intrappolati 50.000 anni fa in una pozza d'acqua alimentata da una sorgente, mentre tutt'intorno avanzava il deserto. Nella zona si sono evoluti almeno altri quattro gruppi di questi pesci-cucciolo. Rimasti così isolati in piccole comunità (poche centinaia di individui), questi pesci hanno conosciuto un'evoluzione separata, che nel giro di poche migliaia di anni li ha portati a diventare così diversi da costituire vere e proprie specie differenti (e forse in alcuni casi generi diversi).

Va comunque detto che questo procedere «a salti» non esclude, nel complesso, una certa gradualità. In altre parole, la differenza assomiglia a quella che esiste tra un piano inclinato e una scalinata: entrambi partono e arrivano nello stesso punto, con la stessa pendenza; visti da lontano possono persino sembrare la stessa cosa.

Del resto, molti paleontologi, come Cronin, Boaz, Stringer, Rak, contestano la teoria degli «equilibri puntuati» di Gould per la nascita dell'uomo: vi sono sufficienti reperti, dicono, che indicano la gradualità dei vari passaggi, non c'è prova di lunghi periodi di stasi e improvvisi scalini.

Un'ultima considerazione, prima di concludere sui meccanismi dell'evoluzione, circa le cosiddette «convergenze evolutive». Curiosamente, infatti, la storia naturale è costellata di animali che si assomigliano, o che hanno caratteristiche molto simili, pur provenendo da rami evolutivi diversi. È come se i loro percorsi avessero subito influenze analoghe, dando luogo a forme o comportamenti affini. Così come due matematici possono, indipendentemente, giungere alla soluzione di un problema con lo stesso metodo, certe specie animali finiscono per sopravvivere usando gli stessi accorgimenti.

Per esempio, per saltare sulla sabbia è meglio avere zampe lunghe: e infatti il topolino delle piramidi e quello dei

I FRINGUELLI DI DARWIN

Charles Darwin, lo scienziato inglese che per primo ipotizzò il meccanismo dell'evoluzione naturale, giunse a questa scoperta grazie anche ad alcune osservazioni fatte nelle isole Galápagos. Nel 1832 Darwin era in viaggio sulla nave *Beagle* e stava compiendo un giro naturalistico intorno al mondo. Giunto nelle isole Galápagos, lungo la costa cilena del Sudamerica, Darwin notò ben 13 specie di fringuelli, e ognuna trovava il cibo in un modo particolare. Una specie rompeva i semi con il grosso becco; un'altra, dal becco molto più fine, «pescava» gli insetti nei loro nascondigli; un'altra ancora preferiva foglie e germogli e mostrava un becco diverso dalle precedenti. Darwin pensò che tutte le 13 specie diverse non potessero che discendere da un comune antenato. Infatti, a causa della distanza, non era possibile che nuovi fringuelli fossero giunti dalla terraferma. Pertanto, nel corso del tempo, da un unico antenato, grazie alla presenza sull'isola di un «menu» molto vario, si erano evolute varie specie, ognuna specializzatasi a mangiare un certo «piatto». Ecco il perché di becchi così diversi. Per Darwin fu questa un'osservazione molto importante nella scoperta di come funziona sia l'evoluzione delle specie sia la selezione naturale operata dall'ambiente.

deserti del Nuovo Messico hanno le zampe modellate allo stesso modo e una lunga coda che permette loro di virare «al volo» quando sono inseguiti. Curiosamente, anche i loro predatori sono frutto di una convergenza evolutiva: il fennec dei deserti africani e la volpe pigmea americana posseggono entrambi enormi orecchie, predano gli stessi animali, hanno uguale dentatura e abitudini di vita simili. La selezione ha operato qui in modo identico. I leopardi africani e i giaguari sudamericani, dal canto loro, hanno sviluppato lo stesso tipo di pelliccia maculata; non solo, ma entrambi hanno una «versione» nera (melanica). La cosa più sorprendente è come certi marsupiali che vivono in Australia o in Tasmania abbiano prodotto perfette convergenze con mammiferi placentati. È famoso l'esempio del tilacino, un animale che è un'impeccabile versione marsupiale del lupo.

Anche nella preistoria, naturalmente, si sono verificate convergenze di vario tipo (di cui parleremo più approfonditamente nei prossimi capitoli): per esempio, un rettile come il mosasauro e un mammifero come il basilosauro svilupparono un identico adattamento all'ambiente marino, assumendo l'aspetto di enormi pesci serpentiformi.

Un tuffo in mare

Gran parte degli animali che si sono adattati alla vita marina, del resto, ha assunto la forma esteriore dei pesci (ittiosauri, delfini, cetacei in genere) e molte delle loro abilità. Esistono convergenze tra animali ancor più distanti: per esempio tra il gliptodonte (un mammifero) e l'anchilosauro (un dinosauro), entrambi dotati sulla schiena di una grande placca corazzata e di una coda munita di una mazza. Ma il caso forse più sorprendente è quello della cosiddetta tigre dai denti a sciabola: se ne trovano modelli quasi identici tra i marsupiali e i placentati. E perfette convergenze anche nelle epoche più diverse tra animali provenienti da rami evolutivi differenti, o a volte lontani (*Omotherium*,

ALBUM DI FAMIGLIA EQUINO

Le trasformazioni subite dalle specie viventi a opera dell'evoluzione sono invisibili ai nostri occhi: avvengono troppo lentamente. Ma grazie alla scoperta di resti fossili è possibile ricostruire l'album di famiglia di molti animali. Per esempio, l'aspetto dei cavalli 40 milioni di anni fa. Grazie al ritrovamento di preziosi fossili è stato possibile ricostruire l'evoluzione di questo animale. Quaranta milioni di anni fa il cavallo era più simile a un cane che all'animale che conosciamo oggi. Gli scienziati ritengono che si cibasse di foglie, brucate da cespugli e da alberi bassi. Nel corso di milioni di anni l'antenato del cavallo subisce varie trasformazioni: le gambe si allungano, il corpo aumenta di grandezza e le dita del piede da quattro passano a uno.

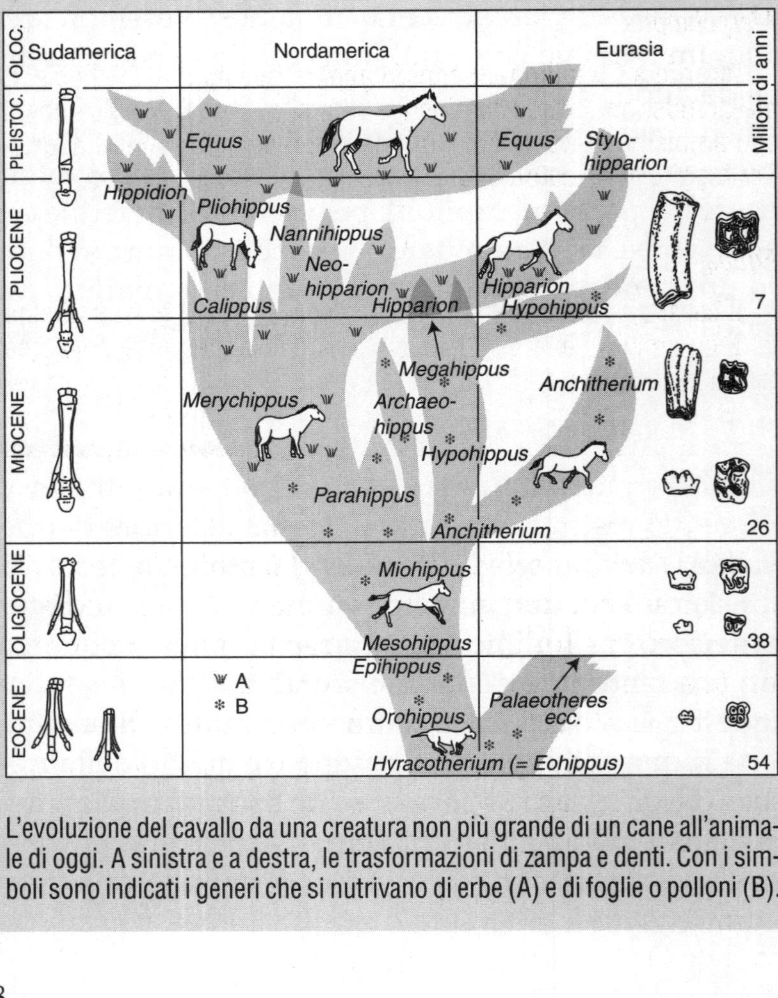

L'evoluzione del cavallo da una creatura non più grande di un cane all'animale di oggi. A sinistra e a destra, le trasformazioni di zampa e denti. Con i simboli sono indicati i generi che si nutrivano di erbe (A) e di foglie o polloni (B).

Hyracotherium

Era un animale di piccola taglia che probabilmente preferiva vivere nelle foreste, dove poteva sfuggire ai predatori nascondendosi. Il galoppo veloce non era proprio la sua specialità. Diffuso sulla Terra oltre 40 milioni di anni fa.

Mesohippus

La taglia è aumentata, ma anche questo antenato del cavallo si cibava di foglie e forse viveva nelle foreste. Le dita dei piedi anteriori da quattro passano a tre e su uno comincia a formarsi la dura unghia dello zoccolo. Siamo intorno a 30 milioni di anni fa.

Merychippus

Intorno a 20 milioni di anni fa appare questa nuova specie. È più grande, più forte e comincia a cibarsi d'erba. Ciò indica che il suo ambiente stava cambiando: dalla foresta alle pianure aperte. Per fuggire ai predatori si può lanciare a un veloce galoppo.

Equus

Il cavallo che conosciamo entra in scena circa 2 milioni di anni fa. È un erbivoro e le dita dei piedi si sono ridotte a uno solo, che forma lo zoccolo.

Smilodon, Thylacosmilus, Eusmilus, Machairodus ecc). Tutti dotati non solo di due immense zanne taglienti, ma di zampe anteriori più lunghe, di un naso corto e di comportamenti analoghi. La stessa cosa si può dire per i cosiddetti scoiattoli volanti, cioè animali che in epoche e in continenti diversi hanno sviluppato un patagio (una pelle membranosa che collega gli arti superiori e inferiori), che permette loro di planare tra un albero e l'altro.

L'elenco potrebbe essere molto lungo; ma al di là della curiosità di queste trasformazioni parallele, il fenomeno delle convergenze evolutive è estremamente interessante perché permette di capire come operi la natura per plasmare i modelli attraverso la selezione. Così come nelle zone fredde qualunque animale deve possedere uno spesso strato di grasso protettivo, o chi vive in acqua una forma del corpo idrodinamica, analogamente esistono necessità di vario tipo che finiscono per creare adattamenti paralleli, magari in ambienti o in continenti distanti migliaia e migliaia di chilometri. Un esempio che vale per tutti è quello degli animali di foresta, generalmente più piccoli di quelli di savana (anche nella specie umana è così: i pigmei vivono nella foresta, i masai e i watussi nella savana). Ma quando le necessità sono ancora più stringenti e l'adattamento richiede soluzioni molto specifiche e specializzate, è frequente che queste convergenze diventino particolarmente accentuate e in alcuni casi spettacolari. Nella selezione naturale, del resto, una moltitudine di altre situazioni ambientali contribuisce a modellare le forme viventi: altitudine, clima, vegetazione, temperatura, umidità ecc. Non solo, ma le stesse forme viventi si influenzano a vicenda, dando luogo, a volte, a curiose evoluzioni parallele: basta pensare ai fiori e agli insetti impollinatori (ci sono orchidee che, per attirare i bombi, hanno assunto forme e colori di un bombo femmina). Anche prede e predatori si modellano a vicenda, affinando le loro rispettive capacità di caccia e di fuga attraverso la selezione.

Un'ultima curiosità. Vi siete mai chiesti perché l'uomo e la donna possiedono ognuno soltanto la metà dell'organo di riproduzione? E debbono impegnare tanto tempo (ed energie) per mettere insieme le due parti? La risposta è che questa «riproduzione a due» ha permesso di rimescolare i cromosomi e quindi di ridistribuire le mutazioni favorevoli, che altrimenti sarebbero rimaste separate in individui diversi. È un'«invenzione» nata già nelle prime fasi dell'evoluzione della vita, e che si è rivelata tanto utile da mantenersi per centinaia di milioni di anni. Così ognuno di noi, attraverso i riti del corteggiamento e dell'accoppiamento (con tutto quello che ciò comporta: investimenti, stratagemmi, emozioni, magari anche poesie e melodie), diventa strumento inconsapevole di quell'esigenza fondamentale della natura che è la produzione di diversità.

II

Prima dei dinosauri: gli straordinari terapsidi

Nella storia dell'evoluzione è comparsa e scomparsa dalla Terra un'enorme quantità di animali. Spesso stranissimi, mai più rivisti, che potevano nascere solo in un determinato momento. Tra questi, i terapsidi, rettili molto particolari, che già mostravano alcune caratteristiche dei mammiferi. Questi rettili «mammaliani» scomparvero, a causa di cambiamenti climatici, lasciando il posto ai dinosauri.

Questo capitolo intende partire dalla loro scoperta, ma in modo inconsueto: cioè immaginando di vederli «in diretta», nel loro ambiente, con una serie di flash sul passato. Una sorta di cronaca, da reporter, per descrivere dal vivo un mondo ormai scomparso, ma che i paleontologi sono riusciti a ricostruire.

Il cambiamento climatico

Introduciamo brevemente la scena e i protagonisti. Siamo intorno a 260 milioni di anni fa, e il clima della Terra sta cambiando per via del movimento dei continenti. In particolare, le terre situate nell'emisfero meridionale stanno lentamente risalendo verso i tropici, riscaldandosi, provocando un massiccio scioglimento dei ghiacci, con grandi ripercussioni climatiche. La fascia equatoriale non è più quel paradiso caldo e umido del Carbonifero: al contrario sta per conoscere un'instabilità crescente, con alternanza di periodi umidi e secchi. E questo sconvolge la vita, creando problemi ai rettili ma soprattutto agli anfibi. Le piogge non sono più regolari, la mancanza d'acqua ha modificato la vegetazione, creando zone brulle, e per gli anfibi la situazione si è fatta drammatica, con morti ed estinzioni di massa. Anche molti rettili sono vittime di questo disastro climatico, ma grazie alla loro maggiore indipendenza dall'acqua (pelle a scaglie e uovo amniotico) alcuni riescono a sviluppare nuovi adattamenti anche a climi più aridi.

Entrano in scena i terapsidi

Con il riscaldamento delle terre situate nell'emisfero meridionale, anzi, si aprono nuovi spazi, nuove opportunità di occupare territori vergini. È in questa fase che cominciano a fare la loro comparsa dei rettili che si rivelano molto adatti a questo nuovo clima: i terapsidi. Curiosamente, la loro storia è poco conosciuta, forse perché, quando si parla di retti-

ESTINZIONI DI MASSA

Il 99% delle specie viventi apparse sulla Terra si sono estinte. Molte di loro a seguito di avvenimenti catastrofici definiti dagli scienziati «estinzioni di massa». Scorrendo in veloce carrellata la lunga linea di fossili trovati dai geologi e dai paleontologi, ci si accorge che in alcuni punti, improvvisamente, molte specie scompaiono. Com'è ovvio, ciò che noi definiamo «improvviso» può aver richiesto centinaia di migliaia, se non milioni di anni, ma la catastrofe è stata comunque rapida, secondo i normali tempi dell'evoluzione biologica. Dai primi fossili di organismi pluricellulari vissuti circa 700 milioni di anni fa a quelli più recenti, sono state individuate ben dodici estinzioni di massa, di cui cinque micidiali: oltre il 60% delle specie scomparse. La più terribile in assoluto non è stata quella famosa dei dinosauri, ma quella immediatamente precedente all'apparizione dei tarapsidi. È la cosiddetta estinzione del Permiano-Triassico, nella quale scomparve ben il 95% delle specie viventi terrestri e marine. Anche i terapsidi rimasero vittime di questa incredibile catastrofe e scomparvero dalla scena terrestre.

li della preistoria, tutta l'attenzione è sempre rivolta ai dinosauri. Eppure i terapsidi rappresentano un momento straordinario nell'evoluzione della vita, sia perché diventano, a un certo punto, i veri dominatori del pianeta sia perché sviluppano forme incredibilmente complesse (e probabilmente già a sangue caldo); ma soprattutto perché sono i progenitori dei mammiferi, cioè di quella linea evolutiva che a un certo punto – dopo la scomparsa dei dinosauri – esploderà, per portare ai mammiferi moderni e infine all'uomo. È una vera epopea, che val la pena di essere raccontata in diretta, dai luoghi in cui si è svolta.

Una mattina di 258 milioni di anni fa

Siamo appostati sopra un albero, nelle vicinanze di un corso d'acqua. Sbucati da chissà dove ecco avanzare due grandi animali, che quasi ricalcano le impronte del giorno prima; dietro di loro se ne vedono vari altri, sparsi tra la vegetazione. Forse una decina in tutto, tra grandi e piccoli: sono *Estemmenosuchus*. Il loro aspetto è stranissimo, veramente sorprendente: come dimensioni si direbbero dei grossi bufali, ma con zampe più corte e tozze e una coda molto spessa, da rettile. È la testa, però, che colpisce maggiormente: varie corna spuntano direttamente dal muso e dal naso, come in una maschera di fantasia, e ciò conferisce agli animali un aspetto alquanto insolito. Gli *Estemmenosuchus* sono forme arcaiche di terapsidi, ma già mostrano alcune novità: la pelle, per esempio, non è più a scaglie, come nei rettili, ma assai più liscia.

Tra i fossili di questi animali, assieme a crani e ossa, sono stati trovati anche dei frammenti di pelle; e l'esame ha rivelato che nella parte interna vi è addirittura traccia di numerose ghiandole. Quindi una pelle che trasuda, e che emana odori. E sappiamo quanto siano importanti gli odori nei mammiferi per i richiami sessuali, per il riconoscimento, per la marcatura del territorio ecc.

Dalla nostra posizione non siamo in grado di sentire alcun

Gli *Estemmenosuchus* sono considerati progenitori diretti dei terapsidi. Sono grandi rettili che hanno sorprendenti caratteristiche simili a quelle dei mammiferi: come la pelle, liscia anziché a scaglie.

odore, ma ci rendiamo conto che questi animali sono assai diversi da tutti i rettili visti finora. Prudentemente, la mandria si avvicina al corso d'acqua e qualcuno comincia a bere, mentre altri si guardano in giro; forse avvertono la presenza di un predatore. In ogni caso, questa mandria di *Estemmenosuchus* appare numerosa e agguerrita: non dovrebbe essere facile per un predatore solitario attaccarla. È proprio con l'unione che i terapsidi cercano di difendersi. Ma certi predatori non hanno tardato a trovare la soluzione, unendosi a loro volta in gruppo e attaccando contemporaneamente, in modo da disorientare le prede e renderle più vulnerabili.

Verso i mammiferi

Gli *Estemmenosuchus* continuano a bere, alternandosi alla riva del corso d'acqua. La giornata sarà lunga e il sole ora è già abbastanza alto sull'orizzonte. Questi animali ci danno veramente la sensazione che qualcosa sta per cambiare nella storia della vita. È infatti da questo groviglio di forme che sta nascendo la transizione verso i mammiferi. I terapsidi sono stati infatti definiti «rettili mammaliani», perché a un certo punto della loro evoluzione hanno lentamente sviluppato quelle caratteristiche tipiche dei mammiferi: temperatura corporea costante (animali cosiddetti «a sangue caldo»), peli e pellicce per adattarsi alle zone più fredde, maturazione delle uova all'interno del corpo (che sfocerà poi nel parto), cure parentali e infine latte dalle mammelle per i piccoli. È un cammino molto lungo e complesso, di cui non si conoscono ancora le tappe. I terapsidi si sono ramificati in un albero genealogico molto articolato. Generatisi dagli sfenacodonti – un ramo della numerosa famiglia dei pelicosauri, che comprendeva i rettili dominanti del Permiano –, i terapsidi hanno formato a loro volta vari gruppi, tra cui i cinodonti, che si pensa abbiano poi dato origine ai mammiferi. La piccola mandria ora si allontana, brucando tra la vegetazione, con un ondeggiare di corna e protuberanze che pian piano sparisce tra le felci e gli equiseti.

Carri armati con creste e corna

Siamo in marcia verso le terre più meridionali. Abbiamo attraversato l'equatore e ci stiamo dirigendo verso quella zona che diventerà l'attuale Sudafrica. In realtà, alla fine del Permiano, i continenti si sono riuniti, formando la cosiddetta Pangea, il supercontinente che raggruppa praticamente tutte le terre emerse. Sudafrica e Sudamerica, in questo periodo, sono saldate insieme; e lo provano i fossili trovati dai paleontologi, che mostrano la presenza della stessa fauna nei due continenti. A mano a mano che ci allontaniamo dall'equatore il clima diventa più secco e la temperatura diminuisce, soprattutto durante la notte. È probabile che vi sia stato qualche scambio o migrazione di animali, tra nord e sud. Alcuni sembrano appartenere allo stesso ceppo, come questi stranissimi «carri armati» che vediamo pascolare nella radura in cui ci siamo fermati: sono *Pareiasaurus*, bestioni impressionanti. A vederseli spuntare davanti c'è quasi da spaventarsi, per la loro aria minacciosa: un corpo massiccio, corazzato da piastre e borchie, ma soprattutto una testa incredibile, piena di creste ossee, corna e protuberanze, da fare invidia al miglior creatore di effetti speciali. In realtà sono pacifici erbivori. Questi animali non sono terapsidi, ma tra i pochi rettili primitivi, ancora a sangue freddo, che sono riusciti ad adattarsi a queste latitudini. Probabilmente possiedono qualche caratteristica interna che gli consente di vivere lontano dall'equatore senza conseguenze. Il loro adattamento, in ogni caso, è eccellente. Sopravviveranno sino al Permiano superiore, per 10 milioni di anni.

Nuove terre

Procediamo ancora in direzione sud, verso il vero regno dei terapsidi. Sono terre giovani, che in pratica si aprono per la prima volta alla vita: infatti, da oltre 100 milioni di anni – da prima dello sbarco dei vertebrati sulla Terra –

queste zone erano ricoperte di ghiaccio. Si trovavano praticamente nei pressi dell'antartide e gradualmente, in conseguenza dei lenti movimenti della crosta terrestre, sono state spinte a nord verso zone più calde. I ghiacci hanno cominciato a sciogliersi, e questa progressiva liberazione dalla morsa gelata ha reso disponibile una superficie crescente di terre, che la vita non ha tardato a occupare: prima le piante, poi gli invertebrati e ora i rettili mammaliani. Tutti selezionati per vivere in climi ben diversi dalle nicchie calde e umide dell'equatore.

Il primo incontro con un terapside dell'emisfero australe avviene qui, ai limiti di una piccola foresta. L'aria è incredibilmente trasparente, cristallina. Ha da poco smesso di piovere, le felci basse gocciolano ancora sul terreno umido. Alcuni nuvoloni si addensano dietro un vulcano spento, ma il paesaggio è ora illuminato da un tiepido sole.

Due *Moschops* lottano per il territorio. Lunghi dai 3 ai 5 metri, avevano denti «a zappa», per procurarsi le abbondanti quantità di vegetali necessarie alla loro sopravvivenza.

L'incontro con i Moschops

In un avvallamento, a poca distanza da noi, pascola una piccola mandria di *Moschops*. Un grosso maschio si è staccato dal gruppo e ci osserva con sospetto. Non ci muoviamo, per evitare di innervosirlo. È un animale grande e massiccio: sembra quasi un lottatore di sumo. Ben piantato sulle zampe, con un enorme collo e una testa di grosse dimensioni. Il cranio rivela un eccezionale spessore delle ossa frontali, e tutto lascia ritenere che questo colosso – lungo dai 3 ai 5 metri – combatta i suoi tornei a testate contro i rivali, come fanno gli arieti o gli stambecchi. Ciò indicherebbe che la vita di gruppo è regolata da lotte per la dominanza e il possesso del territorio e delle femmine, esattamente come nell'era moderna tra i mammiferi che vivono in gruppo.

I *Moschops* sono erbivori, dotati di denti «a zappa», che usano efficacemente per procurarsi l'enorme quantità di vegetali necessaria al mantenimento della loro massa muscolare. Erbivori e pacifici, ma da non stuzzicare, perché quando una testa di questo tipo parte in avanti spinta da tutta la forza del corpo, è meglio non trovarsi sulla sua strada. Forse soltanto dei predatori che attaccano in gruppo (come i *Lycaenops*, «musi di lupo», che vivono da queste parti) possono competere con un *Moschops*, azzannandolo da ogni parte con i loro enormi canini a sciabola e colpendolo nei punti più deboli.

Ci allontaniamo, e solo quando abbiamo percorso un lungo tratto il *Moschops* dominante si decide a fare dietrofront per raggiungere lentamente il resto della mandria.

Un mini-ippopotamo, 248 milioni di anni fa

Lo scopo del nostro viaggio al sud non è però soltanto quello di rilevare la ricchissima fauna di rettili che si è installata nei vari ambienti: cerchiamo soprattutto di raggiungere le ultime terre popolate, là dove si sono spinti i

Il *Lystrosaurus* sembrava un piccolo ippopotamo; lungo 1 metro, amava stare nell'acqua, proprio come gli attuali ippopotami.

terapsidi che hanno sviluppato un adattamento ai climi più freddi. E di osservare da vicino certi mammaliani come i dicinodonti o, meglio ancora, come i cinodonti.

È per questo motivo che ci siamo addentrati in una regione collinosa, situata molto più a sud, dove il clima è assai più fresco e piovoso di tutti quelli incontrati finora. E dove possono vivere soltanto animali con un metabolismo e una regolazione termica assai efficienti (probabilmente, quindi, a sangue caldo). Questo è il regno dei dicinodonti, rettili ormai molto simili a mammiferi. La zona in cui ci troviamo, in particolare, è il regno dei *Lystrosaurus*. Seguendo un corso d'acqua e zigzagando lungo i contorni delle colline, abbiamo finalmente scovato alcuni *Lystrosaurus*, vicino a un piccolo lago. Alcuni brucano sulla riva, altri sono per metà immersi nell'acqua. Sono animali bassi e tozzi, lunghi circa 1 metro: sembrano mini-ippopotami. La loro corporatura indica chiaramente che sono ben attrezzati per il freddo: le forme sono tondeggianti, con minime superfici di dispersione di calore, e anche la coda è molto corta e compatta.

Bagno di gruppo

I *Lystrosaurus* sono erbivori e possiedono un curioso becco da uccello destinato evidentemente a consentire un taglio efficiente di vegetali e arbusti. Ai lati del becco spuntano anche due canini (da qui il nome di «dicinodonti»), utili, con ogni probabilità, per scopi difensivi.

Dal laghetto sta uscendo ora un altro *Lystrosaurus*, che sale con agilità sulla riva, malgrado la sua corporatura tozza. Sono animali che amano stare nell'acqua, così come fanno gli ippopotami, e la conformazione della testa lo rivela chiaramente: gli occhi sono situati in alto, sulla sommità del cranio, e anche le narici si trovano nella parte alta del muso, poco sotto gli occhi. Questo permette loro di rimanere completamente immersi nell'acqua, lasciando emergere solo gli occhi, per vedere, e le narici, per respirare, proprio come gli ippopotami.

Questi *Lystrosaurus* sono quasi certamente a sangue caldo: tutte le caratteristiche del loro corpo, e dell'ambiente in cui vivono, sembrano indicarlo. Il segreto del successo per vivere in tali zone consiste infatti nel possedere un «riscaldamento» interno, che renda indipendenti dalla temperatura esterna. Ma essere un animale a sangue caldo vuole anche dire possedere un metabolismo più alto, quindi disporre di un'alimentazione abbondante (e di una struttura corporea adeguata).

Mentre alcuni brucano intorno alla riva per alimentare la loro caldaia interna, un maschio sta fecondando una femmina, dopo esserle salito sulla schiena al termine di una breve rincorsa. Metabolismo e riproduzione, pur nelle mille varianti introdotte dall'evoluzione, continuano a rimanere i due pilastri della vita.

Rettili-lupi

Per incontrare gli ultimi rettili terapsidi (e forse i più mammaliani) abbiamo dovuto percorrere molta altra stra-

ZATTERE ALLA DERIVA

La Terra dove vissero i terapsidi era molto diversa da quella che conosciamo. Se con una straordinaria macchina del tempo tornassimo indietro a quelle epoche remote, non riusciremmo a riconoscere il nostro pianeta, che si presenterebbe con una geografia del tutto diversa da quella attuale. La Terra è infatti un pianeta estremamente dinamico, e anche se i continenti ci appaiono solidamente ancorati, in realtà si muovono in continuazione, seppur impercettibilmente, come enormi zatteroni su una distesa d'acqua.

Pangea, il supercontinente

All'epoca dei terapsidi, fra 300 e 200 milioni di anni fa, i continenti si stavano avvicinando per riunirsi in una gigantesca massa di terraferma: la Pangea. A quei tempi esisteva dunque un unico supercontinente e un solo immenso oceano. Poi le cose cambiarono.

I continenti si separano

Intorno a 200 milioni di anni fa la Pangea cominciò a dividersi e i continenti tornarono a separarsi, per arrivare alle attuali posizioni. Il motore che muove i continenti si trova nelle profondità della

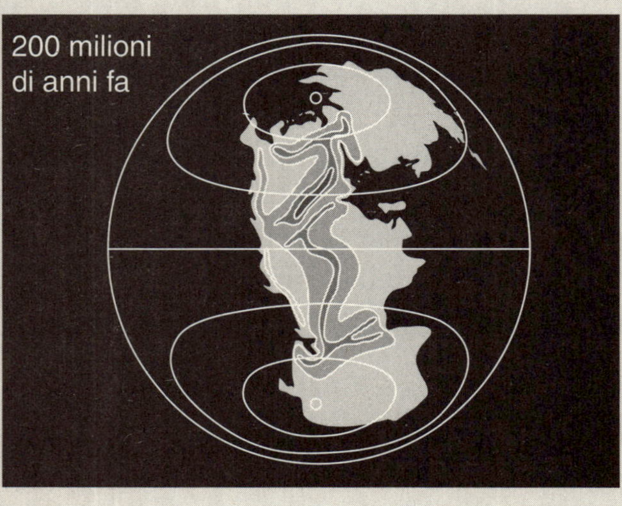

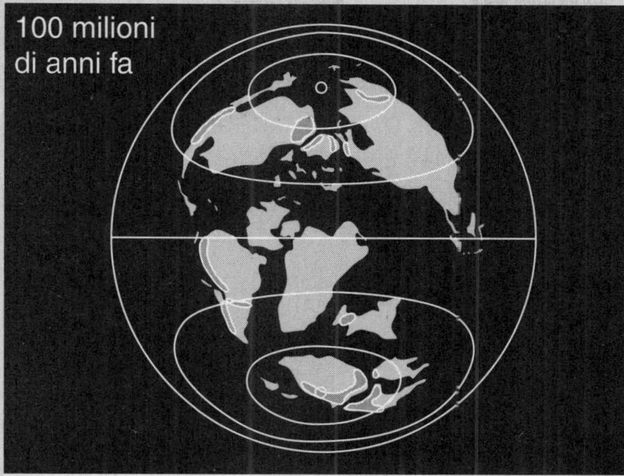

Terra, nella calda materia magmatica a centinaia di chilometri sotto la superficie terrestre: sono le lentissime correnti che percorrono l'interno del pianeta.

Una giostra che continua ancora oggi

Questa bizzarra giostra funziona creando e distruggendo i fondali oceanici. Ciò avviene ancora oggi; il fondale dell'Oceano Atlantico, per esempio, si sta allargando di alcuni centimetri ogni anno, mentre quello del Pacifico si sta restringendo in misura simile.

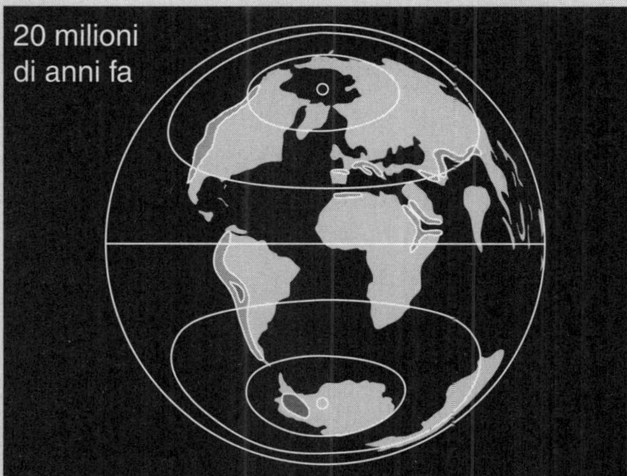

da. Ma ne è valsa la pena. Animali come il *Cynognathus*, un grosso carnivoro che caccia in queste zone temperate dell'Africa meridionale, sono ormai molto simili a quelli moderni, visti da lontano.

Con il binocolo stiamo appunto osservando un *Cynognathus*, dall'altra parte della valle. Visto da qui sembra un «montaggio» di vari animali. Il corpo ha già l'impronta del mammifero (con la cassa toracica corta), mentre la coda è ancora da rettile; le zampe e, soprattutto, la testa ricordano un grosso cane, o una iena. Possiede già labbra spesse e muscolose, e i suoi denti sono molto simili a quelli di un mammifero moderno: oltre alle zanne «canine» presenta infatti denti incisivi e molari a più cuspidi, taglienti, proprio come i cani. I *Cynognathus* occupano probabilmente la nicchia dei lupi, con caccia di gruppo e comportamento gregario. Sulle alture della collina vediamo infatti altri due *Cynognathus* che stanno scendendo verso il primo esemplare. La loro andatura non ha più nulla del rettile: le zampe posteriori sono ormai dritte sotto il corpo, e questo conferisce loro una camminata tutta diversa. Ci sembra che il corpo sia completamente ricoperto da peli.

A caccia

Ma cosa cacciano questi lupi primitivi? Dai resti fossili si deduce che una delle loro prede era probabilmente il *Kannemeyeria* (anche lui un terapside), un enorme erbivoro di circa 3 metri di lunghezza. Una specie di grosso bue dalle gambe corte, con un testone munito di grande becco: una versione ingrandita del *Lystrosaurus*.

I *Cynognathus* non sono naturalmente i soli predatori di questa zona del pianeta; molte altre forme di terapsidi si sono specializzate nella caccia. Esiste un vero e proprio caleidoscopio di forme e di dimensioni, che mostra bene la ricchezza e varietà di questa linea evolutiva dei terapsidi. Alcuni (i terocefali) hanno sviluppato particolari caratteristiche che entreranno in seguito nel patrimonio dei mam-

Un gruppo di *Cynognathus* attacca un *Kannemeyeria*, un enorme erbivoro lungo circa 3 metri. I *Cynognathus* occupavano probabilmente la nicchia degli odierni lupi, con caccia di gruppo e comportamento gregario.

miferi: i turbinati nel naso (cioè i labirinti per aumentare la superficie dell'olfatto e anche lo scambio di calore, o di umidità, con l'aria); e il secondo palato, che consente di mangiare e respirare al tempo stesso, cosa che i rettili non possono fare.

In queste zone vive anche un altro terapside, il *Thrinaxodon*, molto simile a un cane, con le estremità delle zampe artigliate come quelle di un varano, ottimo e veloce corridore. Egli possiede un osso del piede che diventerà molto importante nell'evoluzione e che darà origine al tallone. Inoltre, nella sua cassa toracica è probabilmente comparso il diaframma, quella membrana che permette, tra l'altro, di far pompare molto meglio i polmoni.

Insomma, questo periodo è tutto un fiorire di innovazioni e perfezionamenti, che stanno trasformando questi ex rettili – ormai li si può definire così – in protomammiferi. È vero, il cammino sarà ancora lungo, ma gran parte della strada è stata ormai percorsa.

Alla fine del Permiano, i terapsidi sembrano quindi essere i veri vincitori, ricchi di innovazioni e in rapida evoluzione verso i mammiferi. L'ascesa dei terapsidi, che sembrava inarrestabile, subisce però improvvisamente un colpo mortale, da parte di un killer che non perdona.

Una catastrofe ecologica

Il killer è il clima, che ancora una volta condiziona e seleziona l'evoluzione della vita sulla Terra. Infatti, lo scioglimento dei ghiacci a sud del pianeta, che aveva aperto nuovi spazi e nicchie per i terapsidi, a un certo punto diviene un boomerang. L'ulteriore scioglimento dei ghiacciai – ormai quasi del tutto scomparsi – causa un aumento crescente della temperatura, a danno dei terapsidi, specializzati per climi assai più freddi. Questi animali, che dovevano la loro fortuna proprio ai cambiamenti climatici seguiti al Carbonifero, sono ora costretti a fare i conti con un rivoluzionamento ambientale e una crisi catastrofica, che provocherà estinzioni di massa. I vantaggi del metabolismo mammaliano diventano handicap per i terapsidi, in precedenza adattatisi a condizioni che ora stanno scomparendo. Altri rettili, favoriti invece dal cambiamento, cominciano a competere con loro. Interi gruppi sono in tal modo condannati all'estinzione, mentre altri vengono decimati.

Cambia anche la vegetazione: scompaiono le piante con la perdita stagionale delle foglie (una conquista evolutiva importante) e appaiono nuovamente piante – simili a palme – adatte a climi caldi e aridi.

L'atleta bloccato

Le estinzioni arrivano in modo graduale, ma in certi casi probabilmente anche a ondate. Neppure le forme di vita acquatiche vengono risparmiate: il riscaldamento modifica l'ambiente marino, agendo sulla temperatura dell'acqua e, di conseguenza, sulla sopravvivenza della microfauna. Nell'arco di qualche milione di anni scompare il 50% delle forme marine (forse addirittura il 75-90%): una vera catastrofe ecologica.

A nord le cose non vanno certo molto meglio: le terre cominciano a coprirsi di ghiaccio, creando fluttuazioni climatiche devastanti. Alla lunga, anche qui il caldo avrà il sopravvento. E i ghiacci si scioglieranno (il pianeta dei dinosauri, prossimi ad arrivare, sarà infatti privo di calotte polari). Ma nel frattempo questi cambiamenti avranno dato il colpo di grazia a una tendenza evolutiva in pieno slancio bloccando, per fare un esempio, un atleta in corsa per saltare l'ostacolo.

I terapsidi superstiti, e i loro discendenti, rimarranno infatti bloccati per un lunghissimo periodo, ridotti a ruolo di comparse, in un mondo che sarà dominato dai dinosauri per quasi 170 milioni di anni. Questi protomammiferi riusciranno, malgrado tutto, a diventare mammiferi, ma la loro sarà una vita in clandestinità, marginalizzata, notturna, limitata a individui di piccola taglia. Solo dopo che i dino-

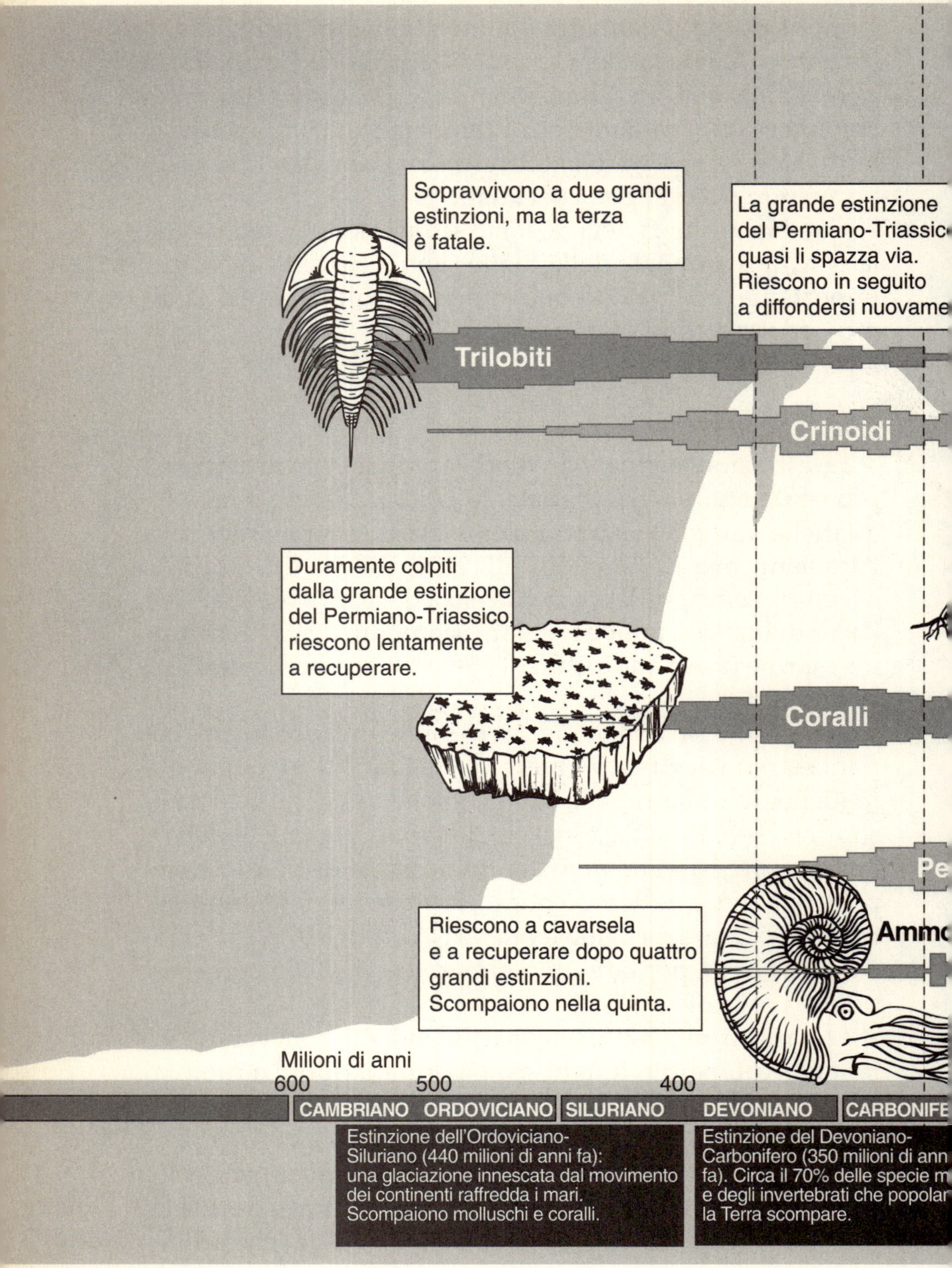
Sopravvivono a due grandi estinzioni, ma la terza è fatale.
La grande estinzione del Permiano-Triassic
quasi li spazza via. Riescono in seguito a diffondersi nuovame
Trilobiti
Crinoidi
Duramente colpiti dalla grande estinzione del Permiano-Triassico, riescono lentamente a recuperare.
Coralli
Pe
Amm
Riescono a cavarsela e a recuperare dopo quattro grandi estinzioni. Scompaiono nella quinta.
Milioni di anni
600
500
400
CAMBRIANO
ORDOVICIANO
SILURIANO
DEVONIANO
CARBONIFE
Estinzione dell'Ordoviciano-Siluriano (440 milioni di anni fa): una glaciazione innescata dal movimento dei continenti raffredda i mari. Scompaiono molluschi e coralli.
Estinzione del Devoniano-Carbonifero (350 milioni di ann fa). Circa il 70% delle specie m e degli invertebrati che popolar la Terra scompare.

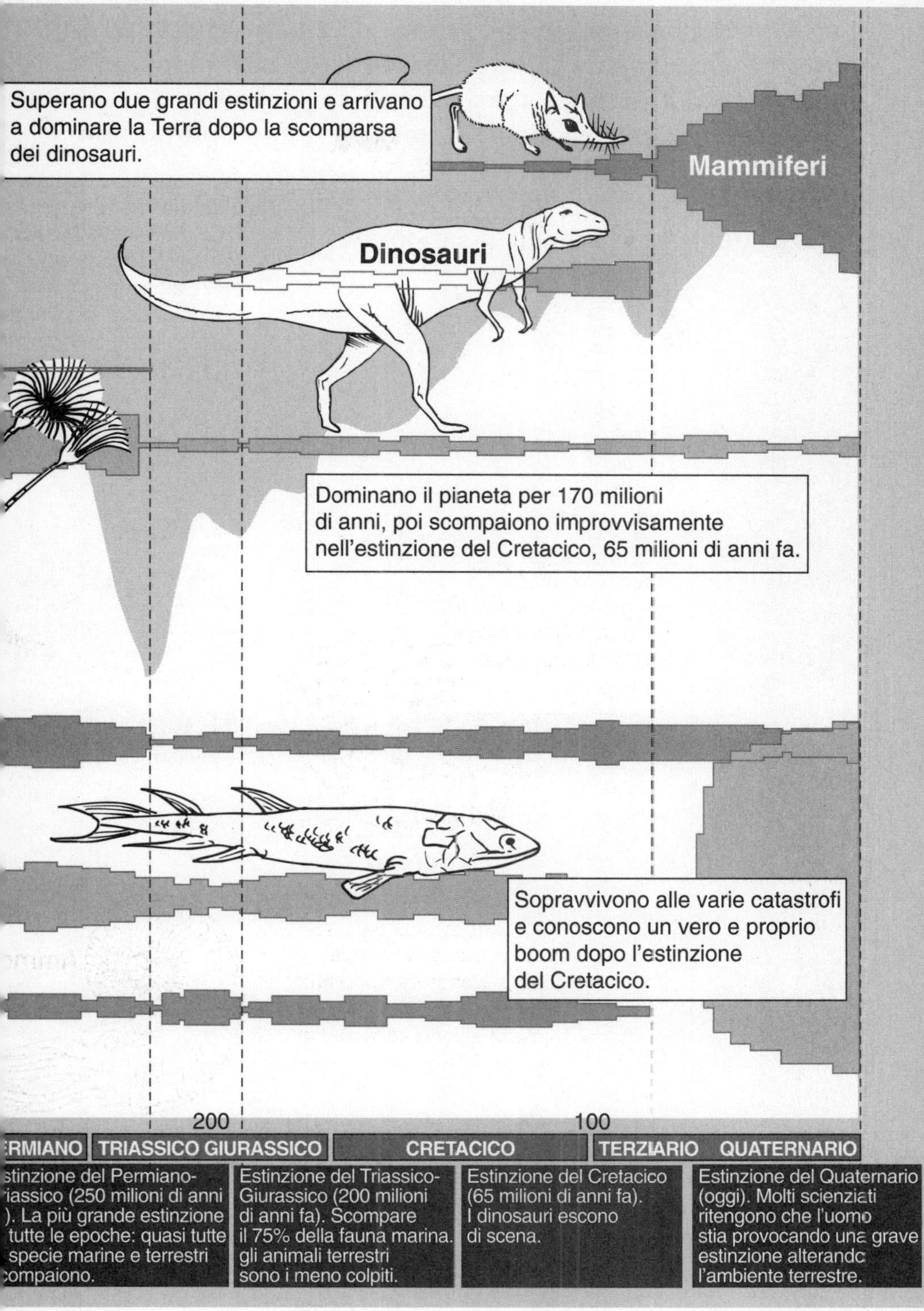

Superano due grandi estinzioni e arrivano a dominare la Terra dopo la scomparsa dei dinosauri.
Mammiferi
Dinosauri
Dominano il pianeta per 170 milioni di anni, poi scompaiono improvvisamente nell'estinzione del Cretacico, 65 milioni di anni fa.
Sopravvivono alle varie catastrofi e conoscono un vero e proprio boom dopo l'estinzione del Cretacico.
200
100
ERMIANO
TRIASSICO GIURASSICO
CRETACICO
TERZIARIO QUATERNARIO
stinzione del Permiano-Triassico (250 milioni di anni). La più grande estinzione tutte le epoche: quasi tutte specie marine e terrestri compaiono.
Estinzione del Triassico-Giurassico (200 milioni di anni fa). Scompare il 75% della fauna marina. gli animali terrestri sono i meno colpiti.
Estinzione del Cretacico (65 milioni di anni fa). I dinosauri escono di scena.
Estinzione del Quaternario (oggi). Molti scienziati ritengono che l'uomo stia provocando una grave estinzione alterando l'ambiente terrestre.

sauri verranno a loro volta decimati da un drastico cambiamento climatico, questi piccoli mammiferi potranno finalmente riconquistare gli spazi perduti dai loro antenati, e rifiorire. In un'esplosione di forme, che a quel punto non conoscerà più limiti.

L'epopea dei terapsidi sta quindi giungendo al termine, lasciando il posto a quella dei dinosauri.

III

I dinosauri

I dinosauri non sono scomparsi, anzi – sempre di più –, sono tra noi. Dopo essere rimasti sepolti per milioni di anni nei sedimenti preistorici, oggi riaffiorano e ritrovano una nuova vita in libri, cinema, televisione. Eppure, sino a tempi recenti, nessuno si era accorto della loro esistenza; solo nell'Ottocento si cominciarono a studiare certe strane ossa e a capire che appartenevano a giganteschi rettili vissuti nel passato.

L'età dei dinosauri

Oggi sappiamo che esistevano numerosissime specie, adattate a nicchie ecologiche molto diverse; e che esistevano carnivori ed erbivori, prede e predatori. C'erano dinosauri bipedi, quadrupedi, dotati di denti, becco, becco e denti, alcuni più lunghi di tre autobus in fila e altri grandi poco più di un gatto.

Non solo, ma ci si accorge anche che il grande successo evolutivo dei dinosauri aveva impedito, per oltre 100 milioni di anni, l'emergere dei mammiferi (confinati al ruolo di piccoli roditori, simili a tupaie o scoiattoli). Solo l'improvvisa scomparsa dei dinosauri, 65 milioni di anni fa, permetterà a questi minuscoli mammiferi di occupare tutte le nicchie rimaste libere e di diversificarsi in modo molto rapido, diventando essi stessi in certi casi dei veri giganti, come balene ed elefanti. E dando origine, tra l'altro, alla linea che doveva poi portare all'uomo.

Origini

Finora sono state catalogate oltre 300 specie di dinosauri, e ogni anno ne vengono scoperte di nuove, con una media di una ogni due mesi circa. Recentemente, per la prima volta, sono state rinvenute tracce di dinosauri anche nella Penisola Arabica e persino in Antartide, a testimonianza del fatto che i dinosauri erano diffusi su tutti i continenti.

All'inizio della loro straordinaria avventura evolutiva, erano molto diversi da quelli che siamo abituati a vedere, soprattutto nelle dimensioni. Il dinosauro più primitivo conosciuto è infatti l'*Eoraptor*, vissuto in Argentina 225 milioni di anni fa. Aveva le dimensioni di un cane (circa 1 metro), era bipede con arti muniti di tre artigli affilati, e i suoi denti, ricurvi e seghettati, suggeriscono che si trattava di un feroce predatore. Le sue vittime probabilmente erano piccoli vertebrati. All'epoca i dinosauri erano molto rari, e la fauna era dominata da altri rettili di varie forme e dimensioni, alcuni simili a enormi coccodrilli, altri imparentati con i futuri mammiferi.

I colossi della preistoria

Non si può pensare a un dinosauro senza immaginare un rettile di proporzioni gigantesche, con un peso di decine di tonnellate e un corpo smisurato. È proprio ciò che li ha resi famosi; se fossero stati animali delle dimensioni di un cane, probabilmente si sarebbero persi in quella sterminata serie di rettili, anfibi e mammiferi primitivi che hanno popolato i tempi preistorici.

I sauropodi, in particolare, furono i veri «pesi massimi». Il più famoso è ovviamente il *Brontosaurus*, lungo circa 22 metri e con un peso che poteva forse raggiungere le 40 tonnellate, l'equivalente di 400-600 uomini (in pratica mezzo reggimento)... È impressionante pensare a questa immensa massa di vene, arterie, ossa, muscoli, nervi in movimento, con miliardi di cellule che dovevano essere costantemente nutrite. Il *Brontosaurus* – il cui vero nome in realtà è *Apatosaurus*, per una curiosa vicenda di precedenze nella classificazione –, non fu il più grosso dinosauro. Più lungo era il *Diplodocus*, con corpo, collo e coda più leggeri e slanciati del *Brontosaurus*, e un'altezza di 4-5 metri alla schiena (ma poteva raggiungere i 26-27 metri di lunghezza, più di un vagone ferroviario). Il peso però era minore, dalle 11 alle 16 tonnellate, cioè all'incirca quanto tre grossi elefanti. Il numero delle sue vertebre era sconcertante: 15 nel collo, 10 nella schiena, circa 70 nella coda... Anche in questo caso il cervello era minuscolo e paragonabile, per dimensioni, a quello di un cane.

Campioni in altezza

Se il *Diplodocus* era il campione in lunghezza, un altro lo fu in altezza. Come già detto in precedenza, il collo dei sauropodi può essere paragonato a una proboscide, o meglio a

GRANDI CORPI, CERVELLI PICCOLI

Osservando i fossili, si può constatare che molti dinosauri avevano un cervello estremamente piccolo. Il cervello di un *Diplodocus* di quasi 30 metri stava nella palma di una mano, quello di uno *Stegosaurus* lungo 8 metri pesava 70 grammi ed era più piccolo di una susina... Secondo alcune stime, in generale i cervelli dei sauropodi, gli immensi dinosauri dal collo lunghissimo, avevano un peso 100.000 volte inferiore a quello del resto del corpo (nel caso dell'uomo, il rapporto è solo di 14 volte). Va sottolineato, tuttavia, un aspetto al quale poco si pensa, considerando le dimensioni del cervello di questi immensi animali; da qui la supposizione che fossero lenti e stupidi. In realtà, se consideriamo la difficoltà di coordinare i movimenti, il metabolismo e soprattutto i complessi comportamenti di molti di questi giganti, la conclusione dovrebbe essere opposta: quei piccoli cervelli erano straordinariamente efficienti. Malgrado le loro dimensioni, insomma, forse erano dei veri e propri gioielli dell'evoluzione.

una prolunga per penetrare nel fogliame. Alcuni sauropodi si specializzarono nel tenere il collo orizzontale, con una certa capacità di alzarlo, come il cannone di carro armato. Altri invece si adattarono in altezza, come la scala dei pompieri. Si tratta di un adattamento che oggi ritroviamo nelle giraffe e che nel caso dei dinosauri dovette comportare una serie di «correzioni» anatomiche: in particolare un allungamento degli arti anteriori (che superavano quelli posteriori, dandogli un profilo simile a quello di una iena) e un rimodellamento della struttura delle vertebre del collo.

Il più famoso di questi dinosauri sauropodi «verticali» fu il *Brachiosaurus*, del quale nel museo di Berlino esiste uno scheletro completo, alto più di 12 metri (come cinque piani di una casa). Le sue costole sono lunghe 2,5 metri e l'intero corpo sfiora i 23 metri di lunghezza. È sorprendente il fatto che si tratta dello scheletro di un individuo non ancora maturo; altre ossa rinvenute dello stesso tipo di dinosauro sono circa il 13% più grandi e indicano che, una volta giunto al massimo della crescita, il *Brachiosaurus* sfiorava i 13,5 metri di altezza, con un probabile peso di 45 tonnellate. Il suo cervello, per contro, superava di poco i 200 grammi.

Eppure il *Brachiosaurus* era relativamente piccolo rispetto ad altri sauropodi appartenenti allo stesso gruppo (dinosauri «verticali»). Di loro, purtroppo, sono state trovate solamente ossa sparse e incomplete, ma i reperti indicano chiaramente che si trattava di animali dalle incredibili dimensioni. Come il *Supersaurus*, le cui vertebre e scapole – le sole a essere state rinvenute – suggeriscono un'altezza di 16-17 metri e una lunghezza di 25-30 metri. O l'*Ultrasaurus*, il cui corpo superava i 30 metri e pesava 80 o forse addirittura 130 tonnellate. O infine, un «mostro» dalle dimensioni davvero colossali: il *Sismosaurus* (letteralmente «dinosauro-terremoto»), per cui si ipotizzano lunghezze superiori ai 40 metri (forse 48).

LE DIMENSIONI DEI DINOSAURI

Perché i dinosauri diventarono così grandi? Che senso aveva questo gigantismo, che doveva comportare non pochi inconvenienti, a cominciare dall'alimentazione? Occorreva infatti trovare sempre enormi quantità di cibo, e naturalmente anche di acqua. Il gigantismo offriva numerosi vantaggi; per prima cosa quello della sicurezza: animali così grandi potevano essere attaccati da pochi predatori, così come avviene oggi per gli elefanti o i rinoceronti. Un corpo con una tale massa, inoltre, disperde meno facilmente il suo calore interno. E questo è un vantaggio per un animale a sangue freddo. A favorire lo sviluppo di animali colossali contribuirono anche fattori climatici: il clima caldo e secco prima e caldo e umido poi furono ideali per il metabolismo dei rettili. E in questa serra naturale la ricchezza di cibo rappresentava un elemento fondamentale per una crescita smisurata.

Piccoli «mostri»

Gli scheletri e le ossa fossili esposti nei musei hanno spesso dimensioni impressionanti. Tuttavia è sbagliato pensare che tutti i dinosauri fossero imponenti. Esistevano anche dinosauri più piccoli, grandi come mucche, struzzi, uomini, cani, scimmie e persino galline o ramarri.

Lo *Psittacosaurus* (letteralmente dinosauro-pappagallo, per via della forma del becco) aveva le dimensioni di un cane. Il *Compsognathus* era grande quanto una gallina (di cui ricordava l'aspetto senza penne): nel suo stomaco sono stati trovati resti di lucertole (cioè di prede molto rapide) che riusciva a catturare abilmente. Anche le sue impronte non sono molto diverse da quelle delle galline.

Infine, il *Mussaurus*, il dinosauro più piccolo mai rinvenuto (letteralmente dinosauro-topo): aveva le dimensioni di uno scoiattolo, circa 16 centimetri. Va detto tuttavia che i resti di *Mussaurus* finora rinvenuti sono quelli di individui molto giovani; le dimensioni degli adulti, in realtà, rimangono sconosciute.

Fino a oggi l'attenzione è stata dedicata soprattutto ai dinosauri più massicci, anche a causa della loro spettacolarità. Il mondo dei dinosauri piccoli, le cui ossa, più ridotte, si conservano meno bene, è altrettanto affascinante e riserverà molte sorprese in futuro.

La predazione

Se ci fossimo trovati nelle pianure di un qualunque continente, 100 o 200 milioni di anni fa, avremmo assistito a scene di predazione molto simili a quelle che si vedono nelle attuali savane. I denti, e soprattutto la struttura del corpo agile e potente, lasciano pochi dubbi sulle abitudini dei dinosauri carnivori: erano predatori attivi e feroci, che basavano la caccia principalmente su aggressioni rapide e improvvise.

Naturalmente ognuno aveva sviluppato una propria tecnica di caccia, con preferenza per alcuni tipi di prede rispetto ad altri. C'erano dinosauri carnivori di dimensioni ridotte (1-2 metri), probabilmente specializzati nella cattura di prede piccole, un po' come fanno oggi linci, volpi o sciacalli. Altri di media taglia come i *Deinonychus*, lunghi 3-4 metri, che probabilmente cacciavano in gruppi ben organizzati come fanno oggi i lupi. In Montana, accanto allo scheletro fossilizzato di un *Tenontosaurus*, sono stati infatti ritrovati i resti di alcuni *Deinonychus*. Molti ricercatori ritengono si tratti di una caccia realmente avvenuta a opera di un gruppo di quattro o più *Deinonychus*, con un feroce scontro: la vittima, prima di soccombere, avrebbe ucciso alcuni dei suoi aggressori.

Uno squalo di terra

Infine, nel caso del *Tyrannosaurus* (lungo forse fino a 14 metri), è logico supporre che la sua caccia consistesse per lo più in agguati improvvisi e letali nei confronti di prede voluminose come gli adrosauri, dinosauri erbivori bipedi lunghi quanto un camioncino. Il cranio del *Tyrannosaurus*, infatti, è un compromesso tra agilità e forza bruta. Basti pensare che i suoi muscoli adibiti a chiudere le fauci sono molto più potenti di quelli destinati ad aprirle.

Osservando le varie strutture ossee sul cranio di un *Tyrannosaurus* è possibile «leggere» come uccidesse e divorasse le prede. La posizione degli occhi e delle orbite consentiva una visione frontale, permettendogli di valutare accuratamente la distanza della preda e scegliere il momento giusto per l'aggressione. Tutta la struttura corporea del *Tyrannosaurus* è quella di uno scattista, evidente soprattutto nel bacino e nelle zampe posteriori: aggrediva le prede con rincorse brevi e fulminee. Il *Tyrannosaurus* piombava loro addosso con le fauci spalancate, e i denti affondavano nel corpo della vittima. I suoi denti, oltre a essere enormi, presentavano seghettature taglienti, ideali per penetrare e lacerare la pelle e la carne delle prede. Il morso era rapido e devastante. La bocca si ancorava al corpo della vittima con i denti inferiori, mentre i denti superiori affondavano nelle carni. Intanto i potentissimi muscoli del collo facevano compiere al cranio un brusco movimento all'indietro o laterale. In tal modo, in una frazione di secondo, una grossa porzione di carne veniva recisa di netto, strappata.

Il *Tyrannosaurus* univa in sé le dimensioni di un elefante, la violenza di una tigre e la dentatura di uno squalo. Quel che più stupisce, osservando lo scheletro di un *Tyrannosaurus*, sono le zampe anteriori, simili a moncherini. Segno che non avevano utilità, oltre al fatto che erano assai fragili, come dimostrano i numerosi omeri fratturati rinvenuti. In realtà, un «braccio» con artigli potentissimi il *Tyrannosaurus* lo possedeva: il collo, incredibilmente muscoloso e flessibile, che orientava la presa devastatrice del cranio (lungo oltre 1,3 metri) e dei denti. Non è da escludere che, per ingoiare i bocconi (i dinosauri carnivori non masticavano), la lingua del *Tyrannosaurus* e di molti altri simili predatori fosse munita di dentelli cornei ricurvi, i quali all'occorrenza potevano anche servire a pulire e raschiare una carcassa nei punti meno raggiungibili dai denti.

La comunicazione tra i dinosauri avveniva innanzitutto grazie all'aspetto. Guardando l'insieme dei dinosauri a becco d'anatra (adrosauri), infatti, c'è un particolare che colpisce: sembra di vedere sempre lo stesso animale (bipede, dorso ricurvo, coda diritta e testa da anatra) con «cappelli» diversi. In altre parole, tante versioni di uno stesso modello. Alcuni con un corno puntato all'indietro (*Parasaurolophus*), altri con un rettangolo osseo infilato perpendicolarmente sulla sommità della testa, altri ancora con un vero e proprio piatto posto diagonalmente sopra il cranio (*Corythosaurus*), o una cresta simile ma nettamente più piccola (*Hypacrosaurus*), oppure, probabilmente, due voluminose sacche in pelle, tese su ambo i lati, tra la punta del muso e il corno sulla nuca (*Saurolophus*).

Molti ritengono che fossero veri e propri segnali per riconoscere da lontano o tra la vegetazione un compagno della stessa specie. Secondo alcuni paleontologi è possibile che queste creste venissero addirittura utilizzate in combattimenti ritualizzati tra i maschi.

Secondo un'altra ipotesi potevano essere impiegate anche come complesse camere di risonanza per i suoni. Alcuni ricercatori infatti sottolineano che, facendo passare dell'aria nel loro complesso sistema di aperture, anse e curve interne, possono venir prodotti suoni a bassa frequenza, che viaggiano cioè molto lontano. Un ottimo sistema acustico per riconoscersi a distanza quindi, senza dover uscire allo scoperto ed essere avvistati da un predatore. Ricerche di laboratorio con modelli ricostruiti suggeriscono che i suoni trasmessi erano simili a quelli di un trombone o alle cupe sirene delle navi, o ancora a brontolii profondi, come quelli emessi dagli elefanti e dagli ippopotami.

Ma c'è un altro «alfabeto» che i dinosauri avrebbero potuto sfruttare per comunicare: quello dei colori. I dinosauri infatti erano rettili, e tutti i rettili vedono molto bene i colori, al punto che i maschi di molte specie, per mettersi meglio in mostra con i rivali o con le femmine, esibiscono corpi estremamente colorati, come del resto fanno gli uccelli. Molti dinosauri, inoltre, avevano una struttura sociale notevolmente complessa: per le gerarchie all'interno del gruppo, per le scelte sessuali, per il riconoscimento tra i vari individui della stessa specie (o anche per il mimetismo); di conseguenza, i colori dovevano senz'altro rivestire una qualche importanza.

Dall'accoppiamento all'allevamento dei piccoli

Dai sedimenti e dagli scavi sono emersi particolari sorprendenti su come i dinosauri si riproducevano e allevavano i piccoli. Non si sono ancora trovati resti di due dinosauri morti nell'atto dell'accoppiamento, quindi in materia si possono fare solamente delle ipotesi. Tuttavia, in alcuni dinosauri si sono riscontrate lesioni alla colonna vertebrale che alcuni paleontologi hanno messo in relazione con l'accoppiamento: il peso del partner o qualche movimento incauto (dettato dall'inesperienza o dall'irruenza) possono ef-

CARNIVORI CON IL BECCO

Gli ornitomimidi sono un'altra curiosa famiglia di dinosauri carnivori: prendete uno struzzo, spennatelo, mettetegli delle braccia al posto delle ali e una lunga coda tesa, e otterrete qualcosa di molto simile a uno di questi animali. Non avevano denti ma un becco, con il quale catturavano insetti e piccoli vertebrati. Ottimi corridori diurni, presentavano una testa minuscola rispetto a quelle dei tirannosauri, ma arti ben più sviluppati. Questo gioco delle proporzioni anatomiche si riscontra spesso tra i dinosauri carnivori: più la testa è piccola, più gli arti e gli artigli sono sviluppati e viceversa. Un *Ornitomimus* rinvenuto in Mongolia giunse a dimensioni gigantesche. I suoi arti (le sole ossa che ci siano pervenute) erano più grandi di un uomo, e i suoi artigli avevano le dimensioni di un nostro piede.

fettivamente aver provocato fratture o lesioni minori. Ma si tratta solo di ipotesi.

Per la deposizione delle uova e l'allevamento dei piccoli, invece, si hanno dati assai interessanti. Settantacinque milioni di anni fa, negli Stati Uniti, nell'odierno Montana, mandrie di maiasauri – dinosauri erbivori bipedi, lunghi 7 metri – costruivano tutti i loro nidi in una stessa unica area. Così, se ci fossimo trovati in quel periodo, alla fine della stagione secca, avremmo visto una piccola folla di maiasauri seduti sui loro nidi: piccoli «crateri» di 2 metri di diametro scavati nel terreno, con bordi alti 75 centimetri. Il luogo doveva ricordare molto quelle colonie di uccelli marini che costruiscono i nidi uno accanto all'altro.

Gli scopritori di questo «reparto maternità» dei maiasauri, i paleontologi Horner e Makela assieme alla loro équipe, hanno trovato dentro questi nidi fino a 24 uova lunghe 20 centimetri, e sono stati in grado di ricostruire le varie fasi dell'allevamento dei piccoli. Dopo un breve periodo di cova, le uova si schiudevano e ne uscivano dei piccoli dal muso corto, con grossi occhioni. Lunghi circa 35 centimetri e di 1 chilogrammo di peso, con ogni probabilità si muovevano su un letto di vegetali disposti dentro il nido dai genitori. I gusci di uova frantumati dal calpestio dei nuovi nati e le superfici consumate dei loro piccoli denti indicano che essi rimanevano nel nido ed erano nutriti dai genitori. Gli adulti infatti, un po' come fanno oggi gli uccelli, andavano alla ricerca di cibo (forse semi, bacche, germogli) e l'offrivano ai piccoli, rigurgitandolo. In almeno due nidi sono stati rinvenuti gli scheletri dei piccoli, e da ciò si può ritenere che l'istinto di rimanere all'interno del nido dovesse essere fortissimo; nel caso specifico la madre, forse uscita in cerca di cibo, era stata aggredita e divorata da un carnivoro e i suoi piccoli, dopo una lunga attesa, erano morti di sete e di fame.

I DENTI DEI DINOSAURI

I denti dei teropodi, i dinosauri bipedi carnivori, sono tipici: lame e «chiodi» affilati e ricurvi con margine seghettato. Più la specie è grande più i denti sono grossi. Il caso del *Tyrannosaurus* è emblematico: alto 6 metri e lungo 14, aveva denti delle dimensioni di banane. I denti cadevano e si spezzavano con frequenza, a giudicare dai ritrovamenti attorno alle ossa rosicchiate di una preda, o isolati nei sedimenti. Meritano attenzione anche i denti dei dinosauri erbivori. Anch'essi, in fondo, sono «predatori» (di prede più facili, come le piante), e come tali hanno sviluppato interessanti adattamenti delle fauci. Molti di essi presentavano becchi, di forma diversa, simili a quelli di un'anatra, di un pappagallo o di una tartaruga, a seconda dei vegetali preferiti. Non è da escludere che alcuni, come la giraffa, avessero sviluppato lingue prensili o labbra «mobili».

Gli enormi sauropodi dal lungo collo non masticavano: la dentatura di un *Brontosaurus* (*Apatosaurus*), di un *Diplodocus* o di un *Brachiosaurus* ricordava un rastrello. Il loro scopo era unicamente quello di staccare fronde, ramoscelli e ciuffi di aghi di conifere da ingoiare (un po' come palate di carbone da gettare nella «caldaia» digestiva di questo transatlantico vivente). E proprio nello stomaco, il cibo veniva macinato da «denti» molto particolari: i gastroliti, ciottoli appositamente inghiottiti che costituivano i molari nello stomaco.

L'ultima versione evolutiva dei dinosauri erbivori vede due gruppi molto interessanti: gli *Adrosaurus* e forme come il *Triceratops*. Entrambi con potente becco e una dentatura costituita da una sterminata batteria di denti disposti come le poltrone di un cinema, che costituivano un blocco unico. Mano a mano che la masticazione usurava le prime file di denti, ne nascevano di nuove alla base.

La caduta dell'asteroide

Dopo aver dominato la Terra per ben 170 milioni di anni, impedendo a tutte le altre forme di affermarsi (pesci, uccelli e soprattutto mammiferi), i grandi rettili improvvisamente scompaiono. Sessantacinque milioni di anni fa sulla Terra ebbe luogo un'immensa catastrofe che sterminò tutti i dinosauri in ogni angolo del pianeta. Non solo: gran parte della vita si estinse, oltre che sulla terraferma, anche nei mari e nei cieli.

Quale avvenimento – o concatenazione di avvenimenti – può aver provocato questa estinzione di massa? È un piccolo e grande mistero della storia della vita che da tempo appassiona paleontologi, geologi, paleoclimatologi e tanti altri studiosi. In un arco di tempo molto breve (che in termini geologici è come un battito di ciglia), scomparvero, oltre ai dinosauri, anche i grandi rettili volanti e marini. E con loro gran parte delle specie viventi: secondo alcuni il 50%, secondo altri addirittura il 60-80%. In particolare si estinsero tutti gli animali di una certa taglia, ma anche moltissimi esseri microscopici, e buona parte del plancton. Sulla scomparsa dei dinosauri, com'è noto, si sono formulate molte ipotesi, addirittura più di sessanta: troppe. Alcune del tutto bizzarre e improbabili, altre più seducenti. Si va dai «mammiferi mangiatori di uova» alle supernove, alla frammentazione eccessiva delle terre emerse, a colossali eruzioni vulcaniche ecc.

Un proiettile di oltre 10 chilometri

Quindi, come in un buon romanzo giallo, c'è un cadavere (anzi molti cadaveri, questo è certo) e sicuramente un colpevole, ma non si riesce a capire chi sia stato a sparare. Manca quella che i ricercatori chiamano la pistola fumante, l'arma ancora calda. Qualcuno, però, ritiene di averla forse individuata, e anche il suo gigantesco proiettile. Un proiettile di oltre 10 chilometri di diametro: un asteroide, o una cometa, arrivato dallo spazio che avrebbe colpito ad altissima velocità la Terra, provocando un effetto analogo a una colossale esplosione, con un'energia distruttrice equivalente a 10.000 volte l'intero arsenale atomico esistente oggi. La teoria dell'asteroide risale al 1978, quando un ricercatore americano, Walter Alvarez, figlio di Luis Alvarez, premio Nobel per la fisica, scoprì in Italia, nella Gola del Bottaccione vicino a Gubbio, uno strato di terra molto insolito risalente proprio a 65 milioni di anni fa e contenente alte concentrazioni di iridio (un metallo alquanto abbondante nei meteoriti), che testimonierebbe l'impatto di un colossale asteroide. Il cataclisma avrebbe sollevato nell'atmosfera un immenso pulviscolo ricco d'iridio, oscurando il cielo su tutto il pianeta (lo stesso strato del Bottaccione, infatti, è stato rinvenuto in Spagna, in Danimarca e persino in Nuova Zelanda).

Qualcuno si è chiesto, tra l'altro, se questa nuvola di pulviscolo non potrebbe essere stata provocata da colossali eruzioni vulcaniche (che contengono molto iridio): una sorta di Pompei a livello planetario. In India, infatti, su una superficie ampia quanto la Francia esistono immensi laghi di lava solidificata risalenti a quell'epoca e dello spessore di 2 chilometri. È tuttavia un'ipotesi, ma meno convincente, perché tali distese di lava impiegherebbero lungo tempo a formarsi. Nel frattempo, una scoperta molto importante ha rafforzato l'ipotesi dell'asteroide.

Un immenso cratere

Nel Golfo del Messico, in seguito a sondaggi petroliferi sottomarini destinati a effettuare rilevamenti sul magnetismo dei sedimenti, si è casualmente scoperto il tracciato di un grande semicerchio, situato davanti alla penisola dello Yucatán, risalente proprio a 65 milioni di anni fa. Occorreva una verifica via satellite. E, grazie ad apparecchiature a infrarosso della NASA, è stato possibile trovare sulla terraferma un altro semicerchio che combaciava perfettamente col primo, a formare un cerchio completo. Anche le dimensioni corrispondevano alle ipotesi: 230 chilometri. Cioè un cratere corrispondente proprio all'impatto di un asteroide di oltre 10 chilometri di diametro.

Quali furono gli effetti di questa immane esplosione? E in che modo possono aver provocato estinzioni così massicce su tutta la Terra?

Come un forno a microonde

Vediamo di riassumere rapidamente cosa accadde quel giorno e poi nei mesi successivi, 65 milioni di anni fa.

– Impatto. Nell'area del cratere persino la roccia si scioglie o si vaporizza immediatamente: il plasma generato nell'impatto crea anomalie magnetiche.

– Centinaia di chilometri cubi di materia vengono proiettati nell'atmosfera (in parte addirittura nello spazio), creando una spessa coltre di pulviscolo negli strati atmosferici che si allarga a macchia d'olio e che coprirà rapidamente tutto il pianeta, oscurandolo.

– Di questa materia fanno parte anche le tectiti, minuscole sferule vetrose di circa 1 millimetro, formate da roccia fusa (letteralmente goccioline solidificate), che ricadono nel raggio di 3000 chilometri: la loro frizione con l'atmosfera (viaggiando probabilmente a 3-8 km/s) crea un effetto particolare detto «forno microonde», che cuoce per 3000 chilometri animali, dinosauri compresi, innescando vasti incendi. Si salvano solo quelli protetti da un sufficiente scudo di umidità atmosferica.

– I frammenti e le schegge derivanti da questo impatto ricadono tutt'attorno creando ulteriori devastazioni, assieme a una colossale onda d'urto.

– Si genera nel mare un'immensa onda concentrica, che provoca distruzione penetrando profondamente all'interno delle coste.

– Si innescano piogge acide, tempeste e perturbazioni della circolazione atmosferica.

Inverno artificiale

Lo strato di pulviscolo oscura l'atmosfera, la temperatura crolla (come per esempio sotto la coltre di nubi di pozzi in fiamme in Kuwait), la fotosintesi s'interrompe, le piante appassiscono o passano a uno stato di vita latente, i dinosauri erbivori non hanno più cibo e muoiono. Non disponendo più di prede soccombono anche i grossi carnivori, dopo aver potuto per qualche tempo contare sulle carcasse: le basse temperature e i lunghi mesi bui daranno loro il colpo di grazia.

Quando ritornerà la luce, filtrando gradualmente attraverso lo strato di pulviscolo, emergerà un mondo nuovo, con un'esplosione di felci e una nuova crescita vegetale a partire dai semi sopravvissuti, grazie anche a un piccolo effetto serra che avrà luogo per qualche tempo. I ritrovamenti effettuati in Messico rafforzano di molto l'ipotesi di una catastrofe causata dalla caduta di un grande asteroide o di una cometa sul nostro pianeta.

Ma perché sono scomparsi i dinosauri e non tutte le altre forme viventi? Molti altri rettili più piccoli sono riusciti a sopravvivere: tartarughe, serpenti, coccodrilli, o anfibi come le rane e le salamandre. Forse perché sono riusciti a difendersi meglio dai traumi climatici grazie a nicchie più protette, come l'acqua, oppure a tane profonde? E cosa dire allora degli uccelli, anch'essi scampati alla catastrofe? Molte domande rimangono senza risposta.

È certo, comunque, che l'estinzione dei dinosauri rappresenta un momento di esplosione della vita per altre classi di animali. Dopo la fine del Cretacico, infatti, i mammiferi (che erano rimasti schiacciati per oltre 150 milioni di anni dalla dominazione dei dinosauri) improvvisamente diventano i protagonisti della scena. In soli 10 milioni di anni cambiano completamente aspetto. I primordiali mammiferi, simili a piccoli roditori (come topolini o scoiattoli), non trovano più competitori e occupano tutte le nicchie ecologiche. E a loro volta si differenziano, divenendo in certi casi giganteschi, in quella straordinaria varietà di forme e di colori che caratterizza oggi il nostro pianeta.

I mammiferi, in un certo senso, esistono grazie a quella lontana catastrofe, che ha dato via libera a nuove invenzioni biologiche, a nuovi esseri e alla proliferazione di faune, compresa quella umana.

In conclusione, studiando la preistoria ci si rende conto

IL *TROODON*, UN DINOSAURO UMANO

Verso la fine dell'era dei dinosauri, visse un agile predatore con abitudini opportuniste, il *Troodon*. Lungo 2 metri, era bipede e, oltre a un grosso cervello, aveva la visione frontale e zampe a tre artigli, che gli consentivano una discreta abilità nel manipolare prede o oggetti. E, quasi sicuramente, si trattava di un animale a sangue caldo. A ben vedere, sono tutte caratteristiche che contraddistinguono l'uomo.

Dale Russell, del Museo canadese di storia naturale di Ottawa, ha elaborato una teoria molto suggestiva. Cosa sarebbe successo se non fosse mai caduto un asteroide (o una cometa) sulla Terra, provocando l'estinzione di tutti i dinosauri? Il *Troodon* avrebbe potuto evolversi in qualcosa di umano? In questa sua provocazione scientifica, Dale Russell ha ipotizzato questo possibile dinosauro-uomo (o «dinosauroide» come l'ha definito): muso corto, cranio grosso e tondo come il nostro, postura eretta (e non protesa in avanti come i dinosauri bipedi), niente coda. Era dotato persino di un ombelico, segno che non deponeva le uova, ma partoriva piccoli vivi, che curava e allevava a lungo. Si tratta solo di una fantasticheria scientifica, o ciò sarebbe potuto accadere davvero? Quale sia la risposta, questo ipotetico dinosauro-uomo suggerisce qualche interessante considerazione evolutiva.

Verso la complessità

Nell'evoluzione della vita sulla Terra, com'è noto, vi è stata una crescente «complessificazione»: dalla singola cellula a un corpo pluricellulare, a uno con una rete di cellule nervose e recettori sensoriali, a corpi con ossature rigide, a pesci, ad anfibi, a rettili, a mammiferi.

Ora, secondo Russell, i dinosauri erano forse arrivati alla soglia di quel livello evolutivo oltre il quale la vita «avrebbe potuto» intraprendere la via dell'uomo.

Le premesse, insomma, c'erano già. Poi, con l'arrivo di un asteroide o di una cometa, tutto si è fermato, e i mammiferi hanno ripercorso la stessa via, reinventando nuovamente il *Brontosaurus* (l'elefante), il *Tyrannosaurus* (la tigre), il *Triceratops* (bufalo o rinoceronte), gli adrosauri (antilopi, cervi e cavalli), i pachicefalosauri (stambecchi e mufloni) e l'uomo.

di quanto sia stato difficoltoso il cammino della vita sulla Terra. La storia dell'umanità rappresenta solo un microsecondo di questo tempo lunghissimo. È curioso pensare che per milioni, o miliardi di anni, nessuno era lì a vedere, a cercare di capire; solo noi uomini abbiamo dato vita a questa ricerca. E, tutto sommato, qualcosa cominciamo davvero a comprendere.

Attualmente, e questo è un dato impressionante, ogni giorno scompaiono molte specie di esseri viventi dalla faccia della Terra, in gran parte a causa dell'uomo. Siamo diventati proprio come l'asteroide di cui si parlava in precedenza, con una grossa differenza: non era infatti mai accaduto nella storia della vita sulla Terra che un essere vivente potesse prendere coscienza delle conseguenze su vasta scala delle sue azioni, e fosse anche in grado di modificarle. Noi abbiamo questa opportunità, davvero unica e irripetibile: sarebbe imperdonabile non approfittarne.

IV

L'assalto dei mammiferi

Scomparsi i dinosauri, la Terra si ritrova improvvisamente come un cinema vuoto, con tutte le poltrone libere. I mammiferi, piccoli roditori arboricoli – fino ad allora tenuti ai margini dall'impero dei grandi rettili –, scoprono che il pianeta è ora pieno di posti da occupare, di nicchie disabitate. E ha inizio la grande trasformazione, che in tempi relativamente brevi porterà alla comparsa di tutti i mammiferi che oggi vediamo in natura. In queste pagine tali avvenimenti verranno raccontati con una serie di flash in diretta dalla preistoria, così com'è avvenuto per i terapsidi. Un modo efficace per ricostruire il mondo dei primi mammiferi è scoprire alcuni dei principali protagonisti, cominciando proprio dagli scoiattoli preistorici, i nostri più lontani antenati.

Un pianeta vuoto

È una Terra assai strana quella che si presenta ai nostri occhi dopo la «grande estinzione»: sono passati 2 milioni di anni dalla catastrofe che ha fatto scomparire i dinosauri e tante altre specie, e della crisi che ha coinvolto gran parte della vita, in apparenza, non esistono più tracce. La vegetazione è ricresciuta, le ferite climatiche si sono rimarginate. Ma il pianeta sembra semideserto. Inutilmente abbiamo viaggiato lungo fiumi e paludi alla ricerca di qualche grande rettile del passato. Gli specchi d'acqua, le pozze, le distese di felci sono ormai un palcoscenico vuoto.

Lo *Ptilodus*, lungo circa 50 centimetri, abitava sugli alberi e scendeva al suolo solo per rapide incursioni.

È il crepuscolo. E siamo appostati ai piedi di un albero, col naso all'insù. Sui rami alti si sta ora muovendo un animale che assomiglia vagamente a uno scoiattolo: lungo 50 centimetri, ha gli occhi disposti frontalmente e si muove con molta agilità. Ora si è fermato e sta sgranocchiando qualcosa, forse dei semi o delle noci. Si intravedono grossi denti incisivi, simili a quelli dei nostri roditori, ma più accentuati e incurvati.

Un sorprendente scoiattolo, 63 milioni di anni fa

È uno *Ptilodus*, un mammifero primitivo che abita sugli alberi e che compie rapide incursioni sul terreno. Ormai la vegetazione è molto simile a quella della Terra moderna: alberi a larghe foglie, piante che ricordano quelle dei nostri boschi e soprattutto molti fiori.

Ci avviciniamo all'albero dove si trova il nostro «scoiattolo», per osservarlo meglio. Ma, improvvisamente, quasi da sotto i nostri piedi, una forma allungata si allontana rapida strisciando a zigzag nell'erba: è un serpente... Sembra una grossa vipera di colore scuro. In un attimo scompare tra il fogliame. Ci rendiamo conto che vivere sul terreno, in queste zone, non è molto piacevole: i grossi serpenti e gli altri predatori che infestano la zona sono ghiotti di piccoli mammiferi (e specialmente delle loro nidiate). E si comprende facilmente perché per questi animali sia più sicuro abitare sugli alberi e nidificare in luoghi più difficilmente accessibili, sebbene molti serpenti sappiano arrampicarsi e infilarsi negli anfratti più nascosti.

I paleontologi stanno oggi cercando di ricostruire la storia di questi primi mammiferi, che si è dipanata, come per i dinosauri, in un arco di tempo estremamente lungo. È però una storia difficile da ripercorrere, anche a causa del fatto che le ossa di questi animali, molto piccole e fragili al contrario di quelle dei dinosauri, sono andate in gran parte perse.

Del *Purgatorius*, per esempio, il piccolo mammifero simile a una tupaia e ritenuto uno degli antenati dei primati (e quindi dell'uomo), è stato ritrovato solo un pezzo di mandibola con alcuni denti: ma è stato sufficiente per ricostruire, sia pure in modo approssimativo, alcune sue caratteristiche. Questo animale, tra l'altro, era veramente piccolo: si calcola pesasse solo 20 grammi, quanto un pacchetto di si-

Il *Purgatorius*, ricostruito a partire dai pochi fossili ritrovati. Risale a circa 70 milioni di anni fa, all'epoca degli ultimi dinosauri. Potrebbe essere il mammifero capostipite della linea evolutiva che ha portato ai primati e all'uomo.

garette. Si aggirava proprio in queste zone e ha cominciato il suo cammino evolutivo sugli alberi.

Il nostro *Ptilodus*, intanto, si è mosso, ha raggiunto il tronco centrale e si sta spostando verso un ramo più basso. Scende esattamente come gli scoiattoli, a capofitto, aiutandosi con le unghie conficcate nella corteccia grazie a una particolare articolazione della caviglia, che gli consente di ruotare le dita all'indietro. Ora ha raggiunto un nuovo ramo e la sua lunga coda si arrotola su una biforcazione; come una scimmia-ragno si lascia dondolare dalla coda per raggiungere un ramo più basso e afferrare delle piccole noci nascoste tra le foglie. È veramente sorprendente vedere in azione questo piccolo mammifero, che sembra riunire caratteristiche tipiche di uno scoiattolo, di un topo, di una scimmia e di un lemure: ha già l'aria di essere un animale «moderno».

Aumentare di dimensioni

La lunga «notte» di questi piccoli mammiferi sta dunque terminando. La scomparsa dei dinosauri ha non soltanto aperto nuovi spazi e nicchie, ma permette loro una cosa che non era mai stata possibile nei milioni di anni precedenti: aumentare di dimensioni. Nelle praterie, nelle foreste, nelle savane e anche nei mari è infatti cominciato un nuovo tipo di sviluppo per i mammiferi, che porterà a esseri sempre più grandi – a volte giganteschi – e più evoluti, facendone i nuovi dominatori del pianeta.

La storia dei mammiferi, nel corso dei 65 milioni di anni trascorsi tra la scomparsa dei dinosauri e l'era moderna, è estremamente ricca di sviluppi e trasformazioni. Non è certo possibile seguire tutti i binari di questa immensa rete ferroviaria evolutiva. Quello che cercheremo di fare, in questo capitolo, è tratteggiare una serie di brevi ritratti di animali che hanno in qualche modo segnato la loro epoca, o che meritano di essere ricordati per certe caratteristiche uniche.

Uintateridi al bagno, 50 milioni di anni fa

È un grande e bellissimo lago quello che si estende ai bordi della foresta. Questa zona, che ricorda un po' i grandi laghi africani, si trova in Nordamerica, nella parte delle pianure centrali che lambisce le Montagne Rocciose. La vegetazione è di tipo tropicale, con palme e alberi del pane. Sono foreste ormai piene di vita, dove si sentono richiami di uccelli e in cui si muove una fauna del tutto nuova.

L'ambiente è stato occupato da una miriade di piccoli mammiferi che si sono incredibilmente trasformati in un tempo relativamente breve: 15 milioni di anni. Davanti a noi, proprio sui bordi del lago, sguazzano nel fango animali immensi. Visti da lontano assomigliano a rinoceronti, ma in realtà appartengono a un gruppo le cui origini non sono ancora chiare: gli uintateridi (questi colossi, in particolare, si chiamano *Eobasileus*). Sono lunghi oltre 3 metri e mezzo, e la loro altezza supera i 2 metri. Tutta la loro struttura è possente: le zampe sono larghe e pesanti, il dorso è poderoso. Ma è soprattutto la testa a impressionare: molto lunga e piatta, con due enormi denti canini che sporgono dal labbro superiore, e una batteria di sei mostruose protuberanze rivestite di pelle, simili a corna di giraffa, che spuntano dalla faccia. Sembrano immensi chiodi piantati sul naso, sopra gli occhi e sulla fronte.

Un cervello piccolo piccolo

È straordinario come in così poco tempo certi piccoli topi e scoiattoli si siano trasformati in colossi di queste dimensioni. Ora stanno occupando le terre dei loro ex padroni scomparsi, i dinosauri. E ne stanno mangiando le ricche erbe.

Alcuni uintateridi stanno brucando vigorosamente, aiutandosi con la lingua nello strappare i vegetali. Altri trotterellano pesantemente ai bordi dell'acqua, sollevando grandi spruzzi. Ora vediamo meglio le loro teste mostruose, irte di

Cinquanta milioni di anni fa (15 milioni dopo la scomparsa dei dinosauri) già pascolavano nelle praterie mammiferi giganteschi, grandi quanto un odierno rinoceronte: gli uintateridi.

protuberanze: il loro sguardo è disperatamente stupido... Dai piccoli occhi, incassati sotto le ossa, non esce alcun barlume d'intelligenza. La loro massa muscolare e ossea è aumentata a dismisura, ma il cervello è rimasto molto piccolo. I paleontologi, studiando i crani, hanno infatti scoperto che il loro volume cerebrale era estremamente ridotto. Non vivevano certo in un ambiente stimolante – mancanza di competizione per il cibo e anche scarsità di predatori – che non richiedeva comportamenti particolarmente intelligenti. Del resto, il *Coryphodon*, che aveva occupato queste zone prima degli uintateridi – e che assomigliava vagamente a un ippopotamo o a un grosso tapiro –, era ancora meno dotato cerebralmente: dai resti fossili si è calcolato che a una massa corporea di mezza tonnellata corrispondeva un cervello di soli 90 grammi.

Ricoperti di fango

Il gruppo di uintateridi si allontana lentamente dalla riva. Alcuni sono per metà ricoperti di fango, probabilmente un modo per conservare umidità sulla pelle, come fanno oggi elefanti e ippopotami. La cosa interessante è che un ambiente di questo tipo finirà per modellare in maniera simile anche i diversi tipi di animali che succederanno agli uintateridi; dopo la loro estinzione, infatti, circa 35 milioni di anni fa, altre specie equivalenti avrebbero occupato progressivamente queste nicchie. Come i brontoteri, esemplari massicci e dotati anch'essi di immense corna; partiti 50 milioni di anni fa da animali simili al cavallo, convergeranno verso la forma del rinoceronte, pur provenendo da un percorso evolutivo completamente diverso.

L'ultimo uintateride esce ora faticosamente dalla pozza di fango e con passo lento, brucando qua e là tra le erbe della riva, si avvia a ricongiungersi al gruppo. Anche noi lasciamo questi luoghi per raggiungere, dall'altra parte del pianeta, una spiaggia del Pakistan.

Una balena a quattro zampe

È una grande spiaggia quella che si allunga a perdita d'occhio davanti a noi. In questa zona, destinata a diventare in futuro un deserto arido, si apre un grande braccio di mare, con acqua azzurra e increspata. È una giornata ventosa, e l'aria è molto nitida.

Poco sotto di noi, uno strano animale arranca sulla battigia; ha le dimensioni di una mucca, ma i suoi arti – simili a natatoie – sono completamente diversi, più tozzi e rattrappiti. Sta entrando in acqua e non riusciamo a osservarne tutti i dettagli, ma è molto evidente che si tratta di un mammifero; circa 300 milioni di anni dopo lo sbarco dei suoi lontanissimi antenati vertebrati sulla Terra, questo animale si prepara a compiere l'operazione inversa, quella cioè di tornare a vivere in acqua. È il *Pakicetus*, uno dei capostipiti delle balene. Il suo nome indica che è stato ritrovato nel Pakistan e che viene considerato già appartenente alla linea evolutiva dei cetacei. Ora che è scivolato in acqua, sembra muoversi in modo assai più agile e sicuro: è evidente che il suo adattamento è ormai già molto più marino che terrestre. Per un attimo socchiude le fauci e mette in mostra un'agguerritissima fila di denti, simili a quelli di un'orca. Poi, dopo aver fatto il pieno d'aria, inarca la schiena e si inabissa nell'acqua, per le sue predazioni.

Anche questo animale, insomma, proviene dagli antichi scoiattoli e topolini, che – dopo aver dato origine a una linea di ungulati terrestri (cioè animali dotati di zoccoli, come sono oggi le mucche, le capre, le antilopi o i cavalli) – hanno assunto lentamente la forma di «mucche subacquee», mammiferi (cetacei) che cominciano a sfruttare le risorse del mare. Sono questi *Pakicetus* (e altri «sommozzatori» dell'epoca, facenti parte del grande gruppo degli archeoceti) a dare origine ai più grandi animali in assoluto esistenti sul pianeta, vale a dire a balene come la balenottera azzurra, lunga 30 metri e pesante 130 tonnellate.

Gradualmente il *Pakicetus* e i suoi simili, attraverso la discendenza, acquisiranno infatti sempre maggiori dimensioni e crescenti capacità di nuoto in immersione, fino a resistere 40 minuti sott'acqua e a scendere (come il capodoglio) a profondità di oltre 1000 metri, con una pressione di 100 atmosfere.

Un gigante dei mari

Questa fauna di cetacei, nel corso di 50 milioni di anni di evoluzione, darà origine a grandi varietà di forme, tra le quali il *Basilosaurus*, apparso nei mari dell'America settentrionale circa 40 milioni di anni fa. È un cetaceo veramente sorprendente: immaginate un incrocio tra un'orca marina e un serpente, con una testa da predatore armata di denti e un corpo estremamente allungato, serpentiforme. Il tutto per una lunghezza totale di 25 metri. Quando si ritrovarono i primi resti fossili del *Basilosaurus*, nell'Ottocento, si pensò che si trattasse addirittura di un dinosauro. Ed effettivamente all'epoca dei dinosauri esisteva un grande rettile marino che nuotava in questi mari, il mosasauro, con caratteristiche molto simili al *Basilosaurus*, e probabilmente lo stesso modo serpentiforme di nuotare: un ulteriore esempio di convergenza evolutiva.

Sono passati parecchi minuti, e il *Pakicetus* sta ora riaffiorando al largo per riprendere aria. La sua autonomia subacquea è ancora limitata, ma ormai la linea dei cetacei ha avuto inizio, e la selezione naturale provvederà pian piano a modellare animali con prestazioni subacquee sempre migliori.

Lupi lunghi 6 metri, 38 milioni di anni fa

Un vento costante attraversa la pianura della Mongolia in cui ci siamo accampati. L'erba è come un mare che si estende ovunque a perdita d'occhio. Il cielo è gonfio di nuvole, e probabilmente sta preparando un acquazzone. Siamo appostati qui da vari giorni per avvistare quello che è considerato il più grande mammifero carnivoro di tutti i tempi: l'*Andrewsarchus*. E, finalmente, lo vediamo spuntare dalla sommità di una piccola collina, in lontananza. Non è solo: dietro di lui ne compare un altro, e poco dopo un altro ancora. Sono tre. Con trotto pesante scendono a valle e si dirigono verso un piccolo lago non distante da noi. La loro andatura è sgraziata, ma il movimento del corpo rivela forza e potenza. Visti da lontano sembrano un incrocio tra un lupo e una iena, ma in realtà sono dei giganti: alti 2 metri al garrese e lunghi 5-6 metri, quasi quanto un piccolo autocarro. A mano a mano che si avvicinano, le loro forme si delineano meglio. È soprattutto la testa a essere impressionante: quasi 1 metro di lunghezza. Le mascelle, strette e lunghe, la fanno apparire sproporzionata rispetto al resto del corpo. Dalle fauci semiaperte e ansimanti si intravedono denti enormi e aguzzi, pronti a fare a pezzi qualsiasi erbivoro.

Si sono fermati; il primo dei tre ha alzato le narici verso il cielo come per captare meglio qualche odore vagante. Ci chiediamo quali possano essere le prede di questi giganti; la natura, infatti, fa sempre le cose su misura e non produce certo un colosso di questo tipo perché diventi un predatore di piccoli animali, sarebbe uno spreco inutile. Le sue prede sono infatti probabilmente i grandi erbivori che, in consistenti mandrie, pascolano in queste praterie.

Quello che sembra essere il leader del piccolo gruppo continua intanto ad annusare l'aria. Ora ha abbassato l'enorme testa in cerca di odori sul terreno. Poi muove qualche passo nella nostra direzione. Improvvisamente una luce accecante illumina il paesaggio e un'esplosione fortissima ci fa letteralmente sobbalzare. Un fulmine è caduto a poca distanza, come una vera e propria bomba. Anche gli *Andrewsarchus* si sono spaventati e si allontanano di corsa. Dal cielo comincia a scendere un torrente d'acqua, che in pochi secondi ci inzuppa completamente. Le nubi sono molto basse e nere, e tutto il paesaggio si è ora scurito e annebbiato. Vediamo i tre animali costeggiare la collina e poi sparire dietro un avvallamento.

SI FA PRESTO A DIRE MAMMIFERI: QUATTRO STORIE DIVERSE

La cosa può apparire sorprendente, ma i primi mammiferi certamente deponevano e covavano le uova. Essi discendevano infatti dai rettili mammaliani, e il passaggio dall'uovo alla placenta deve aver richiesto parecchio tempo e varie fasi prima di avere luogo. I diversi anelli di questa catena di cambiamenti sono oggi scomparsi: nel corso di quasi 190 milioni di anni, infatti, l'evoluzione ha fatto apparire e sparire una grande varietà di mammiferi, e quelli che esistono sulla Terra oggi assomigliano vagamente ai loro progenitori. Tuttavia, alcuni animali tuttora viventi possono forse aiutarci a capire, per grandi linee, questo importante passaggio. Sul pianeta vivono infatti quattro tipi di mammiferi che sembrano riassumere l'evoluzione dall'uovo alla placenta: l'ornitorinco, l'echidna, il canguro e l'antilope (o qualsiasi altro mammifero placentato).

L'*ornitorinco*, mammifero monotremo australiano, è infatti un animale che produce uova esattamente come un rettile, e le cova, ma ha delle ghiandole mammarie situate nell'addome che producono latte.

L'*echidna*, altro superstite della fauna dei monotremi, anch'esso presente in Australia, è simile a un riccio, con un lungo muso a becco e una folta pelliccia: non solo trasuda latte, col quale nutre i piccoli, una volta usciti dall'uovo, ma possiede una «piega» sul ventre nella quale le colloca prima della schiusa, portandosele in giro, un po' come fa il canguro, e quindi covandole anche in movimento.

Il *canguro*, anch'esso australiano, lo conosciamo bene: ha un inizio di gravidanza «placentata»: ma i piccoli nascono quando sono poco più che embrioni, per andarsi a collocare nella tasca ventrale e completare la loro maturazione all'esterno, succhiando il latte materno. È il modello marsupiale.

Quanto all'*antilope* – o a qualsiasi altro placentato, dal topo all'uomo –, porta avanti sino alla fine una gravidanza interna, dando alla luce un individuo completo, e lo allatta. Quattro animali, quattro modi di riprodursi, quattro storie evolutive. I collegamenti tra questi vari modelli di mammiferi sono molto difficili da stabilire: ma questi quattro fotogrammi sono forse significativi per capire come in certi antenati comuni, o in determinati «ceppi» comuni, talune trasformazioni abbiano potuto avere origine e poi evolversi.

Sulle abitudini degli *Andrewsarchus* non vi sono informazioni sicure. Molti ricercatori, analizzando i loro scheletri, ritengono che non fossero animali molto veloci, quindi poco adatti a una caccia da predatori «sprint» (come un leone, per intenderci, o anche come un lupo); certe loro caratteristiche sembrano indicare anche un comportamento da divoratori di carcasse. La cosa sorprendente è che gli *Andrewsarchus* non hanno alcuna parentela con i carnivori moderni – lupi, leoni, iene ecc. –, ma con le loro prede, gli ungulati (il gruppo che riunisce animali come cervi, maiali, cavalli, bufali o elefanti). La storia evolutiva dei mammiferi predatori, infatti, ha conosciuto dominatori sempre diversi. Vediamoli rapidamente.

Un alternarsi di mammiferi predatori

Quando scomparvero i dinosauri, il palcoscenico della terraferma era rimasto senza predatori di grosse dimensioni. Ben presto emerse una prima generazione di predatori, i creodonti, che originò una grande varietà di modelli di cacciatori (addirittura 50 generi), con forme che ricordavano volpi o gatti, o con gli stessi ruoli delle manguste, dei lupi, delle iene, degli orsi o dei leoni moderni, pur essendo evolutivamente molto diversi. Non mancarono forme gigantesche, con crani grandi il doppio di quello di una tigre (65 centimetri di circonferenza).

Tuttavia, dopo un dominio incontrastato iniziale, i creodonti dovettero lasciare il posto a una nuova generazione di predatori, dotati di un'anatomia più agile e di un cervello più grosso, e che li soppiantarono rapidamente. Verso la fine dell'Eocene, 40-35 milioni di anni fa, comparvero infatti gli antenati di cani, volpi, manguste, genette e felini. Più tardi – all'inizio del Miocene – fecero la loro comparsa anche le iene.

La moltiplicazione delle tigri

Vi fu tuttavia un gruppo che primeggiò su tutti gli altri per forza e spettacolarità: le tigri dai denti a sciabola. Animali davvero speciali, che coprirono un arco di tempo lunghissimo. La cosa curiosa è che i vari tipi di tigri che si susseguirono appartenevano, in realtà, a rami evolutivi diversi, alcuni anzi diversissimi (addirittura marsupiali); ma il modello di predazione era evidentemente così ben riuscito che molte specie di animali finirono per convergere verso questa fiera, caratterizzata da due canini supersviluppati. Osservando oggi uno di questi crani, ci sembra quasi impossibile che un animale potesse trarre vantaggio da una tale anomalia, apparentemente così ingombrante. Ma conoscendo l'uso di queste vere e proprie sciabole (con funzione del tutto diversa dalle zanne degli attuali felini), si capisce il perché del loro successo.

Per osservare dunque da vicino l'attacco di una di queste tigri dai denti a sciabola ci rechiamo nelle pianure del Nordamerica, in un tardo pomeriggio dell'Oligocene, 30 milioni di anni fa.

La tigre dai denti a sciabola

Dopo la calura della giornata estiva, l'aria si sta nuo vamente rinfrescando, grazie anche a una leggera brezza. Attorno al fiume si è riaccesa la vita, e sulle rive sabbiose passeggiano uccelli trampolieri dalle zampe lunghissime in cerca delle ultime prede da poter arpionare col becco nell'acqua.

Un enorme brontoterio maschio, isolato, si sta lentamente avvicinando all'acqua. Cammina con circospezione e i suoi piccolissimi occhi neri, affondati nell'immenso cranio, controllano attentamente i dintorni. Mentre passa, il suo corno nasale a forma di Y scuote e spezza il ramo basso di un albero; il brontoterio non sembra minimamente preoccuparsene e continua la sua lenta marcia. È lungo più di 4

Le due sciabole bianchissime dell'*Eusmilus* affondano nella pelliccia del brontoterio, che non ha più scampo di fronte a queste armi micidiali.

metri e alto al garrese 2 metri e mezzo. Un vero gigante. Eppure sa che le sue dimensioni potrebbero non essere sufficienti contro il più feroce dei predatori: l'*Eusmilus*, una formidabile tigre dai denti a sciabola.

Questo luogo, con alberi e grossi cespugli, è ideale per un agguato. Il brontoterio deve aver annusato un pericolo nell'aria. Si ferma e rimane immobile per un lungo momento. Poi con un potente soffio riprende a camminare. All'improvviso, un cespuglio si squarcia con un colpo secco; il brontoterio fa appena in tempo a girare l'enorme testa; una massa di peli, zanne e muscoli si sta scagliando contro di lui. L'*Eusmilus*, lungo circa 2 metri, tiene bassa la testa ed è velocissimo. Abbiamo quasi l'impressione di vivere la scena al rallentatore: a ogni passo i muscoli delle spalle e delle zampe si contraggono e si gonfiano, per poi distendersi e proiettare il potente corpo in avanti.

Il brontoterio china il capo e aspetta lo scontro con le corna rivolte verso il basso. Ma è troppo tardi. L'*Eusmilus* è riuscito ad aggirare le potenti corna e con un balzo è ora addosso al brontoterio. Ha le fauci spalancate e le zampe anteriori protese in avanti con tutti gli affilatissimi artigli fuori. Con un violentissimo impatto la tigre atterra tra la coscia e il ventre del brontoterio, le sue zampe anteriori si ancorano e si piegano per attutire l'urto, mentre le due sciabole bianchissime affondano nella pelliccia dell'erbivoro.

Scatta a questo punto la tagliola del morso: con un violento scossone del capo verso il basso, le fauci lacerano un'ampia porzione del corpo della vittima. Sul ventre si è ora aperta una profonda e ampia striscia rossa di carne viva, dalla quale fuoriescono fiotti di sangue. Il brontoterio tenta inutilmente di scrollarsi l'animale di dosso, girando violentemente su se stesso e cercando di colpirlo con il corno. Ma l'*Eusmilus* sa che a questo punto la sua vittima non ha più scampo; può mollare la presa e ritirarsi nuovamente tra la vegetazione. Il brontoterio, sbuffando, accenna a una carica, poi si immobilizza con il corno puntato verso il basso. Non sembra ancora aver veramente capito la gravità del morso. Prova ad allontanarsi, prima zoppicando poi perdendo l'equilibrio. Il suo soffio ora è molto rapido e sotto il corpo si sta allargando a vista d'occhio una pozza color rosso vermiglio. Non potrà ancora resistere molto. Due occhi dallo sguardo intenso continuano a fissarlo attraverso il fogliame; sotto quegli occhi due sciabole, che gocciolano sottili rivoli di sangue, sono pronte a colpire ancora.

Il judoka e il samurai

È probabilmente questo il metodo di caccia delle tigri dai denti a sciabola: una serie di indizi lo lasciano ritenere, come vedremo tra breve. Sarebbe bene però precisare che, in realtà, chiamare «tigri» questi animali è un'inesattezza, sebbene il termine sia ormai entrato nel linguaggio corrente. Non si trattava infatti per nulla di felini, come il gatto, il pu-

DUEMILA TIGRI NEL BITUME

C'è un dato interessante emerso dallo studio di oltre 2000 esemplari di *Smilodon*, una tigre dai denti a sciabola vissuta fino a 10.000 anni fa in California. Questi 2000 *Smilodon* sono rimasti intrappolati in «sabbie mobili» di bitume, assieme a migliaia di altri animali, probabilmente mentre cercavano di aggredire alcune grosse prede rimaste impantanate, sprofondando insieme a loro. L'esame delle ossa ha rivelato che si trattava molto spesso di esemplari menomati, forse in cerca di prede facili; tuttavia i paleontologi hanno rilevato che, in una grande quantità di casi, le menomazioni (fratture alle zampe, lussazioni, infezioni ossee, artriti, danni alla colonna vertebrale o postumi dei morsi di altre tigri) erano così gravi da dover richiedere l'aiuto e la solidarietà di qualche altro animale del gruppo, almeno nel primo periodo seguente il trauma. In altre parole, a differenza di quelle attuali, le tigri dai denti a sciabola non erano solitarie, ma vivevano in gruppo, un po' come i moderni leoni; i membri menomati venivano aiutati, probabilmente, permettendo loro di accedere alle prede uccise da altri.

ma, il leone o il leopardo, bensì di gruppi oggi scomparsi senza lasciare discendenti. Persino tra i marsupiali si era sviluppata una forma con i denti a sciabola: il *Thylacosmilus*. Evidentemente si trattava di una soluzione vantaggiosa, adottata da parte di gruppi di mammiferi molto diversi tra loro.

Queste forme, benché provenienti da linee evolutive differenti, avevano sviluppato gli stessi caratteri: zampe anteriori molto più potenti di quelle posteriori (come nella iena), muso corto, collo spaventosamente forte e muscoloso, mandibola che si apriva a 90 gradi e oltre (molto più di un leone, che quando sbadiglia ha un angolo massimo delle mascelle a 65 gradi) e soprattutto un eccezionale sviluppo dei canini superiori. Due sciabole leggermente ricurve e con i bordi taglienti come la lama di un coltello.

Ma a cosa servivano tutti questi adattamenti? Per capirlo basta confrontare il metodo di caccia di una di queste antiche tigri con quello di un moderno leone. Il leone si ancora al collo della vittima con i canini superiori e richiude a scatto la mascella inferiore, come una tagliola, uccidendo per strangolamento la preda, o spezzandole le vertebre cervicali. Nelle tigri dai denti a sciabola invece avveniva esattamente il contrario: era la mascella inferiore ad ancorarsi al corpo della vittima, e le terribili sciabole si abbassavano come una ghigliottina, azionate dai potenti muscoli del collo. In questo modo asportavano una grossa porzione di carne (si calcola 4-5 chili), aprendo una grande lacerazione nel corpo della preda, che moriva per emorragia, mentre il suo carnefice aspettava in disparte. Nel caso del leone, insomma, la tecnica è quella del lottatore di judo, che placca l'avversario e lo strangola; la tigre dai denti a sciabola invece è come un samurai, che abbatte il nemico con un solo colpo mortale.

Inoltre, mentre i leoni aggrediscono animali di piccola e media taglia – al massimo un bufalo –, che possono essere immobilizzati o soffocati, e tralasciano i giganti della savana, come gli elefanti, i rinoceronti o gli ippopotami, le tigri dai denti a sciabola si erano specializzate proprio nei mammiferi più grossi, come mastodonti, mammut, dinoteri, brontoteri ecc. Animali che si possono abbattere in un solo modo: ferendoli gravemente in un punto delicato, come la gola, il ventre o le anche.

Quando questi grossi – e lenti – animali si estinsero, anche le tigri dai denti a sciabola, troppo specializzate nel cacciare quel particolare tipo di preda, scomparvero.

Il più grande mammifero

Se la tigre dai denti a sciabola ha coperto, nelle sue diverse specie, un arco di tempo lunghissimo (quasi 25-30 milioni di anni), altri mammiferi hanno invece avuto una storia diversa: apparizioni e scomparse rapide, trasformazioni, estinzioni, cambiamenti. Nei circa 30 milioni di anni che separano l'Oligocene dall'epoca moderna, i rami evolutivi della vita hanno infatti creato un'incredibile ricchezza di forme. È in questo periodo che appaiono animali con caratteristiche estremamente differenti e che porteranno a elefanti, cammelli, delfini, cervi, cavalli, pipistrelli, scimmie, talpe, orsi, formichieri, maiali, foche, giraffe ecc.

Una di queste evoluzioni, per esempio, ha condotto a un individuo incredibile, che sta brucando a poca distanza da noi. È il più grande mammifero mai apparso sulla terraferma: il *Baluchitherium*. Per incontrarlo siamo venuti in una savana alberata tra il Pakistan e la Cina. È una distesa abbastanza piatta e fa molto caldo. Nel punto in cui ci troviamo la vegetazione è più fitta, per la presenza di un piccolo corso d'acqua. Degli strani uccelli bianchi, con una lunga coda, stanno attraversando il cielo. Sulla riva un trampoliere fruga nell'acqua con il lungo becco, alla ricerca di cibo.

Il *Baluchitherium* sta tranquillamente, e in maniera metodica, mangiando il fogliame alla sommità di un albero. Per avere un'idea delle sue dimensioni, basta pensare a una gigantesca locomotiva. È lungo 8 metri, e l'altezza al garrese è di 5 metri e mezzo (quasi il secondo piano di una casa).

Il *Baluchitherium*. Per avere un'idea delle sue dimensioni, basta pensare a una locomotiva. Era lungo 8 metri e l'altezza al garrese era di 5 metri e mezzo.

Da qui parte un collo da cavallo che termina con una testa lunga come una scrivania (ma che vista nel complesso sembra persino piccola). Difficile dire a cosa assomigli questo animale. È come se avesse avuto diversi progenitori: ha zampe da elefante, corpo da cavallo, occhi da rinoceronte, bruca come una giraffa e ha le ossa parzialmente cave come quelle di un dinosauro. E pesa 30 tonnellate, come quattro o cinque elefanti messi insieme. Possiede labbra prensili, e arriva a mangiare foglie a un'altezza incredibile: circa 10 metri (tre-quattro piani di una casa).

Al pascolo

Il *Baluchitherium* non è solo: ve ne sono altri dietro, anch'essi impegnati a brucare la chioma degli alberi. Vediamo un esemplare di minor stazza che si sta ora allontanando al

STRANI ASSEMBLAGGI ANIMALI

Il *Chalicotherium*, vissuto nel Miocene inferiore (circa 20 milioni di anni fa), era un incrocio tra un cavallo, un orso e un gorilla; possedeva enormi artigli, che usava, forse, per tirare a sé i rami e mangiare le foglie.

Il *Macrauchenia*, vissuto in Sudamerica nel Pleistocene (circa 2 milioni di anni fa), assomigliava invece a un cammello, con le zampe da rinoceronte e una piccola proboscide. Assemblaggi un po' folli? Diciamo fantasiosi. Ma in natura niente è senza scopo: ogni organo, ogni caratteristica corrispondono a una funzione, a un adattamento. La fantasia è al servizio della selezione naturale, per proporre continuamente nuove soluzioni, con montaggi sempre diversi, premiati o puniti dall'ambiente.

Un altro esempio è il *Platybelodon*, un proboscidato vissuto nel Miocene superiore, tra 11 e 6 milioni di anni fa. Era sostanzialmente un elefante, ma dotato di un nuovo attrezzo: una «pala meccanica», praticamente un paio di denti piatti e appaiati che potevano essere affondati come un'immensa vanga lungo le rive dei fiumi.

piccolo trotto, inseguito da un altro. È una femmina che, chiaramente, non gradisce le «avances» di un giovane maschio, che però non desiste: l'affianca, cercando di fermarla e di salirle in groppa da dietro.

Il grande *Baluchitherium* che è vicino a noi si è accorto di questo tramestio: ha lasciato il suo albero e si sta dirigendo velocemente verso il rivale per caricarlo. Sentiamo il terreno tremare sotto i suoi passi, mentre una specie di profondo barrito lacera l'aria. Il giovane capisce che è il momento di ritirarsi, e galoppa via, inseguito dal maschio dominante. Non è necessario uno scontro: nel rituale del gruppo è sufficiente questa minaccia, seguita da un gesto di sottomissione, per ristabilire l'ordine. I due animali ora si sono fermati a una certa distanza l'uno dall'altro. Tutto è rientrato nell'ordine. Ognuno può riprendere a mangiare le sue foglie.

Questi *Baluchitherium*, in pratica, hanno sostituito certi grandi dinosauri erbivori, come i brachiosauri, occupando le loro nicchie e raggiungendo le loro dimensioni. Poi, anch'essi sono scomparsi; lasciando soltanto le ossa, per stupire i paleontologi.

Parte quarta

La fisica

Da millenni, gli uomini (all'inizio forse inconsapevolmente) fanno scienza, cercando di codificare le osservazioni, interpretarle e sistematizzarle. Capire il mondo in cui si vive è sempre stato molto importante, ma soltanto negli ultimi secoli è diventato possibile elaborare un metodo, oggi sostanzialmente seguito in tutto il mondo, che ha permesso l'affermarsi di una mentalità, di un linguaggio e soprattutto di un insieme di regole capaci di far compiere alla ricerca passi da gigante.

I

Che cos'è la scienza?

In passato (e ancora oggi) si è spesso tentato di definire con precisione il concetto di scienza. Diderot si rendeva conto della difficoltà di questo tentativo, e nell'introduzione della sua celebre *Encyclopédie*, alla fine del Settecento, affermava che non esiste una definizione che possa darne un'idea precisa ai non iniziati. Alcuni decenni orsono, come ricordava il filosofo della scienza Ludovico Geymonat, un valente e ben noto studioso di geometria, l'americano Oswald Veblen, proponeva per la sua scienza la seguente, paradossale definizione: «Geometria è ciò che viene ritenuto tale da un numero abbastanza grande di persone competenti...». In modo assai simile l'inglese Peter B. Medawar, premio Nobel per la biologia, ha cercato di aggirare l'ostacolo proponendo, per lo scienziato, una definizione solo apparentemente ovvia: «Chi è lo scienziato? Chi si comporta come tale...». Verrebbe subito voglia di adottarla, per le implicazioni intuibili dietro questa semplice formuletta.

Elogio del dubbio

In che modo dunque dovrebbe comportarsi lo scienziato? A giudicare dalla pratica quotidiana in ambito scientifico, una qualità essenziale è saper dubitare: chi ha troppe certezze sulle proprie idee e sui propri risultati rischia infatti di smarrirsi.

Diversamente da quanto accade nelle ideologie e nelle religioni, il punto di partenza è rovesciato: non esistono verità assolute, ma piccole verità transitorie, da superare al più presto per raggiungerne altre, che attendono di essere scoperte. I dati acquisiti sono sempre da considerarsi provvisori, o comunque vanno inseriti in un sistema in movimento, sottoposto a frequenti cambiamenti. L'atteggiamento di continuo dubbio, di continua verifica e autocritica è, bisogna dirlo, abbastanza anomalo nel comportamento umano. Quante volte a un politico o a un uomo di fede capita di dire: «Hai ragione, le mie idee erano sbagliate; la tua dimostrazione è convincente»? Probabilmente mai.

Questa profonda umiltà, questa disponibilità a cambiare idea rinunciando alle proprie teorie se si dimostrano errate, sembrano contrastare non poco con la natura umana. L'uomo tende sempre a ritenere fondate le proprie idee, non solo in politica o in economia, ma in tutti i campi in cui conta il giudizio personale. Ed è molto difficile far cambiare parere a un individuo. Inevitabilmente questo aspetto della natura umana emerge anche nello scienziato: per esempio, a un ricercatore può capitare di innamorarsi di un'ipotesi e di accettare con difficoltà una risposta sperimentale che la contraddica. Un tale atteggiamento, però, può sciupare preziosi anni di lavoro e, alla fine, danneggiare gravemente la reputazione del ricercatore.

Nella scienza, insomma, è un po' come nello sport: per quanto si possa essere affezionati ai propri campioni e alla propria squadra, sono i risultati che contano e, talora, bisogna saper riconoscere il primato dell'avversario in attesa che tale primato venga a sua volta superato.

Sperimentare e «falsificare»

Naturalmente occorre sottoporre a un adeguato controllo i risultati ottenuti, per verificare che siano validi, e non il frutto di un errore.

Nella scienza tale controllo si chiama metodo sperimentale: un metodo che ha dato origine a una selezione naturale delle osservazioni e delle teorie, permettendo un'evoluzione delle idee ancora in atto.

In altre parole, quando si formula un'ipotesi bisogna fornire le «pezze d'appoggio» sperimentali, con i dati e la descrizione dell'esperimento, in modo che chiunque possa ripeterlo, verificarlo o criticarlo. Analogamente, quando l'esperimento supera il vaglio delle critiche, confermando la teoria che lo ha ispirato, esso dev'essere ritenuto valido, oppure bisogna motivare in modo documentato un'eventuale opposizione.

Non solo. Perché una teoria possa essere considerata scientifica, afferma il filosofo della scienza Karl Popper, deve poter prevedere un esperimento che, se riuscisse, potrebbe smentirla («falsificarla»). Che cosa significa? Semplicemente questo: noi sappiamo per esempio che, in base alla gravitazione universale, le mele cadono dagli alberi; l'esperimento, che potrebbe smentire le leggi di Newton, dovrebbe dimostrare che le mele possono anche risalire sugli alberi. Se un tale esperimento riuscisse, anche con una sola mela, le teorie di Newton sarebbero falsificate. Tali teorie, dice Popper, sono quindi scientifiche perché sono falsificabili (in realtà, secondo altri, le cose sono più complesse; ma questa è certamente un'ottima strada da seguire come prima approssimazione).

La psicocinesi invece (una delle «specialità» della parapsicologia) non è in grado di produrre un esperimento falsificabile. Essa afferma che a volte certi oggetti possono muoversi da soli e levitare. Dunque, una mela potrebbe risalire sull'albero...

Ma pur volendo dar credito a simili racconti, alquanto fantasiosi, come si potrebbe organizzare un esperimento capace di falsificare una simile teoria? Non è possibile. Perché, anche se si ponessero sotto controllo tutti i meli e i meleti del mondo per un anno intero, qualcuno potrebbe sempre dire che una levitazione è avvenuta l'anno prima, o che avverrà l'anno dopo, oppure che non si è osservato bene un certo melo che si trova nel Tibet... Del resto, quando si esce dalla sperimentazione tutto può essere detto o sostenuto; ma se non lo si dimostra davanti agli altri, non ci si può poi atteggiare a vittima di una congiura. Anzi, si hanno tutte le migliori ragioni per diffidare di simili atteggiamenti, perché il passato è pieno di esempi del genere, anche illustri.

Prima di Galileo, si tendeva a dare una posizione preminente al mondo delle idee più che a quello della sperimentazione. Grandi uomini della storia, come lo stesso Aristotele, sono stati in seguito severamente criticati, poiché molti hanno visto nel loro modo di impostare la scienza un forte ostacolo all'avanzamento del sapere. Già nel Seicento il filosofo inglese Joseph Glanvill scriveva a questo proposito: «Aristotele non utilizzò gli esperimenti per avvalorare le proprie teorie, ma dopo averle arbitrariamente postulate egli si comportò in modo da forzare l'esperimento, per suffragare e sostenere le sue precarie proposizioni».

L'esperimento, naturalmente, deve invece essere visto come un setaccio destinato a eliminare impietosamente le idee sbagliate o le ipotesi non corrette. È il «cimento» galileiano, cioè la prova cui bisogna sottoporre qualunque tesi: per confermarla, oppure per modificarla o, addirittura, abbandonarla. Una verifica critica che vale in ogni istante della vita di uno scienziato, persino quando egli ha conquistato credito e notorietà: niente, infatti, lo salva da un possibile errore.

La selezione naturale nella scienza opera infatti non solo nei confronti delle teorie e degli esperimenti, ma anche nei confronti degli uomini. I meriti passati non contano: ogni volta bisogna ricominciare da capo. Come nello sport, appunto.

Ma se il metodo sperimentale rimane la strada maestra della ricerca, molto si è discusso (e molto si discute ancora) sulle relazioni che debbono esistere fra teoria ed esperimento.

Prima la teoria o prima l'esperimento?

Oggi c'è una netta tendenza a ritenere che, se è vero che nella ricerca scientifica l'esperimento rappresenta il momento importante della verifica, in realtà l'autentico processo della conoscenza, probabilmente, non appartiene alla fase sperimentale.

Anzi, come sostengono molti autorevoli filosofi della scienza, l'osservazione pura, l'esperienza oggettiva non esistono. Esse devono sempre sottendere un'idea. In altre parole, l'esperimento è un attrezzo indispensabile, ma il vero laboratorio in cui si produce conoscenza è quello mentale, quello delle idee. Secondo Gaston Bachelard, infatti, la conoscenza consiste in realtà nella graduale rettifica delle teorie precedenti. Dal canto suo, Popper afferma che una teoria scientifica non prende mai l'avvio da osservazioni ed esperimenti, ma dalla critica di altre teorie. Il processo, quindi, si produrrebbe piuttosto in senso inverso: non dall'esperimento alla teoria, ma viceversa.

Occorre naturalmente fare una precisazione: non si tratta affatto di ridare nuovamente la supremazia alla teoria, relegando in secondo piano l'esperimento. Piuttosto, si vuol sottolineare che l'obiettivo dell'attacco, il bastione da assalire è la teoria, finché, con la forza dell'esperimento, diventi possibile issare sul suo torrione una nuova bandiera.

Non è sufficiente dotarsi di scale volanti, arieti e catapulte: bisogna sapere bene che cosa colpire, come sono costruiti i bastioni nemici e anche adeguare allo scopo le armi per l'assalto.

In tutto questo rientra anche un aspetto pratico. Se per esempio andiamo in campagna dicendo a noi stessi: «Oggi voglio osservare la natura e fare esperimenti per scoprire nuove cose ed elaborare nuove teorie», probabilmente torneremo a casa senza aver trovato niente.

Se invece diciamo: «Oggi voglio verificare se i nidi degli uccelli hanno un orientamento spaziale in qualche modo collegato col campo magnetico terrestre; o se le zanzare stanno lontano dalle piante di basilico», ecco che, partendo con una certa ipotesi, noi abbiamo più probabilità di scoprire qualcosa. O di smentire una precedente teoria. Dice in proposito il premio Nobel Peter Medawar: «La verità non si trova in natura in attesa di manifestarsi, e non ci è dato sapere quali osservazioni saranno significative e quali no. Il compito quotidiano della scienza non è quello di andare alla ricerca di fatti, ma di valutare delle ipotesi. È l'ipotesi che guiderà lo scienziato verso determinate osservazioni e gli suggerirà particolari esperimenti».

Naturalmente succede anche che, procedendo in una certa direzione, si facciano casualmente osservazioni di altro tipo che portano a scoperte del tutto impreviste: la storia della scienza è piena di questi casi.

Dietro l'osservazione , dunque, c'è sempre l'idea: il fenomeno osservato, anche per caso, si inserisce (magari contraddicendolo) in un sistema teorico senza cui l'osservazione non avrebbe alcuna utilità o significato.

Il lume della razionalità

In questo suo affascinante e straordinario lavoro (e, possibilmente, anche in campo extralavorativo), il ricercatore deve naturalmente usare lo strumento più prezioso che egli possiede: la razionalità.

«La razionalità» dice ancora Medawar «porta con sé l'obbligo professionale di combattere le attuali tendenze irrazionalistiche: non solo la capacità di piegare i cucchiai o i suoi equivalenti filosofici, ma l'inclinazione a sostituire una conoscenza "rapsodica" al ragionamento metodico che ha soddisfatto fino a oggi i grandi pensatori.»

Compito non facile, in un mondo in cui ha tanto successo il culto della «sragione» e dove, come qualcuno ha osservato, la vittima immolata, anziché della vita, viene privata del buon senso... L'accumularsi del sapere e il progresso della conoscenza, giova ripeterlo, hanno potuto diventare assai più rapidi da quando non ci sono più nella scienza portatori di verità assolute, ma solo ricercatori che tentano di rischiarare col lanternino quel poco o quel tanto che l'intelligenza permette loro di comprendere.

Non per nulla molti condividono le ultime parole di un altro premio Nobel in biologia, Jacques Monod, parole apparentemente semplici, ma che esprimono tutto un modo di essere e anche uno stile di vita: «Je cherche à comprendre».

Un buon consiglio. Anche fuori della scienza.

Il sapere e le macchine

Cercare di comprendere è stata una delle grandi molle che hanno spinto tanti uomini, ieri e oggi, a occuparsi della ricerca. Ed è grazie a questa innata curiosità, a questo desiderio di conoscere il mondo razionalmente che l'umanità ha potuto arricchirsi in modo così straordinario, dal punto di vista culturale. Perché la scienza è anche, e forse soprattutto, cultura, sebbene spesso sia confusa con la tecnologia.

Quando mi capita di tenere delle conferenze, specialmente davanti a un pubblico di studenti, comincio spesso il mio discorso parlando proprio della grande differenza che esiste tra il sapere e le macchine. Sovente, infatti, vengono imputate alla scienza, e agli scienziati, colpe che in realtà sono da attribuire alla tecnologia (o, meglio, alla cattiva gestione della tecnologia).

La scienza, in un certo senso, è filosofia: essa infatti cerca di rispondere alle grandi domande che si sono posti i filosofi in passato, in modo molto più pertinente e approfondito. Chi siamo? (genetica); da dove veniamo? (paleoantropologia); com'è nata la vita? (biologia molecolare); com'è nato l'Universo? (cosmologia); che cos'è il pensiero? (neurofisiologia); perché ci comportiamo e reagiamo in determinati modi? (psicobiologia); quale sarà il destino della Terra? (astrofisica); e così via.

La scienza, in altre parole, cerca di leggere nel libro della natura, per trovare ogni volta una risposta (almeno parziale) da inserire nel grande corpo delle conoscenze, in modo da allargare e affinare la nostra visione del mondo. La tecnologia è tutt'altra cosa: non è filosofia, bensì industria, economia, politica, strategia militare...

Un confine sottile

Naturalmente il confine è a volte molto sottile: scienza e tecnologia spesso si accavallano, si intrecciano. Esistono per esempio ricerche direttamente finalizzate all'ottenimento di determinati risultati in ambito industriale, economico, militare. E, attraverso l'assegnazione dei finanziamenti, è ovviamente possibile condizionare l'orientamento della ricerca.

Una stessa tecnologia, del resto, può presentarsi in modo molto diverso a seconda del contesto. Facciamo un esempio: la tecnologia spaziale. Noi tutti abbiamo partecipato con grande emozione alle imprese degli astronauti che hanno permesso all'umanità di realizzare un antico sogno: la conquista dello spazio. La medesima tecnologia, però, è stata impiegata per realizzare i missili intercontinentali a testata atomica multipla.

I satelliti di osservazione, dal canto loro, hanno consentito notevoli progressi nel campo della meteorologia, dell'agricoltura, delle telecomunicazioni (televisione, telefonia ecc.). Ma altri satelliti, molto simili, sono stati utilizzati per lo spionaggio militare. D'altra parte, va anche detto che questi satelliti spia si sono rivelati preziosi per mantenere la pace all'epoca della guerra fredda, perché permettevano a ognuna delle due superpotenze di controllare l'altra, riducendo così il «nervosismo atomico», generato dal timore di attacchi a sorpresa. Il discorso sui mezzi e sui fini è quindi assai più complesso di quanto possa apparire.

È infatti sempre difficile, di fronte a un'innovazione tecnologica, poterne prevedere compiutamente gli sviluppi e le conseguenze.

Negli anni Sessanta, nessuno avrebbe immaginato che la miniaturizzazione dei computer, resa necessaria dalle missioni spaziali, avrebbe dato luogo a uno sviluppo della microelettronica di tali dimensioni.

È uno scambio continuo non solo tra scienza e tecnologia, ma tra un settore e l'altro, con ricadute a volte del tutto imprevedibili.

La ricerca, sia quella di base (che mira alla comprensione dei fenomeni) sia quella applicata (che, partendo dalle conoscenze acquisite, cerca di utilizzarle per fini pratici), apre continuamente nuove strade, crea nuove opportunità, permette nuovi collegamenti e sviluppi imprevisti.

Quando, nell'Ottocento, la regina Vittoria chiese al fisico britannico Michael Faraday a che cosa sarebbe servita l'elettricità, questi rispose: «Non lo so, Maestà. Ma so che, un giorno, un suo successore la farà tassare...».

Il potere della conoscenza

La ricerca è insomma come una fonte da cui sgorga continuamente acqua, che si infiltra ovunque, favorendo ogni crescita: specialmente nelle società moderne, fondate su scienza e tecnologia. Il ruolo della politica, naturalmente, dovrebbe essere quello di favorire questo flusso, incanalandolo nei settori giusti.

Attualmente, la produzione di conoscenza è un nuovo, formidabile potere per qualunque paese, perché consente di mettere più intelligenza in tutto: non solo negli oggetti (per vincere le competizioni internazionali), ma nella società, nell'educazione, nella politica.

Se si considera la storia dell'umanità, ci si rende conto che, nel suo insieme, essa è la storia dell'aumento del «software»: cioè, della capacità di espandere la conoscenza nei sistemi. A cominciare dalla preistoria. Basta osservare le pietre scheggiate per accorgersi di quanto sia aumentata, dal Paleolitico al Neolitico, la capacità di trarre superfici taglienti da uno stesso sasso: da poco più di 10 centimetri a svariate decine di metri.

Il software (conoscenza, competenza, creatività, intelligenza) dunque, partendo da una stessa situazione, consente di ottenere risultati migliori semplicemente impiegando in modo più efficace il cervello.

Da alcune tavole di legno, per esempio, si possono ricavare tanto un'asse per lavare i panni quanto un violino Stradivari... Il materiale è identico: quello che cambia è il contenuto d'informazione.

Analogamente, in pratica occorrono le stesse materie prime per costruire una lavatrice oppure un satellite artificiale. Anche qui quello che conta non è il materiale, ma è il modo in cui esso è stato assemblato, cioè l'informazione.

Investimenti inadeguati

A tale proposito, va ricordato che l'esiguo investimento destinato dall'Italia alla ricerca finirà per orientarci verso le lavatrici, piuttosto che verso i satelliti artificiali. È uno dei problemi che denunciano gli esperti in sviluppo industriale. L'Italia, nei confronti degli altri paesi avanzati, è atrofizzata nello sviluppo delle tecnologie ad alto contenuto di conoscenza; certo, i tessili, il pellame, gli elettrodomestici sono importanti, ma per giocare ai vertici non basta. È come se, all'inizio del Novecento, un paese industrializzato avesse trascurato i settori della meccanica, della chimica o della produzione di energia: difficilmente avrebbe potuto tenere il passo dello sviluppo internazionale.

D'altronde, la ricerca avanzata coinvolge ormai anche i settori di minore profilo tecnologico: in altre parole, nuove scoperte (e nuovi brevetti) possono modificare determinati processi produttivi nei settori del tessile, del pellame o degli elettrodomestici, rendendoli più economici e/o di migliore qualità, e mettendo così fuori mercato le lavorazioni tradizionali. L'unico rimedio, per chi, come noi, non investe a sufficienza nella ricerca, sarebbe quello di diminuire i costi di produzione, vale a dire i salari; ma in questo caso la concorrenza dei paesi in via di sviluppo, dove gli stipendi sono da 10 a 30 volte inferiori che in Italia, sarebbe difficilmente contrastabile.

La fuga dei cervelli: un pessimo affare

Per entrare nei settori ad alta tecnologia, però, occorre un retroterra culturale che in Italia non c'è. Occorre perciò un atteggiamento del tutto diverso nei confronti della ricerca e dei ricercatori. Una delle cose che mi hanno sempre provocato stupore e rabbia è incontrare tanti bravissimi ricercatori italiani nei laboratori stranieri, emigrati per riuscire a lavorare degnamente.

È vergognoso che il nostro paese obblighi all'espatrio queste élite intellettuali, non offrendo loro l'opportunità di lavorare (bene) qui. Per contribuire, tra l'altro, allo sviluppo del nostro paese: infatti, al di là di ogni altra considerazione, la fuga dei cervelli è un pessimo affare economico, perché si spendono fior di quattrini per preparare nelle università studiosi che poi, nel momento in cui essi potrebbero restituire, sotto forma di «software», l'investimento fatto, non vengono impiegati. Anzi, sono addirittura in forze presso paesi stranieri, che possono avvalersi, senza aver speso un soldo in termini di formazione, di un considerevole patrimonio di intelligenze.

Ricordo che una volta mi trovavo nel laboratorio dell'Università di Stanford, in California, per intervistare il professor Arthur Kornberg, genetista e premio Nobel: egli si mostrò scandalizzato del fatto che nel suo dipartimento fossero impiegati tanti bravissimi ricercatori italiani, che non erano riusciti a trovare lavoro nel proprio paese.

È un vero e proprio scandalo che l'Italia spenda appena poco più dell'1% del prodotto interno lordo per la ricerca: la metà (a volte meno) di quello che investono i paesi nostri concorrenti.

La situazione degli investimenti italiani sulla ricerca è ulteriormente aggravata da due aspetti, entrambi deprecabili: non solo quello della quantità della loro distribuzione, i cosiddetti finanziamenti «a pioggia», ma anche la totale mancanza di controllo dei risultati ottenuti.

Proviamo a immaginare se la NASA, per la missione sulla

Luna, anziché scegliere i migliori scienziati, laboratori, industrie in base a una severa selezione, controllando ogni fase produttiva, avesse distribuito a pioggia, indiscriminatamente, i suoi finanziamenti, per di più senza verificare la qualità dei risultati.

Nessuno si sarebbe arrischiato a salire sul razzo.

Un ritardo preoccupante

In Italia, un tentativo di correggere questa situazione si è avuto con l'inserimento, peraltro tardivo, del sistema dei *referees*: esperti internazionali che, in forma del tutto anonima, giudicano i progetti da finanziare senza tener conto di altri elementi che non siano quelli della validità scientifica. Ma le pessime abitudini sono talmente radicate, l'influenza di chi rimarrebbe danneggiato da tali selezioni è talmente potente, che una tale riforma rischia di avere vita difficile. Soprattutto perché manca un contesto culturale che la sostenga. L'Italia, si sa, ha una cultura di estrazione soprattutto letterario-filosofico-giuridica. C'è poca sensibilità (e anche poca competenza) nei confronti della scienza e della tecnologia. Anche perché scienziati e ricercatori scrivono e parlano poco, e quindi non favoriscono la consapevolezza da parte della pubblica opinione dei problemi connessi con la ricerca.

Basta sfogliare i quotidiani e i settimanali: scienza e tecnologia sono confinate in pagine specialistiche, inserite in «scaffali» ben precisi. Interessano le scoperte e le invenzioni, soprattutto se servono a migliorare la nostra vita, oppure le mostruosità, con annesso dibattito bioetico.

Ma il ruolo della scienza nella società, nell'economia, nell'educazione, il metodo scientifico come forma di pensiero, la straordinaria messe di conoscenze che permettono di avere un quadro più approfondito dell'Universo, della vita e dell'uomo, la filosofia naturale frutto di questa visione razionale del mondo, tutto ciò non «passa» nell'informazione, e tantomeno nella cultura.

Le due culture

I.a cultura classica e quella scientifica, continuano a rimanere separate. O, meglio, quella classica continua a ignorare i valori di quella scientifica. Nessuno scienziato oserebbe ammettere la sua ignoranza nei confronti dei grandi classici della letteratura, si sentirebbe menomato, incolto. Mentre un letterato può tranquillamente dire, senza vergognarsi, di non capire nulla di scienza. Anzi, solitamente tale affermazione viene accolta con un risolino di solidarietà.

Ma non comprendere il crescente ruolo, e l'impatto, che scienza e tecnologia hanno nelle nostre società vuol dire non essere più in grado di capire quel che succede nel mondo, non saper «leggere» il proprio tempo. E ciò significa anche non avere più la capacità di intervenire in modo efficace nelle scelte, per prevedere, prevenire e provvedere. In altre parole significa non essere più in grado di «scrivere» sul proprio tempo, orientandolo in modo consapevole. Il rischio, ovviamente, è quello di una progressiva e inarrestabile «analfabetizzazione».

Il ruolo della scuola

Purtroppo la scuola non sostiene adeguatamente il processo di «alfabetizzazione scientifica». La scienza è confinata nei suoi scaffali come i barattoli di caramelle nelle drogherie. Si insegnano fisica, matematica, biologia ecc. Ma, malgrado i lodevolissimi sforzi individuali di tanti docenti, manca un insegnamento che permetta il sorgere di una mentalità, di una cultura scientifica, che consenta ai giovani di acquisire una forma mentis capace di aiutarli quando si trovano di fronte a problemi che debbono essere affrontati con razionalità.

Non occorre studiare filosofia della scienza: è sufficiente comprendere il ruolo di scienza e tecnologia nei cambiamenti (non solo industriali ed economici, ma nei rapporti sociali, nella circolazione delle idee, nella struttura gerarchica, nei movimenti di liberazione ecc.); capire in che modo si influenzino vicendevolmente diversi elementi del sistema (educazione, ricerca, reddito, lavoro, produttività, innovazione, informazione); saper cogliere le connessioni e le incompatibilità (a ogni vantaggio corrisponde uno svantaggio, il lungo termine dipende dalle decisioni a breve termine, non si può chiedere una cosa e il suo contrario).

Occorre comprendere, infine, che un paese che umilia la ricerca e che, di fatto, rifiuta una moderna cultura scientifica, è inesorabilmente relegato ai margini della civiltà.

II

Nell'infinitamente piccolo

Pesci e farfalle, alberi e giraffe, gocce d'acqua e travi di ferro, stelle e pianeti. Gli oggetti che ci circondano, da quelli più vicini a quelli più lontani, sembrano diversissimi tra loro. Che cos'hanno infatti in comune le ali di una farfalla e i gas infuocati di una stella?

Ebbene, una caratteristica comune c'è: ogni cosa è fatta di atomi.

Tutta la materia è composta di atomi, da una quantità enorme di atomi. Se potessimo contare quelli contenuti in una capocchia di spillo, ci accorgeremmo che sono un'infinità: 100.000 miliardi di miliardi. Il fatto che gli atomi siano così minuscoli e invisibili (solo con i moderni microscopi a effetto «tunnel» si riescono a intravedere) ha fatto immaginare, per molti secoli, che queste particelle fossero indivisibili: l'ultimo frammento in cui si poteva scomporre la materia. Invece, le scoperte della scienza moderna hanno rivelato che l'atomo è a sua volta formato da altre particelle, ancora più piccole: protoni, neutroni, elettroni.

Protoni, neutroni, elettroni

I protoni e i neutroni sono raccolti in un nucleo centrale attorno a cui gli elettroni ruotano, a una certa distanza. Se consideriamo lo spazio occupato da un atomo, ci accorgeremo subito di un particolare stupefacente. Gli atomi sono principalmente costituiti di spazio vuoto. Se il nucleo che contiene protoni e neutroni fosse grande quanto una moneta, l'elettrone più vicino ruoterebbe a una distanza di mezzo chilometro. E in quel mezzo chilometro non c'è nulla. Anche i materiali che sembrano più duri e compatti, come il ferro, sono in realtà costituiti, per la maggior parte, da spazi vuoti.

Con questi tre ingredienti, elettroni, protoni e neutroni, è possibile scrivere la ricetta per preparare qualsiasi elemento esistente nell'Universo.

La differenza tra il ferro, il carbonio, l'idrogeno o lo zolfo, per esempio, dipende esclusivamente dal numero di protoni, neutroni ed elettroni dei loro atomi. Così, se un atomo di idrogeno è costituito da un protone e un elettrone, un atomo di carbonio possiede un nucleo composto di sei protoni e sei neutroni, attorno a cui ruotano sei elettroni. Un atomo più pesante come quello del ferro, possiede un nucleo di 26 protoni e 30 neutroni, con 26 elettroni orbitanti.

Gli atomi sono dunque piccolissimi e, ovviamente, protoni, neutroni ed elettroni lo sono ancor più. Se volessimo scrivere il peso di un elettrone ecco che cosa otterremmo: 0,0000000000000000000000000000001 chilogrammi. Protoni e neutroni pesano 1800 volte più dell'elettrone.

E le dimensioni di un elettrone? Bene, si tratta di numeri che hanno poco significato per noi. L'elettrone (ammesso che si voglia considerarlo come una minuscola pallina, cosa non del tutto corretta) ha un diametro di 6 centomillesimi di milionesimo di millimetro. Mentre l'atomo intero avrebbe un diametro fra 1 e 5 decimi di milionesimo di millimetro.

La scoperta dell'atomo

Come si è arrivati a capire che gli ingredienti fondamentali della materia sono protoni, neutroni ed elettroni riuniti insieme per formare gli atomi? Al di là delle speculazioni filosofiche degli antichi Greci, che però non possedevano i

L'ATOMO DEI GRECI

L'idea che la materia potesse essere composta da particelle piccolissime, non ulteriormente divisibili, gli atomi appunto, nacque in Grecia verso la fine del V secolo a.C. Nella città di Abdera, sulle coste della Tracia, i filosofi Democrito e Leucippo insegnarono che tutta la materia è fatta di atomi e di spazi vuoti. Forse, l'osservazione dei minuscoli granelli in una manciata di sabbia può aver suggerito l'intuizione che il mondo intero potesse avere una costituzione analoga. Abdera è da secoli e secoli in rovina. Nessuno scritto di Leucippo è giunto fino a noi, e solo qualche frammento di Democrito è stato tramandato. Troppo poco per decifrare la loro antica teoria atomica, che comunque è sopravvissuta ed è stata accettata per oltre un millennio. Forse perché consentiva di spiegare, almeno intuitivamente, fenomeni quotidiani, come lo sciogliersi del sale nell'acqua o l'espandersi su un'area definita di una macchia d'olio: gli atomi di sale si sarebbero nascosti negli spazi vuoti degli atomi di acqua; la goccia di olio si espandeva finché il suo strato raggiungeva uno spessore di pochi atomi.

mezzi per verificare le proprie teorie, l'idea che il costituente ultimo della materia fosse composto di particelle piccolissime e indivisibili cominciò a delinearsi nel Settecento. Gli scienziati dell'epoca, per spiegare determinate proprietà dei gas, iniziarono a considerarli come un insieme di piccolissime particelle in perenne agitazione.

Ma fu con la scoperta delle leggi che regolano le reazioni chimiche che, nell'Ottocento, si comprese come certi elementi si combinino sempre nelle stesse proporzioni. Per esempio, due atomi di idrogeno si uniscono sempre con uno di ossigeno per formare una molecola d'acqua.

Furono queste e altre osservazioni a far comprendere agli scienziati che la struttura più profonda della materia doveva essere costituita da atomi.

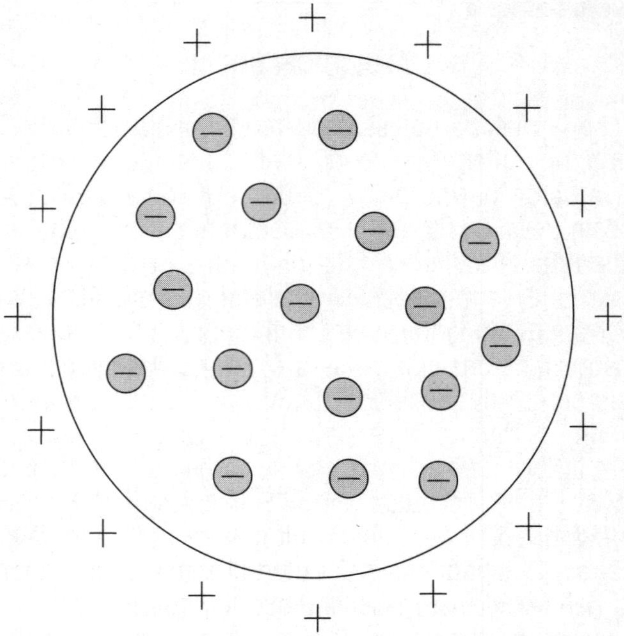

Nel modello atomico di Thomson, le cariche elettriche positive sono uniformemente distribuite sulla superficie dell'atomo. Le cariche negative sono contenute all'interno dell'atomo.

Alla fine del XIX secolo il fisico inglese Joseph J. Thomson scoprì l'elettrone e ne misurò anche la carica elettrica, che si rivelò di segno negativo. Poiché si sapeva che gli atomi erano elettricamente neutri, doveva dunque esserci anche una carica, uguale a quella dell'elettrone, ma di segno positivo. Thomson pensò che gli elettroni fossero immersi in una carica positiva omogenea, come semi in una fetta di cocomero. Tale modello atomico a «fetta di cocomero» non resse tuttavia per molto tempo.

Nel 1909 due fisici, Hans Geiger e Ernst Marsden, idearono un esperimento che invalidò l'ipotesi di Thomson. In questo esperimento alcune particelle alfa (due protoni e due neutroni legati insieme) venivano sparate contro una lamina d'oro. Se il modello atomico di Thomson fosse stato valido, le particelle alfa avrebbero attraversato la carica positiva senza subire forti deviazioni. Invece, con notevole sorpresa dei due fisici, i risultati furono completamente diversi. Le particelle alfa venivano deflesse con grandi angoli e, in un caso su 8000, addirittura rimbalzavano, tornando indietro.

I modelli di Rutherford e Bohr

Per spiegare gli inattesi risultati dell'esperimento di Geiger e Marsden, il fisico Ernest Rutherford propose, nel 1911, un modello atomico detto del sistema planetario: attorno al Sole, cioè il nucleo positivo di questo microsistema, ruotavano a una certa distanza i pianetini, ossia gli elettroni negativi. In questo modo era possibile spiegare perché le particelle alfa venissero deflesse con angoli così grandi e perché talora addirittura rimbalzassero. Era il nucleo centrale degli atomi con la sua carica positiva a determinare il bizzarro comportamento delle particelle alfa.

Ma anche il modello planetario non si rivelò soddisfacente. In particolare, non si capiva come mai gli elettroni non cadessero nel nucleo. Secondo le leggi che regolano il comportamento delle cariche elettriche, gli elettroni, a causa del loro moto rotatorio, avrebbero dovuto perdere energia e finire rapidamente nel nucleo, in meno di 1 decimiliardesimo di secondo. Perché invece non cadevano?

Nel 1913 il fisico danese Niels Bohr riuscì a risolvere il

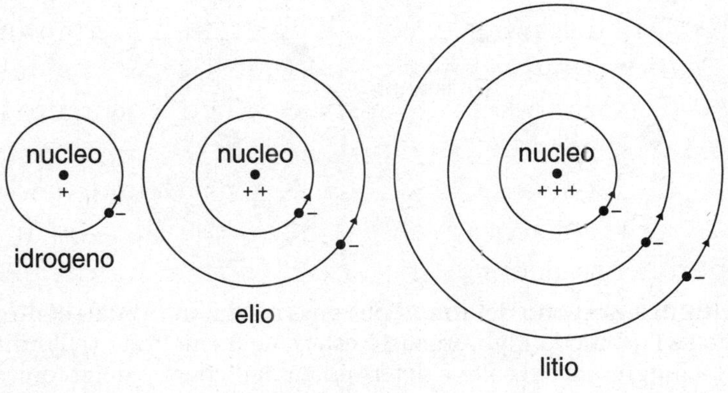

Gli atomi di idrogeno, elio e litio secondo il modello di Rutherford.

complicato enigma scoprendo che gli elettroni ruotano solo a determinate distanze, molto precise, dal nucleo atomico. In queste particolari orbite la rotazione non dissipa energia e, quindi, gli elettroni non cadono nel nucleo.

Gli elettroni, però, non possono spostarsi a proprio piacimento da un'orbita all'altra. Per ruotare in una certa orbita, l'elettrone deve infatti possedere un corrispondente livello di energia. Le orbite più vicine al nucleo richiedono meno energia, quelle più distanti un'energia maggiore. Ed è sulle orbite con livelli energetici più bassi che l'elettrone tende spontaneamente a disporsi. Un elettrone riesce a passare da un'orbita più vicina a una più lontana solo se riceve energia, e quest'ultima giunge sotto forma di fotoni, le particelle che trasportano la radiazione elettromagnetica. Per passare da un'orbita interna a una più esterna, dunque, l'elettrone deve ricevere un fotone. Al contrario, se compie il cammino inverso (dall'esterno verso l'interno), lo emetterà.

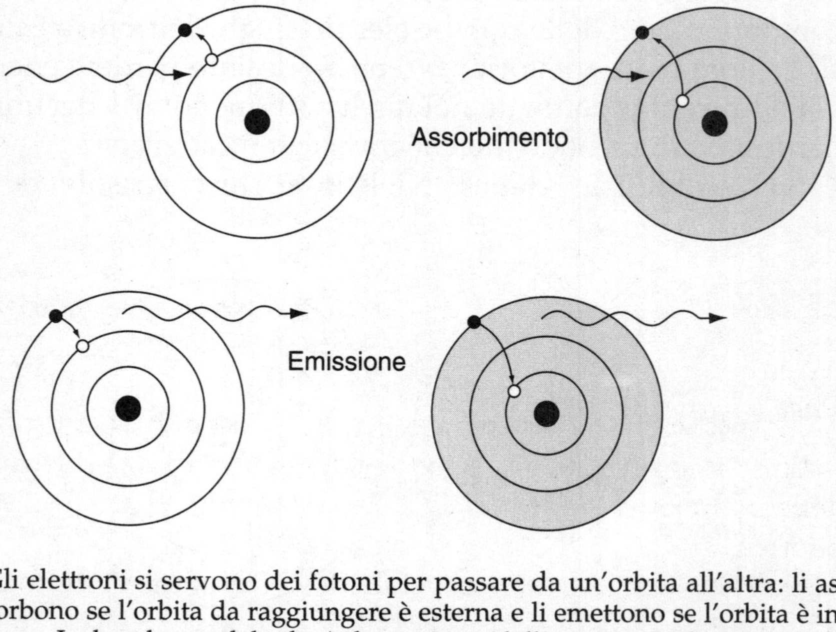

Gli elettroni si servono dei fotoni per passare da un'orbita all'altra: li assorbono se l'orbita da raggiungere è esterna e li emettono se l'orbita è interna. La lunghezza del salto è determinata dall'energia dei fotoni. Nel disegno, a sinistra quelli poco energetici; a destra, quelli molto energetici, che permettono il salto più lungo.

LE ORBITE DEGLI ELETTRONI

Gli elettroni occupano soltanto determinate orbite intorno al nucleo, diverse tra loro per forma e orientamento. Ciascuna orbita può essere occupata al massimo da due elettroni, a condizione che girino su se stessi in senso opposto.

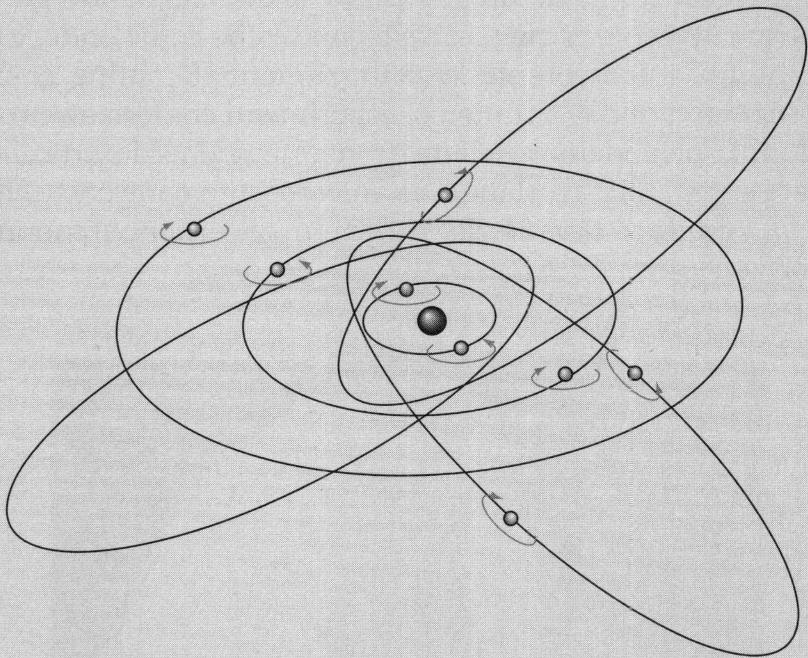

Onda o particella?

Lo studio sempre più approfondito dell'intima struttura della materia aveva indotto gli scienziati a porsi anche altri interrogativi.

Nell'Ottocento, la luce era stata descritta come l'effetto di un'onda elettromagnetica. Albert Einstein, nel 1905, fu il primo a intuire che la luce poteva essere descritta anche come un insieme di particelle, i fotoni, ognuno dei quali trasporta una quantità determinata di energia elettromagnetica. In questo modo, si spiegavano molti fenomeni che la sola teoria ondulatoria non era in grado di giustificare. Entrambe le teorie erano dunque vere: la luce si comportava sia come un flusso di particelle (i quanti di luce o fotoni) sia come un'onda elettromagnetica.

Ripercorrendo il ragionamento fatto per la luce, il fisico francese Louis de Broglie propose di considerare gli elettroni non solo come particelle, ma anche come onde. Ciò ne permise una complessa trattazione matematica, come «funzioni d'onda». Numerosi esperimenti confermarono la «doppia personalità» dell'elettrone: sia onda sia particella. L'atomo si stava rivelando un microcosmo complesso, regolato da leggi diverse da quelle che governano il mondo macroscopico.

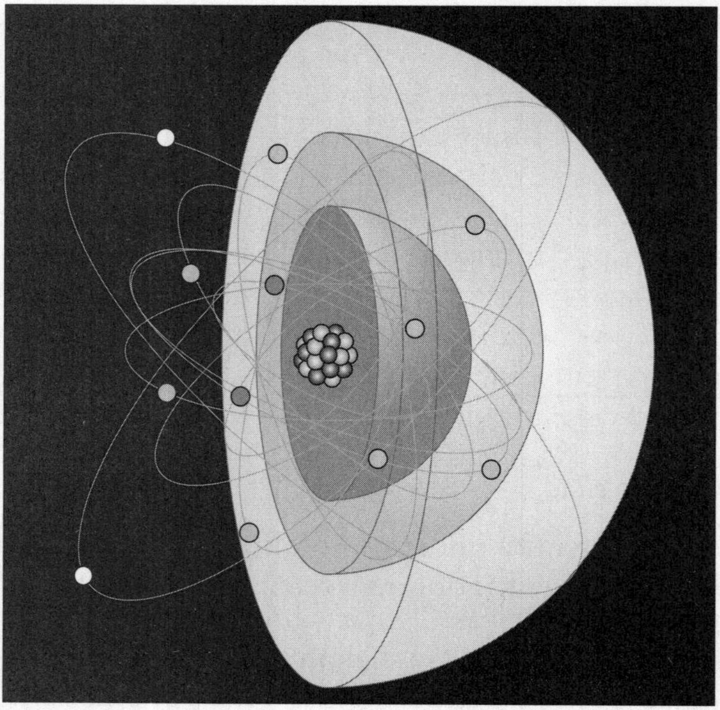

L'atomo è costituito da un nucleo composto da protoni e neutroni, circondato da un nugolo di elettroni che gli orbitano attorno come satelliti.

Il principio di indeterminazione

Ma le sorprese non erano finite. Nel 1927, Werner Heisenberg formulò il principio di indeterminazione: è impossibile conoscere con la necessaria precisione e nello stesso momento sia la posizione sia la velocità di un elettrone (o di altre particelle elementari). Dunque, l'idea che gli elettroni si comportino come minuscole palline orbitanti intorno a una sfera più grande, il nucleo, non corrisponde alla realtà. Secondo il principio di Heisenberg, possiamo soltanto supporre che l'elettrone si trovi in una certa zona intorno al nucleo.

La teoria di de Broglie, che considerava le particelle atomiche alla stregua di onde, e il principio di indeterminazione di Heisenberg costituirono il fondamento della meccanica quantistica, una delle più importanti rivoluzioni scientifiche del Novecento. Fino a quel momento, gli scienziati erano convinti che i sistemi fisici fossero deterministici: misurando con precisione le condizioni iniziali e conoscendo le equazioni esatte, sarebbe stato possibile prevedere con precisione la loro futura evoluzione.

Con la nascita della meccanica quantistica, gli scienziati hanno dovuto rinunciare, almeno nel microcosmo atomico, al desiderio di prevedere con assoluta precisione e certezza ogni fenomeno. Bisogna accontentarsi della probabilità. Ciò non vuol dire, tuttavia, che nel mondo dell'atomo regnino la confusione e l'incertezza. La meccanica quantistica si è rivelata capace di spiegare tutti i fenomeni atomici e rappresenta uno dei più grandi successi della scienza moderna.

Torniamo ora alla vecchia concezione del nucleo intorno al quale orbitano delle minuscole palline, gli elettroni. Come va corretta? In effetti, il principio di indeterminazione e la natura ondulatoria degli elettroni contrastano con l'idea di orbita. Infatti, quando si parla dell'orbita di un oggetto (di un pianeta o di un satellite, per esempio), significa conoscerne velocità e posizione. Il che non vale per gli elettroni.

Un modello più aderente alle scoperte della meccanica quantistica si ottiene pensando che il nucleo, formato da neutroni e protoni, sia circondato da «gusci», in cui è «spalmata» la carica elettrica degli elettroni. Anche se non si può sapere con certezza dove si trovi un elettrone in un istante determinato, si può tuttavia conoscere quali sono le zone di questo guscio dove è più probabile stia viaggiando.

Questi gusci, disposti a diverse distanze dal nucleo atomico, possiedono varie forme. Il primo, quello più interno, è sferico: ciò significa che la probabilità di trovare l'elettrone è la stessa in qualsiasi punto del guscio. Quelli più esterni hanno invece forme bizzarre e allungate; in questo caso, gli elettroni si troveranno probabilmente nelle parti più lontane dal nucleo.

Il nucleo atomico

In un immaginario viaggio nel mondo microscopico dell'atomo, dopo aver attraversato i vari gusci elettronici e una fascia di spazio vuoto, si giunge al centro di questo piccolo universo: il nucleo. Qui è concentrata quasi tutta la massa atomica e la densità è tale che 1 centimetro cubo di materia nucleare peserebbe 200 miliardi di chilogrammi.

Nel nucleo, come sappiamo, si trovano neutroni e protoni. I protoni, con la loro carica elettrica di segno contrario a quella degli elettroni, rendono l'atomo neutro, nel suo complesso. Vi sono poi i neutroni, particelle neutre di massa simile al protone. Alcuni atomi, come quello del carbonio, possono avere più o meno neutroni nel nucleo, fermo restando il numero dei protoni. Così, per esempio, il carbonio 12 ha sei protoni e sei neutroni, mentre il carbonio 14 ha sempre sei protoni, ma otto neutroni.

La conoscenza del nucleo atomico è uno dei capitoli più importanti della fisica. In esso infatti avvengono quelle trasformazioni di massa in energia che tengono accese le stelle, mettono in funzione le centrali nucleari e fanno esplodere le bombe atomiche.

La radioattività

Nel 1896 Henri Becquerel, uno scienziato francese, notò con sorpresa che alcune lastre fotografiche lasciate vicino a un minerale contenente uranio si erano annerite, quasi fossero state esposte alla luce. Eppure, erano rimaste per tutto il tempo nella loro custodia, protette dai raggi luminosi. Dunque, questo minerale doveva emettere radiazioni capaci di liberare l'energia necessaria a impressionare le lastre fotografiche. Nel 1899, Pierre Curie e la moglie Marie riuscirono a individuare e a isolare il misterioso elemento capace di annerire le lastre: fu battezzato radio.

Negli anni successivi, molti fisici si dedicarono allo studio di queste radiazioni, tra cui Ernest Rutherford, che propose la suddivisione della misteriosa radiazione in tre diversi tipi: alfa, ovvero particelle composte da due protoni e due neutroni legati insieme; beta, ovvero da elettroni o altre particelle chiamate positroni; e gamma, costituite da fotoni molto energetici.

La trasmutazione degli elementi

Non fu soltanto lo studio della radioattività naturale a condurre gli scienziati sulla strada giusta per comprendere le sorprendenti caratteristiche del nucleo atomico. Grande importanza in queste ricerche assunse la trasmutazione artificiale degli elementi. Il vecchio sogno degli alchimisti medievali, che speravano di trasformare le più diverse sostanze in oro, si era realizzato: non nel senso, ovviamente, di produrre oro (rimane sempre molto più conveniente cercarlo nel sottosuolo o nel letto dei fiumi), bensì di capire come funzionava il nucleo atomico. Bombardando i nuclei di vari elementi con radiazioni alfa e beta, era possibile trasformare una specie chimica in un'altra! Da tutti questi esperimenti si capì che nel nucleo agivano forze molto più intense di quelle note fino ad allora: vale a dire, forza gravitazionale e forza elettromagnetica.

Nel 1939 Hideki Yukawa ipotizzò che il nucleo fosse tenuto insieme da una forza chiamata «nucleare forte», estremamente intensa, ma attiva solo su distanze brevissime.

Infatti, avendo scoperto che il nucleo è composto di neutroni e, soprattutto, di protoni, i fisici si erano chiesti come mai i protoni, tutti con carica elettrica positiva, non si respingessero a vicenda disintegrando il nucleo. Ebbene, è proprio la forza nucleare forte a tenere saldamente uniti neutroni e protoni, nonostante questi ultimi tendano ad allontanarsi gli uni dagli altri.

Ma le sorprese non erano finite. Pesando i neutroni e i protoni di un nucleo singolarmente e poi tutti insieme, gli scienziati rilevarono che i due dati non coincidevano: il peso complessivo di neutroni e protoni era minore della sommatoria delle particelle pesate singolarmente. Tale incongruenza è stata spiegata grazie alla famosissima formula di Albert Einstein $E = mc^2$ (energia = massa moltiplicata per il quadrato della velocità della luce): massa ed energia possono trasformarsi l'una nell'altra secondo una particolare proporzione.

Quindi, la quantità di massa mancante, quando protoni e neutroni sono uniti nel nucleo, si è trasformata in energia di legame, quella che tiene insieme il nucleo stesso.

Instabilità

Diversi nuclei atomici, specialmente quelli formati da numerosi protoni e neutroni, possono rivelarsi instabili. La forza nucleare forte non riesce comunque a tenere insieme una famiglia così numerosa. Ecco che allora il nucleo si trasforma per trovare una configurazione più stabile. Nel corso di tali trasformazioni si verificano quelle emissioni radioattive spontanee che erano state osservate da scienziati come Henri Becquerel e Marie Curie.

I processi di trasformazione nucleare sono di varia natura, a seconda delle caratteristiche dell'atomo, e possono condurre ai tipi di radiazione alfa, beta e gamma, citate in precedenza, o addirittura alla rottura, cioè la fissione del nucleo. Per individuare le diverse trasformazioni si parla di «vita media»: in un elemento instabile, la vita media indica il tempo che deve trascorrere perché i due terzi dei nuclei si siano trasformati. Questa vita media può durare miliardesimi di secondo, per gli elementi estremamente instabili, o miliardi di anni, per quelli molto stabili.

L'instabilità di un nucleo può anche essere creata artificialmente. Per esempio, bombardando un nucleo di allumi-

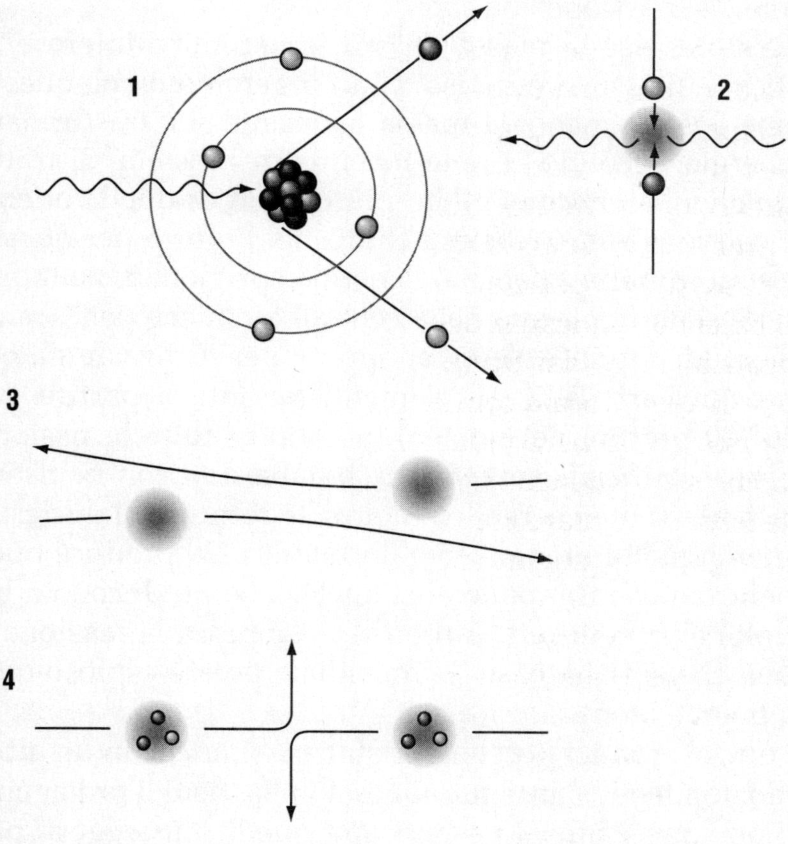

Un raggio gamma (la linea ondulata) colpisce il nucleo (1) e si trasforma in un elettrone e in un positrone, i quali, se si incontrano (2), si ritrasformano in raggi gamma. Se due protoni si urtano (3), subiscono piccole deviazioni. Sono state osservate anche deviazioni brusche (4), che fanno supporre l'esistenza al loro interno di più componenti «duri» (forse i misteriosi quark).

nio (13 protoni e 14 neutroni) con neutroni si ottiene questo risultato: il nucleo assorbe un neutrone ed espelle un protone, trasformandosi in magnesio (12 protoni e 15 neutroni).

Fissione e fusione nucleare

A volte, i nuclei molto pesanti (con oltre 90 protoni) tendono a separarsi in due o in tre parti, per assumere una configurazione più stabile. Questo processo, che avviene naturalmente (ma può anche essere innescato artificialmente), è la fissione nucleare.

Se si pesasse la massa del nucleo atomico intero e le parti in cui esso si è diviso, ci accorgeremmo che queste ultime pesano meno: la massa mancante si è trasformata in energia, secondo la nota formula di Einstein. Si tratta di un'energia enorme, molto più elevata di quella ottenibile con le normali reazioni chimiche. Proprio per questa sua straordinaria intensità, l'energia sprigionata nella fissione è stata impiegata nelle centrali atomiche per la produzione di corrente elettrica, oppure per realizzare gli ordigni nucleari. Tutti gli elementi pesanti, a partire dal torio (90 protoni nel nucleo), possono subire la fissione nucleare artificiale se vengono bombardati con neutroni sufficientemente energetici. Inoltre, la rottura dei nuclei di elementi quali l'uranio 235 o il plutonio 239 produce nuovi neutroni che rompono altri nuclei, che producono a loro volta altri neutroni... In breve, si innesca la reazione a catena che sta alla base del micidiale potere esplosivo di una bomba atomica.

I nuclei atomici possono trasformarsi anche in un altro modo: fondendosi insieme. Questa volta, però, i protagonisti non sono i nuclei pesanti, ma quelli più leggeri, per esempio dell'idrogeno. La fusione è una reazione importantissima: infatti, tiene accesi il Sole e tutte le stelle. Ma come possono fondersi due nuclei atomici? Poiché infatti entrambi sono carichi positivamente, la tendenza naturale è quella di respingersi. Ma se l'urto è abbastanza violento e

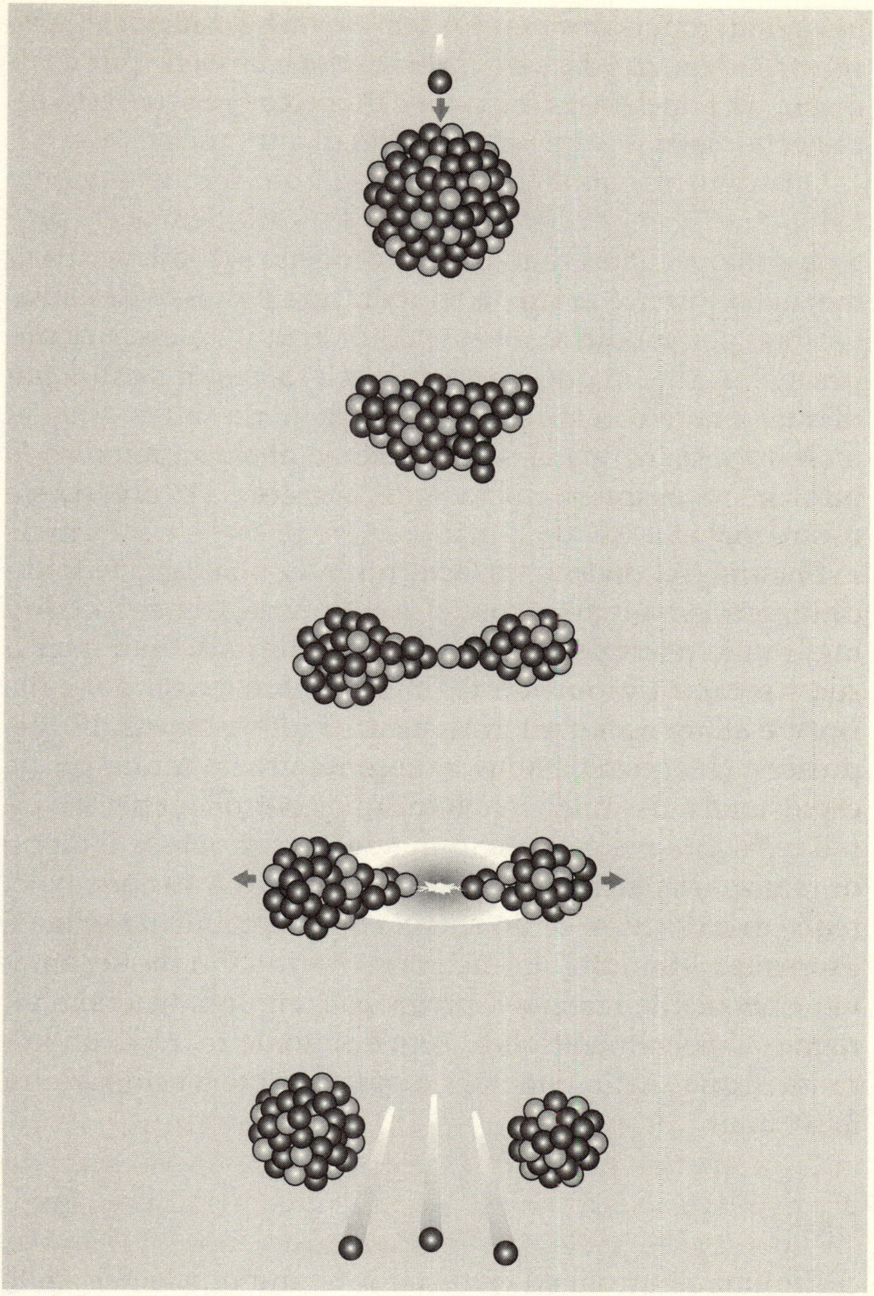

Il processo di fissione dell'uranio 235. Dall'alto: un neutrone colpisce un nucleo di uranio, che diventa instabile e, in circa 1 centomilionesimo di secondo, si allunga e si spezza in due frammenti. Questi si allontanano in direzione opposta ad alta velocità, liberando due o tre neutroni e sviluppando una notevole energia sotto forma di raggi gamma.

la forza di repulsione non è molto elevata, i due nuclei possono fondersi in uno solo. Tale reazione avviene più facilmente tra i nuclei leggeri, con pochi protoni e una bassa repulsione elettrostatica nei confronti di altri nuclei.

Una delle reazioni che avvengono più frequentemente nel motore termonucleare del Sole è il cosiddetto ciclo protone-protone. Quattro nuclei di idrogeno si fondono insieme, nella fornace solare, a temperatura e pressione elevatissime, per produrre un nucleo di elio, un elemento più pesante. Anche in questo caso, i nuclei separati pesano più di quello nuovo in cui sono fusi. La materia si trasforma in un'immensa energia. È così che il Sole riesce a irraggiare la luce che ha permesso alla vita di nascere ed evolversi sul nostro pianeta.

Mentre è relativamente facile ottenere una fissione artificiale, con la fusione le cose si complicano, perché occorre raggiungere temperature di milioni di gradi. Tali condizioni sono state riprodotte, in modo incontrollato, nelle bombe all'idrogeno o termonucleari (dove temperatura e pressione necessarie sono raggiunte grazie a una prima esplosione a fissione); ma la fusione controllata per usi civili resta una meta da raggiungere. Se si trovasse il modo di realizzarla, attraverso centrali nucleari a fusione, vorrebbe dire disporre di un'energia quasi totalmente pulita e pressoché illimitata. Le ricerche continuano da decenni, ma, nonostante i notevoli progressi compiuti, «mettere un raggio di Sole in bottiglia», com'è stato detto, resta un'impresa ardua. Attualmente, si spera di potervi riuscire fra 30-40 anni.

I quark

Protoni, neutroni ed elettroni sono dunque le particelle più piccole ed elementari in cui può essere suddivisa la materia?

L'elettrone, in effetti, non è ulteriormente suddivisibile; ma per protoni e neutroni il discorso è diverso. Infatti, con

COME SI COSTRUISCE UN PROTONE

Si conoscono sei tipi di quark, ma per costruire le particelle più note del mondo atomico, protoni e neutroni, ne sono sufficienti solo due: il quark up, con carica -1/3, e il quark down, con carica +2/3. Vediamo come si combinano per formare un protone e un neutrone. Il protone, com'è noto, ha carica elettrica pari a +1. Ecco i quark che lo compongono: up (2/3), up (2/3), down (-1/3). È facile constatare che la somma delle cariche frazionarie dei tre quark ha come risultato +1. Il neutrone invece è composto dai seguenti quark: down (-1/3), down (-1/3), up (2/3). Anche in questo caso è evidente come la somma delle cariche dia 0. Infatti, il neutrone è elettricamente neutro.

la costruzione di macchine sempre più potenti, i grandi acceleratori, ci si è resi conto che i due protagonisti del nucleo atomico sono a loro volta composti da altre particelle: i quark.

Negli anni Sessanta, gli esperimenti effettuati grazie ai grandi acceleratori (come quello di Stanford, USA) rivelarono l'esistenza di numerose altre particelle, fino ad allora sconosciute, quasi 200, molte delle quali con una vita brevissima. Si parlò addirittura di uno zoo di particelle subatomiche. Erano tutte elementari, non ulteriormente suddivisibili, o erano invece composte da qualche elemento più semplice e fondamentale? Nel 1963, Murray Gell-Mann suppose l'esistenza di una particella, che battezzò quark, presente in tre tipi diversi e con cui era possibile comporre tutte le altre particelle osservate negli esperimenti. Il fatto straordinario di questi nuovi protagonisti del nucleo atomico era la loro carica elettrica. Gell-Mann ipotizzò che fosse frazionaria (cioè 1/3, 2/3 o -1/3, -2/3). Un'idea rivoluzionaria che trovò, negli anni seguenti, numerose conferme sperimentali. Con apparati straordinariamente più sofisticati, venne infatti dimostrato che il protone non era una particella fondamentale, ma, come prevedeva la teoria di

Gell-Mann, conteneva altri piccolissimi elementi al suo interno.

Alla fine degli anni Sessanta, i fisici dell'acceleratore lineare di Stanford (detto SLAC), lungo circa 3 chilometri, diressero un raggio di elettroni contro un bersaglio fisso costituito da protoni. Sensori estremamente sofisticati misuravano l'energia e gli angoli con i quali gli elettroni emergevano dallo scontro con i protoni. Si scoprì che, trapassando i protoni, gli elettroni non si comportavano come se attraversassero un oggetto omogeneo, con la carica elettrica (positiva nei protoni) distribuita uniformemente. Dunque, bisognava supporre che vi fossero cariche elettriche concentrate in vari punti all'interno dei protoni. Anzi, queste cariche dovevano essere estremamente concentrate dal momento che, in rari casi, facevano rimbalzare di lato l'elettrone. Insomma, il protone possedeva una sua complessa architettura interna.

L'esistenza di sei tipi di quark è stata sperimentalmente provata, ma in maniera indiretta. Nessuno ha mai osservato un quark libero. Infatti, come prevede la teoria, essi sono «confinati»: non possono separarsi l'uno dall'altro e più si tenta di allontanarli, più la forza che li tiene uniti aumenta. Tuttavia, da vari indizi è stato non solo possibile provarne l'esistenza, ma anche misurarne la stupefacente carica elettrica frazionaria.

Il Modello Standard

Nel 1968 Sheldon Glashow, Abdus Salam e Steven Weinberg perfezionarono le idee di Gell-Mann ed elaborarono una teoria conosciuta come Modello Standard, secondo cui ogni particella e forza esistente in natura viene ridotta a pochi elementi costitutivi fondamentali. Alla base di tutta la materia si trovano due famiglie di particelle: sei tipi di quark (dalla cui combinazione si formano protoni, neutroni e tutte le altre particelle pesanti, o adroni) e sei tipi di leptoni (o particelle leggere, fra cui l'elettrone). Le forze fondamentali che regolano l'Universo sono invece quattro. Due le conosciamo per esperienza diretta: la forza di gravità e quella elettromagnetica. Le altre due sono invece nascoste nel mondo dell'atomo e agiscono soltanto in quel microcosmo: la forza nucleare forte (che tiene insieme il nucleo) e la forza nucleare debole (responsabile di particolari trasformazioni del nucleo stesso).

Con queste quattro forze e due famiglie di particelle, è possibile spiegare tutta la straordinaria architettura dell'Universo e il suo funzionamento: dall'atomo alle galassie, dal microcosmo al macrocosmo.

III

Strani comportamenti della materia

L'esplorazione dell'infinitamente piccolo, di cui abbiamo parlato nel capitolo precedente, non soltanto ha aperto le porte di un universo finora sconosciuto, ma ha anche mostrato che la materia, a tali grandezze, presenta comportamenti anomali, talvolta in contrasto con la nostra logica quotidiana. Ora ci occuperemo proprio di tali comportamenti, riprendendo il discorso sulla meccanica quantistica, per poi avventurarci nei paradossi dello spazio-tempo, descritti dalla teoria della relatività, dove si ha l'impressione di entrare, proprio come Alice, nel paese delle meraviglie.

Quanta materia c'è in 1 millimetro cubo

Scendendo sempre più in profondità nella materia, ci si rende conto che esiste una dimensione che sfugge completamente alla nostra percezione: non solo non riusciamo a vedere molecole e atomi a occhio nudo, ma persino i microscopi più potenti, a un certo punto, si arrendono. Una cellula, per noi, è invisibile: eppure, solo in 1 millimetro cubo ne possono esistere diversi milioni (in 1 millimetro cubo di sangue vi sono 4-5 milioni di globuli rossi). Ogni cellula, a sua volta, è formata da miliardi di molecole, di varia grandezza, che sono costituite da moltissimi atomi (in certi casi da milioni di atomi).

Gli atomi stessi sono un piccolo universo. Abbiamo visto che attorno al nucleo ruotano, a distanza relativamente grande, gli elettroni. Quel che è meno noto è la velocità a cui orbitano questi elettroni: milioni di miliardi di giri al secondo! Una velocità che non riusciamo neppure a visualizzare.

Uno dei comportamenti anomali della materia a questo livello è il fatto che un elettrone, quando irradia luce, dovrebbe perdere energia e, nel giro di poco tempo, cadere inevitabilmente nel nucleo. Perché ciò non accade? Perché può continuare a ruotare teoricamente per miliardi di anni? Perché, spiega la meccanica quantistica, gli elettroni girano solo su orbite particolari, dette stati stazionari, e non possono scendere sotto una determinata orbita, chiamata fondamentale. Queste orbite non sono stabili: se un elettrone riceve energia, sotto forma di fotone (particella luminosa), sale a un'orbita più alta. Se invece cede energia, sempre sotto forma di fotone, scende a un'orbita più bassa.

Per capire meglio questo concetto, basta pensare alle note musicali: anch'esse sono articolate su livelli di frequenza. Non possono esservi sul pentagramma gradi inferiori al semitono; quelli superiori, sono dei multipli. Così, l'elettrone assorbe e cede energia per «pacchetti», per «quanti di energia», come si suol dire. È il concetto quantistico di discontinuità: un concetto rivoluzionario in fisica, dove invece regnava la gradualità.

Onde e particelle contemporaneamente

Ma ci sono altre stranezze nel comportamento della materia a livello microscopico. Questi quanti di energia che si manifestano sotto forma di fotoni, che cosa sono? Onde o particelle? E i protoni? E i neutroni? Secondo la meccanica quantistica, a volte essi si comportano come corpuscoli, a volte come onde. Dipende da come li osserviamo agire.

È un concetto assai difficile da cogliere per la nostra mente razionale, che tende solitamente alla suddivisione in categorie. Per esempio, è facile comprendere che un sasso lanciato rappresenta un corpo in movimento, e che, se cade in uno stagno, provoca delle onde. Ma si tratta di due fenomeni ben distinti.

La meccanica quantistica, invece, ci dice che, a livello atomico, tali fenomeni coincidono: è come se le onde, raggruppandosi tutte insieme, si concentrassero in un punto, comportandosi in certi casi come un corpuscolo. Le particelle subatomiche sono proprio dei pacchetti di onde, che, riunendosi, sembrano dei punti.

In base a quest'idea, elaborata da Louis de Broglie e trasformata in equazione da Erwin Schrödinger, gli elettroni sono onde che saltano da un'orbita all'altra. Si potrebbe dire, in definitiva, che sono vibrazioni elettriche distribuite intorno al nucleo.

Un'ulteriore variabile «illogica» è stata introdotta dal principio di indeterminazione di Heisenberg, in base al quale è impossibile fissare contemporaneamente la posizione e la velocità di una particella: se si individua con precisione la prima, non si può conoscere la seconda, e viceversa. Il che contrasta totalmente con la fisica classica.

Se un cannone spara un proiettile, noi siamo in grado di calcolarne velocità e traiettoria, e quindi potremo determinarne la posizione in ogni momento. Il proiettile, naturalmente, è fatto di atomi, a loro volta costituiti di particelle. Quindi, anche per queste ultime dovrebbero valere gli stessi calcoli riguardo velocità e traiettoria. In realtà, tali calcoli sono statisticamente validi per le particelle nel loro insieme, ma, considerate singolarmente, esse si comportano in modo del tutto imprevedibile. Questo perché, come già detto in precedenza, la particella, essendo contemporaneamente anche un'onda, può occupare simultaneamente diversi punti, con indici di probabilità diversi.

«Dio non gioca a dadi»

Albert Einstein, pur essendo stato uno dei padri della meccanica quantistica, rifiutò l'idea che in fisica ci si debba accontentare di semplici probabilità. In realtà, disse, devono esserci altri fattori che ancora non conosciamo e che permetterebbero di comprendere esaustivamente tutti i fenomeni, anche quelli apparentemente contraddittori. La fisica non è un gioco d'azzardo: «Dio non gioca a dadi».

Einstein era poi turbato da un'altra conseguenza sconcertante della meccanica quantistica: la possibilità di un «collegamento» tra due particelle situate a grande distanza. Un simile collegamento contrastava, almeno in apparenza, con l'assunto fondamentale della teoria della relatività: cioè che nulla può viaggiare a una velocità superiore a quella della luce. Riprenderemo questo discorso alla fine del capitolo, dopo esserci soffermati sulle «stranezze» della teoria della relatività, che ha sicuramente disorientato il buon senso comune, introducendo concetti tuttora difficili da comprendere: come quello, rivoluzionario, secondo cui lo spazio e il tempo, contrariamente a quanto si crede, sono intimamente collegati.

Nella nostra vita quotidiana, lo spazio e il tempo sono nettamente distinti. Se, per esempio, dobbiamo recarci da Torino a Milano in automobile, sappiamo che dobbiamo percorrere circa 120 chilometri, e che il tempo impiegato dipenderà dalla nostra andatura. Secondo la teoria della relatività, invece, lo spazio e il tempo nella fisica sono indissolubilmente legati. Se modifichiamo la velocità, anche lo spazio e il tempo varieranno.

Questo porta a conseguenze che appaiono paradossali: il tempo, infatti, sembra assumere l'aspetto di un elastico, che si allunga e si accorcia a seconda delle situazioni, dilatandosi a dismisura quando si toccano velocità prossime a quella della luce; mentre lo spazio si contrae nella direzione del moto.

È una questione molto complessa; cercheremo però di individuare e comprendere alcuni punti essenziali, che Einstein aveva fissato usando soltanto carta e matita (e molta intelligenza).

Com'è possibile, per esempio, che più ci si avvicina alla velocità della luce e più il tempo scorre lentamente? In tal caso, se un astronauta viaggiasse per un certo tempo a una velocità prossima a quella della luce, ritornando sulla Terra

IL PADRE DELLA RELATIVITÀ

Albert Einstein nacque a Ulm, in Germania, nel 1879. Il padre, ingegnere, si interessava di impianti elettrici; la madre era appassionata di musica e sotto la sua guida il giovane Einstein imparò a suonare il violino. Il curriculum scolastico del futuro genio non fu particolarmente brillante, forse perché la disciplina e il rigore delle scuole tedesche di fine Ottocento non permettevano al suo straordinario talento di esprimersi. Maggior importanza nella sua formazione ebbero due zii, Jakob e Cesar Koch, che stimolarono la sua curiosità nei confronti della scienza e della matematica. Dopo un soggiorno a Milano, città in cui il padre si era trasferito in cerca di miglior fortuna, Einstein si iscrisse al prestigioso Politecnico federale di Zurigo, dove conseguì la laurea in fisica e matematica.

Nel 1902 Einstein cominciò a lavorare nell'Ufficio brevetti di Berna. Nel 1903 si unì in matrimonio con Milev Marec, una sua compagna di università. Nel 1905 vennero pubblicati i primi grandi articoli scientifici: fra questi, lo studio sulla luce (nel quale Einstein ipotizza che il flusso luminoso sia costituito di quanti, particelle di luce), un primo abbozzo della teoria della relatività e la scoperta dell'equivalenza fra massa ed energia (la famosa formula $E = mc^2$). Anche se la sua fama non raggiunse il grande pubblico, da quel momento fu considerato uno dei migliori fisici europei. Lasciato l'Ufficio brevetti di Berna, nel 1909 fu docente in diverse università e negli stessi anni continuò a elaborare la sua teoria della relatività per includervi la forza di gravità. La versione finale venne pubblicata nel 1916.

La notorietà mondiale giunse nel 1919, quando la Royal Society di Londra annunciò che una spedizione scientifica nel golfo di Guinea aveva fotografato un'eclisse e verificato che il comportamento della luce era esattamente quello previsto dalla teoria della relatività. Nel 1921 Einstein fu insignito del premio Nobel.

Da quel momento in poi, il grande scienziato si dedicò a un progetto teorico che non sarebbe riuscito a concludere: l'unificazione dell'elettromagnetismo con la forza di gravità.

Nel frattempo, la nascita della meccanica quantistica aveva mostrato un altro aspetto della realtà: nel mondo subatomico, il principio di indeterminazione rendeva impossibile l'applicazione del rigido determinismo, fino ad allora fondamentale per le leggi della fisica. Ma Einstein credeva in un Universo costruito con la precisione di un ingegnere, dove non c'era posto per le «probabilità» quantistiche; è sua la celeberrima frase «Dio non gioca a dadi». Emarginato dal filone principale della fisica teorica, Einstein per il resto della sua vita continuò inutilmente a cercare una soluzione basata sulla sua teoria della relatività. Per molti fisici suoi amici, tale scelta fu un'autentica tragedia: uno straordinario talento veniva sprecato in una ricerca senza vie d'uscita. Il 18 aprile 1955, Einstein moriva.

Accanto all'attività scientifica, Einstein ebbe molto a cuore la causa del pacifismo. Ma il suo impegno politico come paladino della pace rimase comunque in sottordine rispetto alla sua militanza scientifica: «La politica è per il presente. Un'equazione, per l'eternità».

troverebbe il proprio fratello gemello molto più vecchio di lui. E come si spiega che, a queste altissime velocità, un oggetto si contragga aumentando la sua massa?

Quindicimila volte più veloce di una sonda interplanetaria

Dicevamo prima che questi paradossi ci sembrerebbero del tutto normali, se potessimo averne esperienza diretta. Ma ciò è impossibile, perché simili velocità sono fuori della nostra portata.

Basti pensare che il mezzo più veloce costruito dall'uomo è una sonda interplanetaria in grado di raggiungere, come punta massima, circa 20 chilometri al secondo. Ebbene, la luce è 15.000 volte più veloce: 300.000 chilometri al secondo. Il paragone più appropriato in proposito è quello fra una tartaruga e un aereo a reazione: la prima è 15.000 volte più lenta. Ecco perché non siamo mai entrati nella dimensione magica in cui si realizzano i paradossi della teoria della relatività.

In realtà, essi si producono sempre, anche a bassa velocità, ma gli effetti sono troppo esigui per essere percepiti. Infatti, la loro crescita è esponenziale rispetto all'aumento della velocità.

LE QUATTRO DIMENSIONI

La teoria della relatività di Einstein afferma che non è possibile considerare separatamente il luogo in cui avviene un evento e l'istante in cui esso si verifica: lo spazio e il tempo, infatti, intervengono in modo interdipendente nelle nostre operazioni di misura e perciò gli eventi vanno rappresentati nel cosiddetto continuo spazio-temporale.

Il disegno cerca di dare un'idea di come appare il moto orbitale della Terra visto in questa prospettiva a «quattro dimensioni» (la quarta è il tempo). Esso riporta le successive posizioni assunte dal pianeta raffigurandole come fotogrammi di una pellicola cinematografica. Poiché la loro sequenza procede dal basso verso l'alto, la freccia verticale rappresenta la direzione del tempo, mentre la linea spiraliforme raffigura il moto terrestre nello spazio-tempo.

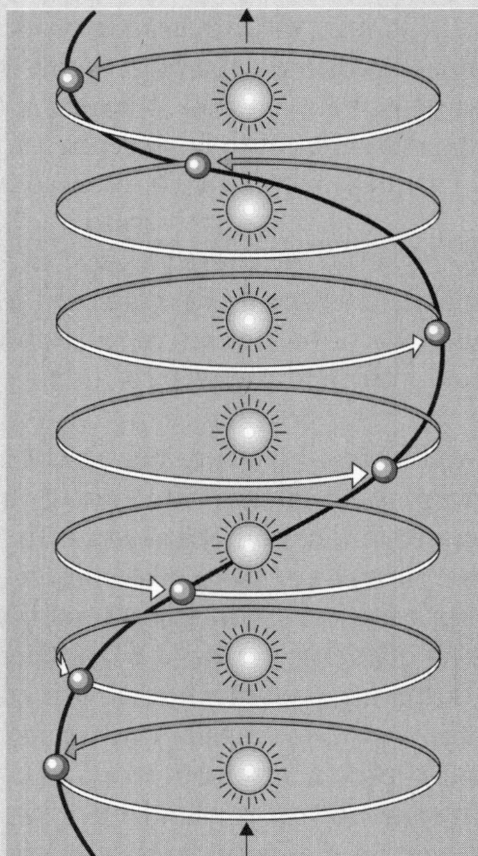

Immaginiamo di avvicinare pian piano un oggetto di metallo a una calamita: a 1 metro di distanza, la forza di attrazione non si avverte, sebbene sia già attiva; a mezzo metro, neppure; a 20 centimetri, nemmeno. Man mano che ci avviciniamo ulteriormente, però, questa attrazione aumenta sempre più; nell'ultimo centimetro diventa molto forte, nell'ultimo millimetro fortissima; nell'ultimo millesimo di millimetro, quasi irresistibile.

Analogamente, un'automobile o un razzo interplanetario viaggiano a una velocità in cui l'effetto relativistico è già presente, ma non è ancora avvertibile. Soltanto se disponessimo di astronavi capaci di avvicinarsi alla velocità della luce, tali effetti si manifesterebbero in modo molto evidente; dopodiché, basterebbe ogni volta un piccolo aumento della velocità per amplificarne le conseguenze.

Infatti, se un'astronave partita oggi tornasse tra 1000 anni, viaggiando sempre a 294.000 chilometri al secondo, il tempo relativo trascorso a bordo sarebbe grosso modo di 200 anni (cioè cinque volte meno di quello sulla Terra). Ma basterebbe accelerare di poco, arrivando a 299.792 chilometri al secondo, per ridurre questo tempo a soli due mesi. Con un'ulteriore accelerazione di soli 4 centimetri al secondo, il tempo relativo a bordo sarebbe di appena tre giorni.

Tutto questo ci permette anche di capire perché la velocità della luce non è superabile: man mano che ci si approssima al suo valore, ogni piccola accelerazione richiede un'energia sempre maggiore, con il conseguente aumento della massa dell'oggetto in movimento. Per raggiungere la velocità della luce un'astronave avrebbe bisogno di un'energia infinita, e, a quel punto, anche la sua massa diventerebbe infinita.

Se la luce viaggiasse a 100 all'ora

Supponiamo ora che la velocità della luce non sia di 300.000 chilometri al secondo, ma di soli 100 chilometri l'ora. In tal caso, potremmo sperimentare gli effetti della relatività nella vita di tutti i giorni.

Per esempio, si osserverebbe che un'automobile in corsa su un'autostrada, con l'aumentare della velocità, si contrae, senza però mai riuscire a raggiungere i 100 chilometri orari, il limite insuperabile (perché, come abbiamo detto, per portare la macchina a una tale velocità occorrerebbe un'energia infinita e la massa dell'auto diventerebbe infinita). Si osserverebbe anche come, a bordo dell'auto, la vita si svolga al rallentatore: tanto più lentamente quanto più la velocità aumenta. Se, dopo aver viaggiato in tal modo per 10 anni di seguito, l'auto facesse rientro rallentando l'andatura e infine fermandosi, la sua lunghezza (per l'osservatore) tornerebbe a diventare quella iniziale, e il tempo scorrerebbe nuovamente per tutti allo stesso modo. Ma anziché 10 anni, per i passeggeri dell'auto sarebbe trascorso molto meno tempo: 10 settimane, o addirittura 10 giorni, a seconda della velocità raggiunta. I viaggiatori avrebbero cioè conosciuto un rallentamento del tempo, e quindi anche dei processi vitali.

Vivendo in un mondo simile, gli effetti relativistici diventerebbero una routine quotidiana. In una partita a tennis la palla, per effetto della velocità, agli occhi dell'osservatore si contrarrebbe a ogni tiro; poi, fermandosi, riassumerebbe le dimensioni precedenti. Non faremmo più caso a questa stranezza, considerandola una normale legge fisica.

Salendo su un treno diretto da Torino a Roma, saremmo perfettamente consapevoli del fatto che, mentre gli orologi delle stazioni ferroviarie indicherebbero sei ore per la durata del viaggio, il nostro orologio segnerebbe magari solo un'ora, perché, accelerando fino a una velocità «relativistica», avremmo vissuto al rallentatore; giunti a destinazione, rimetteremmo le lancette a posto, proprio come si fa scendendo da un aereo dopo aver attraversato diversi fusi orari.

Insomma, gli effetti relativistici non ci sorprenderebbero più se vivessimo in una dimensione simile: dimensione che non possiamo sperimentare, perché la velocità della luce è per noi troppo elevata.

Rimane naturalmente un grosso interrogativo: come possa accadere tutto questo.

La risposta, in un certo senso, è molto semplice: in base alla teoria della relatività, una simile condizione sussiste da sempre. Siamo noi a non essercene mai accorti, perché è impossibile sperimentare velocità come quella della luce.

Per comprendere la relatività, dunque, occorre modificare il nostro tradizionale modo di vedere, considerando il tempo e lo spazio non come grandezze fisse, assolute, ma relative al sistema di riferimento. Una sedia non ha sempre le stesse dimensioni: se si muove ad altissima velocità, a chi la osserva sembrerà schiacciata nella direzione del moto. Un orologio rallenterà sempre più la sua misurazione quanto più rapidamente si muoverà. Anche un uomo, se si sposta a una velocità elevatissima, apparirà compresso e si muoverà al rallentatore.

Dunque, i nostri punti di riferimento non dovrebbero essere né lo spazio, né il tempo, considerata la loro relatività; dovrebbe esserlo invece la velocità della luce, perché solo quest'ultima rimane costante (e non può essere superata). Bisognerebbe quindi assumere la velocità della luce come unità di misura: quando la velocità è prossima a quella della luce, il tempo si dilata e lo spazio si contrae in progressione molto rapida; quando diminuisce, tutto ritorna come prima.

Come si diceva, però, la nostra vita quotidiana non ci permette l'esperienza diretta di situazioni simili.

Esistono prove sperimentali a conferma della relatività? Una teoria, infatti, può apparire inoppugnabile dal punto di vista matematico, ma com'è possibile stabilirne la validità, se non attraverso l'esperienza?

Ebbene, alcune verifiche sperimentali sono state compiute. Per esempio, alcuni orologi atomici (precisi al miliardesimo di secondo) sono stati imbarcati a bordo di satelliti artificiali in orbita attorno alla Terra; dopo un certo tempo, sono stati confrontati con altri orologi a terra e tale confronto ha confermato una leggera dilatazione del tempo, proprio come previsto dalla teoria della relatività. Ulteriori esperimenti sono stati realizzati negli acceleratori di particelle. Si è osservato che il decadimento di alcune particelle, i muoni, rallentava quando esse raggiungevano velocità prossime a quella delle luce. In altre parole, la durata della vita di questi muoni, estremamente breve, si allungava mentre si muovevano a velocità «relativistiche».

Perché non si può raggiungere la velocità della luce

I fisici hanno studiato anche il fenomeno per cui le particelle, a velocità vicine a quelle della luce, aumentano la loro massa. Infatti, se si accelerano dei protoni in speciali macchine, gli «acceleratori» (ossia, come già abbiamo visto, dei tunnel circolari formati da una serie di magneti, che danno ogni volta una spintarella a queste particelle fino a portarle a velocità altissime), si ha un'ulteriore conferma della teoria della relatività.

Si è infatti osservato che alcuni protoni, immessi in un acceleratore di particelle e portati a velocità vicine a quelle della luce, hanno bisogno di sempre più energia per aumentare, anche di pochissimo, la loro velocità. Per esempio, se dal 75 si vuole raggiungere il 99,93% della velocità della luce, la spinta energetica deve passare da 0,5 a 25 GeV (il GeV è un'unità di misura che indica i miliardi di elettrovolt impiegati). Ma se dal 99,93% si vuole toccare il 99,998%, l'energia necessaria deve passare da 25 a 450 GeV. Ulteriori minimi aumenti richiedono quantità sempre maggiori di energia.

Al CERN di Ginevra è attualmente in costruzione un acceleratore molto potente, lungo 27 chilometri, che entrerà in funzione nel 2005. Per portare i protoni dal 99,998 al 99,99999% della velocità della luce (cioè solo un soffio in più) si dovrà passare da 450 a 7000 GeV! Tutto questo indica chiaramente che l'energia, da fornire in quantità sempre maggiori, non trasformandosi in velocità si trasforma in massa (infatti, secondo la teoria della relatività, la massa è energia e viceversa). Ciò ha fatto dire al professor Ugo Amaldi che, in realtà, più che acceleratori queste macchine sono dei «massificatori».

Questi esperimenti confermano che la velocità della luce non è raggiungibile, perché occorrerebbe un'energia infinita che si trasformerebbe in una massa infinita. Sarà quindi molto difficile esplorare il Cosmo, se non è possibile viaggiare alla velocità della luce, né tantomeno superarla.

Solo per attraversare la nostra Galassia, a una velocità prossima a quella della luce, occorrerebbero oltre 100.000 anni; per raggiungere la galassia più vicina, Andromeda, si impiegherebbero 2 milioni di anni. E avremmo percorso solo un'infinitesima frazione dell'Universo. Che, nel frattempo, continua a espandersi, con gli ammassi di galassie che fuggono a gran velocità (le più distanti si allontanano quasi alla velocità della luce).

Una «stranezza» che turbava Einstein

Se dunque non è possibile, secondo la teoria della relatività, raggiungere e superare la velocità della luce, come può la meccanica quantistica prevedere che possa esservi un collegamento istantaneo tra due particelle distanti anche miliardi di chilometri? Einstein era molto contrariato per questa «stranezza». Ecco di che si tratta.

Supponiamo che da un nucleo atomico escano due protoni, emessi in condizioni tali che costituiscano una coppia. Questi protoni hanno, come ogni particella, uno *spin*, cioè (semplificando al massimo) un movimento rotatorio su se stessi. Se si misurasse lo spin di un protone quando arriva a New York e lo si trovasse positivo, un'analoga misurazione rilevata a Tokyo darebbe l'altro protone con spin contrario, cioè negativo.

La meccanica quantistica, però, prevede anche che, se al protone diretto verso New York venisse attribuito, immediatamente prima dell'arrivo, un valore opposto, istantaneamente l'altro protone diretto a Tokyo invertirebbe il proprio valore. Le due particelle si comporterebbero in modo per così dire gemellare. Se una cambia, cambia anche l'altra, pure a distanze di miliardi di chilometri.

Per Einstein, ciò contraddiceva la teoria della relatività, poiché avrebbe comportato l'esistenza di un misterioso collegamento a una velocità superiore a quella della luce. Cosa incompatibile, appunto, con la teoria della relatività. Il grande scienziato trascorse quindi l'ultima parte della propria vita cercando di risolvere questo problema, ma senza riuscirvi. Nel frattempo, diverse esperienze confermarono la fondatezza di questo sorprendente aspetto della meccanica quantistica.

In conclusione, potremmo domandarci in quale misura l'insieme di leggi e osservazioni che sembrano valide a livello atomico possano avere fondamento anche nel mondo quotidiano.

Riemergendo dal mondo delle particelle per tornare nella quotidianità, ci si rende conto che, pur permeando tutta la materia, la meccanica quantistica rivela i suoi effetti per lo più solo a livello di particelle. Nel mondo degli uomini e delle cose, vigono ancora le vecchie leggi di Isaac Newton. La meccanica dei quanti, però, continua a porre una sfida alla nostra capacità di esplorare a fondo l'intima struttura della materia. Alcuni comportamenti degli elementi fondamentali sono proprio destinati a sfuggire alla nostra comprensione? La partita, secondo alcuni studiosi, è tutt'altro che chiusa.

IV

Lo zero assoluto e i superconduttori

Quando si pensa al freddo estremo vengono subito in mente i luoghi più inospitali della Terra, come le vette più alte, o le distese di ghiaccio ai poli, luoghi in cui sono state registrate le temperature più basse del pianeta. In particolare, in Antartide, vicino alla base russa di Vostok, è stato stabilito il record della temperatura più gelida sulla superficie terrestre: -88,3 °C! Ma non è un limite insuperabile. C'è di peggio, soprattutto se si sale nell'atmosfera. Nel caso di un aereo, la temperatura esterna alla cabina si abbassa sempre più man mano che si sale di quota. I jet di linea volano solitamente a 9000 metri di altezza e, a quell'altitudine, il termometro segna -50 o -60 °C.

Salendo ancora più in alto, poi, la temperatura si abbassa ulteriormente. Quando si abbandona l'atmosfera e si entra in orbita, come fanno satelliti e astronauti, bisogna fare i conti con la temperatura del Cosmo, la più fredda che si possa incontrare in natura. Nello spazio, infatti, il termometro tende verso un limite ben noto ai fisici: il famoso zero assoluto. Esso costituisce il limite estremo, oltre cui il freddo non può spingersi. È un concetto estremamente interessante, che può illuminarci su alcuni aspetti della materia e sulla sua struttura.

Che cos'è lo zero assoluto

Nella nostra esperienza quotidiana, ci sono oggetti che si possono riscaldare o raffreddare. Se per esempio mettiamo sul fuoco una casseruola piena d'acqua, prima comincerà a

COME NASCONO IL CALORE E IL FREDDO

Alla temperatura dello zero assoluto le molecole sono praticamente immobili nelle posizioni che occupano (1). Man mano che il corpo si riscalda prendono a oscillare sempre più energicamente (2) intorno alle proprie posizioni di equilibrio. Superata una certa temperatura, il corpo fonde e passa allo stato liquido. In questo caso (3) le molecole si muovono disordinatamente all'interno del corpo e quelle dotate di maggiore energia possono evaporare passando allo stato gassoso. Nei gas (4) le molecole non sono più legate fra loro e sono libere di muoversi. Quanto più il gas è caldo, tanto più le sue molecole si muovono velocemente. A temperature altissime, infine, le molecole si scindono in atomi e questi nei loro componenti. Si ha allora il plasma (5), formato da elettroni e nuclei.

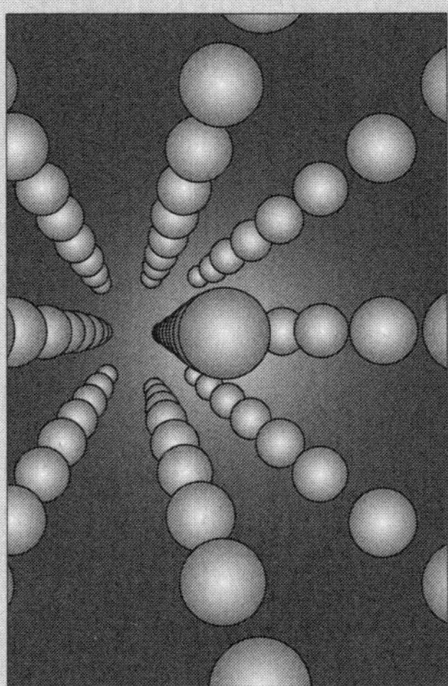
1

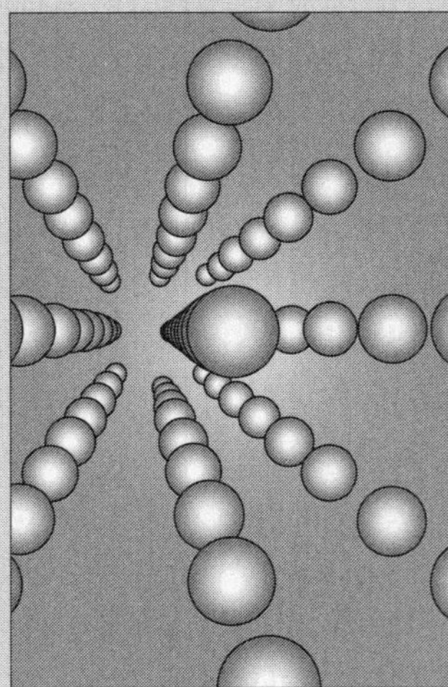
2

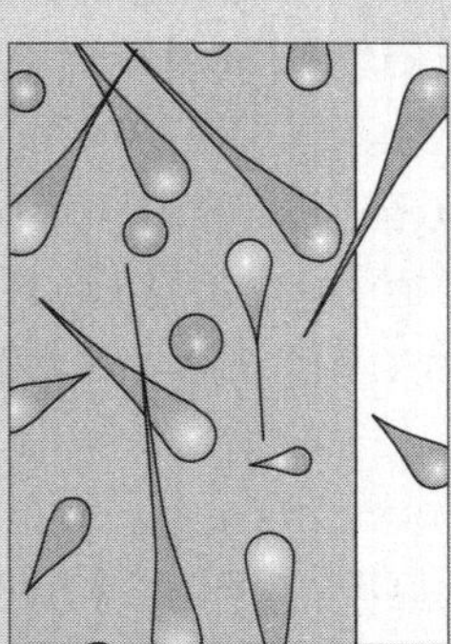
3

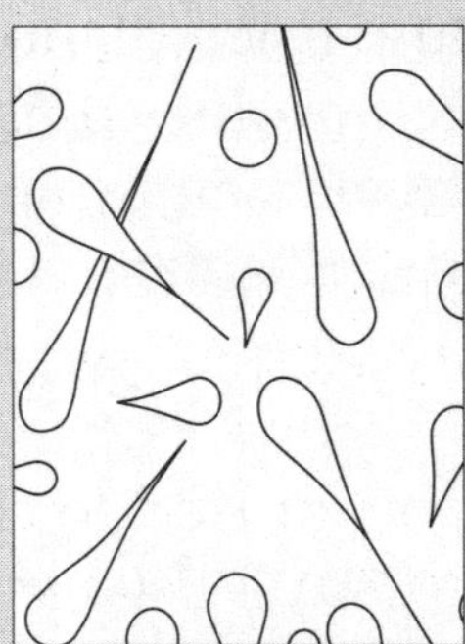
4

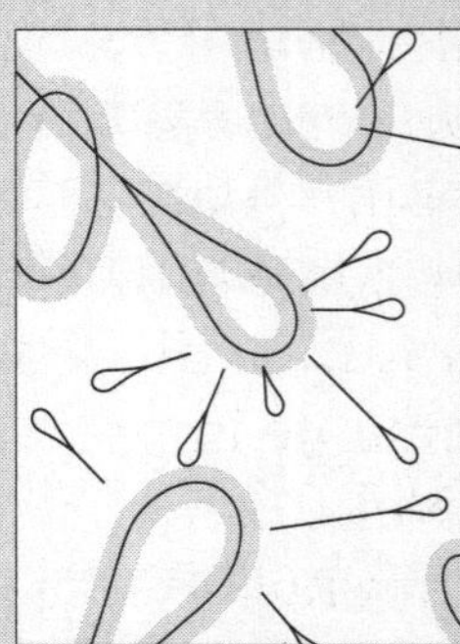
5

scottare la pentola, poi l'acqua si metterà a bollire ed evaporerà completamente. Girando la manopola di un ipotetico forno molto potente, si potrebbe ottenere la fusione della casseruola, poi la sua vaporizzazione, a seconda che si raggiungano le centinaia, le migliaia o i milioni di gradi...

Ma cosa succederebbe se, anziché girare la manopola nel senso del caldo, cominciassimo a girarla nel senso opposto, verso il freddo? Una volta giunti a 0 °C, l'acqua gelerebbe. Ma si potrebbe aumentare il freddo scendendo a -100, -200 °C. Però, non riusciremmo mai a raggiungere i -300 °C: le leggi della fisica lo impediscono. Al massimo si potrebbero toccare i -273,15 °C: poca cosa, rispetto ai milioni di gradi ottenibili con il calore.

Per comprendere il significato di zero assoluto, occorre tener presente un concetto molto importante in fisica: il calore è movimento. Un esempio può aiutare a comprendere meglio tale concetto.

Se si mette una pentola d'acqua sul fuoco, dopo qualche minuto si vede che la massa di acqua si muove leggermente e che si sono create piccole correnti; a 100 °C, l'acqua va in ebollizione. In un certo senso, è in perenne movimento. Se, al contrario, la pentola viene progressivamente raffreddata, l'acqua rallenta il suo movimento interno fino a diventare calma; raggiunti gli 0 °C, ghiaccia. A quel punto tutto è immobile. Lo stesso accade alla materia. Più un oggetto è caldo, più le molecole che lo compongono si agitano, «vibrano». Viceversa, più è freddo, più le sue molecole rallentano il movimento. Tale rallentamento non è infinito: a un certo momento, le molecole diventano totalmente immobili. Questo è, appunto, lo zero assoluto: la temperatura alla quale tutto è fermo all'interno della materia. Tale temperatura e di -273,15 °C. E quel «virgola quindici» è estremamente importante.

Nel Cosmo, il luogo più freddo che si conosca, non si raggiunge mai lo zero assoluto. Se si misura la sua temperatura, si registrano valori diversi a seconda dei luoghi. C'è sempre una debole energia latente che risale al Big Bang,

LA SCOPERTA DELLO ZERO ASSOLUTO

Come e quando venne scoperto il limite insuperabile del freddo, cioè la temperatura di -273,15 °C? La storia vuole che sia stato un fisico francese, Guillaume Amontons, nel lontano 1702.

Certamente Amontons non disponeva di frigoriferi, e il suo ragionamento fu puramente teorico. L'osservazione fondamentale venne fatta sui gas e sul loro comportamento al variare della temperatura. Era noto che, aumentando la temperatura di un gas e mantenendo fisso il volume (in pratica, riscaldando un recipiente chiuso ermeticamente), la pressione aumentava secondo una proporzione molto precisa descritta in una nota equazione. Amontons immaginò cosa sarebbe successo se il gas fosse stato progressivamente raffreddato. A un certo momento, la pressione sarebbe caduta a zero. La temperatura teorica a cui doveva manifestarsi tale caduta era appunto di -273 °C.

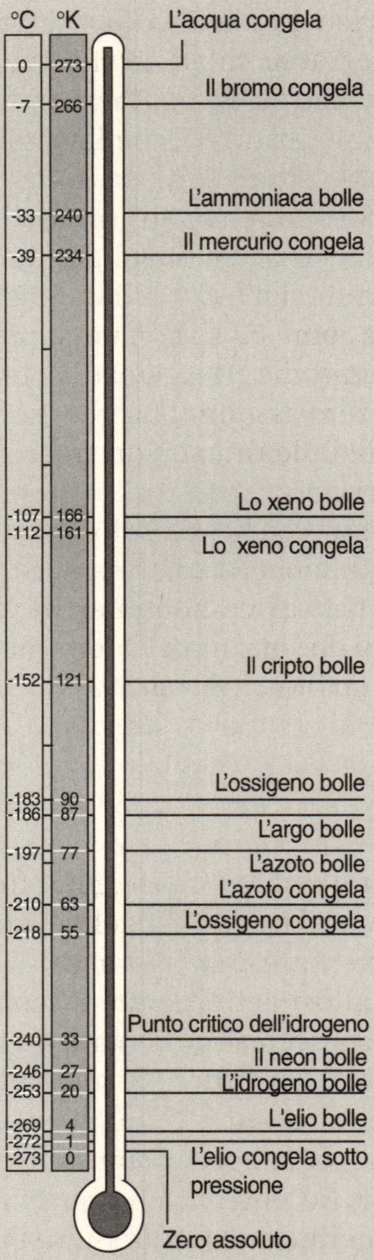

Nel diagramma, l'andamento delle temperature dal punto di congelamento dell'acqua allo zero assoluto. I valori sono espressi sia in scala Kelvin (K) sia in quella Celsius (C).

oppure l'energia dei raggi cosmici, del vento solare, e così via. Negli spazi intergalattici, si arriva al massimo a -273 °C. Manca, appunto, quel «virgola quindici». Va detto per inciso che lo studio e la misura della temperatura degli spazi intergalattici (chiamata temperatura di fondo dell'Universo) è di fondamentale importanza per calcolare l'istante esatto del Big Bang: in pratica, l'età dell'Universo.

Ma sarà mai possibile raggiungere lo zero assoluto? In altre parole, può un sistema termodinamico perdere la propria energia fino a raggiungere il livello zero? La risposta è fornita dal terzo principio della termodinamica, che stabilisce come un sistema non possa perdere completamente l'energia che possiede: di conseguenza, non raggiungerà mai lo zero assoluto. La questione parrebbe chiusa; senonché, è possibile tirare fuori un asso dalla manica e modificare lo scenario.

È vero che, da solo, un oggetto o un sistema non riusciranno mai a raffreddarsi completamente. Ma si può cercare di sottrarre energia artificialmente. Una mela non gelerà mai da sola; ma, se viene messa in frigorifero, si trasformerà in un blocco di ghiaccio.

Fare meglio del Cosmo

A questo punto, è necessario trovare un sistema capace di raffreddare un oggetto fino a farlo avvicinare il più possibile al traguardo dello zero assoluto. È una sfida molto interessante della fisica, che ha coinvolto alcuni tra i migliori studiosi dell'Ottocento scorso e ha dato origine a un ramo della ricerca di primaria importanza: la criogenia.

Nel corso del XX secolo si è riusciti a costruire apparecchiature sempre più potenti, dotate di meccanismi molto complessi, per esempio funzionanti con miscele a base di elio. Recentemente, grazie a un sistema magnetico applicato ai nuclei degli atomi, si è riusciti ad arrivare a 1 milionesimo di grado dal traguardo dello zero assoluto.

Sulla Terra, insomma, si è riusciti a superare la temperatura più fredda dell'Universo. Siamo ormai nel campo dell'ultracriogenia, e l'Italia è all'avanguardia. Nel nostro paese, infatti, esistono le uniche due «antenne ultracriogeniche» del mondo: una si trova a Frascati (Roma), presso i laboratori dell'Istituto nazionale di fisica nucleare (INFN), l'altra è a Legnaro, in provincia di Padova. Vediamo di che cosa si tratta.

Entrando nei laboratori di Frascati, ci si trova di fronte a una complessa apparecchiatura, dal nome suggestivo: Nautilus. Non è un semplice frigorifero per raggiungere lo zero assoluto; è un rivelatore e serve a studiare le onde gravitazionali. Il Nautilus contiene un cilindro di alluminio lungo 3 metri, che pesa oltre 2 tonnellate. Funziona come l'antenna di una radio, ma è stato realizzato per captare le onde gravitazionali. La sua sensibilità aumenta in proporzione al diminuire della temperatura: di qui, la necessità di arrivare il più possibile vicino allo zero assoluto. A tale scopo l'antenna è contenuta in un sistema di scatole cinesi: sette involucri speciali, raffreddati con vari sistemi. È come se attorno all'antenna ci fossero sette superfrigoriferi. La temperatura del cilindro di alluminio è, in assoluto, quella più vicina allo zero assoluto. Al punto che, per quanto ne sappiamo oggi, il Nautilus può essere considerato il metro cubo di materia (o, se si preferisce, il corpo macroscopico) più freddo dell'Universo conosciuto.

In futuro forse si riusciranno a inventare apparecchiature più sofisticate e potenti, in grado di toccare quasi lo zero assoluto; ma resterà impossibile superare questa barriera.

Scendono in campo i superconduttori

Il tentativo di raggiungere le bassissime temperature riveste un interesse non solo scientifico, ma anche tecnologico. Addomesticare l'universo del freddo potrebbe infatti comportare cospicui vantaggi economici, soprattutto nel settore dell'energia e dei trasporti. Entriamo qui nel campo dei superconduttori, che promette di riservare notevoli sorprese in futuro, perché consentirebbe di sfruttare i vantaggi dello zero assoluto, come la superconduttività, a temperature molto più alte, grazie alla messa a punto di nuovi materiali. È una sfida tecnologica di grande portata, che potrebbe costituire una vera rivoluzione energetica e che vale la pena di essere raccontata. Per questo, occorrerà tornare nel mondo degli atomi, a livello degli elettroni: cominciando dall'elettricità.

L'elettricità, com'è noto, non basta produrla: occorre trasportarla. Il problema è che buona parte dell'energia elettrica proveniente dalle centrali si perde per strada: la dispersione durante il trasporto è veramente notevole. Malgrado si siano sperimentate tutte le leghe possibili, non si è ancora riusciti a migliorare la conduttività dei metalli oltre un certo limite. La questione è di estrema rilevanza: far correre l'elettricità in modo più efficiente può migliorare la resa non solo della rete elettrica, ma dei calcolatori, dei motori elettrici, dei sistemi di trasporto ferroviario ecc.

Prima di tutto, cerchiamo di comprendere per quale motivo si verificano le perdite di energia elettrica durante il suo trasporto.

Immaginiamo di penetrare all'interno di una bacchetta di alluminio fino a raggiungere i suoi atomi. Ciascuno di essi è formato da un nucleo con 13 protoni e da 13 elettroni in orbita. Quando tanti atomi di alluminio si congiungono per formare un metallo, gli elettroni più esterni sfuggono all'attrazione del proprio atomo, diventano liberi e viaggiano a 700 chilometri al secondo lungo gli orbitali esterni dei vari atomi. Non va dimenticato (e ciò vale per tutto il discorso che seguirà) che, in base ai principi della meccanica quantistica, gli elettroni si comportano al tempo stesso come particella e come onda: quindi, occupano una vasta area senza che si possano individuare con precisione. (Tra l'altro, proprio questi elettroni vaganti danno lucentezza alle superfici dei metalli.) Se immettiamo corrente elettrica nella bacchetta di alluminio, gli elettroni, per attrazione, si orientano verso il polo positivo: si crea, cioè, un circuito elettrico che, per funzionare, richiede l'immissione costante di energia.

Solo alcuni elettroni, però, sono attratti nel circuito. Semplificando al massimo, si potrebbe dire che tutti gli elettroni liberi sono come su una scalinata, a livelli diversi; per le leggi della meccanica quantistica, su ciascun gradino della scalinata non possono sostare più di due elettroni: ora, solo quelli che occupano gli ultimi gradini possono immettersi e girare nel circuito.

A ben vedere, però, più che di un circuito si tratta di una gincana: gli elettroni infatti non viaggiano su corsie libere, ma subiscono deviazioni, dovute soprattutto agli atomi che, per loro natura, vibrano in continuazione. È come se un'automobile dovesse correre su un terreno accidentato e scosso da un forte terremoto. Così, numerosi elettroni vengono dirottati e si disperdono.

Più gli atomi vibrano, più il metallo si riscalda, più aumenta la sua resistenza al passaggio degli elettroni.

Questo fenomeno è utilissimo per altri scopi: è il principio su cui si basa il fornello elettrico. La resistenza, infatti, diventa in questo caso talmente alta da rendere incandescente il metallo e permettere, per esempio, di scaldare il caffè. Allo stesso modo funzionano lo scaldabagno, la stufa elettrica o anche la lampadina.

Nel caso dei cavi o dei motori elettrici, però, la dispersione energetica è enorme. La soluzione ideale sarebbe quella di far correre gli elettroni non su una gincana, ma su una pista libera da ostacoli. Bisognerebbe fare in modo, per esempio, che gli atomi non vibrassero, o vibrassero molto poco.

Una pista superfredda

Diminuendo la temperatura, diminuiscono anche le vibrazioni. E la pista dovrebbe diventare più percorribile. Ecco quale potrebbe essere la soluzione.

Già nel 1911 l'olandese Kamerlingh Onnes, cercando per

tutt'altro motivo di raggiungere lo zero assoluto (-273,15 °C), si accorse che, approssimandosi a quella temperatura, i metalli trasportavano in modo incredibilmente efficiente la corrente elettrica: diventavano cioè superconduttori.

Il fatto inspiegabile era che, di colpo, la resistenza cadeva addirittura a zero, malgrado le impurità e le vibrazioni residue. Accadeva qualcosa di strano, un autentico cambiamento di stato. Occorse quasi mezzo secolo per comprendere che cosa avveniva a quelle temperature così basse.

Semplificando al massimo un processo estremamente complesso (basato sullo scambio di vibrazioni tecniche), potremmo dire che la gradinata su cui sono collocati gli elettroni liberi si modifica: gli elettroni si dispongono a coppie, cambiano di comportamento, non obbediscono più alle leggi tradizionali, diventano bosoni, e possono correre tutti insieme sulla stessa corsia (un po' quello che avviene con il laser). Se poi si immette energia nel sistema, essi gireranno continuamente senza più ostacoli.

Energia a perdita zero

Questo vuol dire che, se si potessero realizzare dei cavi elettrici raffreddati allo zero assoluto (o quasi), sarebbe possibile trasportare energia senza alcuna dispersione, con immensi vantaggi economici. Addirittura, si potrebbe immagazzinare energia, convogliandola in un anello circolare fino al momento di servirsene (cosa oggi impensabile).

Ma c'è un problema di non poco momento: quello dei costi.

Raffreddare vicino allo zero assoluto è poco pratico e assai caro. Per decenni si è tentato di trovare leghe e metalli speciali, capaci di diventare superconduttori a temperature più ragionevoli, per esempio quella dell'azoto liquido (-196 °C), che costa poco ed è facilmente reperibile. Ma invano.

Nel 1967, però, un ricercatore fece una scoperta molto curiosa: si rese conto che anche una particolare ceramica diventava superconduttrice. Fatto davvero insolito, perché le ceramiche sono note proprio per essere cattive conduttrici, tanto che vengono impiegate come isolanti per l'elettricità.

Si cominciò a studiare questa anomalia, e, nel 1986, ci fu il colpo di scena: due ricercatori svizzeri, Georg J. Bednorz e Karl Müller, annunciarono di aver scoperto una ceramica che diventava superconduttore a una temperatura di circa -243 °C. Entrambi furono insigniti del premio Nobel, favorendo una ricerca ora in pieno svolgimento. Dagli Stati Uniti al Giappone, dall'Europa alla Cina, tutti cominciarono a trovare ceramiche con queste proprietà, e il livello della temperatura iniziò a salire quasi di mese in mese: -233, -221, -180 (superando così il muro dell'azoto liquido), -163, -148 °C...

L'efficienza delle ceramiche

Oggi si comincia a comprendere qualcosa in più sul comportamento delle ceramiche. Si ritiene che anche nel loro caso gli elettroni si leghino in coppie, ma in modo ancora più efficiente, a tal punto da riuscire a circolare a temperature più elevate dello zero assoluto. Se determinate ipotesi attualmente allo studio si riveleranno esatte, in futuro potrebbero essere creati materiali ceramici superconduttori a temperature sempre più alte, forse addirittura a temperatura ambiente. Se così fosse, le applicazioni sarebbero straordinarie, dal momento che i superconduttori posseggono un'ulteriore eccezionale proprietà: sono diamagnetici, cioè respingono qualunque campo magnetico.

Per esempio, se si raffredda un particolare pezzetto di ceramica alla temperatura dell'azoto liquido e poi lo si pone sopra un magnete, esso rimane sospeso. La ceramica galleggia nell'aria, quasi ignorasse la legge di gravità, perché è repulsiva al campo magnetico.

Se un giorno sarà possibile ottenere ceramiche simili senza essere raffreddate, cioè a temperatura ambiente, i campi di applicazione saranno innumerevoli; uno dei primi a cui si è pensato è, naturalmente, quello dei treni a levitazione magnetica: un binario magnetico e vetture dotate di materiali superconduttori. Il treno potrebbe così viaggiare sospeso nell'aria, senza attrito. I giapponesi hanno già realizzato un treno di questo tipo, ma con metodi tradizionali, molto dispendiosi. Con i superconduttori, il costo energetico sarebbe bassissimo.

Energia, trasporti, calcolatori e tante altre applicazioni al centro dell'interesse dei ricercatori attendono il futuro dei superconduttori. Le scommesse sono aperte. Certo è che la sfida è in pieno svolgimento, ovunque, nel mondo. È estremamente auspicabile che gli ottimisti della superconduttività abbiano ragione. Il nostro pianeta ha immenso bisogno di tecnologie come queste: le nuove, indispensabili tecnologie del risparmio.

V

Come funziona l'atmosfera

Senza farci caso, la respiriamo 25 volte al minuto. L'atmosfera terrestre è un sottilissimo strato gassoso che avvolge il pianeta come un velo evanescente: vista dallo spazio, dallo Shuttle o dalla stazione spaziale MIR, sembra una leggera foschia che ricopre la Terra. E in effetti, se confrontiamo le dimensioni del pianeta (12.640 chilometri di diametro) con quelle dell'atmosfera (100 chilometri di spessore, compresi gli strati più rarefatti), ci accorgiamo di quanto tenue e preziosa sia questa bolla d'aria che ci tiene in vita.

Un'eccezione nel Sistema solare

L'osservazione di altri pianeti del Sistema solare ci ha fatto comprendere come la formazione di un'atmosfera adatta alla nascita e all'evoluzione di organismi viventi sia un fatto piuttosto straordinario. Mercurio, per esempio, è troppo piccolo e non è riuscito a trattenere i gas, che si sono dispersi nello spazio cosmico.

Venere è grande quanto la Terra, ma è più vicino al Sole e ruota troppo lentamente su se stesso. La sua atmosfera, surriscaldata, è densissima: al suolo la pressione raggiunge le 90 atmosfere, una condizione che sulla Terra si verifica immergendosi 1000 metri sott'acqua. Anche Marte è troppo piccolo e i gas che componevano l'atmosfera primitiva sono sfuggiti alla sua forza di attrazione gravitazionale. Oggi la pressione al suolo del Pianeta rosso, misurata dalla sonda *Pathfinder*, è di appena 6,9 millibar, cioè 150 volte più rarefatta di quella terrestre. Insomma, solo la Terra ha le dimensioni giuste, ruota abbastanza velocemente su se stessa e si trova a una distanza ragionevole dal Sole per possedere un'atmosfera capace di sostenere un intero sistema vivente.

L'atmosfera è importante non solo come gigantesco polmone planetario, ma anche come indispensabile «termocoperta». Senza atmosfera, infatti, la temperatura sul nostro pianeta (considerando la sua distanza dal Sole) sarebbe molto più bassa, in media -35 °C: come l'inverno siberiano. Ma l'atmosfera, grazie soprattutto al vapore acqueo e all'anidride carbonica, riesce, come il vetro di una serra, a trattenere il calore solare e, quindi, a riscaldare l'intero pianeta. È un benefico «effetto serra», che fa innalzare la temperatura media fino a 15 °C.

L'«inquinamento» primordiale

L'atmosfera è composta principalmente di azoto (78% circa) e di ossigeno (20% circa). Ma tale composizione non è quella dell'atmosfera primordiale che si formò, oltre 4 miliardi di anni fa, quando la Terra cominciò a raffreddarsi. Sebbene non siano rimaste tracce di quell'antica atmosfera, gli scienziati ritengono che fosse composta principalmente di anidride carbonica, azoto, metano e altri gas. Probabilmente l'ossigeno era presente, ma in bassissime percentuali. In sostanza, si trattava di un'aria assolutamente irrespirabile. Il drastico cambiamento della sua composizione è certamente dovuto all'azione degli organismi viventi primordiali, somiglianti agli attuali batteri. Furono proprio essi a produrre il gigantesco «inquinamento» planetario che rese l'atmosfera adatta a forme di vita più evolute. Un miliardo e mezzo di anni fa tale «inquinamento» di ossigeno era già molto avanzato. Le alghe verdazzurre (in realtà, batteri fotosintetici) assorbivano l'anidride carbonica ed emettevano l'ossigeno come gas di scarto: nel corso di centinaia di milioni di anni, l'accumulo di ossigeno nell'atmosfera ne determinò il mutamento della composizione, aprendo le porte a una nuova linea evolutiva che avrebbe condotto, dopo altre centinaia di milioni di anni, anche all'uomo.

L'«inquinamento» di ossigeno produsse un ulteriore vantaggio. Fino ad allora, gli organismi viventi erano confinati nell'acqua, ad almeno una decina di metri dalla superficie. Questo perché la Terra era bombardata dai raggi solari ultravioletti, una radiazione letale per quelle prime forme di vita. Ma il costante accumulo di ossigeno nelle parti più alte dell'atmosfera (la stratosfera) riuscì a creare uno scudo protettivo in grado di intercettare la pericolosa radiazione. Oltre i 10-15 chilometri di quota le molecole di ossigeno, colpite dai raggi ultravioletti, si scindevano per ricomporsi in una nuova forma: l'ozono. Questo continuo e complesso gioco di reazioni chimiche, a grandi altitudini, riusciva a bloccare gli ultravioletti che non potevano più raggiungere il suolo. La via per colonizzare la terraferma era aperta, sebbene sia stata percorsa centinaia e centinaia di milioni di anni più tardi. L'atmosfera, dunque, ha svolto un ruolo determinante in tutte le vicende del nostro pianeta.

La struttura dell'atmosfera

Gli scienziati dividono l'atmosfera in diverse parti. La più importante è la troposfera, la fascia che si trova più in basso e quella in cui avvengono tutti i più conosciuti fenomeni atmosferici: formazione di nubi, pioggia, venti, temporali, uragani ecc.; inoltre, va ricordato che il 75% di tutta l'aria si trova in questo strato.

Al di sopra della troposfera si estende un'altra fascia: la stratosfera. Qui, a una quota fra circa 15 e 50 chilometri, si trova il famoso strato d'ozono, oggi messo in pericolo e «bucato» da alcuni composti chimici, come i CFC (clorofluorocarburi). A quote ancora più elevate si trovano altri strati (la mesosfera e la termosfera), dove ormai le molecole di gas sono rarefattissime. A 100 chilometri di quota, comincia il vuoto dello spazio cosmico.

Le masse d'aria che compongono l'atmosfera circolano

continuamente intorno al pianeta, spinte da un motore che si trova a 150 milioni di chilometri da noi: il Sole. La Terra viene riscaldata dai raggi solari un po' come un pollo allo spiedo. Ma non tutte le parti vengono cotte allo stesso modo. La fascia equatoriale riceve i raggi solari più concentrati e, quindi, si riscalda di più. Ai Poli, invece, la radiazione solare è più diluita e il calore è minore. Se non ci fosse alcun meccanismo per riequilibrare tali differenze, l'Equatore diventerebbe sempre più caldo, i Poli sempre più freddi. La circolazione atmosferica planetaria costituisce appunto (insieme alle correnti oceaniche) il meccanismo riequilibratore che, trasportando calore dall'Equatore ai Poli, fa in modo che il «pollo» non si bruci.

Una circolazione complessa

Come avviene quest'azione riequilibratrice? Si potrebbe supporre che l'aria calda salga dalle zone equatoriali, si diriga ad alta quota verso i Poli e lì ridiscenda. Oppure, che l'aria fredda compia il cammino inverso, viaggiando a bassa quota dai Poli verso l'Equatore. In realtà, la questione non è così semplice, principalmente per una ragione: la Terra è un pianeta in rotazione, e questa rotazione crea una circolazione estremamente complessa. Non solo: montagne, oceani, ghiacci, deserti, foreste influenzano i moti atmosferici sia locali sia planetari. Proviamo a ripercorrere rapidamente questo labirinto di tapis roulant gassosi.

Entriamo nel labirinto all'Equatore, dove si trova la cosiddetta zona di convergenza intertropicale: è qui che il Sole, riscaldando il terreno, fa innalzare l'aria. Questa, salendo, crea una specie di rarefazione vicino al suolo, cioè una bassa pressione, che richiama altre masse d'aria. Si formano così gli alisei, venti che spirano verso l'Equatore da nordest (emisfero boreale) e da sudest (emisfero australe), molto conosciuti e sfruttati dai grandi navigatori dei secoli passati.

L'aria salita in quota non ridiscende ai Poli, ma molto prima: ai Tropici, fra i 20 e i 30° di latitudine. Tale discesa crea campi di alta pressione, tant'è che in queste zone i venti sono leggeri e i cieli sereni (tutti i deserti del mondo si trovano in questa fascia).

Quindi, si prosegue verso le aree temperate, le regioni dove si trova anche l'Italia. Qui la circolazione è più disordinata e variabile, ma va rilevata una caratteristica costante: i venti provengono da ovest. Infatti, guardando le previsioni del tempo, è facile notare come le perturbazioni provengano sempre da occidente, dall'Oceano Atlantico.

Infine, si giunge nelle regioni polari. Qui, l'aria più calda, che si innalza al confine con le zone temperate, viaggia in quota verso i Poli per poi ridiscendere, creando alta pressione, con prevalenza di cielo sereno.

Venti, nubi, nebbie

La complessa circolazione atmosferica che trasporta il calore dall'Equatore ai Poli avviene tramite lo spostamento di grandi masse d'aria intorno al pianeta. Anche se queste masse non si vedono, poiché l'aria è trasparente, possiamo tuttavia sentirle: si tratta del vento. Questo fenomeno meteorologico così comune è infatti provocato dallo spostamento dell'aria da zone di alta pressione (aria più densa) a zone di bassa pressione (aria più rarefatta). Alcuni venti, come gli alisei, riequilibrano grandi zone di bassa pressione; altri, come le brezze di terra o di mare, svolgono il loro compito in ristrette aree geografiche, ristabilendo un equilibrio rotto dal differente riscaldamento della terraferma e del mare; altri ancora agiscono in alta quota, come le correnti a getto, che soffiano con grande intensità a circa 10 chilometri dal suolo. Tra i venti più famosi ricordiamo il khamsin, che spira dal Sahara meridionale in Egitto provocando terribili tempeste di sabbia; e il freddissimo pampero, che attraversa le pianure meridionali argentine.

Le nubi, eteree sculture che spesso decorano il cielo, si formano quando una massa d'aria calda e umida si stacca dal suolo e comincia la propria ascesa. Com'è noto, l'aria calda è più leggera di quella fredda e, quindi, tende a salire. Man mano che procede verso l'alta quota, la massa d'aria calda e umida incontra temperature sempre più basse (in media, la diminuzione è di 1 °C ogni 100 metri di quota). Non solo: anche la pressione diminuisce (a 6000 metri, è la metà di quella al suolo). Quindi, la massa d'aria nel suo moto ascensionale si espande e si raffredda. A un certo momento, il vapore acqueo si trasforma in minuscole gocce d'acqua o in minuti cristalli di ghiaccio: si è formata una nube. Si conoscono diversi tipi di nuvole: a cumulo, somiglianti a torri o cavolfiori; a strato, piatte come sogliole; e i cirri, presenti ad alta quota e simili a veli trasparenti.

La nebbia è molto simile alle nubi: si tratta infatti di minuscole goccioline d'acqua condensatesi a causa della bassa temperatura. Ma mentre per le nubi tale condensazione avviene allorché una massa d'aria, salendo in quota, incontra temperature più basse, per la nebbia il processo è diverso: in questo caso è la bassa temperatura che raggiunge il suolo, facendo condensare il vapore acqueo contenuto nell'aria. La nebbia, quindi, si forma più facilmente nelle notti serene e fredde, in prossimità di zone umide (stagni, paludi) o sul suolo bagnato. Poiché l'aria fredda è più pesante di quella calda, la nebbia tende a formarsi nelle valli. Si conosce anche una forma di nebbia molto rara, costituita da minuscoli cristalli di ghiaccio anziché da goccioline. È un fenomeno che avviene solo a temperature estremamente basse.

Pioggia, grandine, neve

Le goccioline che formano le nubi sono talmente piccole (millesimi di millimetro) che galleggiano nell'aria senza ricadere a terra. Come mai a un certo momento le nubi sganciano il loro carico d'acqua al suolo? Per molto tempo, la formazione di uno dei fenomeni meteorologici più comuni è rimasto un vero e proprio enigma. Poi, finalmente, si è riusciti a svelare il segreto.

Le nuvole sono composte non soltanto da minuscole goccioline, ma anche da cristalli di ghiaccio, anch'essi estremamente minuti. Questi ultimi in certe condizioni funzionano da calamita, attirando le goccioline. In tal modo il cristallo diventa sempre più grande e pesante finché, raggiunto il diametro di un paio di millimetri, comincia a precipitare verso il suolo. Attraversando zone d'aria più calda, il ghiaccio si scioglie formando la classica goccia di pioggia (del diametro di circa 3 millimetri). Nelle zone tropicali, dove i cristalli di ghiaccio sono più rari, anche ad alta quota, le goccioline si condensano con maggiore frequenza attorno a nuclei di polvere, piccole impurità che svolgono un'importante funzione aggregante.

Le grandinate sono un fenomeno meteorologico, piuttosto raro, ma estremamente violento. I chicchi di grandine assomigliano più a una pietra che a una goccia d'acqua; sono vere e proprie palline di ghiaccio che possono raggiungere dimensioni notevoli: il record spetta a un chicco di 766 grammi e di 44 centimetri di diametro, caduto (fortunatamente non sulla testa di qualcuno) nel Kansas, negli Stati Uniti. La grandine è un fenomeno prettamente estivo: è formata infatti dalle grandi nubi temporalesche e dalle loro violentissime correnti ascensionali e discensionali. Le gocce d'acqua, sballottate in questa infernale turbolenza, sono continuamente spinte verso l'alto e verso il basso, con salti anche di svariati chilometri. Proprio in questo saliscendi si formano i chicchi di grandine. Tutto comincia con una gocciolina d'acqua che, spinta verso l'alto, si congela. All'improvviso, una nuova corrente trascina verso il basso il chicco, intorno a cui si condensano altre goccioline. Dopo una risalita altrettanto rapida, l'acqua condensata si ghiaccia e il chicco diventa più grande. Alla fine di questo violento saliscendi, che può durare parecchi minuti a causa della forte turbolenza, il chicco, divenuto ormai grosso e pesante, precipita al suolo.

Fra le varie precipitazioni, la neve è sicuramente quella che esercita il maggior fascino. I fiocchi di neve, com'è noto, sono costituiti da microscopici cristalli di ghiaccio dalle stupefacenti strutture, che si formano attorno a piccole impurità atmosferiche nelle nubi stratificate a temperature fra -20 e -40 °C.

Wilson Bentley (1865-1931), un agricoltore del Vermont, negli Stati Uniti, rimase così affascinato da questi cristalli che dedicò la sua vita a studiarli. Scattò fotografie al microscopio a migliaia di fiocchi di neve, classificando ben 2500 diverse strutture di cristalli ghiacciati. I fiocchi sono formati da migliaia di questi cristalli, spesso ridotti in frammenti e congelati insieme. Il condensarsi di più cristalli segue un andamento analogo a quello delle goccioline di pioggia; anzi, se la temperatura al suolo è superiore a 0 °C, prima di toccare terra i fiocchi si ritrasformano in gocce d'acqua.

Il temporale

Uno dei protagonisti dei caldi pomeriggi estivi, almeno nelle zone temperate, è il temporale. Il punto di partenza di questo improvviso e violento fenomeno meteorologico è l'aria surriscaldata dal suolo. Le masse calde e leggere tendono a salire rapidamente verso l'alto e se, in quota, si trovano condizioni instabili, la strada è aperta alla formazione delle imponenti nubi temporalesche. Gigantesche colonne nuvolose, alte chilometri, appaiono all'orizzonte: alla sommità sono di un bianco brillante, ma la base è scura, grigia come il piombo. Il caldo sembra ancora più opprimente, mentre il cielo diventa nero. Il Sole viene coperto e il vento cala di colpo. Poi, all'improvviso, il lampo di un fulmine seguito dal fragore del tuono rompe la calma irreale. I primi goccioloni di pioggia cadono al suolo, e, in breve, ci si ritrova in mezzo al temporale, con lampi, tuoni, vento a raffiche, pioggia torrenziale e, a volte, grandine: una mezz'ora in cui gli elementi si scatenano. Poi, con la stessa rapidità con cui era scoppiato, il temporale si dissolve. Si stima che in ogni momento sul nostro pianeta ne siano in corso 1800.

Uno degli elementi caratteristici del temporale è il fulmine. La formazione di enormi cariche elettriche nelle nubi temporalesche non è stata ancora chiarita completamente. Comunque, il loro accumularsi è sicuramente dovuto alle violente correnti ascensionali e discensionali che caratterizzano i cumulonembi. In altre parole, le nubi temporalesche si comportano come un enorme generatore elettrostatico. Le cariche positive e negative si dispongono in parti diverse della nube e fra esse si stabilisce un'enorme differenza di potenziale. Esperimenti condotti con palloni hanno dimostrato che le cariche positive si distribuiscono nella parte alta della nube, dove la temperatura è di circa -20 °C; quelle negative si trovano invece alla base, dove la temperatura è prossima a 0 °C. Quando la differenza di potenziale fra le due parti della nube tocca il mezzo milione di volt, si verificano le condizioni per lo scatenarsi di una potente scarica elettrica.

Sebbene il fulmine possa apparire un fenomeno molto semplice, cioè un lampo che dal cielo raggiunge il suolo, la fotografia ad alta velocità ha rilevato che tale fenomeno è in realtà molto più complesso. All'inizio, dalle nubi parte una «scarica guida» che cerca nell'aria il cammino di minore resistenza; questa scarica è invisibile e nella sua scia lascia aria ionizzata, cioè una strada aperta per ulteriori scariche. Una volta stabilito il percorso nube-suolo, da terra parte un immane impulso (dell'intensità di 10.000 ampere) che risale verso il cielo, a un decimo della velocità della luce. L'aria attraversata dall'impulso si riscalda fino a 30.000 °C, espandendosi violentemente: è proprio in questo momento che si crea la luce del fulmine (l'aria surriscaldata) e il rombo del tuono (l'onda dell'espansione). Ma lo spettacolo non è ancora finito. Non appena l'impulso positivo suolo-cielo arriva nella nube, parte una seconda scarica, questa volta negativa e in direzione del terreno. Il fulmine è caduto. Ora la nube deve ricaricarsi, e lo fa molto rapidamente: in appena 1 ventesimo di secondo, il cumulonembo è pronto a lanciare nuove saette.

Uragani e tornado

I temporali non sono il fenomeno più violento che possa scatenarsi nell'atmosfera terrestre: gli uragani tropicali detengono sicuramente tale primato. Essi si formano nelle calde acque degli oceani tropicali. Qui, infatti, l'evaporazione produce una massa di aria calda e umida che tende a salire velocemente; se le condizioni sono sufficientemente instabili, l'ascesa di quest'aria è rapidissima e, al suo posto, viene richiamata altra aria che segue lo stesso destino: una veloce ascesa verso l'alta quota. Il motore dell'uragano ha cominciato a formarsi. Ora, non resta che perfezionare la gigantesca struttura a vortice. La rotazione terrestre imprime un movimento analogo alle masse d'aria in ascesa, da cui dipende il classico aspetto circolare, evidente soprattutto nelle foto dai satelliti. Infine, l'uragano raggiunge il culmine della sua potenza. Muri di cumulonembi vengono formati dall'aria calda che sale in un movimento a spirale, i venti sono fortissimi e le piogge torrenziali. Al centro, il famoso occhio: una zona di calma irreale, prodotta da una colonna d'aria discendente. Qui, specialmente a quote intorno ai 5000 metri, la temperatura è più alta di una decina di gradi rispetto ai margini esterni dell'uragano. Nell'occhio si trova il cuore della bassa pressione, che attira aria da tutte le parti e alimenta la terrificante potenza di questo mostro meteorologico.

Ma nel corso del suo tragitto, l'uragano può incontrare la terraferma: è la sua fine. Infatti, senza il combustibile, cioè l'aria calda e umida dei mari tropicali, il motore dell'uragano si ferma; non prima, però, di aver seminato distruzione e morte lungo le coste su cui si è abbattuto.

Il tornado è una tempesta atmosferica molto più piccola e limitata di un uragano, ma la sua potenza distruttiva può rivelarsi più concentrata e micidiale. Mentre un uragano ha un diametro di 500 chilometri, un tornado può essere largo appena 500 metri, o addirittura 50. I tornado sono più frequenti nelle grandi pianure degli Stati Uniti d'America, in particolare in un corridoio che va dal Texas al Canada, passando per il Kansas e l'Illinois: qui, specialmente nella stagione che va da aprile a settembre, si verificano quelle condizioni di grande instabilità che possono portare alla nascita di un tornado. Come l'uragano, il tornado si organizza intorno a un centro di bassa pressione. L'aria calda e umida sale velocemente attirando da ogni parte altra aria, risucchiata verso l'alto in un violento movimento rotatorio. Se in questa ascesa l'aria calda incontra uno strato d'aria fredda e secca, la situazione precipita: l'aria calda subisce una brusca accelerazione, e può formarsi il classico imbuto del tornado. Le velocità dei venti non sono mai state misurate con precisione (gli anemometri rimasti in mezzo a un tornado sono stati distrutti), ma superano i 200 chilometri orari. Il tornado si sposta a velocità variabile, talora sollevandosi dal suolo, talora «atterrando» e facendo a pezzi tutto ciò che incontra. La scia di distruzione lasciata da questi violenti fenomeni atmosferici è terribile, ma rivela quanto ristretta e concentrata sia la sua azione devastatrice: a volte, in una stessa strada gli edifici di un lato vengono distrutti, quelli dell'altro lato restano intatti.

L'arcobaleno

Innocuo e spettacolare, l'arcobaleno è stato considerato per secoli e secoli, nelle più diverse culture, un segno divino. Leggende popolari narravano che chi lo avesse raggiunto avrebbe avuto per sempre la fortuna dalla sua parte. Peccato che la cosa sia impossibile: l'arcobaleno si allontana alla stessa velocità di un osservatore che cammina nella sua direzione. Come si forma questo straordinario arco che mostra, in modo così splendido, tutti i colori dell'iride? La condizione essenziale è un bell'acquazzone, con il Sole che fa capolino dalle nuvole. Le goccioline di pioggia funzionano come minuscoli prismi ottici, suddividendo la luce bianca nei sette colori dell'iride: rosso (all'esterno), arancione, giallo, verde, blu, indaco, violetto (all'interno). Per poterlo vedere, bisogna che l'osservatore abbia alle spalle il Sole e di fronte il rovescio di pioggia. I migliori arcobaleni sono quelli del primo mattino o del tardo pomeriggio. Infatti, più il Sole è basso sull'orizzonte, maggiore è la curvatura dell'arco. Quando invece il Sole è alto sull'orizzonte, l'arcobaleno non è visibile. Generalmente, si presenta come una semicirconferenza, non come un cerchio intero: il che è dovuto alla curvatura della Terra e al fatto di trovarsi al suolo. In talune, rarissime occasioni, i passeggeri di un aereo, venutosi a trovare fra il Sole e un rovescio di pioggia, hanno assistito allo straordinario spettacolo di un arcobaleno circolare.

Di arcobaleni se ne possono formare più d'uno: a volte, un arco secondario (con i colori invertiti, rosso all'interno e violetto all'esterno) appare sopra quello principale. In alcuni luoghi gli arcobaleni sono particolarmente frequenti: uno di questi è Honolulu, nelle isole Hawaii.

Il clima terrestre

L'atmosfera e i fenomeni meteorologici che abbiamo descritto (venti, pioggia, neve ecc.), insieme a molti altri fattori (le correnti oceaniche, l'estensione dei ghiacci, la posizione dei continenti, persino certe caratteristiche dell'orbita terrestre), costituiscono gli ingranaggi di quella grande macchina che è il clima terrestre. Una macchina estremamente complessa che assicura una determinata distribuzione (variabile entro certi limiti) di temperature, precipitazioni, venti, e che può essere considerata responsabile dell'attuale «volto» del nostro pianeta, ossia dell'estensione e della posizione geografica delle foreste e dei ghiacciai, delle savane e dei deserti, nonché delle rispettive flora e fauna, e, in generale, della temperatura media oggi registrata. In passato vi sono stati climi più freddi. Non occorre andare nemmeno molto indietro nel tempo: nell'ultimo milione di anni si sono susseguite diverse glaciazioni, durante le quali mezza Europa era nella morsa del gelo. Vi sono state anche epoche più calde, in cui non vi era traccia di ghiac-

IL BUCO DELL'OZONO

Per quale ragione lo strato di ozono si buca, e perché questo fenomeno si è verificato sopra il Polo Sud? Le reazioni e i processi che conducono alla distruzione dell'ozono antartico sono molto complessi; tuttavia, gli scienziati sono ormai convinti che i responsabili principali siano i CFC, composti sintetici a base di cloro e fluoro, usati in vari settori industriali. In base a dei trattati internazionali nei paesi industrializzati, la produzione di questi composti e il loro impiego sono stati recentemente messi al bando. Purtroppo diverse tonnellate di CFC sono ormai in volo nell'atmosfera. La caratteristica principale di queste molecole inventate dall'uomo è quella di essere stabili, cioè di non reagire chimicamente con altre sostanze. Paradossalmente, questi «meriti» industriali trasformano i CFC in killer implacabili dell'ozono. Infatti, a causa della loro stabilità, i CFC hanno una vita lunghissima; 50-100 anni, e possono dunque vagare nell'atmosfera per diverso tempo, fino a raggiungerne le parti più alte. A questo punto, i raggi ultravioletti scindono le molecole di CFC, liberando il cloro: comincia così la perversa catena di reazioni che porta alla distruzione dell'ozono. Un solo atomo di cloro può distruggere da 30 a 40.000 atomi di ozono. Anche in piccole concentrazioni, dunque, i CFC sono molto pericolosi.

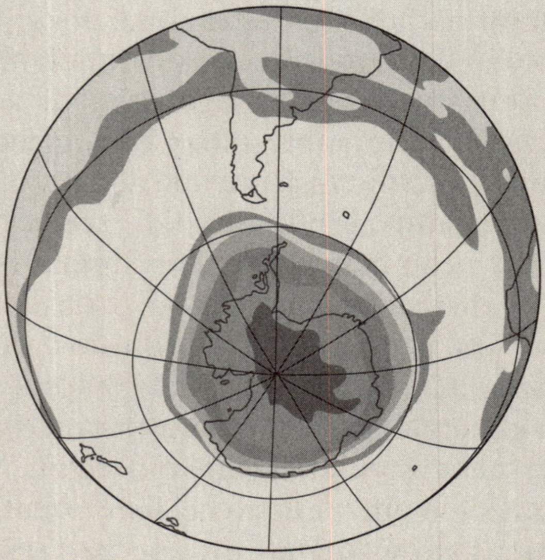

Al centro del disegno, il buco dell'ozono localizzato nella zona antartica.

ci, nemmeno ai Poli: per esempio durante l'era dei dinosauri. Il clima dunque muta, nel corso di decine o centinaia di migliaia di anni, e le cause di tali mutamenti sono molteplici: dal lento spostarsi della terraferma, con la deriva dei continenti, a piccoli mutamenti dell'orbita terrestre; da impercettibili variazioni della luminosità solare all'azione dei vulcani. Ultimamente, però, è intervenuta una nuova causa: l'operato dell'uomo.

Lo straordinario sviluppo industriale, che da almeno due secoli continua a ritmi crescenti espandendosi in nuove aree del pianeta, sta immettendo nell'atmosfera miliardi di tonnellate di anidride carbonica. Questo gas, che un secolo fa era presente solo in una concentrazione di 280 parti per milione, oggi è arrivato a 360. Secondo gli scienziati dell'IPSS (Intergovernmental Panel on Climate Change) l'aumento dell'anidride carbonica potrebbe portare a un innalzamento della temperatura media terrestre fra 1,5 e 3,5 °C. L'anidride carbonica infatti è responsabile, insieme ad altri gas (come il vapore acqueo, il metano o i famigerati CFC), del noto effetto serra, vale a dire del fenomeno per cui il calore solare rimane intrappolato nell'atmosfera anziché disperdersi nello spazio cosmico.

Un progressivo riscaldamento del pianeta, dovuto appunto all'effetto serra, non soltanto provocherebbe un innalzamento della temperatura (cosa che, tutto sommato, potrebbe persino risultare piacevole, dal momento che sarebbero le zone temperate e fredde a essere maggiormente coinvolte), ma con ogni probabilità causerebbe anche una notevole instabilità nel clima, con maggiori rischi di siccità e di allagamenti, aggravati da un aumento del livello del mare valutabile fra 30 e 90 centimetri entro il 2100. Su tali previsioni regna, com'è ovvio, l'incertezza, a causa dell'enorme quantità di variabili in gioco. Tuttavia, anche secondo i più scettici le probabilità che si verifichi un cambiamento si aggirano intorno al 30%: un rischio che nessuno, tanto il semplice cittadino quanto il politico più influente, può permettersi di ignorare.

VI

Come funzionano gli oceani

Degli oceani, tutto sommato, sappiamo ancora poco: ma una grande attività di ricerca è attualmente in corso per capire meglio la complessità dei meccanismi che regolano la vita sottomarina.

In questo capitolo, compiremo un viaggio alla scoperta di questo mondo invisibile a bordo di un immaginario batiscafo che ci permetterà di esplorare verticalmente l'oceano. Si tratta di un'immersione nel Nord Atlantico, in un punto sufficientemente rappresentativo, per osservare lungo i diversi livelli subacquei la fauna (dal plancton ai pesci luminescenti di profondità), l'acqua, con i suoi strani «lenzuoli» e «serpentoni», e i fondali. Un'occasione per capire cosa si nasconde sotto la superficie del mare, e come funziona il potentissimo motore che tanto influenza il clima terrestre.

Il batiscafo è minuscolo, ma comodo. Soprattutto, è dotato di grandi oblò che consentono un'eccellente visibilità verso l'esterno. Nella zona di comando si trovano diversi strumenti di rilevamento, che permetteranno di osservare meglio molto di ciò che incontreremo durante l'immersione.

Pesci come uccelli

Il batiscafo comincia a sprofondare dolcemente: attraverso gli oblò, vediamo salire il livello dell'acqua. La luminosità dell'acqua comincia a diminuire. Man mano che scendiamo, i raggi solari stentano sempre più a penetrare. In mare aperto con acqua limpida, dove ci troviamo ora, la luce può arrivare fino a un centinaio di metri di profondità. Nelle turbolente acque costiere, invece, con la sabbia in sospensione, la radiazione solare può essere smorzata già dopo qualche metro.

Davanti a noi guizza un grande banco di pesciolini. Si muovono in formazione, come un'immensa pattuglia di aerei acrobatici, e compiono in perfetta sincronia virate e accelerate, per tenersi a distanza di sicurezza da noi. Mentre i grandi predatori sono generalmente solitari, i pesci piccoli vivono in banchi numerosi. Questo dà loro maggiore protezione e anche più opportunità d'incontro per gli accoppiamenti. La strategia del più debole, infatti, è quella di riprodursi rapidamente per colmare i vuoti lasciati dalle predazioni.

Osservando i pesci direttamente nel loro ambiente, ci si rende anche conto di un fatto al quale solitamente non si pensa: l'oceano ha una dimensione verticale e i pesci, dunque, si muovono in modo «tridimensionale», come gli uccelli. Gli animali che vivono negli oceani possono, in un certo senso, volare: non sono costretti, come quelli terrestri, a rimanere sempre vincolati al terreno. Un pesce può frugare col muso sul fondale e poi librarsi verso l'alto, esattamente come fa un uccello; può planare a mezz'altezza, poi scendere in picchiata verso il basso. Insomma, anch'esso si muove in un ambiente «aereo» (o meglio, fluido). Ma, come gli aerei hanno determinate quote di pertinenza (devono cioè volare entro certe fasce di altitudine prestabilite), così anche i pesci, e tutti gli animali marini, hanno livelli di profondità che sono loro particolarmente congeniali.

Un condominio verticale

Negli strati superiori vivono ovviamente gli animali che sono più direttamente collegati a plancton, come le meduse, o anche le acciughe e le aringhe, che sono vegetariane e si nutrono di fitoplancton. Man mano che si scende, si incontrano strati in cui le varie forme di vita marina si sono meglio adattate, trovando alle diverse profondità il loro nutrimento o le loro prede: poco sotto il nostro livello si aggirano per esempio gli sgombri, i tonni, oppure le balene, che si nutrono abbondantemente di zooplancton e di piccoli pesci e crostacei. Sotto i 200 metri, dove ormai il buio domina incontrastato, si trova ancora lo zooplancton carnivoro, che fa la spola ogni notte tra la zona buia e la superficie: qui si incontrano seppie e calamari, e ci si può imbattere anche nel grande capodoglio che ama le acque profonde, compiendo puntate fino ai 2000 metri.

È in questa zona buia che vivono quei sorprendenti animali marini luminosi, come i pesci lanterna, i quali utilizzano la loro bioluminescenza come lampadina e anche come tecnica predatoria. A quelle profondità, in un certo senso, c'è ancora del plancton: è quello, ormai morto, che lentamente scende sul fondo. Qui precipitano anche tutti gli altri detriti provenienti dagli strati superiori: pesci morti, resti di animali uccisi (persino di balena). A questi si aggiungono naturalmente quelli portati in mare dai fiumi, che scivolano lungo i ripidi canyon della piattaforma continentale. Poiché in natura nulla va perso (anche nei fondali più profondi esistono forme viventi che sfruttano ciò che è sfuggito agli strati precedenti), la catena alimentare continua fin nella melma più abissale, dove i batteri concludono il ciclo.

Il batiscafo si avvia lentamente verso la zona buia. Naturalmente, i diversi strati hanno una densità di popolazione differente, e laddove inizia la zona buia il numero degli animali cala notevolmente. Tra l'altro, la progressiva diminuzione dei raggi solari determina una temperatura via via più fredda, e anche il metabolismo degli animali deve adattarsi. Quando si arriva negli abissi, la temperatura si aggira sui 2-5 °C: a tali profondità, l'acqua è letteralmente gelida, sia nelle zone polari sia in quelle tropicali o equatoriali. Qui sopravvivono unicamente animali che hanno un metabolismo molto lento, e che, di conseguenza, vivono estremamente a lungo. Per esempio alcuni molluschi bivalvi, lunghi non più di 3 centimetri, che popolano gli abissi del Nord Atlantico, sembra raggiungano un'età superiore addirittura ai 250 anni.

Dentro l'inchiostro

Siamo ormai totalmente immersi nel buio. All'interno del batiscafo si sono accese tenui luci di posizione, che consentono di tenere d'occhio gli strumenti di bordo.

È una sensazione strana e inquietante. Si ha l'impressione di viaggiare dentro l'inchiostro. Il sonar di bordo ci consente comunque di navigare con sicurezza, così come può fare un aereo di notte con il radar. Tutte queste zone, del resto, sono mappate: il pilota conosce esattamente la configurazione del luogo in cui ci troviamo. Stiamo sorvolando delle montagne che stanno molto più in basso; ci siamo da poco inoltrati in una zona di mare aperto, e sotto di noi vi sono oltre 3000 metri d'acqua.

Il pilota richiama la nostra attenzione sugli indicatori di temperatura. L'acqua comincia a diventare nettamente più fredda; ma la cosa curiosa è che l'indicatore di temperatura sembra quasi muoversi a scatti: in altri termini, non registriamo un raffreddamento graduale dell'acqua, ma è come se vi fossero degli «scalini». I primi 100 metri (a parte la zona più superficiale) normalmente sono omogenei: la temperatura non varia molto, perché c'è un grande rimescolamento delle acque dovuto ai venti e alle correnti. Ma scendendo più in profondità, ci si rende conto che il mare è costituito da tanti «lenzuoli», ovvero da strati di acqua che non si mescolano mai tra loro.

Questa particolare architettura sommersa del mare è dovuta alla differente densità dei vari lenzuoli, nel senso che ogni strato è di densità leggermente diversa da quello superiore e inferiore. Tale densità è il risultato delle combinazioni di due fattori, la temperatura e la salinità dell'acqua: più si scende, più l'acqua è fredda e salata. Gli strati diventano via via più densi, e ciò li rende impermeabili gli uni agli altri. Sembra incredibile parlare di acqua impermeabile, ma a quanto risulta da numerose ricerche, il liquido di questi lenzuoli sottomarini impiega migliaia di anni per rimescolarsi. L'oceano è quindi una specie di immensa torta a più strati; questi strati si muovono, spesso a velocità diverse, in senso orizzontale. Una simile struttura può apparire bizzarra, perché, visto dall'esterno, un oceano sembra semplicemente un'immensa vasca da bagno; il fatto è che noi non riusciamo a vedere quello che avviene sotto. Sotto, succede un po' come nel cielo, dove possiamo osservare diversi strati di nuvole sovrapposti, che magari si muovono a diversa velocità. Inoltre, sempre come in cielo, anche negli oceani esistono le «termiche», cioè correnti calde ascensionali, e, parallelamente, ci sono correnti discensionali di acqua fredda.

Il fenomeno in alcune zone è molto spettacolare: grazie appunto alla diversa densità e temperatura, nelle acque profonde esistono quelli che sono stati definiti «serpentoni», cioè grandi correnti, fiumi freddi che si muovono attraverso tutto il globo e che hanno un'importanza fondamentale nella regolazione del clima sul nostro pianeta. Uno dei maggiori serpentoni si forma al largo della Groenlandia. E andremo a raggiungerlo con il nostro batiscafo, virando in direzione nordest e dirigendoci nella zona dell'Atlantico in cui passa, in profondità, questa autostrada fredda.

Verso gli abissi

Siamo sempre nel buio più totale, ed è da parecchio che stiamo scendendo verso il basso. Ci troviamo ora a grande profondità: l'indicatore di bordo segnala 3900 metri. Il batiscafo deve sopportare una pressione enorme: se cedesse in qualche punto della sua struttura, saremmo non soltanto inondati, ma stritolati dalla pressione. La colonna d'acqua sopra di noi è tale che, se uscissimo dal batiscafo in tuta da sub, moriremmo sul colpo: il nostro corpo non potrebbe resistere a una morsa di 390 atmosfere. Eppure, molti pesci e diversi altri esseri viventi si trovano benissimo a tali profondità: il loro organismo è formato in modo da compensare perfettamente questa pressione. Anzi, per essi è impossibile risalire in superficie: le loro strutture interne esploderebbero.

Parecchi di questi pesci degli abissi hanno un aspetto molto strano, come i cosiddetti lisofrinidi, che sono in pratica enormi bocche innestate su un piccolo corpo (sembrano quasi una caricatura). Hanno lunghe antenne, dalle forme curiose, che servono ad attirare le loro piccole prede. È interessante osservare come, in queste zone profonde, due terzi dei pesci abbiano qualche forma di luminescenza.

Più in alto abbiamo incontrato anche sorprendenti esseri marini simili a calamari, chiamati *Vampiro thentis*, a causa di due piccole orecchie che ricordano proprio quelle dei vampiri.

Immensi fiumi sottomarini

Continuando a scendere e seguendo le mappe dei fondali, siamo riusciti a raggiungere il grande serpentone freddo che, partendo dalla Groenlandia, attraversa a grande profondità l'Oceano Atlantico.

È questo uno dei più imponenti e meno conosciuti fenomeni oceanici. D'inverno, le acque che da sud arrivano nei pressi della Groenlandia si raffreddano rapidamente, passando da 10 a 2 °C. In tale modo, si crea una grande corrente discendente, in quanto l'acqua, divenuta molto densa per temperatura e salinità, si inabissa, come una gigantesca cascata al rallentatore. È un immenso fiume, venti volte maggiore di tutti quelli terrestri messi insieme, con un'altezza di centinaia di metri e una larghezza di vari chilometri. Questo fiume si arricchisce dell'acqua di diversi affluenti, come la corrente del Labrador. Scorrendo sui fondali, a circa 4000 metri di profondità, il gelido fiume attraversa lentamente tutto l'Atlantico in senso longitudinale, da nord a sud, tenendosi al largo delle coste americane e dirigendosi verso il capo di Buona Speranza. Qui, il serpentone atlantico si congiunge con un'altra corrente profonda proveniente dall'Antartide e vira verso l'Oceano Indiano, penetrando infine, dopo il suo lungo viaggio, nel Pacifico, dove ne riequilibra la salinità (il Pacifico, infatti, è più dolce dell'Atlantico, poiché le piogge sono più abbondanti dell'evaporazione).

Questa corrente salata profonda è, secondo molti ricercatori, una specie di ago della bilancia, capace di orientare il clima verso il caldo o verso il freddo. Un effetto importantissimo del serpentone, per esempio, è quello di riscaldare l'Europa: quando l'acqua si raffredda, prima di inabissarsi al largo dell'Islanda cede all'atmosfera una quantità immensa di calore, che, insieme a quello della notissima corrente del Golfo, assicura all'Europa un clima mite. Quando, per ragioni ancora ignote, la corrente si ferma, l'Europa si raffredda; tant'è che gli scienziati ipotizzano che questa sia una delle cause che determinano l'avvento delle ere glaciali.

Dentro il serpentone

Il batiscafo sta navigando da parecchio tempo nel bel mezzo del serpentone. In realtà, dagli oblò non si vede nulla: è buio fitto, e i potenti fari che ogni tanto vengono accesi inquadrano soltanto acqua nera, attraversata talvolta da qualche strano animale marino che si staglia dentro i coni di luce, prima di scomparire nuovamente nel buio.

La corrente del serpentone è lentissima: l'acqua nella quale ci troviamo arriverà nel Pacifico solo tra qualche secolo. Il batiscafo, quindi, procede usando i propri motori, come fa chi cammina velocemente su un nastro trasportatore in movimento. Questo serpentone, naturalmente, non è l'unico a percorrere le profondità marine. Esistono mappe che mostrano un'intera «rete autostradale» sottomarina di correnti fredde. Anche nel Mediterraneo esistono alcune di queste correnti. Un serpente di acqua fredda e salata si forma per esempio nell'Adriatico, di fronte a Trieste, dove la bora (il famoso vento gelido) raffredda le acque di superficie facendole sprofondare. Questo serpente freddo, insieme ad altri due che si formano al largo della Turchia e delle coste francesi, percorre in profondità tutto il Mediterraneo per poi uscire da Gibilterra.

Il motore principale: il Sole

Naturalmente, in questo vasto pianeta d'acqua, le cose sono molto più complesse di come appaiono dall'interno di un batiscafo. Esistono circolazioni orizzontali, verticali, oblique, tutte influenzate da una serie di fenomeni che avvengono sia sott'acqua sia in superficie. Ma a cos'è dovuto il complicato movimento di acque e di correnti nei mari e negli oceani?

Il motore principale, paradossalmente, è fuori del globo terrestre. Si trova a 150 milioni di chilometri di distanza: è il Sole. La rotazione della Terra fa sì che il nostro pianeta sia,

L'OCEANO: UNA CAMBUSA DI CALORE

I venti sono, per così dire, una serie di tapis roulant che spostano calore dall'Equatore ai Poli: trasportano masse d'aria, riequilibrando continuamente la cottura di quella specie di pollo allo spiedo che è la Terra in orbita intorno al Sole. Senza questo tapis roulant, l'Equatore diventerebbe sempre più caldo, i Poli sempre più freddi, e il pollo finirebbe per bruciarsi. Ebbene, la maggior parte di quel calore l'atmosfera la trae dalla «cambusa» degli oceani, la cui capacità di immagazzinare calore è molto maggiore di quella dell'aria (e anche della terra). Si è calcolato, per esempio, che i primi 3 metri degli oceani contengono tanto calore quanto l'intera atmosfera. Scaldandosi in modo diverso, aria, terra e acqua danno origine a imponenti fenomeni atmosferici: non solo gli uragani, ma anche quei venti stagionali, chiamati monsoni, che d'estate portano le piogge in moltissimi paesi tropicali. I monsoni sono causati proprio dalla differente rapidità con cui si scaldano la terra e il mare.

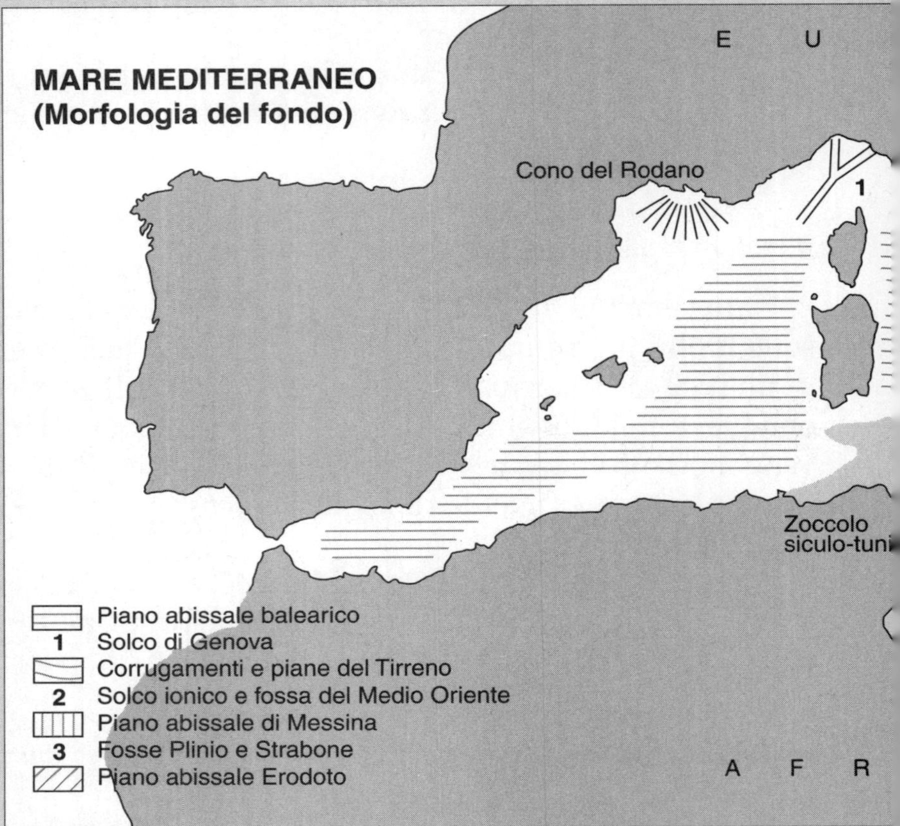

SEI MILIONI DI ANNI FA: UN MEDITERRANEO SENZ'ACQUA

Osservando una carta del Mediterraneo, vien quasi da pensare che se si chiudesse lo stretto di Gibilterra, bloccando l'afflusso di acqua oceanica, il Mediterraneo finirebbe per evaporare, diventando una depressione desertica, una serie di avvallamenti ricoperti di sabbia e di sale. Il fatto sorprendente, scoperto dagli scienziati, è che in passato il «rubinetto» di Gibilterra si è effettivamente chiuso, quando, 6 milioni di anni fa, i grandi movimenti geologici portarono la zattera africana a premere verso l'Europa. Il Mediterraneo, in un tempo relativamente breve (circa 3000 anni), si prosciugò quasi interamente lasciando grandiosi depositi salini sui fondali. Lo spettacolo doveva essere straordinario: una depressione profonda 3000 metri, incrostata di sale e cosparsa di pozze d'acqua salmastra più o meno profonde; un deserto simile al Mar Morto, che cominciava lungo l'attuale linea costiera. Secondo questa prima ipotesi, il Medi-

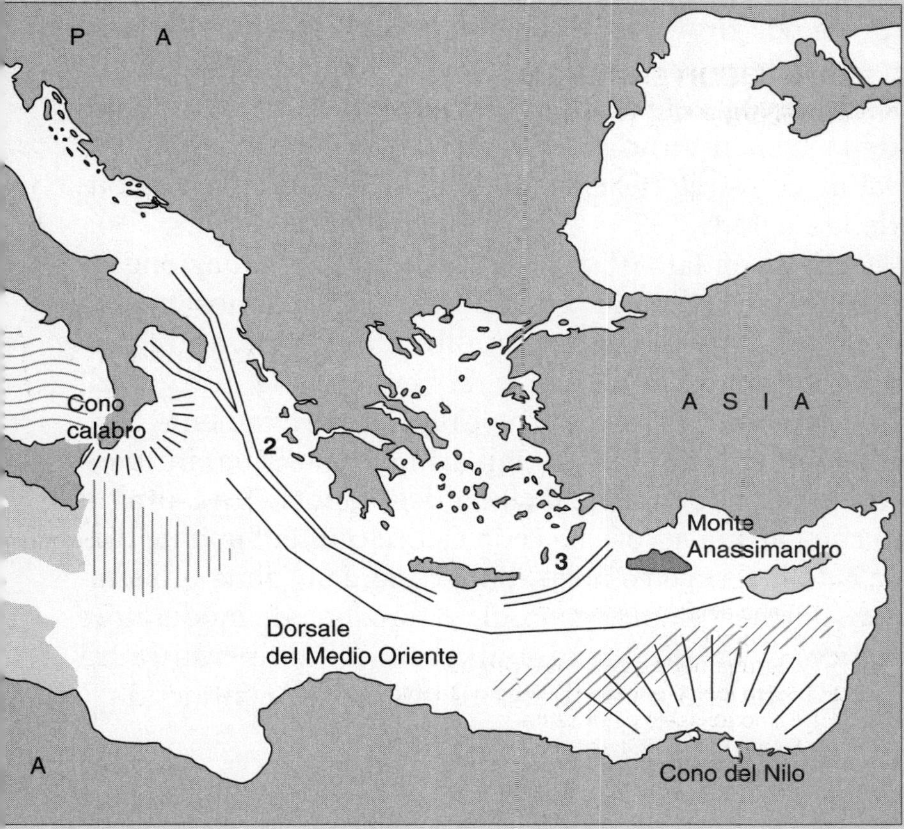

terraneo rimase secco per oltre 1 milione di anni. Poi, nuovi movimenti geologici riaprirono lo stretto di Gibilterra e le acque dell'Atlantico si tuffarono, con un'immane cascata, nella depressione profonda 3000 metri, riempiendo nuovamente il bacino del Mediterraneo, come una vasca da bagno.

Ma non tutti gli studiosi sono convinti che i fatti si siano svolti proprio così. Il sospetto nasce dallo straordinario spessore degli strati salini depositati sui fondali. Se il Mediterraneo si fosse prosciugato una volta per tutte, gli strati non dovrebbero essere alti chilometri. Per spiegare l'enigma delle coltri saline, è stata proposta una nuova ipotesi. È vero che il Mediterraneo, circa 6 milioni di anni fa, rimase isolato a causa di movimenti geologici, ma non arrivò mai a prosciugarsi completamente. Anzi, con il variare del livello dell'Oceano Atlantico, venne di tanto in tanto rifornito di acqua. Questo alternarsi di evaporazioni e di nuove immissioni spiega in modo più soddisfacente la coltre salina che oggi ricopre il fondale.

come abbiamo già avuto modo di dire, nelle condizioni di un pollo nel girarrosto. Non solo: l'inclinazione dell'asse terrestre determina differenti punti di «cottura» (alcuni più esposti alla sorgente di calore, altri meno). Infine, la rotazione della Terra intorno al Sole introduce ulteriori situazioni variabili, con zone che si raffreddano o si scaldano a seconda delle stagioni.

C'è chi ha tentato di schematizzare questa situazione affermando che la dinamica degli oceani e dell'atmosfera è in pratica il frutto dell'eterno squilibrio di temperature presente tra i Poli e l'Equatore: sarebbero questi i due grandi raffreddatori e riscaldatori che causano, direttamente o indirettamente, i movimenti dell'aria e dell'acqua, influenzando in tal modo anche il clima del pianeta. Tra l'altro, il fatto che l'acqua assorba e ceda calore più lentamente dell'aria e della terra crea nelle zone costiere un clima più temperato, poiché il calore accumulato funziona da moderatore climatico, evitando quei grandi sbalzi di temperatura tra giorno e notte che si verificano all'interno dei continenti.

L'importanza dei cicli

Questa complessa dinamica che coinvolge i venti, le correnti, le temperature, le tempeste ecc. ha naturalmente una forte influenza sugli habitat marini, soprattutto su quelli situati negli strati superficiali (negli abissi vi è maggiore stabilità). Al punto che molte forme viventi basano la loro sopravvivenza proprio sulla regolarità di taluni cicli: la riproduzione di alcuni pesci, per esempio, avviene in luoghi adatti alla deposizione e alla schiusa delle uova, poi gli esemplari giovani si spostano verso regioni favorevoli alle fasi iniziali dello sviluppo, e infine migrano verso quelle di alimentazione per unirsi ai pesci adulti. Raggiunta la maturità sessuale tornano nelle zone di riproduzione, e il ciclo ricomincia. Questi cicli, com'è intuibile, dipendono in larga misura dalle correnti e dalla disponibilità di plancton, e debbono quindi essere sincroni con la complicata dinamica delle temperature, dei venti ecc. È facile comprendere che, se qualcosa cambia (o ritarda) nella tabella di marcia generale, la sopravvivenza di questi pesci può essere ridotta o compromessa (ne è un esempio il fenomeno di El Niño nel Pacifico per la riproduzione delle acciughe, con le conseguenze economiche che possono derivarne per il Perú).

Viaggi strabilianti

A proposito di migrazioni legate alla dinamica degli oceani, va detto che le anguille, o i salmoni, non sono i soli pesci a compiere viaggi strabilianti. Altri, come le aringhe e i merluzzi, percorrono ogni anno centinaia o migliaia di chilometri per raggiungere le zone di riproduzione. Altri ancora, come il tonno, si trasferiscono da un oceano all'altro, dall'Atlantico al Pacifico. Le balene grigie, dal canto loro partono dal Mare di Bering per andare a riprodursi in bassa California, compiendo così ogni anno un viaggio di 16.000 chilometri. Il che dimostra l'estrema importanza delle correnti (e anche dei serpentoni) non solo nella dinamica degli oceani, ma anche in quella della vita marina e dello stesso clima sul nostro pianeta.

Un piccolo inferno a 2600 metri

Stiamo nuovamente scendendo verso il fondo dell'oceano. Siamo infatti arrivati nella zona delle faglie vulcaniche sottomarine: qui potremo osservare in diretta gli effetti del magma che ribolle sotto la superficie terrestre (e quindi anche sotto i fondali marini) e vedremo inoltre una piccola parte di quel gigantesco motore che sposta i continenti.

Stiamo scendendo nel buio più assoluto. Il faro del batiscafo incrocia di tanto in tanto qualche pesce. L'altimetro indica che stiamo per arrivare nella zona prevista: i sonar inviano segnali sempre più precisi. Tutti i fari sono ora accesi e illuminano un paesaggio che potrebbe benissimo appartenere a un altro pianeta. A oltre 2600 metri di profondità, dal fondo marino si alzano dei piccoli coni che buttano fuori un denso pennacchio nero dalla cima. È un ambiente stranissimo. Qui la temperatura dell'acqua può passare dai 350 °C, in vicinanza delle fumarole, a 1-2 °C a qualche metro di distanza. Ma l'acqua, anche dove raggiunge i 350 °C, non bolle: lo impedisce la gigantesca pressione esercitata dai 2600 metri di mare sopra di noi.

Abbiamo raggiunto uno dei punti in cui l'interno caldissimo della Terra è più vicino alla superficie. Sotto di noi, a qualche chilometro, si trova il magma incandescente che, con le sue correnti, sposta in continuazione le grandi «zattere».

Il meccanismo che crea le fumarole è molto semplice. L'acqua del mare si infiltra nelle spaccature della crosta e viene riscaldata dal magma; a questo punto risale, trascinando con sé molti minerali che si sciolgono al suo passaggio. Infatti, misurando con i nostri strumenti la composizione dell'acqua vicino al pennacchio, ci accorgiamo che è ricchissima di anidride solforosa (il notissimo odore di uova marce) che, in simili concentrazioni, è un vero e proprio veleno. Ma le sorprese di questo mondo bizzarro non sono ancora finite.

Proprio vicino al getto d'acqua caldissima e velenosa delle fumarole, i fari del batiscafo illuminano strani cespugli fatti di lunghi tubi (il pilota ci dice che sono «vermi»); più in là si intravedono delle conchiglie giganti, mentre, a distanza di sicurezza dal getto caldo, ci sono persino dei gamberi.

Una simile folla di animali quaggiù negli abissi è assolutamente eccezionale. In genere, i pesci che vivono a tali profondità si nutrono dei resti che precipitano dagli strati superficiali, oppure predano altri abitanti degli abissi. Comunque, non si incontrano molti animali sotto i 500 metri. Invece, vicino alle fumarole c'è davvero un gran movimento.

La vita intorno alle fumarole è stata una delle scoperte più straordinarie della biologia marina degli ultimi vent'anni. Si può paragonare alla scoperta della vita su un pianeta diverso dal nostro, perché questi animali sono completamente differenti da ogni altro che popola la Terra. Infatti, mentre ogni catena alimentare comincia, sia sulla terraferma sia in mare, con la luce solare, l'acqua e il processo fotosintetico delle piante, vicino alle fumarole, al posto della luce solare si trovano l'anidride solforosa e alcuni batteri capaci di utilizzarla. Il fatto sorprendente della catena alimentare delle fumarole è proprio questo: si svolge nella più totale assenza di luce, a oltre 260 atmosfere di pressione e in mezzo a un veleno. Avvicinandoci con cautela alla fumarola, possiamo osservare più da vicino queste incredibili colonie di batteri: il pilota ci indica i tappetini color marrone composti da miliardi di tali microrganismi. Gli altri animali si cibano dei batteri.

Le meraviglie non sono finite. I vermi giganti, per esempio, sono totalmente privi di bocca e di apparato digestivo; in un primo tempo, non si capiva come potessero sopravvivere. In seguito, ci si è resi conto che vivono in associazione (in simbiosi) con i batteri. Ognuno dei soci ricava un vantaggio: i batteri assumono dal verme il nutrimento preferito, l'anidride solforosa, mentre il verme riceve in cambio le proteine e gli amminoacidi necessari al suo metabolismo. Si tratta di una simbiosi estremamente complessa, perché quello che per il batterio è cibo, per il verme è veleno. Comunque, tutto pare procedere al meglio, perché si scorgono diversi cespugli di vermi intorno alla fumarola.

I gamberi, che si tengono a debita distanza dalle fumarole, sembrano ciechi; in effetti, nel buio abissale la vista serve a poco. Tuttavia, studi più accurati hanno permesso di accertare che, al posto degli occhi, questi gamberi possiedono dei sentori a infrarossi che consentono loro di individuare i getti delle fumarole. In tal modo, evitano di finire «lessati» sui getti d'acqua calda, e possono orientarsi per spostarsi verso altre fumarole vicine.

Seduti su 3000 chilometri di fuoco

Dopo aver dato un'ultima occhiata, attraverso gli oblò, al paesaggio surreale delle fumarole, con i suoi strani abitanti, ci muoviamo ora, con prudenza, lungo la faglia, la spaccatura sottomarina. È questa l'ultima immagine del nostro breve viaggio: una di quelle faglie che contribuiscono a far «slittare» i continenti, come se fossero placche che si urtano e in parte si accavallano, generando così terremoti, fuoriuscita di magma, eruzioni vulcaniche. La crosta terrestre solitamente è spessa circa 40 chilometri; ma qui, solo una decina di chilometri ci separano dal mantello sottostante, vale a dire dal grande inferno liquido, profondo 3000 chilometri, sul quale tutte le terre, emerse e sommerse, sono «sedute».

È tempo di tornare in superficie. Questo breve viaggio, comunque, ci ha permesso di avere una panoramica sufficientemente ampia di quanto si nasconde sotto la superficie degli oceani: strati di vita, lenzuoli d'acqua, serpentoni, correnti e motori climatici, fumarole e faglie.

L'esplorazione degli scienziati, in ogni modo, continua. Perché molto rimane da scoprire e, soprattutto, da capire.

VII

Le sorprese dell'entropia

«Entropia» è una parola che spaventa sempre un po', quando è un sapiente a pronunciarla. Se si cerca su un'enciclopedia la voce «entropia» e si ha la forza di leggerla interamente, difficilmente, comunque, si avranno le idee chiare al termine della lettura. Questo perché, di solito, tali voci sono curate da esperti che, com'è ovvio, tendono a scrivere nel modo più preciso possibile; così, però, il testo diventa difficile da intendere.

Un vero peccato, perché l'entropia è un concetto molto interessante; talmente interessante, che ho pensato di dedicargli per intero il presente capitolo. L'entropia, infatti, consente di comprendere meglio la dinamica di quanto avviene in natura. E non solo in natura: la seconda parte del capitolo riguarderà la cultura umana.

Il primo e il secondo principio della termodinamica

L'entropia è un concetto legato al secondo principio della termodinamica. Il primo principio, quello della conservazione dell'energia, afferma che l'energia si mantiene trasformandosi ogni volta in qualcosa di diverso: il Sole fa evaporare l'acqua del mare, che precipita sotto forma di pioggia, riempie un bacino idroelettrico e si trasforma in elettricità; l'elettricità fa girare un motore che genera movimento, il quale a sua volta produce calore ecc.

Il secondo principio riguarda invece il degrado del potenziale energetico. Non è un concetto difficile, se lo si chiarisce con alcuni esempi.

Il vento, una macchina a vapore, una centrale termoelettrica. Sono tre cose molto diverse fra loro, ma tutte collegate da uno stesso principio: quello per cui, per produrre movimento, calore o elettricità, occorre una differenza di temperatura. Il vento è infatti il risultato delle differenti temperature di vari strati dell'aria. La macchina a vapore utilizza le proprietà dell'acqua, che, in ebollizione, passa allo stato gassoso, si espande e sviluppa una pressione che può essere tramutata in movimento meccanico. Identico è il principio per una centrale termoelettrica, dove il calore prodotto fa girare una turbina e poi si trasforma in corrente elettrica.

Se, per ipotesi, non ci fossero differenze di temperatura, non esisterebbe nulla di tutto questo. Non vi sarebbero venti, né potrebbe prodursi passaggio dall'acqua al vapore, quindi non potrebbe funzionare né una locomotiva né una centrale termoelettrica. E questo con qualunque temperatura ambientale, non importa se alta o bassa. In altre parole, la mancanza di differenze di temperatura condurrebbe a un sistema inerte, praticamente morto, incapace di movimento, di reazioni chimiche, di trasformazioni d'energia, di evoluzione e di vita. Sarebbe la completa degradazione del potenziale energetico. I fisici chiamano questa degradazione entropia.

Noi, per fortuna, non ci troviamo in questa situazione, almeno per ora (e vedremo il perché). Le leggi della termodinamica, però, ci spingono continuamente verso questo progressivo livellamento. Per capire meglio le cose, facciamo un esempio semplice. Proviamo a versare in una bacinella una bottiglia di acqua calda e una di acqua fredda. Se noi riuscissimo a vedere le singole molecole d'acqua, ci accorgeremmo che quelle calde sono più agitate (o più rapide, come si dice), mentre quelle fredde sono più calme (o più lente). Venendo a contatto le une con le altre, esse si mescoleranno e insieme forniranno una temperatura media, cioè acqua tiepida. Non solo, ma cominceranno a scontrarsi tra loro, e quelle rapide cederanno energia a quelle lente. Col tempo tenderanno tutte verso una stessa velocità uniforme: cioè verso una crescente entropia. Quindi, se noi volessimo avere nuovamente acqua calda, per esempio per lavarci, o acqua fredda, per bere, potremmo fare solo una cosa: aggiungere altra energia nel sistema prendendola dall'esterno, utilizzando uno scaldabagno o un frigorifero. Avremmo così nuovamente acqua calda e acqua fredda, ma solo provvisoriamente, finché c'è energia: una volta esaurita quest'ultima, l'acqua messa nello scaldabagno e quella dentro il frigorifero tornerebbero a convergere verso una stessa temperatura, quella ambientale.

In altre parole, per mantenere l'acqua costantemente calda o fredda, occorrerebbe una fonte energetica continua e inesauribile. Altrimenti, in assenza di nuove energie, pian piano non solo l'acqua, ma tutto il sistema si livellerebbe verso una temperatura uniforme, verso un'entropia sempre maggiore. Che diventerebbe massima, se il sistema fosse chiuso, isolato.

Il diavoletto di Maxwell

Nell'Ottocento, il fisico James C. Maxwell, studiando il sistema della degradazione del potenziale energetico, ebbe una trovata che mise in difficoltà i suoi colleghi. In sostanza, disse: «E se noi mettessimo in un sistema, in cui le molecole lente e veloci sono mescolate, un diavoletto capace di separarle nuovamente? In tal caso, senza la forza di una nuova energia, ma ricorrendo solo a funzioni conoscitive, noi saremmo in grado di ricreare zone calde e zone fredde, cioè dei potenziali energetici».

Questo paradosso fu risolto da Percy W. Bridgman, il quale dimostrò che il diavoletto, per svolgere le sue funzioni conoscitive, consumava in realtà la stessa quantità di energia che riusciva a recuperare; ciò stava a significare che anche l'informazione necessaria per agire sul sistema è consumatrice di energia: un'energia presa altrove. Quindi, il risparmio è solo apparente.

Anche noi nelle nostre società, proprio come il diavoletto, riusciamo a creare dei potenziali energetici, grazie alle nuove conoscenze o alla tecnologia; in realtà, però, non facciamo altro che inserire nel sistema risorse recuperate altrove: per esempio energia solare, immagazzinata sotto forma di legna, di carbone o di petrolio.

Anche la nostra cultura del resto, per svolgere la sua funzione conoscitiva, finisce per consumare una grande quantità di energia esterna; nel senso che, per inserire cultura e intelligenza nel sistema, occorrono diversi anni di studio e di sviluppo mentale. Tutto ciò richiede un'abbondanza di materie prime ed energia, senza le quali vivremmo ancora in condizioni di estrema arretratezza.

Energia e idee

A tale proposito si potrebbe anche dire che, se una cultura non riesce ad agire intelligentemente sul sistema, può addirittura consumare più energia di quanta ne crei, diventando parassitaria e accelerando il degrado.

Purtroppo, è proprio quello che sta capitando oggi. Infatti, non siamo capaci di controbilanciare quell'energia che sottraiamo con nuove idee. Le crisi energetiche sono in gran parte crisi di intelligenza.

La natura, dal canto suo, pur non possedendo cultura e intelligenza, da milioni di anni ha trovato il modo di captare energia, in modo estremamente efficiente, tale da rendere possibile la vita. Infatti, l'informazione contenuta nel codice genetico consente di sviluppare continuamente strutture ordinate, che sembrano in contrasto con il crescente disordine dell'entropia.

La vita, in tal senso, nega l'entropia; ma solo in apparenza. Perché anche in questo caso, la fonte energetica, che permette di mantenere queste molecole «in ordine», proviene sempre dall'esterno, vale a dire dal Sole. Un sistema vivente, infatti, muore se viene a mancargli la giusta energia, una giusta informazione. La morte, in questo senso, può essere considerata una forma di entropia.

Tutto ciò può sembrare complicato, ma è solo un'impressione. In definitiva, il Sole crea sul nostro pianeta le condizioni perché tutto si muova, si sviluppi, viva: le differenze di temperatura nell'aria (che provocano i venti) e l'evaporazione delle acque degli oceani (che causa le piogge). Attraverso il codice genetico, la sua energia viene immagazzinata: nei vegetali, che diventano legna o carbone; o dai microrganismi, che si sono trasformati in petrolio, o gas metano; oppure, diventa risorsa alimentare per gli animali (in forma diretta o indiretta).

Ma se si spegne la grande lampada solare, tutto si ferma, come una giostra senza corrente: cessano le differenze di temperatura e quindi si degradano i potenziali energetici, che sono alla base delle interazioni fisiche, delle reazioni chimiche e quindi della vita.

La morte dell'Universo

Da quanto sappiamo oggi, un giorno purtroppo il Sole esaurirà il suo carburante nucleare, e, dopo varie peripezie, si spegnerà (anche se ciò avverrà tra parecchi miliardi di anni). I fisici ritengono che la stessa sorte toccherà a tutte le stelle e che, a un certo punto, le luci dell'Universo si spegneranno a una a una, come a teatro, lasciando un buio pieno di oggetti in continua degradazione di energia.

Potrebbe essere questa, in base a determinate teorie, la morte dell'Universo. Se le cose andassero veramente così (con un Universo in perenne espansione), sarebbe la fine della rappresentazione, e un termine in apparenza così arido come quello di «massima entropia» assumerebbe allora tutto il suo significato drammatico.

A meno che, a un certo punto, l'espansione inverta la sua marcia, come se si trattasse di ghiaia lanciata in aria che ricade per attrazione gravitazionale. Se infatti nel Cosmo esistesse abbastanza materia (il che però, per il momento, non risulta dalle osservazioni degli astronomi), tutte le galassie verrebbero richiamate dal «tiro» gravitazionale, e l'Universo collasserebbe su se stesso concentrando nuovamente in un unico punto tutta la materia e l'energia esistenti, magari per dar luogo a una nuova esplosione cosmica e a un ulteriore ciclo espansivo.

Ordine e disordine

Tutto quanto abbiamo detto finora rivela chiaramente il risvolto filosofico del concetto di entropia, che coinvolge grandi temi come la vita, la morte, la fine dell'Universo. Al di là delle sue implicazioni puramente fisiche, che riguardano vari aspetti della materia, il secondo principio della termodinamica ci aiuta a inquadrare meglio la realtà che ci circonda. In sostanza, è possibile affermare che il Big Bang, dal quale ha preso origine l'Universo, era una sorgente gigantesca di energia, che ha cominciato a degradarsi sin dal principio, così come un individuo inizia a invecchiare sin dalla nascita.

L'energia, concentrandosi in determinati punti, ha creato strutture «ordinate» a spese di un «disordine» crescente altrove, così come uno scaldabagno o un fiore possono contraddire l'entropia, ma solo attingendo energia da altre fonti (e quindi realizzando un ordine momentaneo locale a detrimento di un crescente «disordine» nel bilancio totale dell'insieme).

Attraverso questa visione termodinamica appare chiaro che tutto l'Universo tende a livellarsi per raggiungere un equilibrio, così come acqua calda e acqua fredda si mescolano fino a diventare acqua tiepida (per poi equilibrarsi ulteriormente con l'ambiente circostante).

Le strutture «squilibrate» o «ordinate» (come la vita o le stesse stelle) possono contraddire solo momentaneamente la tendenza generale, per il semplice fatto che consumano energia presa altrove: ma l'«invecchiamento» crescente del potenziale energetico finirà per condurre a un livellamento generale, alla massima entropia, cioè alla morte. A meno che, come si diceva prima, l'Universo, espandendosi, carichi una «molla gravitazionale», così come si tende un gigantesco elastico, e, ricadendo su se stesso nel «punto zero», dia inizio a una nuova esplosione di energia.

L'entropia culturale

Il concetto di entropia è stimolante anche perché può portare ad altre considerazioni, che esulano completamente dal campo della termodinamica. C'è infatti la forte tentazione di osservare anche l'evoluzione culturale attraverso la lente del livellamento. Molto spesso si denuncia l'appiattimento che si sta verificando nel mondo: tutto sta diventando uguale, e le forti diversità che caratterizzavano le società del passato vanno scomparendo. Qui il meccanismo, ovviamente, è molto diverso da quello previsto dal secondo principio della termodinamica, ma qualche punto di contatto sembra esserci, perlomeno dal punto di vista formale. Il che può consentire qualche utile riflessione su concetti come uguaglianza e diversità.

L'uguaglianza è un'antica e grande aspirazione dell'uomo. E dal punto di vista sociopolitico costituisce, ovviamente, un punto fermo, un principio guida dell'agire umano.

Ma, nella cultura, il concetto prevalente è sempre stato quello della diversità. L'uniformità culturale, infatti, può diventare una forma di entropia tendente a livellare, a mescolare tutti i colori per dar luogo a un unico impasto grigiastro. La cultura, l'arte, l'immaginazione, tendono a diversificare, a creare cose sempre differenti, ad aumentare la diversità della struttura, delle forme, dei colori, delle idee.

Anche la vita nasce proprio da questa esigenza di esprimere la diversità. Tale esigenza è fondamentale per consentire l'evoluzione della specie e delle idee: infatti, attraverso la più ampia gamma possibile di molecole, di amminoacidi, di enzimi, di cellule, di organismi, possono emergere e affermarsi di volta in volta le forme di vita più adatte all'ambiente, sempre mutevole e imprevedibile.

Se i primi esseri viventi si fossero replicati sempre nello

stesso modo, non solo non vi sarebbe stata evoluzione, ma probabilmente la vita si sarebbe estinta, poiché non avrebbe potuto offrire alla selezione un campionario sufficientemente vasto nel quale trovare ogni volta le forme più adatte ai continui mutamenti ambientali.

Per quanto riguarda l'evoluzione culturale, i fatti si sono svolti in modo simile: solo la diversificazione, il continuo «montaggio» delle parole e delle idee, il fiorire delle invenzioni, la ricchezza delle creazioni intellettuali hanno consentito la nascita di culture sempre più evolute e di comportamenti ogni volta adatti alla sopravvivenza.

La scomparsa della varietà

Oggi la cultura, per effetto della contrazione dello spazio, sta correndo un grave pericolo: quello appunto di perdere l'estrema ricchezza e varietà che l'ha caratterizzata finora. Stiamo assistendo, cioè, a quella che potremmo definire un'entropia culturale: le «temperature», i colori, le forme si mescolano sempre più, provocando una progressiva perdita di originalità e uccidendo di colpo (e per sempre) particolarismi e caratteri che avevano richiesto millenni per svilupparsi.

Tutto tende a livellarsi su determinati modelli stereotipati, che sono poi quelli delle civiltà industriali occidentali. Basta qualche esempio per rendersene conto: se si arriva in aereo in una qualunque città del mondo, è difficile capire dove ci si trova, poiché gli aeroporti ormai si somigliano tutti; così pure gli alberghi (all'Holiday Inn di Liegi, in Belgio, mi è capitato di trovare esattamente gli stessi mobili, moquette e persino quadri dell'Holiday Inn di Cocoa Beach e di Washington). Anche la varietà delle lingue tende a scomparire: un tempo, si può dire, ogni tribù aveva la propria cultura e il proprio linguaggio, mentre ora stiamo assistendo al crescente dominio di poche lingue e alla morte di numerosi dialetti. Persino gli abiti hanno perso la loro originalità, a favore di una moda generalizzata. Nel campo dell'arte la situazione è simile: ormai è difficile distinguere se un quadro è opera di un artista europeo, sudamericano o giapponese, e così pure una scultura, un edificio o una composizione musicale. Persino i volti tendono a perdere la loro fisionomia «dialettale» (i «ragazzi di borgata» che Pasolini non riconosceva più soffrono in realtà di entropia, come del resto gli antichi volti dei contadini, dei pescatori, degli operai nonché, naturalmente, dei padroni...).

La fine di un mondo durato millenni

«La progressiva fusione di popolazioni» ha detto l'antropologo francese Claude Lévi-Strauss in una conferenza tenuta all'UNESCO «anticamente separate dalla distanza geografica e da barriere linguistiche e culturali, ha segnato la fine di un mondo che è stato quello degli uomini per centinaia di millenni, quando vivevano in piccoli gruppi separati gli uni dagli altri e si evolvevano ognuno in un modo differente, sul piano biologico e su quello culturale. Ebbene» soggiunge Lévi-Strauss, con evidente intento polemico e provocatorio, «non possiamo nasconderci che, nonostante la sua urgente necessità pratica e gli alti fini morali che si attribuisce, la lotta contro le forme di discriminazione partecipa di questo stesso movimento che trascina l'umanità verso una civiltà mondiale, distruttrice di quei vecchi particolarismi ai quali va l'onore di aver creato i valori estetici e spirituali che danno pregio alla vita, e che noi raccogliamo preziosamente nelle biblioteche e nei musei, perché ci sentiamo sempre meno sicuri di essere capaci di produrne altri altrettanto evidenti.

«Senza dubbio ci culliamo nel sogno che l'uguaglianza e la fraternità regneranno un giorno fra gli uomini, senza che la loro diversità venga compromessa. Ma se l'umanità non si rassegna a diventare la sterile consumatrice di valori che ha saputo creare nel passato, capace soltanto di dar vita a opere bastarde, a invenzioni rozze e puerili, dovrà imparare di nuovo che ogni vera creazione implica una certa sordità al richiamo di altri valori, arrivando fino al loro rifiuto se non addirittura alla loro negazione. Infatti non ci si può sciogliere nel godimento dell'altro, identificandosi con lui, e nello stesso tempo mantenersi diverso.

«Se pienamente riuscita, la comunicazione integrale con l'altro condanna, a scadenze più o meno brevi, l'originalità della sua e della mia creazione.»

Nell'attuale evoluzione culturale è insita una contraddizione che appare difficile da superare: com'è possibile abbattere antiche barriere e impedire, al tempo stesso, che i vasi comunichino tra loro?

Lo aveva tentato, a suo tempo, il dottor Albert Schweitzer, sollevando molte polemiche. Mi diceva un console americano nel Gabon che Schweitzer rifiutò i macchinari che gli venivano offerti per edificare il suo nuovo ospedale, affermando che la costruzione doveva avvenire in modo tradizionale, cioè a forza di braccia. Lo stesso ospedale doveva riflettere la tradizione africana, con il cortile in cui i parenti preparavano i cibi per i malati, le capre che si muovevano in libertà ecc. Il dottor Schweitzer temeva, giustamente, gli effetti di una rivoluzione tecnologica in una società impreparata a riceverla: essa avrebbe finito per provocare un grave trauma nella cultura tradizionale. Ma, d'altra parte, è davvero possibile impedire la costruzione di un ospedale moderno, con la mensa, gli ascensori, le apparecchiature elettroniche? L'esempio dell'ospedale vale naturalmente per ogni altra cosa, dalla lavatrice alla cucina a gas, dall'automobile alla radio: un ingranaggio che finisce inevitabilmente per creare ovunque stili di vita simili, stritolando le antiche identità culturali.

La macchina del tempo

Questo processo va accelerando sempre più, e probabilmente nei prossimi anni vedremo scomparire le ultime testimonianze del mondo così com'è stato per centinaia di secoli: oggi, noi siamo gli ultimi spettatori di una situazione irripetibile, che permette (ma forse ancora per poco) di viaggiare nel tempo. È tuttora possibile, infatti, trovarsi in un altro secolo nel giro di qualche ora: con un aereo si può, per esempio, atterrare nell'età della pietra, visitando alcune tribù primitive che ignorano l'invenzione della ruota, oppure viaggiare in pieno Medioevo e recarsi (come mi è capitato) in uno sperduto sultanato del Sud Arabia, dove il sultano vive in un palazzo nel mezzo di un deserto roccioso, con le mogli rinchiuse nell'harem, i prigionieri incatenati nel sotterraneo e i sudditi che si inginocchiano ai suoi piedi. Oppure, muovendosi ancora a bordo di questa incredibile «macchina del tempo», ci si può fermare in un secolo a scelta e assistere alla vita di un villaggio agricolo feudale o alle prime lotte operaie dell'Ottocento. Queste situazioni locali stanno trasformandosi di anno in anno a velocità esponenziale. È ormai inevitabile che tutte queste società convergano rapidamente verso il nostro secolo, il che comporta traumi irreversibili per la loro cultura e per le loro tradizioni. D'altronde, sarebbe possibile pietrificare queste società, impedendo la diffusione della tecnologia, come tentava di fare il dottor Schweitzer? Ciò significherebbe rinchiuderle in «riserve» e osservarle col cannocchiale, così come fanno le guardie forestali con gli stambecchi.

Una civiltà mondiale massificata

È ormai chiaro che le culture locali finiranno per soccombere alla demolizione sistematica delle barriere oggi in corso. Ciò, del resto, sta già accadendo, e ancor più rapidamente all'interno dei singoli stati. Si va insomma verso una civiltà mondiale, dove il rischio di massificazione è altissimo. Passando nel tritacarne della tecnologia, le antiche culture verranno macinate lasciando ben poco dietro di sé: un berretto o un costume tipico, o alcune tradizioni che, col passar del tempo, assomiglieranno sempre più a baffi posticci applicati su un viso completamente cambiato. Al di là di una certa soglia non è più possibile salvaguardare una cultura, ma soltanto il folklore (che sarà bene comunque cercare di custodire sempre più gelosamente, per evitare l'integrazione totale).

Ma come rispondere, allora, all'esigenza di diversità che è essenziale per mantenere e sviluppare la ricchezza culturale umana?

Dalle «isole» alla «rete»

La risposta, probabilmente, va cercata in un differente tipo di ecosistema culturale.

In passato prevaleva una struttura a «isole» (ognuno viveva separatamente, e la diversità culturale era rappresentata dall'esistenza dell'arcipelago, dove a volte avvenivano fecondi incontri); oggi che le isole si sono saldate insieme, con un'entropia crescente, è necessario sviluppare una struttura a «rete»: è necessario che ogni uomo sia in grado di costruire la propria diversità utilizzando il maggior flusso di informazioni e materiali provenienti da ogni parte del mondo. In altre parole, se la lotta contro la massificazione non può più avvenire a livello della società, deve avvenire a livello degli individui: occorre che a ciascuno di noi venga offerto il ventaglio più ampio di possibilità per costruirsi una personalità originale, in grado di compensare la «spersonalizzazione» della società.

Ognuno deve poter disporre del maggior numero possibile di «pezzi», da montare secondo le esigenze personali, in modo da sviluppare un proprio ecosistema culturale ed evitare di vederselo imporre dall'ambiente circostante. Questo consentirebbe il rifiorire di nuove «tribù» culturali, in sostituzione di quelle annegate nell'immenso «budino» del progresso; tribù di persone che, per affinità di interessi e idee, formino piccole comunità culturali originali, con struttura non più a «isola», ma a «rete».

Se le differenti culture umane in passato erano come tante macchie di colore, perfettamente distinguibili, oggi questi colori si stanno mescolando e tendono all'entropia;

occorre dunque favorire all'interno dei sistemi, attraverso l'informazione, la creatività, l'immaginazione e l'originalità, l'insorgere di nuove strutture con disegni e colori differenziati e originali.

L'uguaglianza deve evitare di incorrere nel suo più grosso rischio: quello di trasformarsi in uniformità. Per questo l'uguaglianza, proprio per dare a ogni uomo le stesse opportunità, deve fornire i mezzi perché egli possa diventare un essere pensante, creativo, capace di esprimere la propria individualità.

Parte quinta

Caso, probabilità, paranormale

Le prossime pagine saranno dedicate al paranormale. In realtà, nel primo capitolo parleremo più precisamente del ruolo del caso. Spesso, infatti, determinate coincidenze sembrano talmente singolari da sfuggire al dominio della razionalità. Tuttavia, un en plein alla roulette o una vincita alla lotteria non sono frutto della fortuna o del destino, e neppure delle stelle: lo studio delle probabilità fa parte delle scienze statistiche, sempre più impiegate in ogni campo dell'attività umana. Continueremo poi la nostra indagine occupandoci di oroscopi, astrologia, guaritori, medium, rabdomanti, e di molti avvenimenti «inspiegabili», che, a un controllo rigoroso, si rivelano abili trucchi in grado di ingannare i più sprovveduti.

I

Come gioca il caso

Al casinò di Montecarlo, alcuni anni fa, il dispari uscì 29 volte di seguito; un fatto talmente insolito da essere spesso citato. Ma in realtà, quanto è insolita una cosa del genere? Qualcuno ha calcolato che, tenuto conto che a un tavolo di roulette escono circa 400 numeri al giorno, la probabilità che si produca una tale sequenza è una ogni 500 anni. Se si considera però che a Montecarlo esistono quattro-cinque tavoli da gioco, e che nel mondo esistono centinaia di casinò, la conclusione è che tutto sommato non si tratta di un avvenimento così raro. Ma la cosa più sorprendente che ci dicono i matematici è che questi 29 numeri dispari usciti di seguito rappresentano una sequenza non più rara di qualsiasi altra sequenza che noi consideriamo normale. L'esempio del bridge aiuta a capire meglio questo concetto.

Tredici picche a bridge

Ogni tanto si sente dire che un giocatore di bridge casualmente si è trovato ad avere una mano di 13 picche: anche questo è un avvenimento talmente raro da essere citato nelle riviste di settore. In verità, ci dicono i matematici, qualsiasi smazzata di bridge è altrettanto improbabile. Una mano considerata «banale» ha le stesse probabilità di ripetersi rispetto a una mano di 13 picche. Siamo noi ad attribuire un significato speciale ai 13 picche e a considerare questo fatto come qualcosa di straordinario, interpretando così un avvenimento in base a un nostro schema mentale, che però non coincide con la realtà. In questo modo rischiamo a volte di giudicare gli avvenimenti in maniera sbagliata, magari attribuendoli a fattori come fortuna o sfortuna.

Se si guardano le cose nel loro insieme, emerge un fatto curioso: le irregolarità tendono a compensarsi e a dar luogo a delle medie. Alla roulette, alla fine dell'anno, tutti i numeri risulteranno usciti mediamente in modo simile. Ma attenti, dicono i matematici, a non cadere nella trappola delle cosiddette uscite che ritardano: i numeri, come le estrazioni al lotto, non hanno memoria, ogni singola volta la probabilità di uscita è identica. Anche dopo otto volte che esce un numero dispari, le probabilità che esca la nona volta è sempre del 50%.

Quante persone moriranno negli incendi?

Lo studio del caso e delle probabilità ha così da tempo permesso di capire che se un singolo avvenimento non è prevedibile, lo è l'insieme di certi avvenimenti. Per esempio, è impossibile prevedere se un singolo automobilista avrà un incidente, perché ciò dipende da troppe circostanze imponderabili (una sbandata al momento sbagliato, un animale che attraversa la strada, una macchia d'olio, una frenata improvvisa). Ma se guardiamo le statistiche, c'è da rimanere sorpresi nel vedere che ogni anno si verifica sempre un numero simile di incidenti, con un numero analogo di morti e di feriti e anche di tipi di fratture. Non solo, ma le compagnie di assicurazioni sanno già che l'anno successivo 400 persone moriranno in incendi, 1000 persone annegheranno, 150 saranno ferite da oggetti che cadono dall'alto. È come se il caso programmasse automaticamente gli eventi, colpendo con inesorabile regolarità statistica.

Media e probabilità

Per esempio, un ricercatore, tempo fa, volle vedere quante persone venivano morsicate dai cani a New York; ebbene, si accorse che la media giornaliera era sempre la stessa: 75,3 nel 1955, 73,6 nel 1956, 73,5 l'anno seguente, 74,5 l'anno seguente ancora... Cambiavano gli individui e i cani, ma la media era straordinariamente costante.

Naturalmente, le medie e le statistiche potranno offrirci solo tendenze generali e non profezie per i singoli. Non ci dicono chi sarà morso da un cane e quando, chi sarà colpito da un oggetto che cade dall'alto e neppure dove e quando il dispari uscirà 29 volte di seguito alla roulette. Il ragionamento probabilistico – sostengono molti – potrebbe aiutarci a capire meglio tutto ciò; soprattutto se già fosse insegnato a scuola. Il calcolatore oggi ci offre uno strumento molto efficace, per valutare meglio il gioco incrociato e le variabili che intervengono.

D'altra parte, valutare la probabilità di un avvenimento, o addirittura tentare di calcolarla, è un desiderio antico. Si racconta che nell'Ottocento, per calcolare la distanza di un obiettivo su cui sparare, il capopezzo chiedesse a ogni artigliere la sua valutazione personale: qualcuno diceva 400 metri, altri 350, altri ancora 450... Alla fine, la distanza giusta era data dalla media di tutte le opinioni. Forse la storia è inventata, ma rivela il bisogno che da sempre l'uomo ha di utilizzare la statistica per conoscere cose altrimenti imperscrutabili.

Chi conta le stelle o i neuroni?

Per esempio, quante stelle ci sono nella nostra Galassia? Nessuno in realtà è in grado di contarle. Se infatti un individuo cominciasse da bambino, solo a 70 anni potrebbe arrivare a 1 miliardo; e di stelle, solo nella nostra Galassia, ce ne sono più di 100 miliardi. Per arrivare a questa stima si va quindi per campioni rappresentativi di zone di cielo. Si calcola la densità di stelle, si fa una media, poi si moltiplica per le zone restanti. In questo modo si calcolano anche i neuroni del cervello, che sono decine di miliardi, o i globuli rossi del sangue. Quando un analista vi dice che avete 5 milioni di globuli rossi per millimetro cubico, state certi che non li ha contati: ha fatto una media su un piccolo campione e poi l'ha moltiplicata.

Così è anche per l'ascolto di un programma televisivo: come si fa a sapere che ha avuto 3 o 5 milioni di ascoltatori? Sarebbe molto difficile chiedere a tutti gli abitanti d'Italia, ogni giorno, che cosa hanno guardato la sera prima. La stima d'ascolto si basa, ovviamente, su un campione rappresentativo degli utenti televisivi. Ma per avere una stima attendibile, quante persone devono essere interpellate: 10, 100, 1000, 100.000? La statistica ha le sue leggi, ormai ben collaudate.

UNO STESSO COMPLEANNO

Se due persone, parlando, scoprono di esser nate lo stesso giorno dell'anno (per esempio il 27 aprile o il 4 settembre), troveranno questa coincidenza abbastanza sorprendente e piuttosto insolita. Infatti, essendo i giorni dell'anno 365, esiste mediamente solo una probabilità su 365 che ciò avvenga; e siccome nessuno di noi normalmente conosce 365 persone, la cosa è alquanto rara. Se qualcuno vi dicesse invece che basta riunire in una stanza 23 persone per avere più del 50% di probabilità che due di esse condividano il compleanno, il fatto potrà sembrarvi poco credibile: eppure è proprio quanto risulta da un calcolo matematico. Anzi, se si riuniscono 50 persone la probabilità sale addirittura al 97%. Come mai? Forse la ragione è semplicemente dovuta al fatto che la nostra mente è poco abituata a confrontarsi con il calcolo delle probabilità e a maneggiare risultati apparentemente «contro-intuitivi». In questo caso la spiegazione è che, riunendo 23 persone, le probabilità aumentano notevolmente per il gioco delle combinazioni incrociate (per la presenza non di due soli candidati, ma di 23).

Testa o croce

Se per esempio si lancia 10 volte una monetina in aria, non è detto che esca 5 volte testa e 5 croce. Si può avere 6 e 4, oppure 7 e 3, o magari 9 e 1. Se però si lancia la monetina 100 volte, il margine di divergenza si restringe. Si può avere 55 e 45, o anche 60 e 40, ma molto difficilmente 70 e 30. Se si lancia 1000 volte il margine si restringe sempre più; su 10.000 lanci, la media sarà sempre più vicina al 50%. In altre parole: più aumenta il campione statistico, più l'errore tende a ridursi, perché i casi divergenti tendono a compensarsi reciprocamente.

L'esperienza ha mostrato che è così, e bene lo evidenziano i sondaggi per campione in occasione delle elezioni, le famose «proiezioni» (non gli exit poll, che hanno scarso valore statistico). Prendendo a modello solo i risultati di un certo numero di seggi elettorali «rappresentativi», si è in grado di prevedere, con un'approssimazione molto buona, l'andamento generale delle votazioni nel resto del paese. Bastano 500 seggi su 84.000. Ma per l'ascolto televisivo, quante persone occorrono? E quali? Cioè: chi sono questi telespettatori modello che ci rappresentano?

L'indice d'ascolto della Tv

Il rilevamento dell'indice di ascolto è delegato, per un accordo tra le televisioni (Rai e private) e i pubblicitari, a un organismo esterno – l'Auditel –, in modo che sia al di sopra delle parti. Si è fatto un accurato campionamento di coloro che posseggono il televisore e si è così giunti a scegliere circa 5000 famiglie, che rappresentano statisticamente tutta l'Italia televisiva. Queste circa 5000 famiglie sono composte mediamente da 2,8 persone (quindi, in totale, le persone seguite dall'Auditel sono circa 15.000). Infatti, in famiglia, alcuni sono in 4, altri in 2, altri in 5, altri ancora da soli. Queste persone rappresentano le varie aree geografiche, le grandi città, i piccoli centri, le dimensioni familiari, il sesso, l'età dei componenti. Nella scelta si è tenuto conto anche di diversi altri fattori come istruzione, livello socioeconomico, tempo passato davanti al televisore e, naturalmente, anche la capacità di ricezione tecnica delle varie emittenti. Questo piccolo mondo, ritengono gli studiosi di statistica, rappresenta sostanzialmente tutta l'Italia, in particolare nelle fasce di grande ascolto.

La curva di attendibilità

Fino a che punto è valido questo metodo, applicato ormai a molti campi di indagine? Naturalmente, rispondono gli esperti, si tratta di stime approssimative, ma l'esperienza, in molti campi, ha mostrato che un campione rappresentativo funziona bene.

C'è una specie di curva di attendibilità. Quando le persone sono poche, infatti, le stime sono poco credibili, poi rapidamente l'attendibilità cresce. Intorno a 2500 persone, il modello è buono. Poi la curva tende a stabilizzarsi: cioè si ottengono solo modesti miglioramenti, anche se si aggiungono molte altre persone. Supponiamo, per esempio, che si voglia avere un'attendibilità del 95%. Con un campione di 400 persone si ha un margine di errore del 5% in più o in meno. Con 2500 persone il margine di errore scende al 2%. Per migliorare la stima di un solo punto percentuale, facendo scendere il margine di errore dal 2% all'1%, bisognerebbe però aggiungere altre 7500 persone, cioè quadruplicare il campione. È evidente, a questo punto, che non c'è interesse a estendere troppo un campione per ottenere un miglioramento così piccolo. Del resto è su modelli analoghi, sia pure adattati di volta in volta, che si basano le aziende per le analisi di mercato: per valutare quale successo potrà avere tra il pubblico un certo tipo di automobile, o di aperitivo, o di schiuma da barba, per esempio. O anche un candidato politico.

I sondaggi

I sondaggi, se fatti con cura e con competenza, sono molto utili e affidabili (sia pure con i limiti insiti nel metodo). Ma in certi casi, e in certe situazioni, possono presentare numerosi problemi. Il primo è quello della sincerità dell'intervistato. Perché la sincerità diminuisce a mano a mano che le domande entrano nel personale. Se si chiede a un campione rappresentativo la data della morte di Napoleone, è evidente che chi lo sa risponde correttamente, chi è incerto può sbagliare, e chi non lo sa per niente non ha difficoltà a dire «Non lo so», o «Non ricordo». E il quadro che ne risulta è attendibile. Ma se si fanno domande più personali come: «Ha mai tradito sua moglie?», «Quante volte?», «Ha mai avuto pensieri omosessuali?», «Evade le tasse?», «Per chi vota?», le risposte possono diventare reticenti, o addirittura menzognere. A domande di questo tipo si tende a rispondere in modo vago o inesatto. Quindi, anche se il sondaggio è fatto su un gruppo rappresentativo, difficilmente può avere valore (è per questo che gli exit poll sono poco affidabili, perché anche col sistema della doppia votazione, la gente tende a non fidarsi). Non parliamo poi di certi sondaggi – o, meglio, pseudosondaggi – fatti per servizi giornalistici sui temi più diversi, soprattutto in periodi di vacanza. Con la scienza statistica hanno veramente poco a che fare.

C'è inoltre un altro problema, molto più sottile: il modo in cui è formulata la domanda può modificare la risposta. Gli esperti di sondaggi, a questo proposito, citano sempre un piccolo esperimento fatto negli Stati Uniti durante la guerra del Vietnam. A tre gruppi venne posta sostanzialmente la stessa domanda, ma formulata in modo diverso.

1) «Dobbiamo mandare i nostri soldati in Vietnam?» Risposta: 60% sì.

2) «Dobbiamo mandare i nostri ragazzi in Vietnam?» Risposta: 40% sì.

3) «Dobbiamo mandare i nostri figli in Vietnam?» Risposta: 20% sì.

Naturalmente i professionisti della statistica conoscono bene queste trappole, e sanno come evitarle al meglio. Solitamente la tecnica è quella di porre più volte la domanda nel corso del questionario, formulata in modo diverso e in un contesto diverso. Dall'analisi incrociata delle varie risposte è possibile «depurare» il dato, almeno in parte. Sapendo naturalmente che il risultato ottenuto non ha valore 100, ma si situa in una forchetta più o meno ampia di probabilità. Una pura indicazione, insomma.

Quello che però è interessante è la variazione del dato nel tempo, soprattutto se il sondaggio viene ripetuto con lo stesso campione. I numeri nudi e crudi possono non essere precisissimi, ma se il rilevamento indica una netta variazione d'opinione, verso il basso o verso l'alto, si tratta di un dato certamente significativo. Ciò vale anche per i sondaggi televisivi. Più importante dei numeri è l'andamento di un programma: le variazioni verso il basso o verso l'alto offrono un profilo nettamente attendibile del suo successo o insuccesso. E possono costituire una sentenza di morte per una certa trasmissione, come spesso capita ultimamente.

Il singolo non è prevedibile, l'insieme sì

La cosa curiosa, e in un certo senso sconcertante, è che mentre il comportamento di ogni singolo individuo non è prevedibile, lo è – largamente – il comportamento di una popolazione nel suo insieme. Come si diceva prima, nessuno di noi è in grado di sapere se un nostro conoscente avrà nel prossimo anno un incidente automobilistico, se scivolerà in casa... Ma sappiamo già, con notevole margine di precisione, che l'anno prossimo sulle strade ci saranno tra 6500 e 7000 morti e 200.000 feriti. Così come sappiamo già quante persone l'anno prossimo scivoleranno in bagno o cadranno da uno sgabello o berranno, per sbaglio, un liquido velenoso; quante si sposeranno e quanti bimbi nasceranno.

In altre parole, anche se ogni individuo è libero nelle scelte e nei comportamenti, anche se prende tutte le precauzioni per evitare gli incidenti e può liberamente decidere di sposarsi oppure no, di avere figli o meno, alla fin fine i comportamenti, in un certo senso, saranno «obbligati». E saranno proprio quelli previsti dalle proiezioni statistiche (se le condizioni non cambieranno).

L'utilità degli «indicatori»

Tra l'altro, va detto che il valore di una statistica è proprio quello di individuare le tendenze e i rischi, eventualmente per disinnescarli.

Questa capacità che ha la statistica di quantificare i comportamenti e le situazioni ha fornito a sociologi ed economisti uno strumento di lavoro utilissimo. Esistono infatti degli indicatori che, riuniti insieme, permettono di fotografare abbastanza bene una società: non solo il prodotto nazionale lordo, ma l'istruzione, la mortalità infantile, la fertilità, la durata della vita, la ricerca ecc. Si sta persino scoprendo che i campioni statistici funzionano meglio dei censimenti. Cioè, curiosamente, ci sono meno errori utilizzando un campione rappresentativo che intervistando tutta la popolazione, perché nel censimento le distorsioni di rilevamento possono essere maggiori. Così come un medico riesce a sapere molto sul paziente a partire dai sintomi e dalle analisi cliniche, analogamente l'esame incrociato dei dati permette di capire diverse cose sulla società, e valutare le trasformazioni in corso. Inoltre, permette di capire meglio anche i cambiamenti avvenuti col passare degli anni.

La violenza del passato, in numeri

Esistono, per esempio, statistiche storiche che danno una fisionomia dell'Italia dall'Unità a oggi. Non solo ci dicono che, per quanto riguarda il livello di vita, l'Italia alla fine dell'Ottocento era più arretrata degli attuali paesi del Terzo Mondo, ma anche cose che spesso sono in contrasto con certe nostre idee. Per esempio, circa la violenza nella società moderna. Se si vanno a guardare i dati, si scopre che più si va indietro nel tempo, maggiore è il numero di omicidi e ferimenti. Per esempio, su 100.000 abitanti, nel 1926 in Italia c'erano quasi 300 persone ferite da percosse, contro le 125 attuali. Gli omicidi, in proporzione, erano 6,1 contro i 3,7 oggi. Nell'Ottocento le cose andavano ancora peggio.

Competenza e onestà

Naturalmente le statistiche forniscono dati che vanno interpretati sempre con intelligenza e onestà, così come gli esami clinici debbono essere collegati tra loro e valutati da un medico serio e competente.

La manipolazione dei dati, infatti, è sempre in agguato. Noi tutti sappiamo, per esempio, che all'indomani delle elezioni i partiti trovano sempre il modo per dire che sono soddisfatti del risultato, cifre alla mano. Questo avviene perché, ovviamente, scelgono campioni non rappresentativi, campioni isolati. Ma la stessa cosa facciamo noi, in perfetta buona fede, giudicando una situazione.

Ricordo, per esempio, che un amico aveva una figlia al liceo che desiderava il motorino, affermando che era la sola a non averlo. Accompagnandola a scuola contò insieme a lei i motorini parcheggiati: risultò che in realtà meno del 10% degli studenti ne possedeva uno.

Così, ogni primavera, tendiamo a dire che le stagioni sono cambiate e che non si era mai vista una primavera così brutta. In realtà, dalla media delle precipitazioni si può facilmente scoprire che si è nella norma e che magari 5, o 9, o 12 anni fa la primavera era stata ancora peggiore.

Manipolazioni involontarie

Le nostre manipolazioni statistiche involontarie avvengono anche quando si tratta di fenomeni strani. Per esempio, di tutte le cose dette da un astrologo si ricordano solo quelle che ci sembrano azzeccate. Cioè, anche in questa occasione, si utilizza un campione non rappresentativo. La stessa cosa vale per i sogni. Si considera premonitore un sogno che sembra avere un riscontro nella realtà, ma non si contano tutti gli altri cento avvenimenti drammatici sognati che non si sono poi mai verificati.

Ci sono persone che affermano di sapere già, per telepatia, chi le sta chiamando prima ancora di alzare il telefono. Basterebbe, per la verità, che queste persone segnassero su

ESPERIENZE «STRABILIANTI»

Se a qualcuno capitasse di sognare un amico che non vede da anni, e il sogno fosse improvvisamente interrotto proprio da una telefonata di quell'amico, cosa penserebbe? Probabilmente che si tratta di una prova di telepatia. Un'esperienza del genere capitò appunto, anni fa, a uno psicologo americano. Prima però di saltare direttamente alla conclusione che si trattasse di un fenomeno paranormale, lo psicologo decise di fare un calcolo probabilistico. Calcolò il numero dei suoi amici, degli amici lontani, del numero di telefonate che riceveva a quell'ora del mattino ecc.: risultò che il verificarsi di una tale coincidenza era davvero estremamente improbabile. Tuttavia, tenuto conto del numero degli abitanti degli Stati Uniti, e calcolando le varie combinazioni possibili dei loro sogni, lo studioso giunse alla conclusione che ogni giorno centinaia di persone avevano, in modo diversi, esperienze del genere. In altre parole, certe cose che possono apparire strabilianti a livello individuale possono rientrare nella norma a livello collettivo. È come per la lotteria: è estremamente improbabile possedere il biglietto vincente, ma c'è sempre qualcuno che vince. Il fatto è che le notizie sul vincitore riempiranno i giornali, mentre nessuno andrà a intervistare i milioni di perdenti. È quello che succede per le vincite alla roulette: i giocatori ricordano gli en plein vinti e tendono a dimenticare quelli persi. Inoltre, tendono spesso ad attribuire le vincite alla Fortuna e alla Sfortuna, diventando così le vittime predestinate dei casinò: questi ultimi vincono sempre per la ovvia ragione che hanno un numero in più dalla loro parte.

un taccuino il nome pensato e quello dell'interlocutore reale, poi facessero fare un calcolo a un esperto, fornendogli il numero di persone che solitamente telefonano e le ore in cui chiamano, per rendersi conto che le previsioni azzeccate entrano perfettamente nella media probabilistica.

Ma mai nessuno, tra coloro che desiderano credere in questi fenomeni, potrà essere convinto dalla logica dei numeri; sarà anzi una buona occasione per parlare male della statistica, accusata di esser priva di sensibilità e fantasia...

Forse è vero, ma se ogni tanto dessimo retta anche ai numeri, non sarebbe poi così male. Non solo per capire meglio certe coincidenze, apparentemente strane, ma per molte altre cose della vita.

Lunga vita agli amuleti

Molti sostengono che il ragionamento probabilistico dovrebbe essere oggi alla base del meccanismo mentale che presiede alla presa delle decisioni. Anche in un sistema logico, infatti, non vi sono mai certezze, ma solo probabilità e approssimazioni. Questo vale soprattutto per campi in cui le perturbazioni del «caso» possono essere particolarmente ampie. Con l'avvertenza, però, che i campioni rappresentativi, le medie, le statistiche potranno solo darci (con le dovute cautele) delle tendenze d'insieme: cioè quanti matrimoni in un anno, quanti decessi, quante persone morse da un cane; ma non ci faranno sapere, va ripetuto, chi sarà morso, chi si sposerà e chi avrà un incidente. E neppure chi vincerà una lotteria. Per questa ragione i riti propiziatori, gli astrologi e gli amuleti avranno ancora vita lunga: per trasformare il caso in fortuna e sfortuna. O magari in destino.

II

Scienza e paranormale

La nostra percezione, lo sappiamo, è molto limitata. Ci muoviamo nel mondo dei sensi come dei mutilati. Non vediamo gli infrarossi, gli ultravioletti, e neppure l'aria (per non parlare degli atomi). La nostra vista ci dà quindi solo una visione parziale della realtà. Per l'udito le cose non vanno meglio: non riusciamo, normalmente, a percepire suoni al di sopra dei 15.000 periodi e al di sotto dei 30. Molti animali, come i cani, riescono a far meglio di noi, ad arrivare un po' più in su. Ed è proprio in quella fascia di frequenze, per noi non udibili, che funziona il famoso fischietto a ultrasuoni.

Questa nostra mutilazione uditiva, per lungo tempo, ci ha impedito di capire il volo del pipistrello, allora attribuito a proprietà sovrannaturali. Oggi invece sappiamo che anche il pipistrello vola senza bisogno di ricorrere a una percezione extrasensoriale, ma riesce a dirigersi alla cieca grazie all'eco dei suoi squittii ultrasonici. Tale limitatezza della nostra percezione deve farci naturalmente riflettere. Se siamo così ciechi e sordi, quante altre cose esistono che sono al di là della nostra portata, dei nostri sensi? Quante altre cose ci avviluppano e ci influenzano senza che ce ne rendiamo conto?

L'orientamento dei piccioni

Un'indicazione nuova proviene, per esempio, dallo studio del volo dei piccioni. I piccioni riescono a orientarsi anche grazie al campo magnetico terrestre. Ma allora: noi pure possiamo essere sensibili al campo magnetico terrestre? E quali conseguenze può avere ciò?

In vari paesi sono state condotte ricerche dalle quali risulterebbe che anche gli esseri umani tendono a percepire leggermente il campo magnetico, o le fluttuazioni di campi elettromagnetici, e pare che ciò possa influenzare il ritmo del sonno e della veglia. Naturalmente il campo magnetico terrestre è solo una delle tante cose che ci circondano. Viviamo immersi in un bagno di onde, radiazioni, particelle, raggi, energie. Ogni essere, ogni materia e ogni sasso in natura emette microonde; siamo quindi sensibili, inconsciamente, a tutte queste cose? E non è possibile che attraverso questi canali invisibili si stabiliscano delle comunicazioni?

Il linguaggio delle formiche

In fondo, già tra gli stessi animali, assistiamo a cose sorprendenti. Le formiche, per esempio, comunicano tra loro a distanze grandissime, tenuto conto delle loro piccole dimensioni. In proporzione, è come se noi ci scambiassimo messaggi vocali tra Roma e Firenze. Non c'è qualcosa di strano in tutto questo, qualcosa che ricorda un po' la telepatia?

Il professor Bert Holdobler, studioso del linguaggio delle formiche all'Università di Harvard, spiega che non c'è niente di particolarmente misterioso nella comunicazione a distanza delle formiche, anche se si tratta di un meccanismo molto interessante.

«Le formiche scaricano nell'aria delle sostanze chimiche chiamate feromoni, prodotte da speciali ghiandole. Queste sostanze vengono portate dal vento a notevole distanza, centinaia di metri, forse anche più. Bastano poche molecole, per esempio, a segnalare al maschio la presenza della femmina: il maschio allora si dirige controvento, cercando altre molecole. Se non ne trova, comincia a girare in circolo fino a quando rintraccia nuovamente questi segnali chimici. E così si avvicina a mano a mano alla femmina. Si tratta in sostanza di un meccanismo simile a quello di certi mammiferi in calore: i gatti o i cani maschi, per esempio, giungono da notevoli distanze quando sentono nell'aria le molecole liberate dalle femmine. La differenza è che nelle formiche i segnali possono essere di diverso tipo: non solo segnali sessuali ma di pericolo o relativi al cibo, o altro. È un piccolo alfabeto chimico. Tutto ciò non ha nulla a che fare con la telepatia. Le formiche e gli altri insetti, per quanto ne so, non comunicano certo per via telepatica.»

C'è energia nel nostro cervello?

Ma è possibile, possiamo chiederci, che il nostro cervello, così raffinato e straordinario, non abbia energia capace di trasmettere dei segnali? Sappiamo per esempio che il cervello umano, come quello degli animali, sviluppa al suo interno un'intensa attività elettrica. Le onde cerebrali vengono persino registrate dall'elettroencefalogramma. Non è possibile, allora, che queste onde cerebrali possano essere captate a distanza da un altro cervello, così come avviene per i feromoni? In fondo, solo da qualche decennio abbiamo scoperto l'esistenza della trasmissione radio, cioè di un tipo di trasmissione di cui un tempo nessuno sospettava l'esistenza. Perché il nostro cervello non potrebbe trasmettere a distanza questa attività elettrica, che in pratica riflette proprio le emozioni individuali e il pensiero?

Una debole potenza

Ecco cosa mi diceva in proposito il professor Antonio Borsellino, già direttore dell'Istituto di biofisica e cibernetica del CNR, a Camogli.

«Sulla base delle attuali conoscenze scientifiche la risposta è no. La cellula nervosa, infatti, ha una potenza elettrica disponibile di 1 miliardesimo di watt. E non si va lontano con questa potenza (anzi con questa debolezza).»

Ma non potrebbero esservi altre onde cerebrali che ancora non conosciamo, di altro tipo, o di altra natura?

«Be', è come se lei mi chiedesse se gli anelli del pianeta Saturno, che contengono cristalli di ghiaccio, possano avere il gusto della granita all'amarena. Certo, è una possibilità!»

Si dice spesso che il cervello rimanga un mistero...

«Ci sono ancora molte cose da studiare, come in tutti i campi della scienza: ma non mi sentirei di avvalorare tale ipotesi. I principi di base sono abbastanza chiari e abbiamo sufficienti elementi per inquadrare l'attività cerebrale nei suoi aspetti più importanti come la percezione, il comportamento, le emozioni, l'attività mentale in generale. La metodologia è ben tracciata e sta avendo continui successi. Uscire da questa strada maestra, che è quella che ci ha permesso di scoprire tutto ciò che conosciamo, e supporre che esistano stranezze incontrollabili, al di fuori e in contrasto con le nostre conoscenze attuali e con principi scientifici ormai saldi, può essere un piacevole gioco di fantasia, che però non va oltre il divertissement per passare mezz'ora al caffè...»

Le onde cerebrali

All'Università di New York sono stati fatti esperimenti di notevole interesse per cercare di rilevare a distanza l'attività elettrica del cervello. Un volontario veniva collocato in una macchina leonardesca, in modo che rimanesse assolutamente immobile. Si trattava di una specie di grande sandwich di legno dove l'individuo veniva bloccato in modo che la sua testa rimanesse ben ferma. Sopra di essa si trovava una specie di thermos contenente elio liquido a temperatura bassissima, vicina allo zero assoluto. All'interno di questo thermos vi erano delle parti elettroniche che, a quella temperatura, non presentavano praticamente resistenza al flusso di corrente elettrica. In questo modo, con dei sensori, era possibile rilevare in prossimità della testa (a circa 1 centimetro di distanza) l'attività elettrica del cervello, trasformandola in voltaggio in uscita e osservando così le variazioni che si producevano, per esempio, se il soggetto guardava forme luminose su un piccolo schermo.

Un bagno di elio liquido

Che tipo di indicazione può fornire un apparecchio del genere circa la possibilità di trasmettere a distanza delle onde cerebrali?

«In realtà» dice il professor Kaufman, dell'Università di New York, «si tratta di campi magnetici estremamente deboli, che si possono captare solo quando sono molto vicini alla testa, a circa 1 centimetro, utilizzando dei rilevatori sensibilissimi. Allontanandosi dalla testa non si riceve quasi più il segnale. Infatti, siccome l'intensità del segnale diminuisce col quadrato della distanza, se ci si mette a 3 centimetri il segnale diminuisce già di nove volte. È quindi praticamente impossibile con qualsiasi mezzo rilevare il segnale a una distanza apprezzabile, anche perché esistono moltissime altre interferenze, di vario tipo: per esempio la metropolitana, gli ascensori, le torsioni delle strutture metalliche ecc. I nostri stessi campi magnetici – quelli che generiamo lei e io – sono tutti "rumori di fondo" che in pratica cancellano un segnale così debole. E non è possibile rilevarlo neanche a breve raggio. Quanto poi alla possibilità che si propaghino a distanza, anche se fossero usati per generare onde elettriche non si potrebbero mandare nell'etere, perché le frequenze sarebbero troppo basse. Il cervello infatti genera frequenze di pochi hertz: per essere captate, bisognerebbe che gli uomini avessero sulla testa un'antenna alta 5 chilometri... Sarebbe forse un po' scomodo. Oppure bisognerebbe renderli superconduttori; per esempio, mettendoli tutti a bagno nell'elio liquido, a -260 °C. Ma molto rapidamente la gente si cristallizzerebbe, e non avrebbe più niente da trasmettere.»

Le bandierine nello stadio

Lo studio di possibili canali di comunicazione ancora sconosciuti tra gli individui di certo continuerà, anche se la ricerca di questa specie di «radio mentale» finora non ha dato i risultati sperati.

Ma non è questo l'unico problema da risolvere. Supponiamo infatti che la telepatia sia – come molti affermano – un fenomeno di tipo fisico, e che esista un canale di comunicazione tra due cervelli, un canale nuovo, non ancora conosciuto. Ebbene in qualche modo bisognerà che questo messaggio telepatico, che è un prodotto dell'attività pensante (e quindi del cervello), venga non soltanto inviato, ma anche interpretato dal cervello che lo riceve. Ed è proprio qui che cominciano le vere difficoltà. Facciamo subito un esempio per capire il problema. Avrete probabilmente già visto, al cinema o alla televisione, le immagini di quegli stadi cinesi in cui migliaia di scolari, alzando bandierine di diversi colori, fanno apparire un mosaico umano che raffigura, per esempio, una scritta, oppure immagini e disegni. È una cosa frequente anche negli Stati Uniti, nei grandi incontri sportivi tra università. Basta che ognuno esegua i movimenti in una certa sequenza in base, per così dire, a una certa «formula». Ma sarebbe possibile trasferire questa formula in un altro stadio, dove gli stessi individui sono andati a disporsi diversamente? Certamente no. Perché in tal modo non si potrebbe replicare il disegno originale: probabilmente ne uscirebbe un'immagine del tutto diversa, incomprensibile. Sarebbe come scrivere a macchina su una tastiera che ha tutte le lettere spostate.

La trasmissione fra due cervelli

Lo stesso problema si pone per la trasmissione di un'immagine tra due cervelli. Infatti, come uno stadio, il nostro cervello è composto da una grande popolazione di cellule individuali, che possono associarsi in una serie di azioni combinate per evocare immagini, sensazioni, pensieri. Semplificando molto le cose, si può dire che ogni cellula cerebrale, alzando oppure no la sua bandierina (cioè «scaricando» oppure no), contribuisce, in base alle esperienze precedenti, a combinare quei tracciati che sono il frutto di lente costruzioni personali, cioè di un lento apprendimento. Ogni cervello, però – e questo è il punto essenziale –, costruisce i suoi circuiti e i suoi tracciati in un modo estremamente individuale; non solo perché le cellule e i relativi collegamenti sono diversi in ogni individuo già alla nascita, ma perché le esperienze che si accumulano sono differenti, e vengono codificate in modo diverso. Se si volesse trasferire per esempio il tracciato cerebrale che raffigura un gatto da un cervello all'altro (anche ammettendo di possedere un «canale» di trasmissione), il tracciato del primo cervello non provocherebbe la stessa immagine nel secondo ma andrebbe, nella migliore delle ipotesi, a stimolare altri tracciati, che significano cose diverse, oppure nulla.

Ogni cervello, in altre parole, possiede una diversa geografia cellulare, quindi una trasmissione d'immagine da un cervello all'altro non troverebbe neanche la possibilità di una corrispondenza anatomica. Non sarebbe neppure possibile in un cervello completamente vuoto d'immagini, e a maggior ragione tra due cervelli che hanno già avuto uno sviluppo personale; sarebbe come cercare di circolare a Parigi con una mappa stradale di Roma. In entrambe le città ci sono case, alberi, palazzi, automobili, giardini, monumenti disposti e organizzati in modo del tutto diverso. Per la trasmissione del pensiero ci si troverebbe di fronte a un problema analogo.

Le stranezze della meccanica quantistica

Un altro aspetto talvolta evocato è quello della trasmissione a distanza, così come sembra emergere dalla teoria della meccanica quantistica (ne abbiamo parlato nella Parte quarta, nel capitolo dedicato ai comportamenti della materia). Secondo questa teoria, se due particelle vengono separate, esse possono comunicare direttamente attraverso connessioni quantistiche anche a grande distanza: se una si gira, si gira anche l'altra. Sono connessioni che sembrano superare l'idea ordinaria della materia, dell'energia e dello spazio-tempo.

Ecco, in proposito, l'opinione del professor Philip Morrison, uno dei più insigni fisici americani e insegnante al Massachusetts Institute of Technology (MIT).

«Mi permetta intanto di dire che alcuni di questi strani aspetti della fisica moderna in realtà sono soltanto costruzioni teoriche, per ora; se ne discute molto in proposito. Per quel che riguarda le stranezze a livello subnucleare, comunque, non bisogna dimenticare una cosa importante, e cioè che noi non siamo atomi, ma combinazioni di atomi, ed è quindi a questo livello che avvengono i nostri rapporti. Certo, dobbiamo essere aperti a tutte le possibilità, a una nuova comprensione della natura, del mondo, delle cose che ci circondano e che ancora non conosciamo (anzi il nostro lavoro quotidiano è appunto questo, proprio perché cerchiamo costantemente di spingerci sempre più in là nella conoscenza, senza pregiudizi). Ma utilizzare queste cose per immaginare nuove connessioni che ingenuamente permettano di controllare il mondo fisico con la mente (per esempio, di alzare le piramidi o di piegare i cucchiai col pensiero), ebbene mi consenta di essere scettico. Non è in questa direzione che potremo progredire nella conoscenza.»

L'onere della prova

«Il fatto è che quando si entra nel campo delle ipotesi» dice il professor Hyman, psicologo, dell'Università dell'Oregon «è facile andare al di là di quello che certi dati possono suggerire. Se infatti si spinge qualsiasi equazione matematica ai limiti, o oltre, si ottengono risultati sorprendenti, numeri impossibili, contraddizioni ecc. È proprio per questo che, nella scienza, l'onere della prova spetta sempre a chi fa affermazioni. È evidente che esistano cose nuove, in fisica, e che una vecchia visione dell'Universo venga contestata, ma ciò non significa che si debba andare verso una visione psichica. Il mondo che ci circonda è ovviamente più complesso di quanto noi conosciamo (è sempre stato così, attraverso tutti i tempi, a qualunque stadio delle nostre conoscenze), ma non si può tirare a indovinare, mescolare ciò che si conosce con ciò che si crede. Dai tempi di Galileo si è cercato di separare la credenza dalla conoscenza.»

«Galileo» puntualizza il professor Morrison «non diceva "oggi non posso mostrarle il telescopio perché non sono in forma", ma convocava tutti e illustrava le sue scoperte, anche agli scettici. Oggi invece queste scoperte non si vedono... Non si può convincere il prossimo con la teoria, occorre mostrare...»

«Il valore di una teoria» aggiunge il professor Aller, astronomo dell'Università di California, «è quello di suggerire delle buone osservazioni. Non ha senso infatti porsi domande alle quali non si può rispondere. Il valore di una teoria non consiste tanto nell'essere giusta o sbagliata, quanto nel suggerire buoni esperimenti, e permettere di avanzare nella conoscenza.»

La teoria e il fenomeno

Su questo concetto credo che tutti possano essere d'accordo: si potrebbe infatti discutere a lungo sulla meccanica quantistica, sulla possibilità di nuove «dimensioni», sul mondo subnucleare ecc., senza riuscire a dimostrare nulla. L'importante è poi vedere se tutto ciò trova una corrispondenza attendibile nella realtà, cioè nei fenomeni. Perché è evidente che qualunque teoria può essere valida, in astratto, ma occorre poi che in qualche modo si accordi con ciò che accade intorno a noi. In definitiva, al di là del dibattito teorico, sono davvero osservabili questi fenomeni paranormali?

Sfortunatamente, le cose che si vedono oggi in parapsicologia o non sono attendibili o possono essere spiegate senza bisogno di ricorrere a forze misteriose, semplicemente attraverso ciò che già conosciamo.

Dice il professor Morrison: «Se ci fosse anche soltanto un caso chiaro in parapsicologia, io sarei estremamente interessato. Ma il fatto è che non c'è».

Un'esistenza da verificare

Siamo giunti a un punto molto importante: l'esistenza o meno dei fenomeni paranormali. Finora infatti abbiamo parlato solo delle possibilità teoriche che tali fenomeni esistano, e abbiamo visto quali sono le difficoltà, anche concettuali (canali di comunicazione, codificazione e decodificazione, quadro teorico). Cercheremo ora invece di capire se effettivamente questi fenomeni, di cui tanto si parla, sono stati davvero osservati. Perché se il fenomeno non esiste, non c'è bisogno di cercare delle teorie. Tutto questo potrà forse sorprendere qualcuno, poiché spesso si dà per scontato che i fenomeni paranormali esistano, e che il problema sia piuttosto di capire perché avvengano. Invece, la critica di fondo che viene fatta alla parapsicologia è che questi fenomeni, in realtà, non siano osservabili; cioè non sono mai stati dimostrati. E che pertanto è inutile costruire nuove teorie (che sono in contrasto con tutto ciò che abbiamo appreso nel corso dei secoli) a partire da cose che, in definitiva, non esistono.

In realtà, il problema essenziale emerso da tutti i colloqui che ho avuto nel corso di una lunga inchiesta svolta in tutto il mondo è che se esistesse anche solo un fenomeno convincente, chiaramente provato, gran parte degli scienziati si getterebbe a capofitto in quest'area di ricerca, poiché ciò significherebbe che tali fenomeni esistono, e che quindi bisogna rivedere le basi non solo della fisica, ma di tutte le altre discipline scientifiche, ricercando nuove leggi, nuove connessioni ecc. Invece, malgrado da circa un secolo si facciano ricerche, nessuno finora è riuscito a dimostrare alla comunità scientifica l'esistenza dei fenomeni paranormali; nessun fenomeno è stato mai «omologato» dalla scienza. Non solo, ma nessuna grande università o istituto ha trovato, nei dati finora emersi, motivo per dedicare uno spazio anche modesto a questa ricerca.

La ricerca delle prove

C'è una cosa molto importante che è necessario chiarire, a questo punto, per capire perché si discute tanto sul fatto che le prove a favore della parapsicologia esistano oppure no. Infatti, a prima vista, non dovrebbe essere così difficile stabilire se è possibile trasmettere un messaggio telepatico, o vedere a distanza un oggetto oppure far levitare un tavolo, o anche soltanto una matita. Soprattutto per degli scienziati che da anni lavorano in questo campo. Allora perché si discute tanto delle prove?

Le prove vengono considerate inattendibili per mancanza di vere condizioni di controllo degli esperimenti. Specialmente quando i soggetti esaminati sono famosi medium, veggenti o sensitivi, cioè persone che possono facilmente prendere in giro il prossimo, e anche gli sperimentatori. In realtà, dicono gli scettici, non basta essere bravi scienziati per realizzare buoni esperimenti. Quando si lavora con gli esseri umani ci sono trappole in cui è facile cadere; non è come avere a che fare con gli atomi, o le molecole. L'accusa rivolta fin dall'inizio agli scienziati che hanno compiuto ricerche in parapsicologia è appunto quella di credere troppo in ciò che vedono, perché partono già con la convinzione che il fenomeno esista e non compiono i necessari controlli. Alcuni dei «veggenti» esaminati, infatti, si sono poi rivelati dei truffatori.

L'inganno dei trucchi

Alla fine dell'Ottocento, per esempio, sir Oliver Lodge, uno degli inventori della radio, compì ricerche che egli definì «probanti» nel campo della telepatia.

«Sir Oliver Lodge» commenta il professor Morrison del MIT «era un teorico dell'elettromagnetismo, molto bravo e versato nei calcoli tecnici. Ma era anche profondamente convinto dell'esistenza dei fantasmi, capaci di far muovere tavolini e di produrre ectoplasmi nel buio. Ebbene, quando gli fu dimostrato che ciò che aveva visto era un trucco disse: "Be' in certi casi era un trucco, quando il potere del medium non funzionava. In altri casi però era vero". Ebbene, non ci si può basare su un metodo di questo tipo: se in certe occasioni qualcuno bara o fa degli imbrogli, è difficile poi credere che in altre produca fenomeni autentici. Fenomeni, badi bene, che rovesciano tutti i principi della fisica. E allora occorrono davvero controlli molto stretti, che solitamente uno scienziato non è in grado di attuare in quanto si muove in un terreno che non è più il suo. In definitiva, si rischia di avvalorare fenomeni soltanto perché non se ne è capito il trucco.» Questo è un punto molto importante: la possibilità che scienziati abbiano dichiarato autentici fenomeni senza rendersi conto, in realtà, di essere stati vittime di imbrogli da parte dei medium. Vorrei citare in proposito un solo episodio, molto illuminante.

Due giovani illusionisti

Quando negli anni Settanta-Ottanta l'israeliano Uri Geller lanciò la moda di piegare chiavi e cucchiai, una grande compagnia americana che costruiva motori per aerei cercò di capire se in questo «fenomeno» ci fosse qualcosa di vero. E mise a disposizione un'ingente somma di denaro (all'epoca l'equivalente di circa 350.000 euro) per le verifiche. Il finanziamento fu assegnato a un fisico di ottima reputazione, che cominciò le sue prove. Selezionò un certo numero di giovani che si diceva sapessero piegare i metalli. Alla fine la scelta cadde su due ragazzi, di 18 e 20 anni, che facevano effettivamente cose straordinarie: non solo piegavano chiavi e cucchiai, ma «muovevano» a distanza gli aghi delle bussole, i pennini dei poligrafi ecc.

Cominciarono a trapelare le prime notizie di queste «meraviglie», e il prestigiatore americano James Randi, notissimo cacciatore di «maghi», scrisse allo scienziato spiegando che in questo campo truffe e trucchi erano all'ordine del giorno e offrì la sua collaborazione per un reale controllo. La risposta fu negativa: il fisico declinò l'offerta affermando che il controllo di laboratorio era molto stretto e non aveva bisogno del suo aiuto.

Dopo circa due anni, mentre continuavano a trapelare notizie straordinarie sui poteri dei due candidati, Randi convocò a New York una conferenza stampa e raccontò la verità: i giovani erano due suoi allievi, che continuavano a ingannare il fisico con i loro trucchi. La cosa fece molto scandalo, e Randi venne additato da alcuni come un provocatore. Ma il premio Nobel Murray Gell-Mann propose invece Randi per una laurea *honoris causa*, perché aveva dimostrato che in questo campo non basta la competenza scientifica, ma occorre una particolare esperienza in illusionismo; altrimenti il controllo, com'era stato dimostrato, non poteva essere valido. Naturalmente, il finanziamento venne sospeso.

Un'ultima informazione piuttosto importante. Alcuni anni fa, negli Stati Uniti, una speciale commissione di 15 membri, nominata dal Consiglio nazionale delle scienze, è stata incaricata di realizzare un'indagine sull'esistenza di eventuali fenomeni paranormali. La richiesta era venuta da parte delle forze armate americane. Dopo aver lavorato un anno e mezzo, e passato in rassegna tutte le sperimentazioni effettuate nell'arco di un secolo, a partire dalla fine dell'Ottocento, le conclusioni della commissione sono state le seguenti: non esiste alcuna prova dell'esistenza di fenomeni paranormali. Nelle prossime pagine avremo modo di vedere come mai molte persone – e tra di esse alcuni scienziati – sono invece indotte a credere che siano reali.

III

I guaritori

I guaritori rappresentano certamente un aspetto assai particolare nel mondo del paranormale, soprattutto perché la loro azione interessa uno dei problemi da sempre fondamentali per l'uomo: la salute. Sappiamo che esistono numerose testimonianze circa guarigioni ottenute attraverso il trattamento dei malati da parte di maghi e guaritori, e anche nei paesi tecnologicamente più avanzati torna a fiorire come una «medicina magica» che in passato era in pratica la sola che l'uomo conosceva per affrontare i suoi mali e la paura del dolore e della morte. Ma i guaritori producono veramente un effetto sulla malattia o sul paziente? Tutti gli studi in proposito hanno dato esito negativo.

Anche più di due secoli fa, quando si fecero i primi esperimenti sull'ipnotismo, qualcuno sosteneva l'esistenza di una specie di forza magnetica che passava da un individuo all'altro. È stato poi dimostrato che ciò non era vero e che l'ipnotismo è invece un modo di influenzare la mente del tutto simile a quello che si ottiene con la parola, quando si parla a un individuo.

Come si spiegano allora certi risultati ottenuti dai guaritori, in base alle testimonianze dei loro pazienti? Entriamo in quello che in medicina viene chiamato l'«effetto placebo», cioè una suggestione provocata da una cura in cui si crede o da un guaritore in cui si ha fiducia. Ciò può dare sollievo psicologico al malato, e può giovargli un rimedio che è stato spesso impiegato dalla medicina in passato, e lo è ancora oggi.

Le sorprese dell'effetto placebo

Per capire meglio in cosa consista questo effetto placebo facciamo subito un esempio concreto. Supponiamo di avere due pillole: un tranquillante e una semplice pillola di farina senza alcun potere medicamentoso. Quale delle due può provocare maggior effetto? Naturalmente il farmaco. Ma se si fa credere al paziente che la pillola di farina che sta prendendo è un farmaco molto efficace, quale potrà essere la conseguenza? La suggestione potrà provocare nel paziente un effetto benefico, malgrado si tratti di una pillola innocua, cioè di un «placebo» (termine che in latino significa appunto «io farò piacere»).

Una curiosa sperimentazione

«L'effetto placebo è molto potente», dice il professor Arthur Shapiro, psichiatra al New York Hospital, che ha studiato a fondo questi problemi attraverso una sorprendente sperimentazione. «Se il paziente crede che la pillola che gli viene data sia un farmaco efficace, nel 60% dei casi reagisce bene. Noi abbiamo fatto per esempio esperimenti in cui sostituivamo con dei placebo molti dei medicinali in uso oggi in psichiatria: tranquillanti, antidepressivi ecc. Ebbene, con queste finte pillole oltre la metà dei pazienti dichiarava di sentirsi meglio. Il 10-20% diceva di sentirsi peggio, e il 25-30% di non sentire alcun effetto. Inoltre il 60%, assumendo queste finte pillole, denunciava effetti collaterali (nausea, mal di testa, visione sdoppiata ecc.). Abbiamo condotto uno studio con 230 pazienti, sostituendo uno dei più noti e diffusi tranquillanti in uso in psichiatria con un placebo. Per sei settimane questi pazienti (che avevano anche contatti di 20 minuti con il medico) hanno assunto il placebo credendo che fosse il farmaco; poi abbiamo comparato l'effetto con altri pazienti che invece prendevano veramente il farmaco. Ebbene, durante la prima settimana vi fu una piccola differenza tra i due gruppi, ma nelle successive cinque settimane non vi fu più alcuna differenza. La pillola finta e quella vera funzionavano nello stesso modo. A ogni visita il paziente risultava migliorato.»

Il «doppio cieco»

Lei pensa che l'effetto placebo sia spesso presente non solo in psichiatria, ma più generalmente in campo medico?

«Oh, certo, in larghissima misura. Specialmente in passato il placebo costituiva in pratica la cura principale per ogni tipo di malattie. Oggi, grazie alle nostre conoscenze tecniche, possiamo renderci conto che la stragrande maggioranza delle sostanze medicamentose usate in passato non aveva in realtà un'azione farmacologica attiva. Lo si può benissimo dimostrare oggi con la prova del «doppio cieco», in cui un gruppo di pazienti prende il farmaco e un altro, senza saperlo, un placebo: poi a distanza di tempo vengono esaminati da medici, che non sanno quale gruppo ha preso il farmaco, per controllare se ci sono differenze tra i due gruppi di pazienti. Tutta la storia della medicina è stata in larga misura la storia dell'effetto placebo. Basti pensare alle pozioni magiche, agli intrugli fatti con gli ingredienti più strampalati (pietre, gioielli, animali, parti del corpo), alle piante ritenute miracolose.» Alla fine, con le attuali conoscenze, si è potuto constatare che praticamente quasi tutte le cure praticate attraverso i secoli erano prive di reale valore terapeutico.

«Si cercherebbe invano tra le pagine di Ippocrate un trattamento di valore specifico» ha scritto il dottor W.R. Houston in un suo studio intitolato *Il medico stesso come agente terapeutico*. «Le medicine usate erano dei placebo: solo occasionalmente, a grandi intervalli, qualcosa di utile veniva introdotto nella pratica medica, come la frutta fresca nella cura dello scorbuto... Gli storici della medicina possono trarci in errore quando parlano di abili e sapienti medici del passato. Il loro talento era soprattutto quello di saper trattare le emozioni umane.»

Cure sconcertanti

C'è un curioso elenco dei rimedi in passato ritenuti efficaci. Per esempio, nel VII secolo era molto raccomandato come medicina l'uso del sangue: di capra per i calcoli renali, di agnello per l'epilessia, di anatra e oca per combattere i veleni, di uccelli domestici per l'emorragia cerebrale, di pipistrello per evitare la crescita di peli sul seno. Ogni sostanza organica, vegetale, minerale, era utilizzata come farmaco: olio di avvoltoio, orso, volpe, formiche, ragni, vermi, così pure come il liquido spermatico di rana o la polvere di pietre preziose. Era comune anche la farmacopea basata sugli escrementi; per esempio, di oca per la calvizie, o escrementi caldi di cavallo per le febbri intermittenti.

Esistevano poi rimedi costosissimi, come i famosi corni di unicorno (si trattava in realtà di resti fossili di balenotteri), usati per quasi 2000 anni; al culmine del loro impiego, questi corni avevano raggiunto prezzi incredibili: l'equivalente di 100.000 euro. Anche le radici di mandragola (parimenti inefficaci) erano molto costose, poiché dovevano essere estratte durante il plenilunio, e si diceva che chi le raccoglieva diventasse pazzo. Quanto alle medicine trovate nelle iscrizioni delle tavolette dei Sumeri, si sarebbero rivelate anch'esse dei semplici placebo, come pure gli 800 rimedi e i 700 farmaci menzionati negli antichi papiri ebraici. Non si salva neppure la farmacopea di Galeno – durata quasi 1000 anni nella storia della medicina –, che consisteva in 540 sostanze vegetali, 180 animali e 100 minerali. In tutto 820 sostanze, quasi nessuna delle quali, secondo Shapiro, con reale valore specifico. Anche le erbe curative erano, in realtà, pochissime; tutte le altre, soltanto dei placebo che agivano sulla fiducia del paziente.

Nella medicina del passato, inoltre, vigeva il principio della catarsi – cioè quello di estrarre il male dal corpo –, anch'esso con il suo potere di suggestione. Ciò avveniva attraverso esorcismi, fatture, pratiche magiche, oppure con purghe e salassi (che, tra l'altro, danneggiavano il malato).

«Cura più colui nel quale la gente ha più fiducia»

Eppure in passato tutte queste medicine – come del resto i guaritori oggi – hanno avuto durevole fortuna e ampie testimonianze di successi. Forse il primo che ne capì la ragione fu proprio Galeno, secondo il quale «cura più colui nel quale la gente ha più fiducia», e aggiungeva che sei pazienti su dieci consultavano un medico per sintomi di origine emotiva più che fisica (una percentuale molto vicina alle stime contemporanee). In altre parole, in ogni individuo e in ogni malato esiste una forte componente emotiva e psicologica; se il paziente crede che la medicina o la cura che gli viene data sia efficace, nella maggior parte dei casi, per autosuggestione, reagisce bene, anche se si tratta di un farmaco fasullo.

Tutto questo mostra anche, in definitiva, la grande importanza del rapporto tra medico e malato. Per esempio, lo stretto legame che esisteva un tempo col medico di famiglia oggi è difficile instaurarlo con quello della mutua, le cui visite sono spesso assai brevi e finiscono con la semplice prescrizione di una pillola.

È importante che si riescano a mobilitare l'energia e le risorse del malato; cioè agire anche sul comportamento, in modo che il paziente mostri un atteggiamento più costruttivo. Si potrebbe quindi dire che anche un medico svolge, in un certo senso, il ruolo di guaritore psichico (quando arriva il medico il malato si sente già meglio). Ma con una differenza importante: che un medico è in grado di curare anche le malattie, e quindi di agire nel vero interesse del malato e non di abbandonarlo a rituali che possono magari far bene alle sue speranze, ma non alla sua salute.

La potenza della suggestione

In altre parole, è possibile provocare nel paziente un'autosuggestione con una finta pillola, un'erba priva di potere medicamentoso, o un rituale che egli sia convinto gli faccia bene, quindi anche con qualcuno che affermi di essere un guaritore. Se si crede in queste cose, il più delle volte si potranno trarre benefici. Si tratta di qualcosa che non viene dall'esterno, ma che si sviluppa all'interno di un individuo. Abbiamo insomma a che fare con suggestioni, con sensazioni «immaginate», che attraverso la mente possono agire sul corpo.

Si potrebbe persino ipotizzare che tutto ciò forse avvenga grazie a un meccanismo analogo a quello che faceva secernere saliva al famoso cane di Pavlov, associando il suono del campanello al cibo: anche noi forse, associando mentalmente una buona pillola alla cura, o un buon medico alla guarigione, rispondiamo in modo simile, con una reazione che è dovuta più all'idea della pillola e della guarigione che al reale valore del farmaco o della cura. Anche l'ipnosi, in fondo, agisce attraverso certe sensazioni immaginate, che provocano alterazioni della percezione e quindi anche nelle risposte, a livello sia dell'organismo sia del comportamento.

Questa autosuggestione non modifica le condizioni fisiche dell'individuo ma agisce solo a livello psicologico, sulle sensazioni. L'individuo può essere così stimolato a fare cose che diversamente non farebbe, e ciò può essergli utile. Può per esempio mettere maggiore entusiasmo nel cercare di camminare senza più strascicare un piede, o impegnarsi di più nel fare cose che lo aiutano a guarire. Pertanto, l'effetto placebo può agire sia come suggestione (alterando l'interpretazione del dolore o della malattia), sia modificando il comportamento, con conseguenze positive. Ma non può agire sulla malattia, specialmente quando è di origine organica.

In cerca di miracoli

Rimane però da chiarire un punto importante. Si parla spesso di guarigioni miracolose, e persino di analisi ben documentate che accertano inspiegabili regressioni della malattia (anche in casi di tumore) dopo l'azione del guaritore. C'è una possibilità che quest'ultimo riesca a provocare in alcuni pazienti una tale autosuggestione da innescare una reazione positiva, che agisca non solo psicologicamente ma anche dal punto di vista della malattia?

Regressioni spontanee

William Nolen, un medico americano, si è posto la stessa domanda nel libro intitolato *Healing, a doctor in search of a miracle* (Un medico alla ricerca di un miracolo), in cui descrive il suo peregrinare per oltre due anni tra guaritori e malati alla ricerca di qualche caso autentico di guarigione inspiegabile e prodigiosa.

Dottor Nolen, a parte certi errori di diagnosi (che possono far credere che un individuo sia guarito da una malattia che in realtà non ha mai avuto), ha mai registrato casi di guarigioni miracolose prodotte da qualche guaritore?

«No, mai. Esistono delle regressioni spontanee di malattie, anche del cancro, indipendentemente dal fatto che il guaritore intervenga o meno. C'è oggi una casistica abbastanza documentata, in proposito: il dottor Cole, presidente dell'Ordine dei chirurghi americani, ha raccolto in un libro la documentazione su casi di regressioni spontanee di cancro. C'è stato un caso, abbastanza sorprendente, reso noto da un'associazione medica che studia tali guarigioni: una donna affetta da tumore al seno, con metastasi generalizzata, rifiutò di curarsi e di prendere medicine. Il tumore regredì completamente, in modo spontaneo».

A cosa si devono queste regressioni spontanee?

«Pensiamo che si tratti di una reazione immunitaria dell'organismo. Il nostro corpo, infatti, produce continuamente difese contro le cellule cancerose che agiscono come fanno per esempio gli anticorpi contro il vaiolo, dopo la vaccinazione. È possibile che io abbia già avuto venti volte il cancro, e che il mio organismo lo abbia "rigettato". Il guaio grosso si ha quando il nostro organismo non "riconosce" e non combatte efficacemente le cellule cancerose: questo permette ai tumori di svilupparsi.»

Agendo psicologicamente sullo stress, è possibile, a suo avviso, migliorare le condizioni generali dell'individuo, e quindi consentirgli una migliore risposta, anche immunitaria?

«Non credo, perché la risposta immunitaria è legata al "riconoscimento" delle cellule cancerose. Teoricamente, si può forse migliorare la capacità di resistenza dell'individuo: ma il guaritore non c'entra. Chiunque potrebbe svolgere quest'azione psicologica: lei o io, un parente, un amico.»

Cioè siamo tutti guaritori e nessuno lo è. Non esiste un collegamento tra certe guarigioni spontanee e l'azione dei guaritori?

«No, non c'è alcuna prova che tra i clienti dei guaritori vi siano più regressioni di cancro. Vi sono regressioni spontanee indipendentemente dal fatto che uno vada dal guaritore oppure no. Andando dal guaritore non aumentano le probabilità. Tutti gli esempi che abbiamo indicano, anzi, che il guaritore non interviene in nessun caso in cui entra in funzione il sistema immunitario. Ma, naturalmente, se un paziente presenta una regressione spontanea mentre è in cura da un guaritore, nessuno potrà convincerlo che si tratta di una coincidenza: rimarrà del parere che ciò sia dovuto a un fluido miracoloso...»

Alla luce di questo appare chiaro il successo ottenuto dai guaritori. La loro fama è amplificata anche dal fatto che si parla solo dei casi in cui c'è stato un (apparente) miglioramento, e mai di quelli in cui non vi è stato alcun risultato. O, peggio, dei casi in cui c'è stato peggioramento per carenza di cure adeguate. Del resto, manca una vera documentazione sull'evolversi della malattia nei pazienti trattati; cioè in quale misura un «miglioramento» è stato solo un sollievo provvisorio, e se la malattia, in definitiva, ha seguito il suo corso regolare.

La fotografia Kirlian

Ma la «bio-energia» – che taluni sostengono fuoriesca dalle mani di guaritori – è mai stata osservata o rilevata? Spesso la prova è stata esibita sotto forma di un alone luminoso, un'«aura vitale» che circonda le mani dei pranoterapeuti, e che può essere rilevata dalla cosiddetta «fotografia Kirlian». Un effetto che si era cominciato a osservare nelle foglie delle piante. Di cosa si tratta? La fotografia Kirlian, come dice il nome, è stata inventata nel 1939 dal signor Semyon Davidovich Kirlian, un cittadino sovietico che riparava macchine fotografiche. L'effetto alone era già conosciuto alla fine dell'Ottocento, ma non era mai stato investigato fino a quando il signor Kirlian iniziò a produrre le sue curiose – e bellissime – fotografie. Il sistema di ripresa – da effettuarsi solitamente al buio – consiste in sostanza nel posare una foglia su una pellicola fotografica (o su una lastra di vetro, sotto la quale si pone la macchina fotografica) facendovi poi passare una scarica elettrica. Ne risultano quelle suggestive immagini di cui parlavamo prima, e che in questi ultimi anni abbiamo visto riprodotte su giornali e settimanali.

Un'«aura» vitale?

La dottoressa Thelma Moss, che ha contribuito forse più di ogni altro a diffondere l'esistenza dell'«effetto Kirlian» studiando il fenomeno all'Università di Los Angeles, ha una spiegazione a proposito di questa «aura».

«Penso si tratti di qualcosa di analogo a ciò che viene chiamato il "corpo astrale" o "corpo energetico". Vale a dire, un'energia che è molto simile, nella forma, al corpo fisico, e che permette all'individuo di svolgere le sue funzioni. Noi abbiamo gambe, braccia, cervello, muscoli ecc., ma tutto ciò è solo materia, fino a quando non si mette dentro l'energia. Ed è proprio questa l'energia mostrata dalla fotografia Kirlian. Non allo stato puro, però, perché è mischiata a elettricità.»

Anche gli animali e le piante, quindi, possono essere dotati di questa «aura»?

«Certo, tutto ciò che esiste. Abbiamo persino fatto delle fotografie con la sola aria, e anche lì abbiamo trovato dei tracciati di questa energia.»

Ma l'apparecchio Kirlian riesce a fotografare anche le eventuali energie prodotte dai guaritori? Riesce a captare il momento in cui un fluido può uscire dalle loro mani? Olga Worrall, una delle più famose guaritrici negli Stati Uniti, è stata appunto esaminata dalla dottoressa Thelma Moss.

«Sì, noi abbiamo lavorato qui con Olga Worrall, realizzando alcune fotografie eccezionali. Una prima fotografia è stata fatta in condizioni di riposo, cioè normali. Poi abbiamo chiesto a Olga di entrare in attività psichica, e di trasmettere la sua forza pensando a qualcuno. Allora, si produce un cambiamento straordinario: si vedono delle grandi luci gialle uscire dalle sue dita. Tutt'intorno ci sono dei piccoli globuli. Ebbene noi pensiamo che tutto ciò sia collegato all'energia della guarigione.»

Cosa rispondono i critici a questa documentazione fotografica? E come possono spiegare queste strane aure e aureole che appaiono negli esseri viventi?

L'aureola... della padella

Ebbene essi rispondono con un'altra immagine, quella di una chiave inglese fotografata con l'apparecchio Kirlian (nello stesso modo e nelle stesse condizioni): anch'essa ha la sua aura, esattamente come una mano o una foglia. Infatti, curiosamente, tale energia vitale la si ritrova in qualunque oggetto si fotografi: una chiave inglese, una padella o un pezzo di carburatore d'automobile! E in queste foto di tenaglie, monete, bulloni, appaiono non soltanto le stesse «aureole» ma gli stessi colori: i bianchi, i blu, i gialli, i rossi, gli arancioni. E anche qui i colori cambiano a seconda delle condizioni in cui l'oggetto viene fotografato. Basta un piccolo spostamento, un cambiamento nel voltaggio elettrico e nell'umidità, per modificare anche il risultato della fotografia. Allora, per capire il senso di queste luminescenze non bisogna dimenticare che le fotografie Kirlian sono realizzate con uno speciale apparecchio elettrico, la cui tensione di uscita è di ben 2000 volt o, in certi casi, anche 10 o 20.000 volt (con basso amperaggio). Gli oggetti si trovano in pratica tra due elettrodi, e al momento della fotografia ricevono questa forte scarica. È una specie di sedia elettrica fotografica. Le luci che si vedono, dicono quindi i ricercatori specializzati, non sono altro che i gas presenti intorno all'oggetto ionizzati da questo intenso campo elettrico. I colori dell'aura dipendono dai gas presenti in quel momento nell'aria intorno all'oggetto. E questi colori variano col variare delle situazioni. Il neon, per esempio, dà l'arancione, gli idrocarburi il rosso, l'ossigeno il giallo, l'azoto il blu. Inoltre, l'ordine dei filtri di colore è diverso a seconda che si usi una pellicola negativa oppure positiva. Insomma, quello che si vede non è un fluido che esce dalla mano del guaritore, ma semplici gas ionizzati che si trovano casualmente intorno alla mano in quel momento. Molti fattori possono contribuire alle variazioni dell'aura: non solo i gas e il tipo di pellicola, ma il tipo di voltaggio, l'umidità, la posizione dell'oggetto, persino la pressione che si esercita sulla lastra con un dito, o con la mano.

Malgrado questa demolizione dell'effetto Kirlian, ancora oggi alcuni continuano a proporlo come fenomeno misterioso, mostrano fotografie di mani di presunti guaritori con questa «bio-energia» che si diffonde tutt'intorno. È curioso pensare che tanti anni fa – insieme al professor Guido Palmieri, che all'epoca dirigeva il Gruppo nazionale di cibernetica e biofisica del CNR – ci eravamo divertiti a fotografare questa aura su una lastra di metallo ritagliata a forma di mano, con un risultato simile a quello prodotto dal presunto fluido di un guaritore!

Ma ci sono altre mani che in un certo periodo sono diventate famose per la capacità di penetrare addirittura dentro il corpo umano: quelle dei filippini.

I guaritori dalle mani nude

I guaritori filippini non hanno naturalmente bisogno di presentazione. Se ne è parlato tanto che non occorre ricordare che operano a mani nude, «penetrando» all'interno del corpo ed «estraendo» tessuti malati, cisti, calcoli, tumori maligni ecc., senza lasciare alcuna ferita o cicatrice. Molti prestigiatori, come il nostro bravissimo Silvan – che merita un particolare elogio per il suo atteggiamento serio e responsabile, in quanto lascia sempre chiaramente intendere, a differenza di altri, che i «fenomeni» da lui prodotti sono soltanto trucchi e non avvenimenti paranormali –, molti prestigiatori, dicevo, hanno mostrato pubblicamente come si possono realizzare queste «operazioni psichiche», fingendo di entrare nella pancia (con emorragie di... acqua colorata di rosso) ed estraendo, come da un cappello a cilindro, ogni sorta di finti organi e tessuti. L'effetto è così efficace che tali «operazioni» sono indistinguibili da quelle che si vedono nei filmati dei guaritori filippini.

Alcune verifiche

Come sempre, si può obiettare che, anche se un prestigiatore può riprodurre con un trucco un fenomeno paranormale, ciò non significa necessariamente che il fenomeno originale sia un trucco. Giustissimo, anche se è curioso osservare che gli amanti della parapsicologia non fanno mai il ragionamento inverso: cioè ipotizzare che un certo fenomeno sia un imbroglio finché un esperto non lo abbia passato al setaccio. Uno dei modi più semplici, naturalmente, per verificare se si tratta di operazioni vere o finte è quello di esaminare i tessuti estratti dal corpo del paziente. Si tratta di tessuti umani oppure no?

Ecco cosa scriveva già nel 1972 il professor F. Granone, primario neurologo dell'Ospedale generale di Vercelli, assai noto per i suoi studi sull'ipnosi, dopo aver assistito, per quindici giorni, a vari interventi «chirurgici» dei guaritori filippini.

«L'autore constata come i guaritori filippini si avvalgano di trucchi, per cui fingono di asportare dalla cavità del corpo frammenti di tessuto che, all'esame istologico, si rivelano conservati al di fuori dell'organismo e putrefatti; simulano operazioni con fuoriuscita di sangue che all'esame si rivela però un liquido colorato; spacciano per calcoli estratti dal corpo umano pezzettini di sale da cucina e sassolini precedentemente preparati e nascosti spesso sotto la sponda del tavolo operatorio.»

Poche informazioni corrette

Ciò nonostante il commercio delle guarigioni è continuato, poiché le informazioni sensazionalistiche hanno praticamente sommerso le sparute relazioni scientifiche. E pochi giornalisti hanno fatto quello che sarebbe stato utile e doveroso in questi casi: seguire i pazienti operati al loro ritorno in patria e annotare l'evolversi delle loro malattie.

Ecco quello che mi raccontò un giornalista inglese, Leslie Woodheads, della televisione indipendente Granada, che accompagnò un gruppo di malati dall'Inghilterra fino alle Filippine, e poi seguì l'evolversi del male nei mesi successivi al ritorno in patria.

«Noi filmammo tutti gli interventi, e sin dal primo giorno chiedemmo ai guaritori di poter avere, per analisi, i tessuti estratti dal corpo. Ma ci crearono mille difficoltà, dicendoci che gli spiriti erano contrari, e cominciarono a rendere difficile anche il nostro lavoro. Vedendo che filmavano troppo da vicino introdussero anche una novità: fecero alzare le gambe ai pazienti e posero una Bibbia sul ventre, in modo che non si potesse vedere come operavano. Uno dei pazienti ci diede comunque i suoi abiti insanguinati, che facemmo esaminare in Inghilterra: non era sangue umano, come avevamo previsto, ma di maiale. All'ultimo giorno ci diedero finalmente un pezzetto di tumore che dissero di aver estratto dalla nuca di una ragazza che era con noi (e che era affetta da una rara forma di paralisi). Facemmo esaminare anche questo reperto, in Inghilterra, e i medici ci assicurarono si trattasse di un frammento di tumore al seno di una donna anziana. Evidentemente se lo erano procurato in qualche ospedale locale.»

I pazienti ebbero un beneficio da questo trattamento?

«No, quelli malati di cancro morirono tutti secondo le previsioni mediche. Ricordo con commozione una giovane donna che dichiarò di aver trovato grande beneficio dalle cure, e quando tornò a Londra lo disse a tutti, entusiasta. Sosteneva di essere guarita. Fu la prima a morire, prima ancora che il programma andasse in onda.»

Svelare il trucco?

Ma, signor Woodheads, svelando i trucchi, non si finisce per togliere certe illusioni a coloro che in fondo potrebbero, se non altro, trarre un beneficio psicologico da queste cure, o perlomeno tener accesa una speranza di guarigione miracolosa?

«Sì, anche noi abbiamo affrontato questo problema prima di mettere in onda il nostro documentario, e ne abbiamo parlato con i medici curanti e con gli stessi malati. Tutti ci hanno detto che bisognava denunciare questa situazione. Vede, una cosa è se queste finte cure avvengono come in passato, là dove non c'è nient'altro, dove non ci sono ospedali, assistenza o medicine. Allora i guaritori possono svolgere un ruolo sociale, così come gli stregoni, perché aiutano il malato a sopportare meglio il suo male. Altra cosa, invece, è se qualcuno fa 20.000 chilometri in aereo, rinunciando magari ad altre cure, spendendo notevoli somme per un lungo viaggio, per sé o per un accompagnatore, semplicemente per farsi truffare da un'organizzazione di finti chirurghi e per farsi fare dei giochi di prestigio sulla pancia. Credo che di fronte a questa situazione non si possa rimanere in silenzio, non sarebbe civile.»

I rischi delle medicine alternative

Una situazione analoga può prodursi con certe medicine cosiddette «alternative», alle quali molte persone – sfiduciate nei confronti della medicina «ufficiale» – si rivolgono.

Un conoscente, per esempio, recentemente mi ha chiesto consiglio per una sua parente, affetta da un tumore al seno in forma gravissima. Quando gli chiesi che tipo di cure avesse seguito, mi rispose «cure omeopatiche». Un noto ginecologo mi disse che una paziente era arrivata da lui in fase ormai terminale per un tumore al collo dell'utero (oggi guaribile nel 90% dei casi, se preso in tempo): si era curata con le erbe.

La medicina ufficiale ha le sue lacune, e le conosciamo molto bene, ma sono lacune che si riferiscono a singoli individui, cliniche, amministrazioni (e le cronache, purtroppo, frequentemente ci raccontano i guai della malasanità). Ma esiste solo una medicina: quella che cura, che ha dietro di sé molta ricerca e sperimentazione, che rispetta le norme internazionali di controllo, che adotta un metodo ben collaudato attraverso la pubblicazione delle procedure e dei risultati, seguendo le severe regole riconosciute dalla comunità scientifica. Uscendo da questa strada maestra, che in ogni campo della scienza ha permesso il progresso della conoscenza, si torna al passato e alle illusioni, a volte tragiche. Si lascia la medicina scientifica per tornare alla medicina prescientifica.

Curare l'individuo, non solo il male

C'è comunque un problema umano, che va al di là della stessa medicina e che spesso viene giustamente affrontato: la necessità di curare non solo la malattia, ma anche l'individuo. In questo, certamente, l'assistenza medica ha perso il ruolo che aveva in passato: quello di confortare, e non solo di curare. Di stabilire cioè un rapporto più umano, meno superficiale e sbrigativo. Anche per questa ragione i guaritori hanno successo: offrono solitamente più conforto, maggiore attenzione alla persona e ai suoi problemi. Questo bisogno di cure spirituali non deve però portare fuori strada: perché il corpo ha in realtà bisogno di cure efficaci, quelle che la medicina scientifica sa offrire. Il conforto psicologico appartiene a un altro livello. Ognuno di noi ha bisogno sia di efficaci terapie sia di un ambiente psicologico favorevole: le prime le possono offrire i bravi medici, il resto ce lo dobbiamo procurare diversamente. Non attraverso le illusioni di cure miracolose, ma tramite il tessuto della famiglia, dell'amicizia, degli affetti, dei rapporti personali. Perché è lì che spesso nascono o si aggravano certi problemi. Un medico un giorno mi ha detto: «Vede, c'è gente che viene da noi e avrebbe bisogno non di tre pillole al giorno, ma di tre abbracci al giorno». Ed è forse proprio di questo che molti cominciano a sentire il bisogno. Non solo negli ospedali, ma anche nella vita.

IV

Astrologia, veggenti e rabdomanti

In questo capitolo cercheremo di capire meglio il meccanismo che induce tante persone intelligenti e dotate di buon senso a credere (almeno in parte) ad astrologi, veggenti e rabdomanti. Alla base il più delle volte c'è un'informazione sbagliata, una conoscenza dei problemi basata solo su quello che solitamente si legge o si sente dire. L'informazione scettica, infatti, ha poco spazio nei giornali, alla radio e in televisione. È un'occasione per dare spazio, una volta tanto, all'altra campana. A partire dall'astrologia.

Né di Venere né di Marte…

L'idea che il nostro destino sia influenzato dagli astri ha sempre sollecitato, sin dai tempi più antichi, la fantasia degli uomini. In passato, quando si conosceva poco del nostro Universo, gli astri erano infatti considerati delle divinità, degli dei che dallo spazio sorvegliavano e regolavano le faccende terrestri. Giove, Marte, Saturno, Venere, Mercurio dall'alto potevano proteggere o ostacolare gli amori, gli affari, la salute. Era quindi naturale credere che nascere sotto una certa costellazione o segno astrale potesse influenzare i destini individuali.

Oggi però conosciamo meglio l'Universo, e sappiamo che il Sole non è guidato dal carro infuocato di Apollo; sappiamo che i fulmini non sono i dardi della collera di Giove ma soltanto fenomeni atmosferici. Naturalmente, è sempre affascinante rifarsi a questa mitologia e credere che, malgrado tutto, gli astri abbiano comunque un'influenza sui nostri destini, sugli amori, sugli affari. Alcuni, oggi, cercano per esempio di dare all'astrologia un'interpretazione di tipo fisico e cosmico, formulando un'ipotesi di questo genere: nel mondo ogni cosa è influenzata da un'altra, e noi siamo immersi in un Universo pieno di onde e di energie non conosciute, quindi è possibile che questi corpi celesti intor-

GLI SCIENZIATI E L'ASTROLOGIA

Ecco gli estratti più significativi di una dichiarazione sottoscritta da 186 scienziati di fama internazionale, fra cui 18 premi Nobel, e apparsa sulla rivista americana «The Humanist» nel numero di ottobre 1975.

– Coloro che vogliono credere nell'astrologia devono sapere che essa non ha alcuna validità scientifica.
– Oggi possiamo renderci conto di quanto infinitesimali siano gli effetti di gravitazione o di altra natura prodotti su di noi dai pianeti e dalle stelle. È semplicemente un errore credere che le forze esercitate dalle stelle e dai pianeti al momento della nascita possano in qualche modo influenzare il nostro futuro, o possano favorire certe compatibilità o incompatibilità tra gli individui, o possano rendere certi giorni o periodi più favorevoli di altri.
– Dobbiamo renderci conto che il futuro risiede in noi stessi, e non negli astri. In un'epoca di diffusa educazione e conoscenza non dovrebbe neppure essere necessario parlare di queste magie e superstizioni. Ma dobbiamo constatare che, attraverso giornali, settimanali, mezzi di comunicazione, la credenza nell'astrologia viene oggi largamente disseminata nelle nostre società. Questo fatto può solo contribuire alla crescita dell'irrazionale e dell'oscurantismo.
– Pensiamo che sia giunto il momento di denunciare, con forza, le affermazioni pretenziose dei ciarlatani dell'astrologia.
– Bisogna che coloro che continuano a credere in queste cose sappiano che non vi è alcuna base scientifica per tali convinzioni, e che anzi esistono forti prove del contrario.

È una dichiarazione che non lascia alcuno spazio a dubbi o interpretazioni.

no ai quali ruotiamo, o che ci ruotano intorno, con le loro masse e i loro spostamenti, finiscano davvero per avere un'influenza sui nostri umori, sulla nostra sensibilità. Specialmente se riteniamo che ognuno di noi porti una specie di impronta personale dovuta alla posizione degli astri al momento in cui è venuto al mondo, e che i vari spostamenti di questi astri producano quindi un'eco nel nostro modo di reagire e di comportarci.

Una tale visione del mondo può avere fondamento scientifico? Quello che sappiamo oggi dell'astronomia, della fisica, della chimica, della biologia, della psicobiologia, dell'elettromagnetismo ecc. può lasciar pensare che esista una simile possibilità? La risposta a questa domanda l'hanno data recentemente 186 scienziati di fama internazionale, tra cui 18 premi Nobel, che rappresentano le più diverse discipline scientifiche. Si tratta di una dichiarazione pubblica (vedere riquadro a pag. 395).

L'ascendente dei pianeti

In proposito, ecco il parere del professor Aller, docente di astronomia all'Università della California, uno dei firmatari di questa dichiarazione, scritta in tono particolarmente perentorio.

«Nessuno che abbia una formazione scientifica può accettare cose come l'astrologia, la stregoneria, la lettura del volo degli uccelli o delle viscere degli animali per predire il futuro.»

Ma dal punto di vista strettamente fisico, gli astri non potrebbero avere una qualche influenza su di noi? In fondo vediamo quotidianamente quale ruolo ha il Sole sulla nostra vita, o anche la Luna, che addirittura influenza le maree.

«Certo, ma per i pianeti le cose vanno diversamente: se per esempio lei volesse valutare l'effetto dei pianeti sulle maree, non riuscirebbe neppure a misurarlo, in qualunque punto degli oceani. Questo perché l'effetto di attrazione diminuisce col quadrato della distanza. Cioè se la distanza di un oggetto aumenta di quattro volte, la sua attrazione diminuisce di 16 volte; quando è 100 volte più lontano la sua attrazione diminuisce di 10.000 volte e così via. Se un astro è molto distante l'effetto è, in pratica, inesistente.»

In altre parole, una locomotiva che passa nelle vicinanze ha più influenza di un pianeta in orbita.

«Esattamente. L'influenza su un neonato è più grande se la madre vive, per esempio, vicino a una rumorosa stazione ferroviaria, oppure se fuma, se beve. Persino una torre metallica situata vicino casa può avere più importanza di un pianeta. Si è anzi calcolato che addirittura il medico, l'infermiera o i mobili che si trovano in sala parto hanno un maggiore effetto gravitazionale degli astri...»

Del resto, si chiedono alcuni, perché il momento critico dovrebbe proprio essere quello della nascita – quando l'essere umano è già formato – e non invece quello del concepimento, quando stanno per cominciare gli avvenimenti più importanti nello sviluppo?

L'origine dell'astrologia

Queste e altre incongruenze sono legate, per la verità, all'origine stessa dell'astrologia.

«Le regole degli oroscopi» scrive il professor Bart J. Bok, astronomo dell'Università dell'Arizona, in un suo articolo pubblicato in occasione della dichiarazione apparsa su «The Humanist», «risalgono ai lavori di Tolomeo, nel II secolo dopo Cristo. Tolomeo scrisse due famosi libri: *Almagesto*, il trattato più completo sul movimento dei pianeti apparso nel periodo di massimo fulgore dell'astronomia greca, e *Tetrabiblos*, la bibbia dell'astrologia. Il primo è considerato con rispetto e ammirazione dagli storici della scienza, ed è senza dubbio una delle grandi opere del passato, sebbene oggi a nessun astronomo verrebbe mai in mente di far riferimento a questo libro per studiare i problemi del movimento dei pianeti. Il *Tetrabiblos*, invece, rimane sempre un'opera fondamentale per gli astrologi. L'astrono-

UNA DISTANZA INCOMMENSURABILE

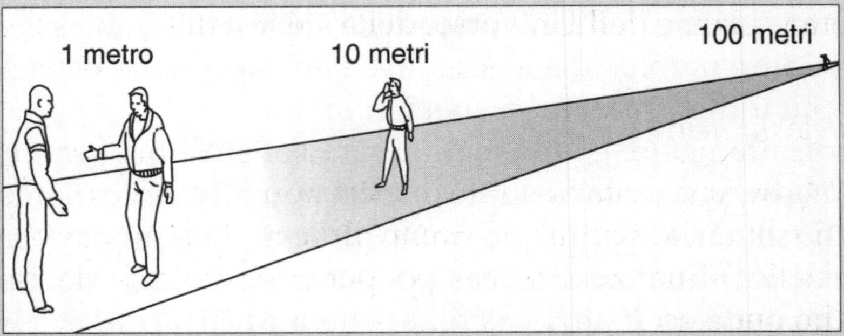

Una voce, a mano a mano che si allontana, perde proporzionalmente di intensità.

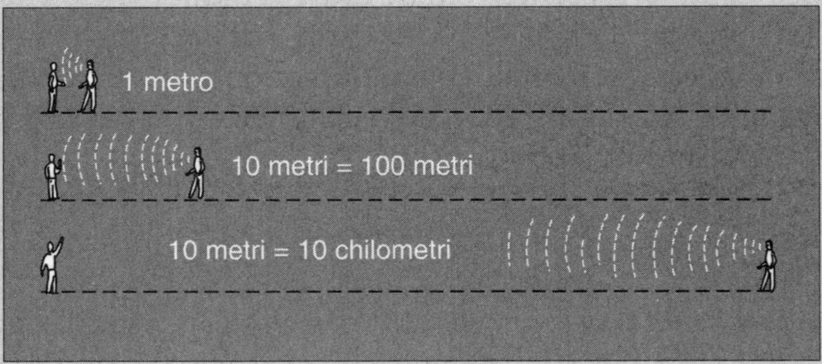

Applicando la legge del quadrato della distanza, una persona che parla a 10 metri è dunque come se fosse a 100 metri. Una persona che si trova a 100 metri è come se fosse a 10 km; sarebbe perciò totalmente inudibile.

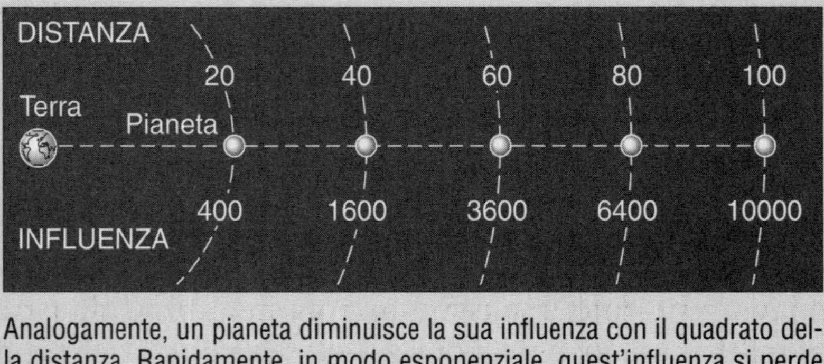

Analogamente, un pianeta diminuisce la sua influenza con il quadrato della distanza. Rapidamente, in modo esponenziale, quest'influenza si perde nello spazio fino a diventare inconsistente.

mia, cioè, è una scienza in continuo progresso, mentre l'astrologia è praticamente rimasta ferma ai tempi di Tolomeo, malgrado l'enorme avanzamento nella conoscenza del Sistema solare e dell'Universo, delle stelle e delle galassie.»

Quale influenza?

Ma se la gravitazione degli astri non ha praticamente effetti sulla nostra vita, possiamo almeno pensare che esistano delle influenze di altro tipo, per esempio energie, raggi, radio onde ecc.?

«Be', sappiamo che dallo spazio riceviamo diverse cose» dice il professor Kaufman, dell'Università di New York. «Riceviamo per esempio delle onde radio, anche da stelle assai lontane. Il problema però non è di sapere se tali trasmissioni esistono, ma che effetto hanno. Sappiamo che ci sono delle conseguenze sugli organismi viventi, da imputare per esempio ai raggi cosmici. L'eccesso di ultravioletti può provocare il cancro. Ma pensare che ciò abbia un'influenza sugli affari, sulla vita amorosa o sul destino è una cosa che non ha davvero alcun senso.»

Ed è proprio questo un altro punto fondamentale delle critiche all'astrologia: anche se esistessero delle influenze misurabili, perché mai dovrebbero ripercuotersi sul futuro degli individui? E ancora, in base a che cosa certi pianeti dovrebbero avere un'influenza sulla vita amorosa piuttosto che sugli affari. E per quali criteri un oroscopo dovrebbe prevedere il destino di un neonato?

Il volo delle quaglie e la Juventus

Fare un oroscopo, come tutti sanno, non è cosa semplice, e richiede calcoli complessi. Questo aspetto «scientifico» del lavoro ha dato una certa aura di credibilità all'astrologia; infatti, un cliente vede nell'elaborazione del proprio oroscopo uno studio «oggettivo» della sua posizione astrale, una ricerca approfondita nel suo dossier cosmico, quasi come se venissero analizzati i globuli rossi o il tasso di emoglobina del suo sangue. Il fatto è che basarsi su un oroscopo per determinare il proprio destino sarebbe come calcolare esattamente la traiettoria di un volo di quaglie per prevedere l'esito dell'incontro di calcio Juventus-Inter... In altre parole, anche se si calcolano con precisione tolemaica tutte le posizioni dei pianeti alla nascita di un individuo, ciò non vuol dire che un tale oroscopo abbia un significato, o un senso qualunque. Si può tutt'al più concepire una differenza tra chi nasce in inverno oppure in estate (nelle regioni in cui vi è un forte salto climatico): ma ciò dipende dal clima, non dalla posizione di Giove o Saturno.

Trentamila oroscopi

Due francesi, Michel e Françoise Guaquelin, hanno comunque fatto uno studio statistico valutando 30.000 oroscopi, giungendo alla conclusione che c'è una relazione tra la professione di un individuo e la posizione di certi pianeti al momento della nascita. Essi affermano che questa influenza esiste se alcuni pianeti si trovano in una delle posizioni culminanti (mentre non esisterebbe più nelle posizioni intermedie). E, guarda caso, come vuole il mito, Marte predisporrebbe proprio ad attività marziali (per esempio lo sport); Giove, tradizionalmente legato a temperamenti estroversi, favorirebbe una carriera di attore...

Ma questi risultati, che hanno incontrato un estremo scetticismo, si sono ripetuti? La risposta di M. e F. Guaquelin è affermativa: in Italia, Germania, Olanda e Belgio. Non abbiamo dubbi circa la loro buona fede, ma ulteriori verifiche sembrano purtroppo smentirli.

Una controverifica

Del resto, ancora una volta entriamo nell'ambiguo campo statistico, dov'è facile che un «fenomeno» appaia anche quando non c'è. Per verificarlo, lo psicologo inglese C.

Evans ha scritto ai più affermati sportivi e attori della Gran Bretagna chiedendo loro il giorno e l'ora esatta della nascita, per controllare la posizione degli astri (in particolare di Marte e Giove). Il risultato è stato che su 90 campioni sportivi solo 25 avevano Marte in una delle posizioni chiave indicate dai Guaquelin (cioè una percentuale persino al di sotto della media casuale, che sarebbe 30); quanto agli attori, solo 29 su 89 avevano Giove nella posizione «giusta».

«Naturalmente» dice Evans nel suo studio «noi abbiamo usato un campione molto più ristretto di quello utilizzato dai Guaquelin: ma se queste teorie fossero vere – perlomeno abbastanza per influenzare i destini o le predisposizioni individuali –, ciò avrebbe dovuto risultare dal nostro studio, anche se in percentuale minima. In realtà, non credo che sulla base dei nostri risultati si possa consigliare l'abbinamento dell'astrologia con il "planning" familiare...»

Lo spazio e non il tempo

Per la verità, c'è un altro tipo di «oroscopo» che può essere considerato attendibile: ed è quello che riguarda lo spazio, più che il tempo. In altre parole studiare non quando un individuo è nato, ma dov'è nato. Se nasce in un ambiente povero oppure ricco, in un paese arretrato oppure evoluto, in una famiglia colta oppure ignorante; ebbene in questo caso certamente questa «posizione» iniziale ha molta importanza e influenzerà senza dubbio il destino personale. Questo però non ha niente a che fare con l'astrologia, bensì con i problemi dell'educazione, dello sviluppo (o del sottosviluppo) sociale ed economico.

«Penso che l'astrologia» aggiunge il professor Aller «abbia effetti nefasti non solo perché predispone a credere nei ciarlatani, ma anche perché la gente si abitua a ritenere certi avvenimenti determinati da cose sulle quali non può avere controllo. Far credere, oggi, che la vita e il destino individuale dipendano dalla posizione dei pianeti è una presa in giro. E dal punto di vista scientifico è pura immondizia.»

Una rubrica fortunata

Il professor Paul Kurtz, filosofo all'Università di Buffalo, Stato di New York, ha lanciato un appello contro l'astrologia. Una delle denunce riguarda la diffusione crescente di oroscopi nei giornali.

«Sì» afferma Kurtz «qui negli Stati Uniti vi sono 1500 giornali, dei quali ben 1250 pubblicano un oroscopo, anche se è vero che i più seri, come il "New York Times", non lo fanno. Abbiamo mandato questa dichiarazione a tutti i giornali in questione, ma neanche uno ha interrotto la rubrica di astrologia... La cosa più curiosa è che gli stessi astrologi sono d'accordo con noi su questo punto: esistono nel mondo nove associazioni principali di astrologi e tutte sono d'accordo nel dire che gli oroscopi sulla carta stampata sono falsi.»

Ma non sono queste associazioni a farli?

«No, non accettano queste rubriche: le rifiutano perché per poter fare un vero oroscopo occorre sapere il momento preciso della nascita di ogni individuo. Queste previsioni si basano invece solo sul segno zodiacale dei lettori.»

In questo modo è come se esistessero soltanto dodici categorie di individui sulla Terra?

«Esattamente. Capisce che ciò è un'assurdità. Ma malgrado la nostra presa di posizione e quella degli stessi astrologi, le rubriche continuano a essere pubblicate.»

Oroscopi per cani

A Torino, in passato, «Stampa Sera» pubblicava persino l'oroscopo dei cani... «Nella mattinata i cani nati sotto il segno dei Gemelli presenteranno segni di irrequietezza, momenti di disobbedienza, ma nel pomeriggio tutto tornerà normale...» Ci sono astrologi, inoltre, che fanno l'oroscopo delle aziende, basandosi sull'atto costitutivo della società, con la data sul verbale. Ma c'è modo di controllare la veridicità degli oroscopi personali che vengono realizzati a richiesta? Sì: vediamone alcuni.

Un esperimento di «Quark»

Per il programma «Quark» facemmo, anni fa, un piccolo esperimento. Una nostra collaboratrice, in incognito, si recò da famosi astrologi chiedendo loro di fare un oroscopo scritto per cinque suoi amici fornendo l'ora e la data esatta di nascita. Si trattava, disse, di una sorpresa in occasione di un grande pranzo d'anniversario. Quattro astrologi accettarono: due a Roma e due a Milano (senza sapere l'uno degli altri). In realtà, i cinque personaggi che avevano accettato di collaborare erano Maria Giovanna Elmi, Sandra Milo, il colonnello Bernacca, il calciatore Bruno Conti ed Enzo Tortora. Una volta ricevuti i cinque oroscopi da ognuno dei quattro astrologi (venti oroscopi in tutto), ponemmo dei quadratini a margine di ogni affermazione contenuta nel testo, in modo che ognuno desse un «voto», da zero a dieci, a seconda che l'affermazione fosse azzeccata oppure no. E distribuimmo quindi i venti oroscopi «anonimi» ai nostri cinque personaggi.

Il risultato fu che Maria Giovanna Elmi si riconosceva nel colonnello Bernacca, Enzo Tortora in Sandra Milo e, «casualmente», ognuno si riconosceva anche in se stesso, con una probabilità simile a quella che si avrebbe avuto estraendo dei bigliettini da un cappello. Varie volte ho proposto agli astrologi di fare queste prove «cieche» per valutare la veridicità dei loro oroscopi: ma nessuno ha mai accettato.

L'oroscopo funziona quando una persona sa che è il proprio e interpreta in modo personale quello che viene detto; se gli si consegna (a sua insaputa) l'oroscopo di un altro, continua a riconoscervisi.

L'esperimento sui bioritmi

Una verifica, in proposito, fu opera del prestigiatore americano James Randi, che si finse un potente mago e consegnò a una signora il suo «bioritmo» per il mese (cioè una previsione, un calendario dei momenti buoni e meno buoni), chiedendole di giudicare alla fine del mese se i risultati fossero giusti. La signora rispose dicendo che il bioritmo era perfettamente corrispondente. Randi però le scrisse scusandosi: c'era stato uno sbaglio, le era stato inviato erroneamente il bioritmo della sua segretaria. E allegava un nuovo bioritmo per il mese successivo, con preghiera di un commento finale sui risultati. Ricevette ancora una volta una risposta del tutto positiva. Randi tornò a scriverle e a scusarsi nuovamente: c'era stato un altro sbaglio, le era stato inviato erroneamente il bioritmo di sua cugina. Ma le avrebbe subito mandato quello giusto. La signora non rispose più...

Disoccupati per colpa di Saturno

Ci sono anche astrologi che lavorano con le aziende per la valutazione del personale da assumere; in base all'oroscopo essi descrivono ai dirigenti le qualità dei candidati: capacità, talento, affidabilità, onestà... È incredibile pensare che delle aziende serie possano tener conto di queste fandonie (e che i sindacati accettino che un candidato possa essere giudicato in base alla posizione di Saturno!). È una pratica, mi si dice, più diffusa di quanto si pensi. E in giro ci sono probabilmente dei disoccupati «da oroscopo».

Anche qui la verifica è molto semplice (e dovrebbe essere un dovere per le aziende effettuarla): basta mescolare ai dati dei candidati quelli di pregiudicati per truffa, rapina a mano armata, spaccio di droga, emissione di assegni a vuoto, bancarotta fraudolenta, sottrazione di fondi ecc., e chiedere agli astrologi se sono persone affidabili...

Un medium «pentito»

Un meccanismo analogo a quello dell'astrologia presiede anche al successo di chiromanti e veggenti: il cliente tende a riconoscersi in quello che gli viene detto perché «interpreta» le affermazioni, adattandole alla sua personale situazione. Diversamente dagli astrologi – che lavorano su calcoli «astrali» –, chiromanti e veggenti lavorano direttamente sui clienti, osservandoli e interpretando le loro reazioni.

Un medium «pentito», l'americano Lamar Keene, dopo aver lavorato per 13 anni nel settore, ne è uscito pubblicando un libro dal titolo molto eloquente: *The psychic mafia* (La mafia dei medium), un'agghiacciante raccolta di inganni, pressioni psicologiche, stratagemmi, trucchi per indurre i clienti a credere nei poteri straordinari dei medium.

Cosa pensa Lamar Keene di veggenti e indovini, di coloro che leggono nel futuro?

«Vi sono due categorie di individui: i ciarlatani, che sanno benissimo di mentire, e gli illusi, che più o meno ingenuamente credono di avere davvero dei poteri. Questi ultimi però – non potendo mai indovinare il numero della carta di identità di un cliente – si tengono sul vago. Per esempio dicendo: "Sento una persona di nome Maria..." (un nome assai comune), oppure – rivolti a una persona molto anziana – "Sento la buonanima di suo padre...". Poi si basano sul buon senso, sull'osservazione. Per esempio, le persone anziane hanno quasi tutte problemi di salute: cuore, circolazione, artrite. Dall'aspetto fisico è possibile intuire se soffrono di certe malattie, e quali. Anche i vestiti, le scarpe, o le mani permettono di capire molte cose sul cliente. E con un po' di psicologia è possibile farsi guidare dalle sue espressioni.»

Lei vuol dire che osservando le reazioni del cliente il veggente segue un filone piuttosto che un altro?

«Esattamente. Ci sono tre o quattro cose di cui tutti si preoccupano: salute, amore, finanze, matrimonio. Allora si lavora lungo questi canali, ed è il cliente a guidarci con le sue espressioni.»

La lettura del corpo

Siamo arrivati a un punto estremamente interessante: il cosiddetto linguaggio del corpo. Ognuno di noi infatti esprime certe sue reazioni involontariamente, attraverso espressioni e contrazioni muscolari. Per esempio, quando parliamo con una persona di solito ci accorgiamo subito se è d'accordo oppure no. Così, con un po' di allenamento è possibile migliorare questa «lettura del corpo», grazie a una maggiore abilità a scorgere le reazioni positive o negative degli altri. È una specie di involontario gioco del «freddo-caldo-freddo». Cioè siamo noi stessi a guidare un veggente a dare la risposta giusta, senza che neppure ce ne accorgiamo. Ma, possiamo chiederci: se il veggente è in buona fede, cioè non compie trucchi, come fa a volte a indovinare cose che solo l'interessato poteva conoscere o azzeccare certi tratti del suo carattere?

È opportuno a questo punto introdurre un aspetto molto importante: quello statistico. Ascoltiamo il professor Christopher Scott di Londra, matematico e psicologo, esperto in problemi di parapsicologia.

«Il fatto è che la gente tende a interpretare in modo molto personale le cose dette da un veggente. Se egli per esempio afferma: "Lei ha una personalità sensibile, ha il senso dell'umorismo, ha un'intelligenza che non è apprezzata pienamente...", ebbene ognuno può riconoscersi in questi caratteri, e magari ricorda episodi della sua vita che confermano tale descrizione. C'è stato in proposito uno studio molto interessante di uno psicologo olandese, che preparò una descrizione caratteriale abbastanza dettagliata, sottoponendola a 32 persone diverse. Tutti esclamarono: "Ma questo sono proprio io!"...»

«Siete quattro in famiglia»

Quindi ognuno, per così dire, adatta al caso personale determinate frasi o caratteristiche?

«Sì; se per esempio il veggente dice: "Siete quattro in famiglia", ognuno mentalmente tende ad adattare questa frase alla sua situazione: una persona può essere sposata con due figli, avere un fratello e due genitori, essere in tre e avere una zia a carico ecc. Ci sono molte combinazioni possibili. E c'è un'altissima probabilità statistica di trovare un comune denominatore. Questo è vero per molte altre cose: persone che si trovano in situazioni del tutto diverse possono cioè riconoscersi in una stessa descrizione.»

Inoltre un cliente tende a rimanere colpito soltanto dalle cose che ritiene azzeccate, dimenticando il resto?

«Esattamente. Si tende a dimenticare tutte le cose sbagliate o senza valore dette dal veggente. Di solito, si ricorda solo ciò che si adatta alla propria storia personale. Se poi, ogni tanto, c'è un particolare azzeccato, è proprio quello (e quello soltanto) che viene raccontato a tutti.»

Come la «Settimana Enigmistica»

C'è, insomma, una specie di «selezione» dei risultati favorevoli, e anche un adattamento psicologico fatto innestando questi frammenti sulle situazioni personali. Un po' come avviene in quel famoso gioco enigmistico in cui si propone al lettore di completare un disegno composto solo da linee frammentarie: partendo dagli stessi tratti si possono sviluppare migliaia di disegni diversi, arrivare a un cavallo o a una sedia da barbiere. Cioè ognuno può «vedere» in quelle stesse linee una cosa diversa.

Improvvisarsi chiromanti

In proposito, lo psicologo Christopher Evans suggerisce un esperimento alla portata di tutti.

«Penso che ognuno potrebbe fare questa piccola prova. Prenda un mazzo di tarocchi, di quelli usati dalle cartomanti, legga le istruzioni e poi provi a fare le carte a qualcuno che crede a queste cose, dicendo di essere un medium. Ebbene, qualunque cosa dirà vedrà l'altro esclamare: "Mio Dio! È stupefacente! Lei ha proprio indovinato". E alla fine questa persona sarà convinta di aver avuto a che fare con un vero veggente. Il fatto è che in questi casi chi crede nel fenomeno cerca nella sua mente avvenimenti o ricordi che hanno una corrispondenza con quanto si sta dicendo. Lo stesso esperimento lo si può fare con i fondi del caffè, oppure leggendo la mano. Se si conoscono le regole, se si afferma di possedere dei poteri e se la persona è "credente", si possono ottenere brillanti risultati.»

Ma le linee della mano non indicano proprio nulla?

«"Sì," mi ha risposto lapidariamente uno degli intervistati che ho incontrato "le linee della mano indicano... l'età!" Per il resto siamo noi a interpretare ciò che dice la chiromante, dando un nostro significato alle sue parole. E dimenticando ciò che non si inserisce in questa nostra immagine mentale.»

Dottor Evans, anche per quanto riguarda le profezie subentra un meccanismo analogo?

«Esattamente. Quando qualcuno dice: "La chiromante me lo aveva predetto!", compie inconsciamente una selezione delle previsioni ricevute, ricordando soltanto quelle giuste, e non le altre. Bisognerebbe recarsi dal veggente con un magnetofono, e a distanza di tempo riascoltare la bobina per verificare esattamente quante e quali cose, in realtà, erano state dette, e valutare quindi la percentuale di situazioni indovinate. Non solo, ma si potrebbe andare ancora più in là: per esempio si potrebbe valutare quante altre cose comunque sarebbero state indovinate se la propria vita fosse andata in un modo del tutto diverso...»

«Sentire» l'acqua

Un discorso analogo vale per i rabdomanti: si citano sempre i loro successi, e non gli insuccessi. Comunque, queste persone non si prefiggono di prevedere il futuro (cosa estremamente complicata e improbabile) ma semplicemente di «sentire» la presenza di acqua, o di certi metalli. Può sembrare ragionevole pensare che qualche individuo dimostri una particolare sensibilità alla presenza dell'acqua. In natura assistiamo a «sensibilità» molto sorprendenti: le falene percepiscono la presenza di una femmina a chilometri di distanza, i pipistrelli sentono frequenze decine di volte superiori rispetto all'uomo, i piccioni si orientano con il campo magnetico terrestre, alcune persone avvertono in anticipo il cambiamento del tempo, con dolori alle articolazioni... Perché questo non dovrebbe valere per i rabdomanti, allora?

Sentiamo il professor Ray Hyman, dell'Università dell'Oregon, che ha studiato a lungo il problema e ha scritto un famoso libro sull'argomento. Ecco le sue conclusioni.

«Ebbene, mi spiace di dover deludere molte persone, ma non c'è alcuna prova che i rabdomanti possiedano queste facoltà; anzi, è vero il contrario: hanno dimostrato di non essere capaci di individuare acqua o metalli nel sottosuolo. A riguardo, sono stati fatti numerosi esperimenti. Uno eccellente è rappresentato dalle prove condotte nello Stato del Maine dalla Società americana per la ricerca psichica (quindi non da persone scettiche, ma aperte a tale possibilità). Dopo la scelta di un terreno, sono stati fatti venire separatamente 27 rabdomanti, seguiti da tecnici e geologi. Quindi, si è proceduto a scavare in tutti i punti prescelti: sia in quelli indicati dai rabdomanti sia in quelli di controllo risultanti dalle previsioni dei tecnici. Ebbene: i rabdomanti hanno sbagliato completamente (sia per quanto riguarda la profondità che per la quantità d'acqua) mentre i tecnici sono riusciti a indicare con sufficiente approssimazione la profondità. Prove di questo tipo ne sono state fatte molte, anche con i metalli, per esempio nascondendone sottoterra grandi masse e chiedendo ad alcuni rabdomanti di individuarle. Anche queste prove hanno prodotto risultati negativi.»

Come si spiega, allora, che la gente continui a rivolgersi ai rabdomanti? Solo in America ce ne sono più di 25.000.

«Be', la risposta è psicologica: i rabdomanti vengono impiegati soprattutto là dove c'è molta incertezza nel trovare acqua, dove mancano adeguate conoscenze del sottosuolo. Ci si rivolge a loro un po' come ai guaritori. Essi hanno inoltre l'indiscutibile pregio di sollevare il contadino da una responsabilità: scegliere il punto in cui scavare. Del resto, spesso dimostrano di possedere una buona esperienza dei terreni, e sanno certamente meglio di un profano in quali punti è più probabile trovare l'acqua. E inconsciamente utilizzano questa loro esperienza.»

Una bacchetta «guidata»

Ma la bacchetta che hanno in mano non si piega, in presenza di acqua o di metalli?

«Questo è un punto interessante. Il rabdomante è sicuro che la bacchetta venga mossa da una misteriosa forza estranea. La verità è che questa bacchetta, di solito, si trova in posizione di equilibrio precario: è come una molla, che può scattare facilmente verso il basso. Ciò può dare l'impressione di una "forza" che la muove: in realtà si tratta di movimenti involontari, che lo stesso rabdomante compie, inconsciamente, sotto tensione muscolare. Delle prove sono state fatte anche in questo senso.»

Milbourne Christopher, presidente del Comitato per le indagini sull'occulto dei prestigiatori americani, ha a tale proposito un'esperienza personale da raccontarci. Ascoltiamo le sue parole.

«La prima volta che incontrai un rabdomante fu su un transatlantico: egli mi fece vedere la sua bacchetta, mostrandomi come si inclinava quando si avvicinava a oggetti di metallo, per esempio la ringhiera della nave. Gli chiesi se la stessa cosa sarebbe avvenuta in vicinanza di una moneta, e mi disse: "Certamente". "Anche nascosta sotto un fazzoletto?" gli chiesi. "Certo." Facemmo la prova ed effettivamente la bacchetta si piegava: ma non dove c'era la moneta, perché coprendola col fazzoletto io la spostavo nell'angolo opposto, ma dove il rabdomante pensava si trovasse la moneta. Successivamente studiai vari casi e mi resi conto che nessuno era in grado di scoprire oggetti metallici, cassoni pieni d'acqua o tubazioni sotterrati anche a poca profondità.»

A Formello, nei pressi di Roma, alcuni rabdomanti italiani sono stati esaminati in mia presenza, nel marzo del 1979, dal prestigiatore J. Randi, dovendo indovinare il tracciato dell'acqua che correva in grossi tubi sotterranei. Non solo hanno fallito, ma – e questo fatto è molto significativo – la loro bacchetta si muoveva nei punti sbagliati, dove cioè i rabdomanti erano convinti di sentire acqua, che in realtà non c'era.

La prova del nove

Del resto, ecco un semplice esperimento alla portata di tutti. È sufficiente domandare a un rabdomante di segnare su un terreno i punti in cui, a suo avviso, c'è presenza di acqua e quelli in cui non c'è; poi farlo tornare bendato (bene) sugli stessi punti e chiedergli nuovamente in quali sente acqua e in quali no (evitando naturalmente che possa avere punti di riferimento visivi, acustici o tattili: pendenza del terreno, sole, rumori, voci ecc.). Il risultato sarà eloquente, poiché ognuno potrà rendersi conto che la bacchetta si muoverà in certi punti in cui prima non si muoveva, e viceversa.

Esiste una prova ancor più rivelatrice, realizzata durante la nostra sperimentazione di Formello. Abbiamo chiesto a un rabdomante di porsi sopra un grosso tubo di plastica nel quale scorreva acqua: la sua bacchetta ha cominciato a girare, «rivelando» la presenza dell'acqua stessa. Poi abbiamo annunciato la chiusura dell'acqua, e la bacchetta si è fermata. La prova è stata fatta varie volte, ma senza dirlo al rabdomante i comandi venivano invertiti. Annunciavamo l'apertura dell'interruttore (mentre in realtà lo tenevamo chiuso) e la bacchetta cominciava regolarmente a girare; poi annunciavamo la chiusura dell'interruttore (mentre in realtà facevamo defluire l'acqua) e la bacchetta smetteva di girare!

Come sempre, in tutti i fenomeni più o meno strani, più o meno paranormali, la strada maestra è quella del controllo «cieco». Solo in questo modo è infatti possibile separare le illusioni dalla realtà. Ma è una strada che non viene mai percorsa, perché astrologi, veggenti o rabdomanti la rifiutano. E non hanno familiarità con questo tipo di controllo. Tutto ciò farà inevitabilmente la loro fortuna per molto tempo ancora.

V

Occultismo e spiritismo

Un settore molto particolare del paranormale è quello dei fenomeni medianici. Vale a dire, fenomeni che si manifestano attraverso un medium, un intermediario, un tramite. Lo spiritismo era molto di moda alla fine dell'Ottocento e nei primi anni del Novecento, quando alcuni illustri scienziati se ne occuparono, traendone la convinzione che si trattasse di fenomeni reali. Quando noi profani sentiamo dire che un soggetto è stato esaminato in laboratorio, magari da un premio Nobel, abbiamo la tendenza a credere che si tratti di esperimenti probanti, tali da fornire una garanzia di assoluta autenticità al fenomeno. In realtà, se si vanno a vedere le cose più da vicino ci si rende conto che – ieri come oggi – i controlli predisposti molto spesso non danno alcun affidamento, e che parecchi scienziati (anche molto bravi nel loro campo) si sono lasciati beffare proprio a causa della loro incompetenza in un campo – quello dell'illusionismo – in cui si muovono come dilettanti. A esaminare i medium e i sensitivi, infatti, notiamo che sono quasi sempre degli scienziati (fisici, chimici, fisiologi ecc.) abituati ad avere a che fare con molecole o atomi. Ma il fatto è che le molecole e gli atomi non barano, gli uomini sì.

Il rischio di inganni

È quindi molto rischioso, per scienziati di questo tipo, misurarsi ad armi impari con soggetti allenati alle sottili arti dell'inganno e capaci di mettere nel sacco gli sperimentatori con tutti i loro strumenti di misurazione. Ma al di là di questa incompetenza specifica, c'è un altro aspetto che colpisce: la grande credulità dimostrata da molti di questi scienziati. Gli esempi che seguono sono estremamente istruttivi da questo punto di vista.

È davvero patetico vedere fino a che punto certi personaggi si dimostrino ingenui e pronti a credere a tutto, dal momento che si avvicinano a un fenomeno già convinti che esso esista. Passeremo ora brevemente in rassegna una serie di celebri esperimenti, da molti considerati ancora oggi validi, che coinvolgono insigni scienziati del passato. Personaggi come i premi Nobel William Crookes e Charles Richet, o sir Arthur Conan Doyle (il creatore di Sherlock Holmes). E celebri medium come Daniel Douglas Home, Eusapia Palladino, le sorelle Fox.

Esaminando tutti questi famosi esperimenti, il quadro che ne risulta è davvero tragicomico.

Il premio Nobel e il fantasma

Cominciamo con sir William Crookes, inventore del tubo catodico. Anche Crookes credeva ai fantasmi, cioè alla materializzazione degli spiriti, e organizzò una serie di esperimenti per ottenerne una dimostrazione scientifica, grazie ai talenti di una giovane medium, Florence Cook, dotata, si diceva, di poteri straordinari. Ecco, in sostanza, come si svolgevano le sedute, che si tennero in varie riprese nel 1874.

La medium prendeva posto dietro una tenda del salone, il cosiddetto gabinetto medianico, e si spegnevano le luci. Poco dopo Florence entrava in trance e gli invitati attendevano l'apparizione dell'ectoplasma da lei generato. Dopo una paziente attesa, si alzava la tenda e appariva finalmente una figura femminile, che diceva di chiamarsi Katy King. Questo grazioso fantasma, fatto curioso, non era trasparente, ma poteva essere toccato, e anzi sembrava di carne e ossa. Non solo, ma questa Katy King stranamente assomigliava alla medium che avrebbe dovuto trovarsi dietro la tenda. Non si trattava per caso della stessa persona travestita? Crookes ebbe dei dubbi, ma non controllò mai se il gabinetto medianico fosse vuoto; ciò infatti, si diceva, avrebbe potuto provocare uno shock mortale alla medium in trance. Disse però di aver udito una volta un sospiro dietro la tenda... Non poteva quindi trattarsi della stessa persona! Sir William Crookes fece anche delle fotografie, che furono presentate alla comunità scientifica come la prova della materializzazione del fantasma. Pochi anni dopo, il 9 maggio del 1889, alla British National Association of Spiritualists, Florence venne smascherata da due persone che alzarono la tenda e videro che dietro non c'era nessuno. Crookes però rifiutò di ammettere che nei suoi esperimenti vi fosse stata frode.

L'omino vestito di nero

Un altro famoso medium studiato da sir William Crookes fu D.D. Home, ancora oggi ricordato come un soggetto straordinario, capace di far volare oggetti, far suonare fisarmoniche a distanza ecc. James Randi, il prestigiatore americano di cui si è già parlato e che è uno dei membri del comitato scientifico americano per investigare sui fenomeni paranormali, ha un aneddoto molto significativo su questi esperimenti condotti da Crookes con Home.

«Sì, è un'annotazione che proviene dallo stesso quaderno di appunti di William Crookes. Dice: "Tutte le luci erano spente e si intravedeva appena Home. Improvvisamente vi fu un'apparizione: un uomo vestito completamente di nero che andava avanti e indietro nella stanza, prendendo attrezzi e campanelli e facendoli suonare. Per la prima volta dunque" scrive Crookes "avevo visto una vera materializzazione dello spirito, proprio davanti ai miei occhi". Il complice, infatti, di solito entra nella stanza di nascosto, quando le luci sono spente, a eccezione, magari, di una tenue lampada rossa, e compie i "prodigi". Io stesso rifeci questo esperimento, con tre persone intorno a un tavolo illuminato da una luce rossa. Feci entrare un complice vestito completamente di nero, che mi sollevò per i gomiti fin quasi a farmi toccare il soffitto: nessuno se ne accorse, tutti pensarono di aver assistito a un fenomeno straordinario. Questo è solo un esempio. Le osservazioni di Crookes, mi creda, non sono molto buone, per chi conosce i trucchi del mestiere.»

Il volo dalla finestra

Molti però, ancora oggi, affermano che D.D. Home fu visto volare da una finestra e poi rientrare. Lei che ne pensa?

«È questo un esempio di come un fatto viene riferito in modo completamente distorto. Ci sono state indagini accurate, su questo episodio, e la realtà è assai diversa. Intanto era notte. E non c'era "luna piena", com'è stato detto: i dati dell'epoca indicano che quella notte non c'era luna, quindi la visibilità era scarsissima. Secondariamente, il fatto è stato riferito da talmente tanti "testimoni diretti" che si è calcolato che essi non avrebbero neppure potuto essere contenuti tutti nella stanza, talmente erano numerosi. Una delle testimonianze più attendibili afferma in realtà che si sentì arrivare una voce dal soffitto che diceva: "Sto volando!". Poi si ebbe l'impressione di un'ombra che passasse davanti alla finestra (dove c'era un largo cornicione, sul quale si poteva tranquillamente camminare per rientrare nell'altra stanza). È questo un tipico esempio di come un fatto venga via via trasformato, nei racconti successivi, fino a diventare un fenomeno del tutto inspiegabile. È una cosa che accade molto spesso in parapsicologia. L'enigma non è nel fenomeno, ma si sviluppa in seguito col racconto.»

Le sorprese della telepatia

Accanto ai «racconti straordinari», fatti da testimoni più o meno credibili – e più o meno ingannati –, vi furono già a quel tempo non solo esperimenti «scientifici» con i fantasmi e i medium celebri, ma anche indagini, effettuate sotto controllo, sulla telepatia. A Londra, la Società per la ricerca psichica condusse i suoi primi esperimenti nel 1882, sotto la guida di sir William Barrett. La prima ricerca riguardava le qualità telepatiche delle cinque figlie del reverendo Creery, la seconda le qualità telepatiche di due gentiluomini, di nome Smith e Blackburn. In entrambi i casi il comitato concluse che indubbiamente vi era la prova della trasmissione del pensiero. Ma pochi anni dopo, nel 1888, le sorelle Creery ammisero di aver usato trucchi. Rimanevano gli esperimenti Smith-Blackburn, che per quasi trent'anni costituirono la principale prova della validità della telepatia. Sfortunatamente nel 1911 Blackburn, che nel frattempo era emigrato in Sudafrica, scrisse al «Daily News» ammettendo che era ricorso a trucchi.

Un altro premio Nobel, il francese Charles Richet, celebre fisiologo, ebbe anch'egli disavventure legate ai fenomeni paranormali. In una serie di sedute spiritiche fu chiamato a osservare l'apparizione di un antico sacerdote egizio, che diceva di chiamarsi Bien-Boa. Richet ne analizzò persino il fiato, che conteneva anidride carbonica. La medium che produceva questo ectoplasma, certa Marta Béraud, più tardi confessò che era stata lei stessa a travestirsi da Bien-Boa, con barba finta e costume presi in prestito da un illusionista. Ma Richet rifiutò di smentire le osservazioni pubblicate nel suo trattato di metapsichica.

L'impareggiabile Eusapia Palladino

Charles Richet fu ingannato anche dalla celebre medium napoletana Eusapia Palladino, la quale riuscì a far levitare i tavoli anche di fronte a Cesare Lombroso e ad altri premi Nobel, come Pierre e Marie Curie. Eusapia Palladino fu forse la donna che, nella storia della scienza, turlupinò il maggior numero di scienziati e filosofi. Le sue sedute avvenivano nella semioscurità, sotto il controllo di persone che le tenevano le mani e i piedi per assicurarsi che i fenomeni non fossero prodotti da una «forza muscolare». Malgrado queste precauzioni il tavolo levitava, degli oggetti volavano nella stanza, delle mani toccavano i presenti, si udivano strani suoni ecc. Nel 1892, a Milano, una commissione di «esperti» che comprendeva Lombroso e Richet esaminò l'operato della medium, con la conclusione che nessuno di tali fenomeni poteva essere imputabile all'impiego di trucchi. Eusapia Palladino fu tuttavia smascherata diverse volte, in particolare negli Stati Uniti: prima dallo psicologo di Harvard Hugo Munsterberg e poi dagli investigatori che organizzarono per lei una seduta alla Columbia University, dove controlli segreti erano stati predisposti senza che lei ne fosse a conoscenza, con l'aiuto di alcuni illusionisti. Ce ne parla il prestigiatore Milbourne Christopher.

«Ebbene, è un episodio poco conosciuto. Io ho avuto la fortuna di parlare con uno di coloro che prepararono i controlli in quella seduta. Mi spiegò che, all'insaputa di Eusapia Palladino, due uomini, vestiti di nero, si posizionarono sotto il tavolo, e poterono così vedere esattamente la sua tecnica. Aveva un vestito lungo e si toglieva il piede dalla scarpa, usandolo per alzare il tavolo. In apparenza sembrava che i suoi piedi non si muovessero, perché le scarpe spuntavano normalmente da sotto il vestito.»

Ma nessuno mai si accorse di ciò?

«Sì, la Palladino fu sorpresa altre volte a compiere trucchi, ma come sempre capita in tutte le storie di medium, coloro che credono nella parapsicologia ammisero che forse faceva ricorso a imbrogli, ma solo quando venivano a mancarle i poteri; le altre volte, invece, si trattava di fenomeni genuini… La verità è che in questi casi essi non riuscivano a capire il trucco. Ce ne sono moltissimi; io, personalmente, conosco 35 modi diversi per far alzare un tavolo!»

Tavoli che levitano

Ma com'è possibile sollevare certi tavoli molto pesanti?

«Questo è un punto interessante: spesso la gente dice che il tavolo si è sollevato, mentre in realtà si è semplicemente alzato da un lato, su due gambe. In proposito, è curioso notare che la tradizione vuole che il tavolino sia a tre gambe, e la ragione è evidente: può inclinarsi più facilmente. Inoltre, solitamente è più piccolo e leggero.»

Ma il tavolino può anche sollevarsi davvero e levitare, senza l'aiuto di complici?

«Sì. Se poi si dispone di uno o due complici, si possono fare cose straordinarie.»

Una di queste l'ho vista fare al grande prestigiatore inglese David Berglas – altro tenace oppositore dei parapsicologi –, che ha invitato sul palcoscenico degli spettatori e li ha disposti intorno a un tavolo rotondo, chiedendo loro di appoggiarvi le mani sopra e di pensare fortemente di sollevarlo. Dopo un po' il tavolo si è alzato da terra per 30 centimetri buoni, e gli spettatori hanno cominciato a girare insieme al tavolo, sempre più veloci, per circa mezzo minuto, fino a quando il tavolo è ripiombato al suolo. Si è trattato di una cosa davvero sorprendente, che si è svolta in piena luce. Nessuno si è reso conto di come ciò possa essere avvenuto, neppure guardando il tavolo da vicino. Non c'erano fili di alcun genere, né calamite: il tavolo era perfettamente normale, non era truccato. Eppure il trucco c'è, ma non posso svelarvelo, perché fa parte del segreto professionale dei prestigiatori, un segreto che è giusto rispettare. Posso solo dirvi che si tratta di un sistema molto semplice e ingegnoso. Come gli altri 34... Pensateci stasera prima di addormentarvi.

Il «miscredente» Faraday

A questo punto è legittimo porsi una domanda. Come si spiega che il tavolo si muova anche in presenza di persone di cui ci si può fidare completamente; quando si è in pochi, tra amici intimi o in famiglia? Qui non può esserci trucco. Anche il famoso fisico inglese Faraday, già nell'Ottocento, si pose tale interrogativo, partendo dall'idea che in certi tavoli che «ballavano» non ci poteva essere imbro-

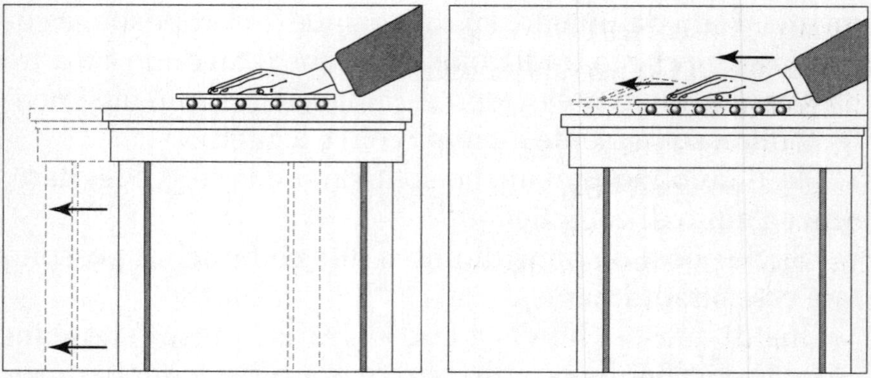

Nei disegni: un cartone che poggia su delle sfere permette di capire facilmente se è il tavolino a muoversi da sotto o se è il soggetto che involontariamente lo spinge.

glio o malafede, perché le persone interessate erano degne della massima fiducia. Egli fece quindi un'inchiesta, poi pubblicata sul «Times» di Londra, che partiva da questo presupposto. Se il tavolo si muove senza che nessuno lo spinga, i casi sono due: o è opera di forze misteriose, oppure queste stesse persone, involontariamente, senza rendersene conto, lo fanno muovere. Faraday fece allora delle prove, impiegando vari sistemi molto semplici e ingegnosi. Eccone uno.

Collocò sotto le dita dei partecipanti pezzi di cartone sovrapposti, il primo dei quali incollato al tavolo in modo poco saldo. Se qualcuno spingeva, il cartoncino superiore si sarebbe trovato spostato in avanti, a causa della pressione esercitata dalle dita. Se invece era il tavolo a muoversi da solo, il cartoncino si sarebbe trovato spostato all'indietro, «trattenuto», per così dire, dalla stessa pressione delle dita. Con questo e altri simili accorgimenti (per esempio dei rulli scorrevoli collocati sul tavolo, che indicavano su un grande manometro la direzione della spinta) Faraday giunse alla conclusione che nessun tavolo si muoveva da solo. Gli spostamenti erano dovuti a pressioni involontarie dei partecipanti, in perfetta buona fede.

Controlli fai da te

Da allora sono state fatte diverse prove simili, con metodi vari, e i tavoli hanno smesso di muoversi. Sono stati anche messi in palio dei premi, ma nessuno è più riuscito a far levitare nulla.

Provate dunque anche voi a farlo. Per controllo, potete usare un sistema ancora più semplice. Fate porre le mani al centro del tavolo, in modo che nessuno possa alzarlo facendo leva sui bordi (è il trucco classico): le mani, cioè, si devono trovare all'interno della verticale delle gambe. Naturalmente solo le dita devono essere appoggiate, non i polsi e tantomeno i gomiti... Se volete migliorare ancora di più il controllo ponete sotto le dita un foglio di carta, in modo che possa scivolare sul tavolo. O, addirittura, usate un cartone sotto il quale si trovano delle palline, in modo da vedere subito chiaramente se qualcuno spinge. Naturalmente potrebbe anche darsi che, malgrado tutti questi controlli, il tavolo si muova davvero, o addirittura voli, come quello «misterioso» del prestigiatore Berglas. In tal caso scrivetemi. Se sotto controllo il tavolo si muovesse davvero sarebbe una delle cose più straordinarie di tutti i tempi. Perché mai nessuno è riuscito a farlo.

Persino l'inventore di Sherlock Holmes...

Ma torniamo ai fenomeni paranormali, e arriviamo a sir Arthur Conan Doyle, il celebre inventore di Sherlock Holmes. Non era forse l'uomo più adatto per indagare sui misteri del paranormale? Ebbene a riguardo c'è una storia molto curiosa, perché pare che neppure di Sherlock Holmes ci si possa fidare. Infatti anche il grande Conan Doyle rimase vittima del suo desiderio di credere nel paranormale, come già altri ricercatori in precedenza. Due ragazzine lo convinsero che nel loro giardino erano apparsi delle piccole fate e dei folletti, e gli mostrarono delle fotografie da loro stesse scattate. L'autore di Sherlock Holmes non si rese conto che erano semplici ritagli di cartone appoggiati sui rami o sull'erba (recentemente sono stati trovati persino i disegni originali, in una raccolta di fiabe dell'epoca!). Convinto del fenomeno, scrisse addirittura un libro di 190 pagine intitolato *L'arrivo delle fate*, cercando di dare una spiegazione scientifica a questi fatti.

Ma Conan Doyle non è il solo a essere rimasto vittima di fantasiosi trucchi fotografici: tutta la storia della parapsicologia è corredata di fotografie «straordinarie» che mostrano spiriti, ectoplasmi, levitazioni... Alcune di queste immagini apparivano già allora chiaramente fasulle, anche a un occhio profano. Altre, invece, hanno continuato a circolare come genuine per diverso tempo.

Una straordinaria cavalla medium

C'è un altro interessante caso, che mostra quanto possa essere controversa l'osservazione scientifica di certi fenomeni e la scelta dei metodi di controllo da adottare. È una vicenda che appartiene già alla storia recente della parapsicologia, quella iniziata all'Università di Duke dal professor Rhine. Vale la pena raccontarla.

Il primo studio realizzato dal professor Rhine, e pubblicato nel 1929, fu dedicato a una straordinaria cavalla sapiente, di nome Lady. Questa cavalla rispondeva alle domande dei visitatori alzando con il muso delle cifre o delle lettere che si trovavano su una specie di grande tastiera. Riusciva a rispondere a domande come: «Qual è la radice cubica di 64? Come si scrive Mesopotamia?...». Non solo, ma si diceva riuscisse a indovinare anche cose che non vedeva, così come fanno i veggenti e i medium. Rhine, dopo averla esaminata, certificò i poteri paranormali di questa cavalla e pubblicò la sua relazione scientifica.

Anche il prestigiatore Milbourne Christopher, qualche anno dopo, esaminò la cavalla, giungendo però a tutt'altre conclusioni.

«La proprietaria» dice Christopher, che si era recato sul

posto sotto falso nome «mi mostrò una lettera scritta dal professor Rhine, nella quale egli definiva la cavalla "la più grande cosa dopo la radio...". Quindi posi anch'io qualche domanda a questo straordinario animale. Cominciai col chiedere quando sarebbe tornato mio fratello dal servizio militare e ottenni una risposta circa il suo ritorno. In realtà io non avevo alcun fratello sotto le armi (e questo una cavalla medium avrebbe dovuto saperlo...). Poi venne la prova scritta. Mi diedero un pezzo di carta lungo e stretto e capii subito che c'era di mezzo la cosiddetta "lettura della penna", un trucco molto conosciuto. Si cerca cioè di capire il numero seguendo i movimenti della penna. Tutti, a scuola, abbiamo cercato di indovinare il voto che il professore scriveva sul registro seguendo i movimenti della mano. Quindi, per vedere un po' come andavano le cose, finsi di scrivere un 8, ma in realtà feci un 3. La cavalla disse che avevo scritto... un 8. Era la conferma che si trattava di letture della penna, e non di poteri medianici. Ma chi leggeva, la cavalla o la proprietaria? Di certo la proprietaria, la signora Fonda. Il trucco consisteva in impercettibili movimenti della frusta che indicavano al povero animale quale lettera o numero doveva alzare.»

Cosa disse Rhine?

«Be', erano passati molti anni, e tornò a farle visita. Disse che la cavalla aveva perso i suoi poteri psichici e ammise che riceveva segnali. Ma continuò a pensare che la prima volta fosse veramente in possesso di questi poteri divinatori.»

Le sedute spiritiche

Le sedute spiritiche, come dicevamo, hanno appassionato soprattutto i ricercatori dell'Ottocento, ma l'interesse della gente per questa forma di paranormale non è mai cessato. La seduta spiritica consente infatti di ottenere, quando il medium è particolarmente dotato, risultati stupefacenti. Parliamone con un medium – già incontrato in precedenza – che fino a qualche tempo fa aveva molto successo negli Stati Uniti: Lamar Keene.

Lamar Keene è un personaggio unico nel suo genere. Per 13 anni è stato un medium professionista, poi un bel giorno, come abbiamo detto, ha deciso di abbandonare lo spiritismo e di vuotare il sacco. Nel suo libro *The psychic mafia*, che abbiamo già citato in precedenza, egli non soltanto rivela che i fenomeni da lui prodotti erano trucchi, ma che anche tutte le cose che avvengono nelle sedute spiritiche sono soltanto imbrogli, fatti per truffare la gente. Ascoltiamo Lamar Keene.

«Sì, è così. È tutto un imbroglio. Lo so benissimo perché per 13 anni ho vissuto all'interno di questo mondo dei medium. E sfido chiunque a produrre qualsiasi fenomeno spiritico in mia presenza. Coloro che dicono di saper fare queste cose sono dei ciarlatani. Oppure sono degli illusi, cioè gente che crede di avere certi poteri, ma che in realtà non li possiede.»

Negli Stati Uniti è vietato praticare l'occultismo, la veggenza ecc. Allora si ricorre a una scappatoia: si fondano finte chiese, con i nomi più strani e curiosi. E sotto la copertura di questi culti è possibile fare ciò che si vuole: i clienti vengono preparati con sessioni di meditazione e di preghiere. E solo quando sono psicologicamente pronti hanno il diritto di partecipare alle sedute spiritiche. Durante il periodo di preparazione vedono accadere intorno a sé cose misteriose, che rafforzano la loro convinzione sui poteri paranormali del medium. Per esempio, il medium può strabiliarli indovinando cose molto personali o anche intime sul loro conto, citando fatti precisi che nessuno può avergli detto. Com'è possibile?

Come un medium «indovina» fatti e dati personali

«Un metodo» dice Lamar Keene «grazie al quale si ottengono molti successi consiste nel far scrivere ai clienti dei biglietti in cui raccontare certi fatti personali, e spiegando che subito dopo devono bruciare tali biglietti in un portacenere, in modo che non ne rimanga traccia. In realtà lo scrittoio è truccato (c'è sotto una carta carbone), in modo che rimanga la copia di ciò che hanno scritto... Queste informazioni – fatti personali, problemi intimi, numeri e colori preferiti, persone care, nomi di parenti deceduti e così via – serviranno per "stupirli", in diverse circostanze. E andranno a finire, insieme a tutte le altre informazioni, nel dossier segreto di ogni cliente».

Cioè voi schedavate i clienti?

«Certo. Noi schedavamo i nostri clienti, con le loro storie personali. Poi ci scambiavano le informazioni con altri medium. Se per esempio un cliente giungeva da noi provenendo da un'altra città, chiedevamo informazioni su di lui ai medium di quella città.»

Esiste pertanto una specie di rete di informazioni e di schedature?

«Esattamente. Di solito questi clienti passano da un medium all'altro, e non è difficile trovare la loro storia intima già bell'e pronta altrove. Un altro metodo è quello di rubare la borsetta di una cliente durante la seduta spiritica. È molto facile, perché di solito è appoggiata alla sedia, e si è al buio. Un complice vestito di nero la porta in un'altra stanza, prende nota di tutto il contenuto, compreso il numero della patente o del libretto postale, e dopo la riporta al suo posto. Alla prima occasione, il medium fingerà di indovinare dati che l'interessato crede di essere il solo a conoscere. La stessa cosa si può fare con i portafogli degli uomini. L'effetto è straordinario, e il cliente racconterà a lungo questa esperienza. Tutto ciò, sommato agli altri racconti, rafforzerà la fama del medium e la credenza in certi fenomeni.»

La «granita mistica»

Il medium non deve essere solo ammirato, ma anche temuto. È bene cioè che il pubblico nutra nei suoi confronti un certo timore, come per le cose soprannaturali. In questo modo il medium si può porre meglio al riparo da eventuali controlli da parte di qualche cliente dubbioso. Infatti, così come nessuno osa tirare la barba a uno iettatore (per timore di rappresaglie «psichiche»), analogamente, se si crea un clima di reverenza, pochi oseranno mettersi contro il medium, pensando che egli potrebbe vendicarsi con «fluidi negativi» sulla salute, sulle finanze, sull'amore…

Lamar Keene, per creare questo clima, ricorse una volta a un trucco bellissimo, che vale la pena di raccontare. L'idea era quella di dimostrare che possedeva addirittura dei poteri di «invulnerabilità». Davanti al pubblico dei suoi fedeli disse, con tono drammatico, che essi dovevano avere una prova tangibile che tutto ciò che avevano visto era vero. Prese quindi un bicchiere, lo mise dentro un tovagliolo e lo sbatté più volte con forza contro il muro. Il bicchiere andò in frantumi. Dopodiché Keene invitò i presenti a raccogliersi per qualche istante in preghiera. Poi aprì il tovagliolo, prese a uno a uno i frammenti di vetro e se li mise in bocca. Il pubblico, esterrefatto, vide il medium in una specie di trance masticare questi frammenti, e ingoiarli tutti, senza che neppure una goccia di sangue gli uscisse dalla bocca! Qual era il trucco? Nell'attimo di «raccoglimento» Lamar Keene aveva abilmente sostituito il tovagliolo contenente i frammenti di vetro con un altro contenente frammenti di… ghiaccio, che si era tranquillamente mangiato! Questa «granita mistica» ebbe un enorme successo, confermando le doti soprannaturali – e l'invulnerabilità – del grande medium, e, naturalmente, la veridicità dei suoi fenomeni.

Come gestire gli scettici

Ma mai nessuno cerca di smascherare il medium durante la seduta, accertandosi se gli oggetti che volano sono trucchi, se l'ectoplasma è solo un pezzo di stoffa…? Abbiamo sentito che c'è una selezione nella clientela, e quindi più la gente crede più si va sul sicuro. Ma non capita mai qualche tiro mancino, qualche pecora nera che si infiltri per cogliere il medium con le mani nel sacco?

«È una cosa che può capitare» dice Keene. «Bisogna stare attenti. A volte qualcuno porta una lampadina tascabile. La cosa più frequente è che il cliente afferri lo straccetto di tulle dell'ectoplasma, per mostrare che si tratta di stoffa e non di spirito.»

Ecco, in questo caso cosa succede?

«Il cliente viene accusato di aver portato lui stesso il tulle per screditare il medium, e viene cacciato via e sconfessato.»

Ma cosa dice la gente presente alla seduta?

«Ebbene, simpatizza per il medium, perché il medium in quei casi fa finta di entrare in coma, in quanto fa credere ai clienti che se succede qualcosa all'ectoplasma, il medium rischia la morte. Quindi tutti gli sono intorno a confortarlo, e il medium sfrutta questa situazione per ottenere la loro solidarietà.»

Tuttavia certi trucchi sono stati scoperti, al di là di ogni dubbio.

«Sì, capita. Io sono stato fortunato, non mi è mai successo. Alle volte si è accesa la luce, anche per sbaglio, e certa gente è stata smascherata. Ma questo, mi creda, non ha troncato la loro carriera. Dopo un periodo di sospensione questi medium riprendono tranquillamente l'attività. Per la semplice ragione che c'è sempre gente pronta a credere; in questo campo nasce un nuovo pollo ogni minuto.»

E d'ingenuità ce n'è stata veramente tanta all'epoca di Uri Geller, l'israeliano che piegava chiavi e cucchiai col pensiero. Per anni le sue presunte capacità sono state pubblicizzate da certi giornalisti, avallate da certi fisici, e bevute da un vastissimo pubblico. Trent'anni dopo non se ne parla più. Come sempre avviene per i fenomeni paranormali, quelle che dovevano essere straordinarie rivoluzioni scientifiche scompaiono nel nulla. Come sassi giunti dallo spazio, questi «fenomeni» illuminano l'atmosfera con una luce vivissima per qualche secondo; poi cadono a terra spenti e dimenticati, divenendo fossili privi d'interesse.

Parte sesta

Tecnologia e società

Negli ultimi 150 anni la società, specialmente nei paesi occidentali, ha conosciuto un cambiamento straordinario. In Italia, per esempio, a metà dell'Ottocento si arava con i buoi e si seminava a mano, la vita media non raggiungeva i 50 anni, non esistevano elettricità, telefono, automobili e neppure la bicicletta. I nostri bisnonni, insomma, somigliavano più agli antichi Romani che a noi. Poi, in quello che per i tempi della storia è un attimo, un'evoluzione sorprendente ha portato un benessere diffuso che oggi tendiamo a dare per scontato, tanto ci sembra un fatto acquisito. Scienza e tecnologia sono i due motori di questo stupefacente sviluppo. Nelle prossime pagine indagheremo i molteplici aspetti del rapporto della scienza e della tecnologia con la società, la cultura, la scuola, l'educazione, il lavoro, l'economia… E cercheremo anche di individuare le possibili tendenze future.

I

Quanto petrolio consuma un filosofo

Quante tonnellate di greggio occorrono per fare cultura? È una domanda un po' curiosa, ma vale la pena di fare qualche considerazione. Solitamente, infatti, noi pensiamo che l'energia sia destinata soprattutto all'industria, alle macchine, ai trasporti, al riscaldamento, e tendiamo a dimenticare che, in realtà, anche lo sviluppo culturale richiede (anzi, forse più di ogni altro tipo di sviluppo) una grande quantità di energia.

Facciamo un esempio: un libro e il suo lettore. Il libro, sostanzialmente, è il punto di arrivo di una lunghissima catena di processi, altamente consumatori di risorse ed energie: macchine per stamparlo, alberi per produrre la carta necessaria, camion per trasportare gli alberi, benzina per far circolare i camion, raffinerie per produrre benzina, fabbriche per costruire i computer e le macchine tipografiche, industrie chimiche per gli inchiostri, i colori, le colle ecc. Senza questa catena tecnologica ed energetica, i libri si scriverebbero ancora a mano, e solo pochissime persone potrebbero leggerli. Analogamente, ogni lettore, per diventare tale, ha anch'egli dietro di sé una lunga catena tecnologica ed energetica. Se si facesse il conto di quante risorse – petrolio, carbone, macchinari, energia – occorrono per «produrre» un lettore, ci si accorgerebbe che si tratta di una cifra sbalorditiva: un diploma o una laurea significano 15 o 20 anni di studio, con un consumo «secco» (cioè senza contropartita in lavoro) in tutti i campi: aule, insegnanti, trasporti, abiti, cibo e, naturalmente, libri.

Una società di letterati e di cantanti

Senza questa catena di energia e tecnologie – ma, in fondo, anche l'energia può essere considerata semplicemente una tecnologia, poiché è il risultato di una capacità di estrarre e utilizzare risorse: è, per così dire, una «componente» del motore – i lettori sarebbero incapaci di leggere, perché dovrebbero pascolare le pecore fin dall'infanzia, così com'è sempre avvenuto in passato. La stessa sorte toccherebbe a violinisti, pittori, scrittori: tutti a zappare la terra, anziché dipingere, scrivere, suonare.

In passato, infatti, la scarsa disponibilità di energia-tecnologia permetteva solo a un ristretto numero di persone di dedicarsi a tempo pieno ad attività culturali: solo piccoli gruppi potevano permetterselo, proporzionalmente alla capacità e all'efficienza della società nel produrre cibo e oggetti per tutti. Si dice spesso che la nostra è una società di tecnici e di scienziati; a dire il vero è soprattutto una società di artisti e di intellettuali. Infatti, mai in passato, nessuna società ha potuto contare su un così grande numero di musicisti, pittori, critici, letterati, attori, giornalisti, storici, poeti, registi, cantanti, romanzieri, esteti, insegnanti, ricercatori, semiologi, commediografi, archeologi, scultori, saggisti, linguisti, scenografi, cantautori, sociologi, educatori…

Sviluppo energetico e progresso culturale

Se è questo il tipo di sviluppo umano che vogliamo potenziare – cosa che, credo, ci trova tutti d'accordo –, bisogna rendersi conto che ciò richiede molta efficienza nel produrre cibo e oggetti (e quindi inevitabilmente molta tecnologia ed energia) in modo che sia possibile, così com'è avvenuto nelle società industriali, diminuire gli addetti nel settore primario e secondario (agricoltura e industria) per sviluppare il terziario (servizi), che comprende appunto tutte queste attività culturali.

Per un apparente – e poco conosciuto – paradosso, infatti,

più una società avanza nell'industrializzazione, «meno» addetti ha nell'industria: in Italia, oggi, la percentuale di tali addetti è maggiore che negli Stati Uniti, il paese più industrializzato del mondo. La stessa cosa è già avvenuta nell'agricoltura, dove c'è un rapporto direttamente proporzionale tra efficienza nella produzione di cibo e diminuzione del numero dei lavoratori.

In altre parole, c'è una relazione diretta, anche se sotterranea, tra sviluppo energetico e opportunità di sviluppo culturale. A una condizione, però: occorre che questa relazione funzioni nei due sensi, cioè che lo sviluppo culturale «restituisca» energia e tecnologia sotto forma di idee, intelligenza, invenzioni, organizzazione, scelte, stimoli. Questo è il punto essenziale: se ciò non avviene il sistema entra in crisi, perché i conti non quadrano più.

Fare i conti con la bilancia

In Italia oggi milioni di persone sono impegnate nel settore culturale ed educativo (non solo studenti e insegnanti, ma tutti coloro che lavorano nell'editoria, nello spettacolo, nell'informazione, nella ricerca, nell'arte ecc.): in quale misura essi riescono a controbilanciare la crescente competitività internazionale «restituendo» strategie adatte a farvi fronte?

Se vogliamo continuare ad aumentare il numero di coloro che possono occuparsi di musica, pittura, letteratura, teatro, critica, giornalismo, composizione, storia, poesia, filosofia, canzoni, romanzi, estetica, insegnamento, lirica, ricerca, archeologia, linguistica, cultura, saggistica, scenografia, sociologia, balletto, educazione..., siamo costretti a fare inevitabilmente i conti con la bilancia energetica e tecnologica, che nutre e rende possibile questo tipo di sviluppo. Altrimenti le università continueranno a sfornare intellettuali in cerca di occupazioni culturali sempre più strozzate dalla crisi dei settori produttivi: e anche dall'inefficienza nello stesso settore dei servizi (la burocrazia è ormai un pozzo senza fondo di consumi energetici).

Un atteggiamento antitecnologico

Questo collegamento tra sviluppo culturale e disponibilità di tecnologia (e di energia per farla funzionare) non è ancora ben percepito, neppure dalla stessa cultura, che oltretutto è la maggiore beneficiaria di questa spinta propulsiva. Anzi c'è spesso un atteggiamento critico contro la tecnologia, a volte una vera e propria ostilità. E infatti esiste un grosso problema legato all'uso distorto che se ne fa. Perché la tecnologia non serve solo a produrre libri, artisti o educatori, ma provoca inquinamenti, armi micidiali, distruzione di paesaggi, degrado.

L'atteggiamento antitecnologico che spesso emerge tra i giovani deriva proprio dai guasti provocati dalla tecnologia. E certamente va condiviso in pieno il rifiuto di una tecnologia violenta, sradicatrice, rumorosa, consumatrice. Ma bisogna stare molto attenti a non confondere le cose.

Ricordo una lettera che ricevetti, tempo fa, da una ragazza di nome Francesca. Diceva sostanzialmente: «Come sarebbe bello il mondo se non ci fossero le industrie...».

Cara Francesca, se vivessimo ancora in una società preindustriale tu saresti analfabeta, emarginata nella società e repressa in famiglia; avresti le mani gonfie per i panni lavati ogni giorno al fiume, e le gambe stanche per il continuo camminare; vivresti in una società autoritaria, piena di violenze fisiche e psicologiche, dove non potresti far valere i tuoi diritti. Se potessi tornare indietro di 200 anni e vivere per una sola settimana in una società preindustriale, scapperesti di corsa verso il nostro secolo. E soltanto allora, probabilmente, capiresti cosa ha significato per l'umanità la rivoluzione industriale (con tutte le sue distorsioni e anche i suoi drammi). E cominceresti a guardare con occhio nuovo anche le piccole cose che oggi diamo per scontate (e che non «vediamo» più): una penna, un interruttore, un rubinetto, un termosifone, un giornale, un farmaco.

L'uomo pretecnologico

Per tutte queste ragioni, quando mi capita di partecipare a qualche dibattito sulla liberazione femminile, mi diverto a scandalizzare l'uditorio cominciando con una battuta in apparenza feroce e irriverente: «La liberazione della donna è un sottoprodotto del petrolio...».

Naturalmente questa frase suscita subito reazioni diverse, a volte indignate. Però riesce ad «agganciare» chi ascolta, sia pure in modo provocatorio, su un concetto che a me pare fondamentale, e cioè che soltanto la disponibilità di energia permette alla donna – e a chiunque altro – di uscire dal sottosviluppo e di accedere a nuovi beni e a nuovi ruoli. Infatti, tutto il ragionamento fatto finora sulla liberazione della donna è solo un aspetto di un discorso più generale: in realtà anche la liberazione dell'uomo è un «sottoprodotto del petrolio», nel senso che indicavamo prima.

Senza i mezzi e le risorse resi disponibili dalla tecnologia, l'uomo non sarebbe in grado di avanzare nella scala economica; se ponessimo nella moviola del tempo un uomo «moderno» e lo facessimo regredire nella scala tecnologica, vedremmo accadere un fenomeno analogo. La sua capacità di produrre beni calerebbe in modo progressivo, provocando automaticamente una serie di cambiamenti fisici e comportamentali. Da intellettuale tornerebbe a essere analfabeta; verrebbe risospinto verso l'agricoltura (anzi verso l'agricoltura primitiva che, come abbiamo visto, richiede la quasi totalità della popolazione attiva); inoltre non esisterebbero libri, né giornali, né conoscenza. Si tornerebbe alla coabitazione della famiglia patriarcale, alla quasi impossibilità di un'indipendenza personale e alle gerarchie di generazione.

Aerei, cemento e virus

Il problema, naturalmente, è quale uso fare della tecnologia, come impiegarla, per quali fini. Tutte le invenzioni e le scoperte, prima o poi, sono state utilizzate anche per scopi distruttivi. Gli aerei possono trasportare passeggeri oppure bombe; con il cemento si possono costruire case normali oppure si possono distruggere intere coste con palazzi abusivi; manipolando i virus si possono fabbricare vaccini oppure armi biologiche ecc.

Ma di chi sono le scelte e le responsabilità? Di chi detiene il potere, politico, militare, economico. Non certo dei fratelli Wright, che hanno costruito il primo aereo, o di Lavoisier, che è stato il padre della chimica. Così come non è Alessandro Volta il responsabile della sedia elettrica. È quindi a livello politico che va combattuta la battaglia. Anche per il controllo di un corretto uso delle tecnologie disponibili.

Il sapone nella minestra

Infatti, i fiammiferi, il sapone, il gas, la corrente elettrica sono tutte cose utilissime; ma nessuno a casa propria metterebbe il sapone nella minestra, o le dita nella presa della corrente, o lascerebbe i rubinetti del gas aperti. Né rovescerebbe l'immondizia in salotto, o darebbe fuoco alle tende della camera da letto con i fiammiferi. Allora, come sarebbe bello il mondo senza fiammiferi, senza gas, senza sapone, o senza elettricità? È evidente che è il comportamento umano che va controllato e colpito, più duramente di quanto non avvenga, quando causa danni ambientali.

Per questo sono indispensabili le associazioni ecologiche, che hanno il ruolo del cane da guardia, denunciando e intervenendo laddove lo Stato, nella sua lentezza e inefficienza, è assente. Ma abbandonare il modello di sviluppo tecnologico significherebbe tornare rapidamente a società sottosviluppate, più gerarchiche e violente.

Un'irrefrenabile spinta liberatoria

È molto importante notare, a proposito di tutto questo, che tutti i movimenti di liberazione sono paralleli e contemporanei: quando la tecnologia innesca la capacità umana di sviluppo, automaticamente si modificano anche i rapporti gerarchici, in ogni campo. Non è un caso che questa spinta liberatoria coinvolga ogni tipo di rapporto: non solo quello tra la donna e la società, ma anche tra il lavoratore e il datore di lavoro, tra i genitori e i figli, tra marito e moglie, tra studenti e professori, e persino nei rapporti esistenti all'interno di gerarchie ben stabilite, come nell'esercito, nella polizia, o nella stessa gerarchia ecclesiastica.

È bene riflettere su tutto ciò, non solo per capire come hanno potuto nascere e svilupparsi certe conquiste che a noi oggi paiono ovvie e che consideriamo come dei «diritti» (ma che non potrebbero esistere senza il supporto tecnologico). È anche importante capire che, per quanto riguarda il nostro attuale sviluppo economico, il meccanismo di fondo rimane lo stesso. Cioè, se non riusciamo ad alimentare questa crescita con efficienza, tutto il sistema entra in crisi, e parallelamente entrano in crisi quei «sottoprodotti» culturali e civili dello sviluppo cui noi teniamo molto.

Un pilota senza mezzo

Naturalmente le idee e le ideologie sono importanti, e hanno avuto un grande ruolo nella storia. Ma le idee e le ideologie, da sole, non producono energia elettrica, computer, edifici scolastici, ospedali, trattori ecc. Senza tecnologia sono come un passeggero senza treno, o un pilota senza aereo. Rimango a terra.

Fin dalla preistoria, infatti, gli uomini desideravano volare, ma nessuno in realtà ha mai potuto farlo fino a quando i fratelli Wright hanno inventato il primo aeroplano. Analogamente, tutti hanno sempre desiderato lavorare di meno, mangiare di più, essere curati meglio, far studiare i propri figli ecc.; ma nessuno, in realtà, ha mai potuto ottenere tutto ciò fino a quando non si è trovato il modo di aumentare la produttività – e quindi la ricchezza – attraverso l'invenzione delle macchine e dell'energia necessaria per farle funzionare. Quello che è importante, naturalmente, è mettere la gente nelle condizioni mentali per far funzionare queste macchine. E per farle funzionare bene (cioè usarle per la propria liberazione: per cavalcarle, e non per esserne cavalcati).

Tecnologia ed educazione

Infatti, se è vero che non può esservi educazione senza tecnologia, è anche vero che non può esservi sviluppo tecnologico senza educazione (e i lettori degli altri miei libri sanno che questo è per me il punto centrale di tutto il discorso, perché la tecnologia e le materie prime, in realtà, non sono altro che un'«invenzione» cerebrale: infatti è lo sviluppo educativo che, appoggiandosi al progresso tecnico, può innescare a sua volta un movimento ascensionale della società, anche per quel che riguarda la crescita democratica). L'azione politica non può essere disgiunta da questa capacità di agire in modo efficace sul «moltiplicatore» educazione-tecnologia.

La nostra cultura manca oggi totalmente a questo appuntamento storico. Una tradizione «classica» e prescientifica la tiene in gran parte lontana dalla comprensione del mondo tecnologico in cui viviamo; proprio per questo essa non è in grado di stimolare e di guidare nel modo giusto le società industriali, in quanto non ne sa capire i meccanismi, che sono in larga misura estranei ai suoi interessi e alle sue competenze.

Queste cose, però, si pagano perché per ogni «inefficientista» c'è oggi qualcuno che si vede rosicchiato nelle sue possibilità di reddito, di servizi sociali, di scuola, di assistenza sanitaria. E di prospettive future, per sé e per i suoi figli.

Le due culture

Senza tecnologia – e senza la produttività industriale a essa collegata – non sarebbe neppure possibile il recupero culturale di certe opere del passato. Ricordo che qualche tempo fa mi trovavo in una cittadina del Sud, in uno splendido anfiteatro greco che si affaccia sul mare da un'altura, dove era in corso una rappresentazione, e pensavo: per secoli, questo posto è rimasto abbandonato alle capre e alle ortiche, e solo l'aumento della produttività ha consentito di trasferire qui persone e mezzi per restaurarlo e per fare della cultura.

Ecco quale dovrebbe essere il senso dell'aumento della produttività industriale, agricola e del perfezionamento dei sistemi tecnologici: cioè non produrre più tostapane e sveglie elettriche, ma permettere a un numero crescente di persone di trasferirsi in quei settori che costituiscono la vera ragione per cui l'uomo è un essere pensante. Ma per fare ciò, occorre efficienza e alto rendimento, altrimenti sulle rovine dei teatri greci – come nei nostri bei sogni di diventare una società postindustriale – tornano a spuntare le ortiche e le capre.

Questo, però, non è chiaramente percepito, e infatti, nei discorsetti introduttivi della serata, si parlava soltanto di «recupero culturale», di «maggiore sensibilità», di «luoghi restituiti all'arte», come se per qualche dimenticanza o colpevole negligenza delle generazioni precedenti questo teatro fosse stato abbandonato, invece di ospitare ogni sera spettacoli di gala, magari con artisti che venivano dall'estero... Ciò è frutto di un tipo di educazione classica che ha dato poca importanza alla scienza e ancor meno alla tecnologia, considerandole in fondo un aspetto meno nobile della cultura.

Ancora oggi un uomo di «cultura», infatti, può tranquillamente dire, senza vergognarsi, di non capire nulla di scienza e di tecnologia, mentre non oserebbe confessare di non capire nulla di filosofia, di arte o di letteratura. Già molti anni fa Charles P. Snow denunciò questa frattura fra le «due culture», come egli la definì. Da allora le cose non sono molto migliorate; anzi in un certo senso sono peggiorate. Personalmente, penso che tutto ciò sia molto scoraggiante.

Seminare sul cemento

In Italia manca un'educazione scientifica – non soltanto nella scuola – capace di renderci più consapevoli del ruolo profondo che scienza e tecnologia hanno nelle nostre società. La prova di questa carenza culturale la si vede, del resto, nei finanziamenti: l'Italia spende, per la ricerca, meno della metà dei suoi concorrenti europei (per non parlare di quelli asiatici). Non solo, ma i soldi non vengono assegnati ai gruppi di ricerca più meritevoli e capaci, ma elargiti «a pioggia», con un criterio di giustizia distributiva (un piatto di spaghetti non si nega a nessuno...). È come se un contadino, anziché piantare i suoi semi nei terreni fertili, li distribuisse «a pioggia» un po' dappertutto: sui terreni buoni e su quelli cattivi, sui sassi e sul cemento.

Produzione e distribuzione della ricchezza

Nel programma «SuperQuark» ho spesso mostrato quella che ho soprannominato «la macchina del latte». Cioè un marchingegno composto da una serie di cassette di legno nella parte superiore e da un grande contenitore trasparente nella parte inferiore. In questo contenitore ci sono molte palline da ping-pong, che simboleggiano la ricchezza del paese: è da lì che vengono estratte le risorse per pagare gli stipendi, le pensioni, l'assistenza sanitaria ecc. Il 99% del dibattito politico (e anche televisivo) è centrato sulla distribuzione di questa ricchezza: lui ha di più, io ho di meno, bisogna dare di più a questo settore, c'è una grave ingiustizia in quest'altro...

Ma da dove arrivano queste palline da ping-pong? Dalle cassette del piano di sopra, dove avviene la produzione della ricchezza; e ogni cassetta porta una scritta legata a un fattore di sviluppo della produttività (Livello educativo, Ricerca, Innovazione tecnologica, Competenza, Efficienza, Centri di eccellenza ecc.). Ma a tutto ciò si dedica molta poca attenzione. Quanti accesi dibattiti politici avete visto su questi argomenti? Eppure è lì che risiede gran parte del problema: perché non si può distribuire ricchezza se non la si produce. E nelle società industriali avanzate sono questi i fattori che permettono di creare ricchezza (e garantire stipendi, pensioni, assistenza sanitaria ecc.).

Occorre un piccolo esempio, che vale forse più di ogni discorso. Prendiamo due paesi europei situati ai due estremi del prodotto interno lordo: Turchia e Svezia. La Svezia ha un reddito pro capite annuo che è circa otto volte quello della Turchia. È evidente che in Svezia, producendo così tanta ricchezza, il livello di vita della popolazione può essere elevato (e riversarsi anche sui servizi sociali e assistenziali). In Turchia, invece, gli ospedali, le scuole, o le prigioni (e naturalmente gli stipendi, le pensioni, e i servizi) sono di tutt'altro tipo. Per quanto giusta possa essere la distribuzione della ricchezza in Turchia, saranno sempre quei pochi soldi a essere distribuiti.

Fortuna, sfortuna o destino?

Ma come mai c'è questo grande divario? I turchi sono perseguitati dalla sfortuna, e gli svedesi baciati dalla fortuna? O è il destino all'origine di questa diversità? In realtà sappiamo benissimo che è la capacità produttiva a fare la differenza (cioè, come già abbiamo detto, Livello educativo, Ricerca, Innovazione tecnologica, Competitività, Capacità organizzativa, Competenza, Efficienza, Centri di eccellenza ecc.).

E sono proprio queste cose che garantiscono a un paese di progredire verso uno sviluppo più «a misura d'uomo». E di permettersi un numero crescente di musicisti, giornalisti, semiologi, scultori, scenografi, sociologi, archeologi, insegnanti, scrittori... e, naturalmente, filosofi.

II

La rivoluzione tecnologica

Vorrei cominciare con un ricordo mio, familiare, che forse meglio di ogni altra cosa spiega quanto è cambiato il mondo. Mio padre era nato nel 1875, ai tempi di Garibaldi. Nell'arco di una sola generazione (tra la sua e la mia) le cose intorno a noi si sono talmente trasformate da diventare irriconoscibili. Vediamo rapidamente come era l'Italia di mio padre nel 1875.

Nei campi, la tecnologia non era molto diversa da quella medievale. Erano i buoi a tirare i carri, si arava e si seminava a mano. Non esistevano trattori e mietitrebbiatrici, ma solo zappe e vanghe. I mezzi di trasporto erano in pratica inesistenti. Anche se le ferrovie stavano facendo la loro comparsa, la gente non si spostava dal proprio villaggio. Non esisteva neppure la bicicletta. I primi prototipi nacquero solo qualche anno dopo, nel 1878. E, naturalmente, non esistevano automobili né camion: i trasporti avvenivano con i carri. O con le carrozze, per i pochi che ne possedevano una. La lampadina elettrica non era ancora stata inventata, si usava ancora la candela.

In assenza di tecnologia delle comunicazioni – cioè telefono, radio e televisione –, anche la circolazione delle informazioni e delle idee era lentissima. E in mancanza di tecnologia della salute la mortalità era altissima. I dati statistici dell'epoca in Italia dicono che 4 bambini su 10 morivano prima dei 5 anni.

La stragrande maggioranza della popolazione, naturalmente, viveva nei campi. Perché quando si dispone solo della zappa e non del trattore, occorrono molte braccia per dar da mangiare a tutti. Malgrado questa moltitudine di braccia, il cibo era scarsissimo: la carne si mangiava solo una volta ogni tanto, lo zucchero era un lusso, il burro una rarità. La maggior parte della popolazione era analfabeta. Nessuna società del passato infatti poteva permettersi di sottrarre braccia ai campi per mandare i ragazzi a scuola fino ai 15 o 20 anni. E fornire loro maestri, libri, aule, trasporti, abiti e cibo. Anzi, la mancanza di efficienza agricola esigeva che anche i ragazzi dessero subito il loro contributo per produrre quella che era la prima e indispensabile fonte energetica per l'essere umano: il cibo. Quindi, già a 5 anni si aiutava a pascolare le pecore o le mucche; lavoro che poi si sarebbe fatto per tutta la vita, senza weekend né ferie.

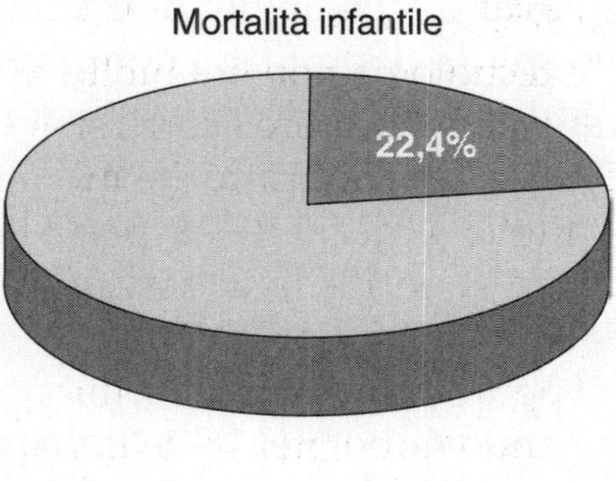

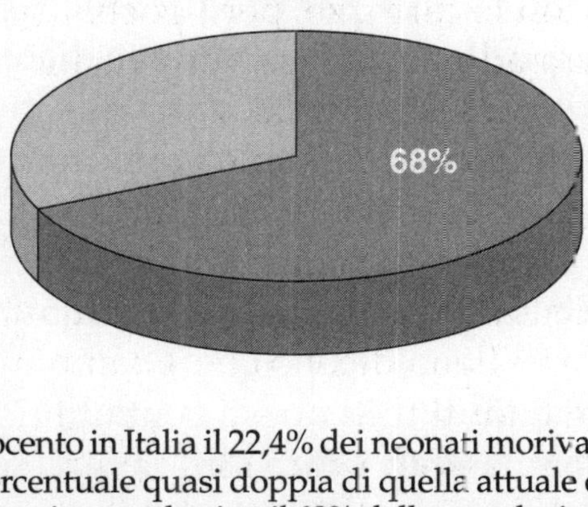

Alla fine dell'Ottocento in Italia il 22,4% dei neonati moriva entro il primo anno di vita, una percentuale quasi doppia di quella attuale dell'Etiopia. Disastrosa anche la situazione scolastica: il 68% della popolazione era analfabeta.

Il motore dello sviluppo

Curiosamente, ma non troppo, l'Italia dell'epoca in cui nacque mio padre era per molti versi simile agli attuali paesi del Terzo Mondo (e a volte più arretrata) nei quattro aspetti ritenuti essenziali per la qualità della vita. La mortalità infantile in Italia era quasi il doppio di quella dell'Etiopia d'oggi; la percentuale di analfabeti (68%) era molto più alta di quella attuale del Kenya; la vita media in Italia era di soli 43 anni, molto meno di quella che è oggi in Bolivia. Per quanto riguarda il cibo, quando era bambino mio padre, la media di calorie per abitante in Italia era quasi uguale a quella dell'India di vent'anni fa.

Lo sviluppo tecnologico ha radicalmente cambiato questa situazione nei paesi industrializzati, dal momento che varie spinte si sono combinate insieme. Da un lato gli inventori, che creavano tecnologie; dall'altro i proprietari, che, mossi dallo spirito di profitto e di intrapresa, volevano aumentare il reddito delle loro proprietà. E infine i lavoratori che, rifiutando qualunque sfruttamento, rivendicavano per sé quote migliori della rendita terriera. Il motore dello sviluppo, alimentato da queste grandi spinte, si è così avviato e ha acquistato via via potenza, cambiando la fisionomia di molti paesi.

Negli Stati Uniti, per esempio (dove pure si mangia molto più che nell'Italia dell'Ottocento), oggi è sufficiente il 2% della popolazione attiva per produrre cibo per tutti. Non solo, ma per esportarne milioni di tonnellate. Infatti, mentre un contadino con la zappa produce cibo unicamente per due o tre persone, un contadino «tecnologico» è in grado di produrne per oltre 60. È questo che ha fatto sparire i contadini dai campi. Anche in Italia, dai tempi di mio padre a oggi, i contadini sono scesi dal 68 al 5% della popolazione attiva.

Ma dove sono finiti tutti questi contadini? Lo sappiamo: loro o i figli sono andati a fare altri lavori, soprattutto nel settore industriale. Si è così passati da una prevalenza del settore primario (agricoltura) a quella del secondario (industria), con uno sviluppo rapidissimo che ha marcato profondamente il nostro tempo.

Più industrie, meno operai

Il fatto è che dentro questo settore secondario (industriale) si sta verificando una nuova rivoluzione, che cambierà ancora una volta radicalmente la fisionomia della nostra società. Infatti, nell'industria sta accadendo la stessa cosa che è avvenuta nell'agricoltura, cioè che, inserendo tecnologie e automazione, si ha bisogno di meno manodopera. Perché le aziende possano produrre la stessa quantità di cose (o magari di più) utilizzando meno operai. In realtà la situazione è più complessa perché le tecnologie creano anche altre opportunità di lavoro. Ma la storia di questi ultimi decenni ha ormai chiaramente mostrato – come abbiamo visto nel capitolo precedente – che, quasi per un paradosso, più una società è industrializzata, meno addetti ha nell'industria (così come, del resto, più una società è avanzata dal punto di vista agricolo, meno contadini esistono).

I tre palloncini

Intanto si sta espandendo sempre più il cosiddetto settore terziario, cioè quello dei servizi. Un settore che comprende molte cose disparate, che vanno dal commercio alla scuola, dalla sanità alla progettazione, alla ricerca. Volendo usare un'immagine fantasiosa, si potrebbero rappresentare questi tre settori come tre palloncini comunicanti, riprodotti nella pagina seguente.

In una società arcaica il primario, cioè l'agricoltura, rappresenta il palloncino di maggior volume. Poi, con l'emergere della tecnologia e della fase industriale, diminuisce la percentuale di persone che lavorano nei campi e aumenta quella delle persone che sono occupate nell'industria, cioè nel secondario. Intanto, si gonfia il palloncino del terziario.

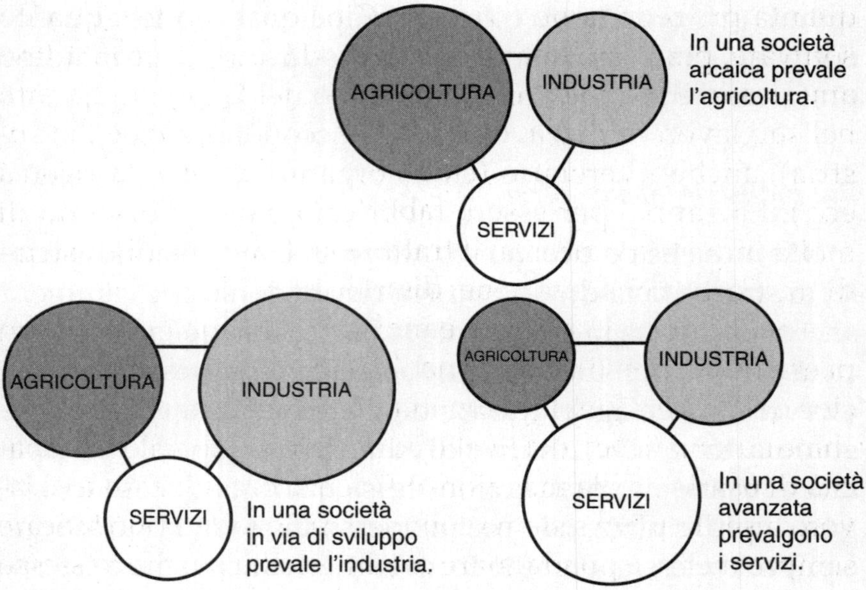

Infine, agricoltura e industria (largamente automatizzate) hanno bisogno di sempre meno addetti, mentre si espande il settore dei servizi.

Il discorso risulta chiarissimo osservando alcuni paesi che si trovano in stadi diversi di questa trasformazione: gli Stati Uniti, dove il terziario rappresenta ormai il 74% della popolazione attiva; la Svezia, con il 72%; l'Italia, con il 63%; il Portogallo, con il 51%; la Turchia, con il 36%; il Burundi, con il 5%.

Quello che è interessante notare è che questo tipo di trasformazione sta avvenendo in tutti i paesi in cui è in atto un processo di industrializzazione. Siano essi dell'Ovest, dell'Est, o delle aree in via di sviluppo. È una trasformazione fisiologica, per così dire. Vedremo tra poco, tuttavia, che il discorso in realtà non è così semplice.

Che cosa c'è dentro il terziario?

Non è detto infatti che la crescita del terziario sia automaticamente sintomo di sviluppo: dipende da cosa contiene il settore. Quanta tecnologia, quanta organizzazione, quanta progettazione e ricerca. Cioè quante idee, quanto software, per usare una parola di moda. Infatti il contadino americano è molto diverso da quello del Gabon in quanto nel suo lavoro utilizza, oltre che il secondario (cioè l'industria), anche il terziario (cioè l'organizzazione, la ricerca ecc.). La zappa, per essere fabbricata, non ha bisogno di molta industria o ricerca; il trattore sì. E ancor più i sistemi di trasporto, conservazione, distribuzione.

Anche l'operaio svedese è molto diverso da quello di un paese in via di sviluppo. Anch'egli beneficia del terziario, cioè della ricerca, della progettazione (per esempio di macchine automatiche), del livello educativo e culturale (la capacità di usarle), della maggiore efficienza organizzativa (il lavoro inserito in un sistema complesso). E quindi può faticare sempre meno, e guadagnare di più. Anche perché lo stesso secondario – cioè l'industria – produce sempre più ricerca «sul campo», vale a dire applicazioni pratiche, innovazioni, invenzioni. Grazie a tutto ciò, sono i macchinari a fare i lavori più pesanti e ripetitivi, mentre dall'industria escono prodotti sempre più avanzati e competitivi. Per questo è importante sapere cosa ha esattamente un paese dentro il suo terziario.

Il terziario arretrato: burocrazia e ambulanti

Nei paesi più arretrati, per esempio, c'è una pletora di piccoli commerci, molta burocrazia, servizi pubblici sovraffollati di dipendenti. Chi ha viaggiato lo sa bene: al mercato «caratteristico» si vedono poche merci, ma molti venditori (a volte un venditore, seduto in terra, aspetta clienti per offrire i pochi pomodori o zucchini ammucchiati dinnanzi a sé). In questi paesi arretrati diventa un'avventura inoltrarsi nella burocrazia per condurre in porto una pratica qualsiasi, oppure servirsi di un mezzo pubblico di trasporto (autobus o treno).

Anche nel commercio è in atto la tendenza a diminuire gli addetti (come già è avvenuto nell'agricoltura e nell'industria) e a migliorare le strutture. Rendendole più effi-

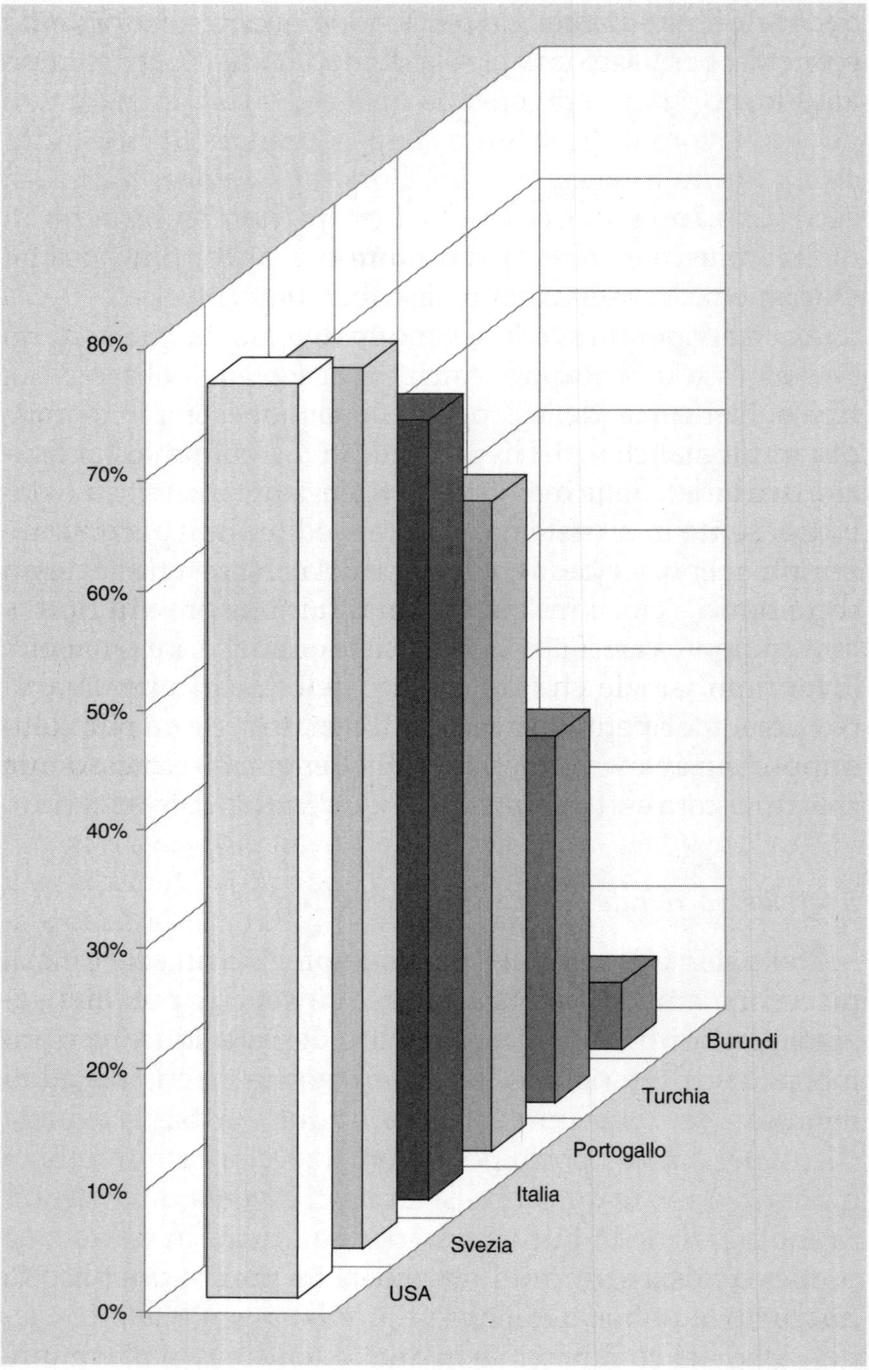

Le percentuali degli addetti al terziario in alcuni paesi dal diverso impatto industriale. Il loro numero aumenta con il crescere del tasso di tecnologia.

cienti ed economiche, ma perdendo, indubbiamente, quel particolare rapporto che si instaura solitamente tra il cliente e il negoziante sotto casa.

L'intelligenza dentro al sistema

Ecco perché, in definitiva, è importante sapere cosa ha esattamente un paese dentro il suo terziario: non basta infatti uno sviluppo quantitativo, occorre che sia anche qualitativo. Perché è la qualità che consente di elevare il livello di un paese. Nei paesi più sviluppati ci sono infatti più ricerca, più innovazione e professionalità, più capacità di far funzionare bene organizzazioni complesse. E questo vale per tutti e tre i settori (nell'agricoltura, nell'industria, nei servizi). Ma è il terziario il vero motore dei cambiamenti e, in un certo senso, il cervello del sistema. Tanto più è sviluppato, tanto più può beneficiarne la crescita economica e umana.

È un po' quello che è avvenuto nell'evoluzione umana. Nel corso delle ere il cervello è diventato sempre più voluminoso e ricco di connessioni. E questo ha permesso una crescente capacità di capire, di inventare, di scegliere. Analogamente il terziario, nella società avanzata, sta diventando una centrale di idee, di innovazioni, di progettazione. E impregna sempre più di queste cose tutti i campi dello sviluppo e dell'economia. Anzi contagia gli altri settori, che diventano a loro volta produttori di idee, ricerche, innovazioni. Un oggetto non ha più dentro di sé soltanto ferro, rame, plastica, ma soprattutto invenzione, design, analisi di mercato, organizzazione, ricerca.

Il costo della manodopera

Tutto ciò, tra l'altro, ha già provocato una vera e propria rivoluzione in uno degli aspetti tradizionalmente più «caldi» del dibattito economico: quello del costo della manodopera. Nei settori di punta infatti questo aspetto sta perdendo sempre più importanza. Per esempio, il costo della manodopera nella produzione di un personal computer è oggi solo il 5-6% del costo complessivo. Se paradossalmente il costo della manodopera diminuisse (o aumentasse) del 20%, ciò influirebbe solo per l'1% sul costo del computer. Vale a dire, quasi niente. Quello che conta (e che costa) è ormai sempre più la parte «immateriale» di un prodotto. Quella «materiale» invece (lavoro manuale o materie prime) è in costante calo nei settori avanzati.

Ciò spiega perché alcuni paesi ricchi continuino a primeggiare in molti settori, sebbene oggi il loro costo del lavoro sia molto aumentato. Chi è più bravo in questo tipo di sviluppo vince sugli altri. Perché la vera competizione ormai non è sugli oggetti, ma sull'intelligenza che essi contengono. È un processo non arrestabile. E le società più avanzate stanno navigando a gonfie vele in questa direzione, in quanto solo chi intraprende con decisione questa strada avrà sempre qualcosa da vendere agli altri: cioè la conoscenza (che è diventata il bene più prezioso), e i prodotti e i servizi che incorporano questa conoscenza.

Il terremoto ignorato da tutti

Da quanto abbiamo detto sinora risulta molto chiaro il terremoto che la tecnologia (e il livello educativo che l'accompagna) ha prodotto e continua a produrre nel campo dell'economia. È incredibile come nel nostro paese il dibattito politico e culturale praticamente ignori questo meccanismo fondamentale. È come se qualcuno volesse volare sempre più alto, sempre più veloce, sempre più lontano e non si preoccupasse di progettare e realizzare aerei adeguati ai suoi desideri. Cioè non investisse in ricerca, in progettazione (e quindi in ingegneri, in collaudatori e in piloti) per poter disporre degli apparecchi capaci di effettuare quei tipi di voli. Con gli aerei a elica non si possono fare le stesse cose di un jet. E se non lo si capisce, si è destinati a perdere – e a far perdere al proprio paese – tutte le competizioni. Eppure è un meccanismo antichissimo; tutta la storia lo dimostra. Basta guardare il passato e prendere un esempio semplice, ma straordinario, per capire come la tecnologia – creando più produttività – abbia cambiato il mondo: quello di un chicco di grano.

La rivoluzione dei chicchi

Duemila anni fa, ai tempi dei Romani, per ogni chicco di grano seminato se ne ottenevano, alla fine di tutti i passaggi e le perdite, solo 4. Ben poca cosa, soprattutto se si pensa che in realtà i chicchi veramente ottenuti erano solo 3, perché uno era stato usato per la semina. Questa situazione di bassa produttività agricola è durata molto a lungo, praticamente fino ai tempi recenti. E quando si pensa che il grano (cioè il pane) era la base dell'alimentazione e anche dell'economia agricola del tempo, ci si rende conto di quanto tutto ciò influenzasse il reddito degli individui, le loro fati-

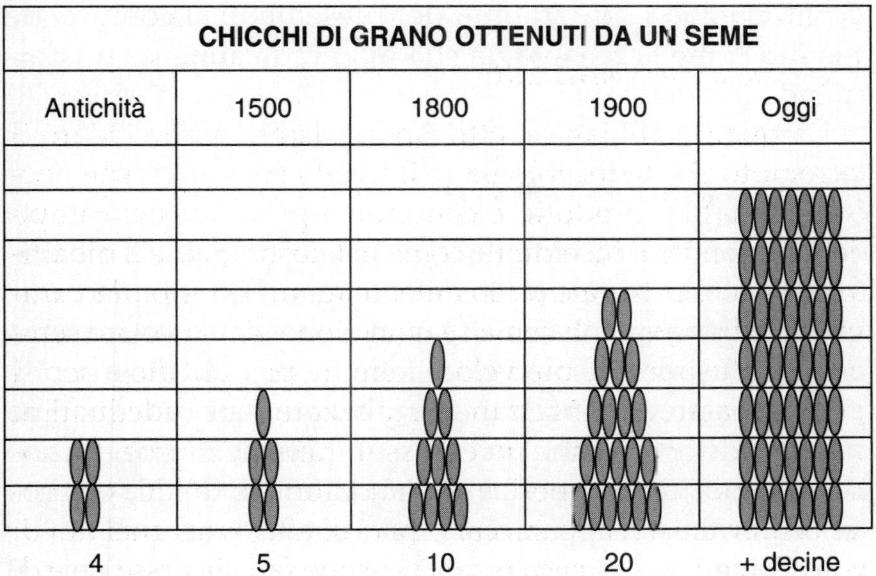

L'aumento della resa agricola dovuto allo sviluppo della tecnologia ha profondamente inciso sulla storia dell'umanità. Al tempo dei Romani da un seme si ottenevano 4 chicchi di grano; oggi se ne ottengono diverse decine.

che, la loro nutrizione ecc. È col Rinascimento che si arriva a ottenere un chicco in più, passando da 4 a 5. Le rese cominciarono a salire veramente solo nel Settecento; a metà del Novecento, viene raggiunta quota 20; oggi, si riescono a ottenere varie decine di chicchi di grano per ogni chicco seminato.

Una grande rivoluzione, quindi, è stata causata dalle invenzioni di coloro che nel corso del tempo hanno trovato la maniera di migliorare le rese. In questo modo, negli ultimi 100 o 200 anni si è prodotto di più nei campi, e, aumentato il reddito, si è di conseguenza mangiato di più. E sono stati così necessari meno contadini; e anche minori fatiche. La storia dei chicchi di grano è un po' la stessa dei «chicchi di ferro», per così dire.

Anche nella lavorazione dei metalli (e degli oggetti in generale) si è verificato, più o meno in modo parallelo, un aumento delle rese o, per dirla con una parola moderna, della «produttività».

Se si guarda in questo modo il film del passato, si capiscono meglio i fotogrammi del presente. E si comprende meglio come la tecnologia stia oggi radicalmente trasformando il mondo.

Il grano, il ferro e il sudore

A proposito di questo rapporto fra tecnologia e produttività, esistono per esempio delle statistiche molto curiose, che mostrano quante ore di lavoro sono state necessarie in differenti epoche, a seconda delle tecnologie disponibili, per acquistare 1 quintale di grano o 1 quintale di ferro. Fino a tutto l'Ottocento, per procurarsi 1 quintale di grano erano necessarie circa 230 ore di lavoro; all'inizio del Novecento ne bastavano 80; oggi, invece, ne occorrono meno di 10.

Per il ferro la diminuzione è ancora più sorprendente. Il ferro nell'antichità costava moltissimo: 50 volte più del grano; nel Seicento occorrevano quasi 8000 ore di lavoro (cioè più di due anni) per acquistare 1 quintale di ferro; nel

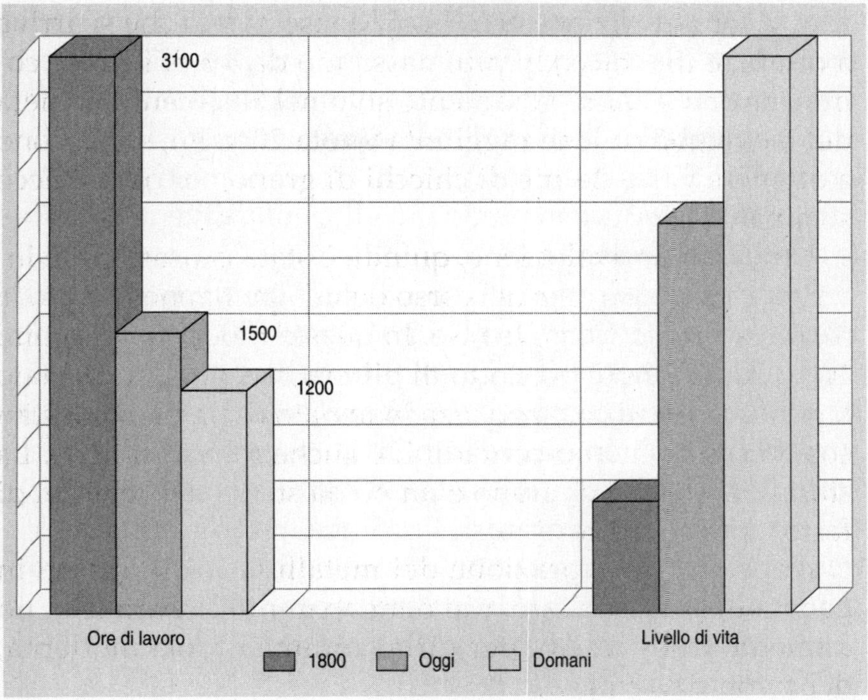

Le ore di lavoro si sono dimezzate in poco più di un secolo, mentre il livello di vita è salito in una misura senza precedenti. Nei prossimi decenni è prevista un'ulteriore riduzione del tempo di lavoro.

Settecento, 1200 ore; nell'Ottocento, 120 ore; nel Novecento, 60 ore; oggi ne sono sufficienti meno di 10.

Una cosa analoga è avvenuta un po' in tutti i settori della produzione, grazie ai risultati conseguiti dalla ricerca e dall'innovazione.

Meno ore di lavoro, più reddito

Basta qualche dato per rendersene conto: per esempio le ore di lavoro negli ultimi secoli. Si calcola che in passato ogni persona lavorasse complessivamente circa 3100 ore l'anno. Nell'Ottocento, con la nascita della società industriale, le ore aumentarono leggermente (del 5% circa), ma poco dopo cominciarono a scendere precipitosamente. Da oltre 3000 ore si è arrivati, oggi, a circa 1500: meno della metà. E la discesa continua ancora, sempre più marcata. Tutto questo senza intaccare la quantità dei beni prodotti: anzi aumentandola di molto. E aumentando così il reddito pro capite. Su un dato, infatti, tutti gli economisti sono d'accordo: se si produce in modo più efficiente, diventa possibile aumentare le paghe.

Ci sono, a tale proposito, degli studi condotti sulla Gran Bretagna e sugli Stati Uniti negli ultimi 100 anni. Essi mostrano chiaramente che l'aumento della produttività si è costantemente accompagnato all'aumento delle paghe. Naturalmente ciò non è avvenuto in maniera spontanea, ma è stato il frutto di spinte, per la ridistribuzione del reddito, tra proprietari e lavoratori. Produrre in modo più intelligente (grazie all'innovazione tecnologica e all'efficacia organizzativa) significa aumentare la produttività. E questo vuol dire produrre ricchezza da distribuire, in modo da innalzare il tenore di vita.

È in questo modo che si riescono a modificare i dati di fondo di una nazione. Abbiamo visto come l'Italia della fine dell'Ottocento – quella in cui è nato mio padre – fosse per molti versi più arretrata dei paesi del Terzo Mondo di oggi. Aveva meno cibo, durata della vita media e reddito minori, mortalità infantile e analfabetismo maggiori. E non poteva naturalmente permettersi di avere, come noi oggi, tanti artisti, letterati, sportivi, attori, cantanti, poeti, insegnanti ecc. Queste professioni possono esistere e crescere solo se il paese può contare su un'alta produttività agricola e industriale. Per proseguire in questo sviluppo oggi occorre tuttavia compiere un ulteriore salto: agganciarsi alle tecnologie d'avanguardia, che stanno nuovamente rivoluzionando in profondità il quadro tradizionale. E che, se saremo saggi, possono andare nella direzione di un minor sfruttamento delle risorse ambientali e di un maggior benessere.

Vediamo, in pratica, cosa accade nel mondo attuale. Ci sono due verbi che si stanno coniugando sempre più: dematerializzare e interconnettere; che cosa vogliono dire?

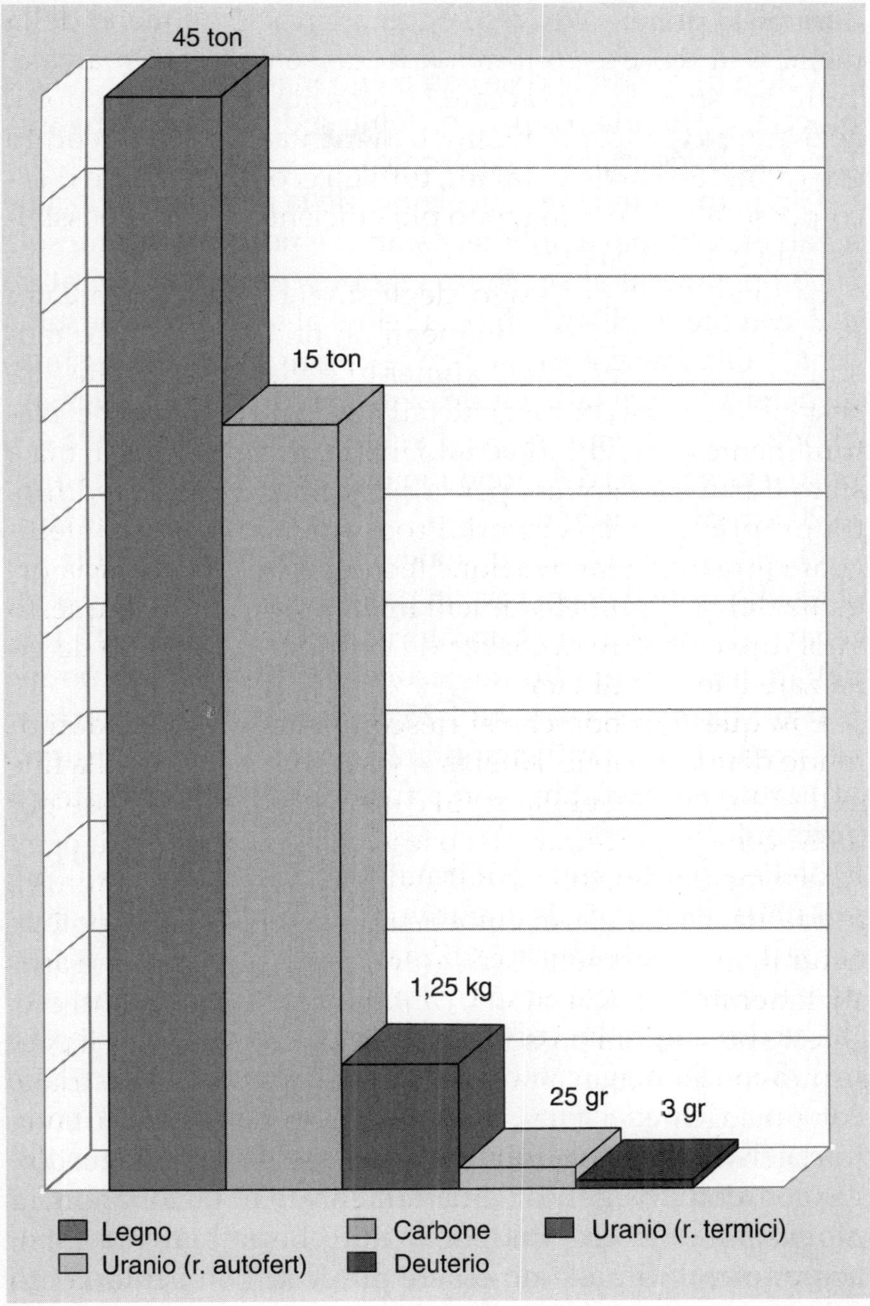

La dematerializzazione nel campo dell'energia: ecco i consumi necessari per ottenere 15 milioni di chilocalorie. Grazie alla ricerca, all'organizzazione e alla tecnologia, la dematerializzazione si sta estendendo alle aziende e ai prodotti.

Dematerializzare

Vale a dire, fare le cose con meno materiale, macchine e braccia, e più intelligenza (o, come si dice oggi, software). Un classico esempio è l'elettronica.

Cinquant'anni fa un calcolatore della prima generazione a valvole occupava un'intera stanza e poteva eseguire solo 5000 operazioni al secondo. Oggi un piccolo elaboratore può compiere miliardi di operazioni al secondo e consuma cento volte meno energia. Si è calcolato che se per assurdo gli aerei avessero fatto gli stessi progressi dei computer, oggi potremmo comprare per 1 solo milione un aereo da 400 posti e fare il giro del mondo in mezz'ora, consumando solo 20 litri di carburante...

Questa «dematerializzazione» è d'altronde avvenuta anche nel settore dell'energia: in passato, con la legna, per ottenere 15 milioni di chilocalorie ne occorrevano 45 tonnellate; con il petrolio ne occorrono 15; con l'uranio nei reattori termici si è scesi a 1,25 chilogrammi; con l'uranio nei reattori autofertilizzanti a 25 grammi; con il deuterio utilizzato nei futuri reattori a fusione si potrà arrivare a 3 grammi.

Nelle aziende si tende ormai a dematerializzare il più possibile, cioè a diminuire (ovunque le tecnologie lo consentano) l'uso di energia, di materiali, di locali, di personale. Un semplice esempio: il magazzinaggio. Esso costituisce da sempre un costo notevole per un'azienda, perché una merce in magazzino è un capitale immobilizzato. Non solo: ma richiede spazi, manutenzione, personale. E comporta rischi di deterioramento. Ebbene, le nuove tecnologie consentono oggi di dematerializzare in larga misura il magazzino. Per esempio, certe auto assemblate da robot programmabili possono essere prodotte con i colori e gli optional richiesti dai clienti attraverso i terminali delle filiali. Così la produzione risponde direttamente alle richieste di mercato. Un criterio analogo è stato adottato da alcuni fabbricanti di mobili: poltrone e divani vengono anch'essi prodotti su ordinazione, facendo ricorso a scheletri prefabbricati.

In altre parole, la classica sequenza del passato consisteva nel produrre, trasportare, immagazzinare, poi cercare di vendere. Oggi (ma sempre più in prospettiva) la sequenza si sta ribaltando: prima si vuole vendere, poi produrre, grazie a macchine sempre più flessibili, seguendo le richieste del mercato.

Biotecnologie a scelta

Le cosiddette biotecnologie sono anch'esse destinate a dematerializzare l'agricoltura, cioè a far diminuire l'uso dei materiali, pur permettendo di produrre di più. Per esempio, per ottenere più chicchi di grano da un seme, la tendenza futura non consisterà più, com'è avvenuto in passato, solo nell'usare una maggior quantità di fertilizzanti, trattori, pesticidi, terreni, ma nel selezionare piante con più alta resa, ricorrendo all'ingegneria genetica, che oggi rende possibili giochi di prestigio un tempo impensabili: piante che «trasudano» tossine, difendendosi da sole dai parassiti o dagli insetti nocivi, come alcune nuove varietà di mais e di patate. Oppure insetti «amici» che combattono i parassiti (eliminando così i pesticidi, con un salto di qualità ecologico ben immaginabile). Oppure nuove piante adatte a climi aridi (e quindi proprio a quei paesi che hanno gravi problemi alimentari): per esempio legumi che hanno bisogno di poca acqua, e quindi di modesti impianti di irrigazione. O pomodori che crescono anche con l'acqua salmastra, sfruttando nuove zone coltivabili (evitando costosi impianti di dissalazione). O cereali ad alto contenuto proteico, nutrienti come le uova o la carne, capaci di moltiplicare il potere nutritivo del cibo senza che si debbano aumentare i suoli coltivati, le macchine, i pesticidi, i fertilizzanti (e le industrie che ci stanno dietro). Alcune di queste cose sono già quasi disponibili, altre lo saranno un po' più in là, altre ancora a più lunga scadenza. Ma tutte rivelano una tendenza crescente al risparmio di materie prime e di energia e anche a una diminuzione dell'inquinamento. Proprio perché le nuove tecnologie stanno cambiando il modo di produrre e di distribuire.

Interconnettere

Alcuni definiscono tutto ciò come il passaggio da un'industria del prodotto a un'industria della funzione. Per esempio, anziché i fertilizzanti la fertilizzazione, anziché i pesticidi la lotta contro i parassiti, anziché gli anticorrosivi la prevenzione della corrosione. E anziché i farmaci, la prevenzione delle malattie. Per fare queste cose, però, spesso non basta una singola invenzione, una singola soluzione: occorre piuttosto un insieme di fattori che agiscano congiuntamente. Come?

Qui interviene il secondo verbo: «interconnettere». Vale a dire collegare tra loro cose diverse in modo che funzionino come un sistema. Infatti le tecnologie da sole non bastano a migliorare la produttività: occorre che queste tecnologie facciano parte di un sistema integrato, dietro il quale esista un progetto. È come nel gioco degli scacchi. Le singole tecnologie rappresentano i vari pezzi sulla scacchiera: ogni pezzo influenza poi ogni altro, e tutti insieme debbono quindi muoversi seguendo una logica, un disegno. È per questa ragione che certe imprese oggi non riescono a reggere la concorrenza.

Non basta infatti l'efficienza tecnologica, occorre anche quella manageriale. Cioè, bisogna non solo fare le cose bene, ma farle in modo giusto. Perché in sistemi così complessi, gli elementi in gioco sono ormai moltissimi; e per migliorare la produttività (in modo da essere competitivi) occorre che il sistema funzioni in tutte le sue parti. Non solo in quelle tecnologiche, ma anche in quelle organizzative, di ricerca, di gestione ecc.

Nuove tecnologie avanzano

È in questo quadro che si inseriscono le nuove e numerosissime tecnologie che stanno emergendo in ogni campo. Mai come oggi si è verificata una tale accelerazione dell'innovazione, e un tale intreccio tra tecniche diverse che si combinano tra loro con effetto moltiplicatore.

Sempre più assisteremo alla nascita di nuovi materiali (ceramiche per motori, stoffe termiche, fibre ignifughe, membrane artificiali, polimeri più resistenti dell'acciaio, materiali per protesi mediche ecc.); di nuove tecniche agricole (proteine batteriche, nuovi sistemi per la conservazione dei cibi, frutta e verdura resistenti alle basse temperature o al trasporto, surplus agricoli trasformati in carburante ecc.); di nuove applicazioni dell'ingegneria genetica (produzione a volontà di sostanze rare, terapie geniche sull'uomo, farmaci che stimolino le reazioni naturali dell'organismo, diagnosi precoci ecc.); di nuovi sviluppi della microelettronica (annullamento delle distanze con la telematica, lavoro a domicilio, robot con prestazioni sempre più «intelligenti», macchine che scrivano sotto dettatura o che traducano, sistemi di guida notturni, nuove applicazioni militari, chirurgiche, spaziali, subacquee, o nell'assistenza ai disabili, nella manutenzione delle tubature, nella prevenzione degli incendi ecc.). Sono soltanto alcuni dei tantissimi esempi delle nuove tecnologie (in parte già avviate in parte in progettazione). È come avere una scacchiera sempre più grande, con pezzi sempre più numerosi: il gioco diventa più stimolante, ma anche più difficile. Ma la domanda è: può un paese restare fuori da tutte queste rivoluzioni tecnologiche, e continuare come per il passato?

Correre in Formula 1

Be', il prezzo da pagare sarebbe molto alto: uscire rapidamente dal mercato ed entrare in crisi. Gli esperti ritengono infatti che si tratti ormai di un processo irreversibile e inevitabile, perché gli altri lo stanno facendo. È come se chi corre in Formula 1 non si adeguasse alle continue innovazioni tecnologiche, o le adottasse in ritardo. Non avrebbe alcuna possibilità di restare in gara. Cambiare costa, certo, e comporta dei rischi; ma oggi è diventato più rischioso stare fermi. In passato si cercava la sicurezza muovendosi poco; oggi questo tipo di sicurezza è diventato un bene costoso e ad alto rischio. Se la scelta è quella di restare in gara, occorre allora risolvere al più presto i problemi sociali che una tale trasformazione comporta. Perché questa è una corsa che si fa tutti insieme, e deve essere quindi affrontata con la partecipazione coordinata di tutti, dei singoli, delle imprese, delle forze politiche e sindacali, dello Stato.

Un'ultima cosa infine (e so di toccare un punto sul quale molti sono sensibili): questa valanga di tecnologie non deve farci pensare che andremo necessariamente verso un mondo meccanico, arido, tecnico. Anzi, sarà forse vero il contrario. Ciò dipenderà anche dalle scelte compiute. L'uomo può rimanere sempre al centro di questo sviluppo, servendosi di tali tecnologie, per fare cose più intelligenti e creative. E risolvere anche meglio i problemi dell'ambiente. Stiamo vivendo una transizione storica che pone problemi, ma che apre molte nuove opportunità. A condizione di saperle cogliere. Grazie (ed è forse questo il vero problema) a una cultura adatta.

III

Come si manipola la vita

Il mondo degli esseri viventi, dagli animali ai batteri, dalle piante ai funghi, è facile constatarlo, ci appare straordinariamente vario e diverso. Cosa può avere in comune un elefante con un fungo porcino, una rosa con l'*Escherichia coli* (un batterio che vive di solito nell'intestino), una muffa con un essere umano? In effetti, se ci fermiamo all'aspetto che possiamo vedere con i nostri occhi, nelle dimensioni familiari della vita quotidiana, il mondo vivente è di una varietà stupefacente. Ed è difficile immaginare cosa questi organismi possano avere in comune. Tuttavia, se si comincia a scendere verso dimensioni sempre più piccole, le somiglianze appaiono evidenti.

Tutti gli esseri sono composti di cellule. Alcuni ne possiedono miliardi di miliardi, come noi o l'elefante; altri invece una sola, come i batteri. Ma le scoperte della moderna biologia non si sono fermate qui. Si è scoperto che anche i meccanismi di base della vita, cioè le molecole fondamentali (che presiedono al funzionamento e alla riproduzione degli organismi), sono gli stessi in tutti gli esseri viventi. Tutte queste conoscenze sulla «stanza dei bottoni» della vita hanno consentito non solo una comprensione più approfondita, ma addirittura di manipolare quei meccanismi con risultati, come vedremo, straordinari e che aprono nuovi orizzonti alla ricerca medica, alla sintesi di nuovi farmaci, di vaccini, alla creazione di specie animali e vegetali più produttive o resistenti.

La molecola della vita

Immaginiamo di ridurci a dimensioni microscopiche e di entrare all'interno di una cellula per visitarne la complessa «sala macchine». Non appena all'interno della membrana ci chiederemmo, stupiti di fronte a tutta quella frenetica attività: chi la dirige? Ebbene, per trovare la «plancia di comando» della cellula dobbiamo attraversare tutto il «citoplasma», una specie di gelatina dove si trovano immersi numerosi organelli come i mitocondri (le centrali energetiche), per arrivare a un'altra membrana, molto diversa da quella esterna, che racchiude il nucleo della cellula. Qui dentro, raggomitolata su se stessa, si trova una molecola lunghissima, dove, in una lingua biochimica ormai decifrata, sono scritte tutte le istruzioni, non solo per far funzionare la cellula giorno dopo giorno, ma anche per farla riprodurre, cioè duplicare, quando è il momento. Questa straordinaria molecola è il famoso DNA.

Una lingua biochimica

La lingua in cui sono scritte le istruzioni è composta di quattro basi chimiche: Adenina, Timina, Citosina, Guanina. Con queste quattro «lettere», raggruppate a tre a tre, è possibile specificare i 20 amminoacidi che, attaccati uno all'altro in diverse combinazioni, formano le proteine, uno dei costituenti fondamentali del meccanismo di base della vita. Non solo: le triplette di lettere funzionano anche come ordini che permettono al DNA di iniziare o di terminare la sintesi delle proteine. Tutto questo avviene con un meccanismo abbastanza complicato, grazie ad altre molecole (gli RNA) che funzionano da messaggeri fra il DNA e certe particolari strutture della cellula, ossia i ribosomi, vere e proprie fabbriche proteiche. Le quattro lettere, ripetute migliaia di volte in sequenze sempre diverse, formano cioè i cosiddetti «geni», tratti di DNA capaci di dirigere la sintesi di un particolare composto (enzima, ormone ecc.) o di «orchestrare» l'attività di altri geni.

Prime manipolazioni

La comprensione di questi meccanismi di base ha fatto nascere l'idea di sfruttarli a proprio vantaggio. Naturalmente all'inizio ci si è accontentati delle operazioni più semplici.

Lo sapevate che, per esempio, lo sperma bovino è stato per la prima volta congelato con successo nel 1949? E che il primo vitello nato con un'inseminazione artificiale (cioè con l'inserimento dello sperma nell'apparato genitale femminile tramite una speciale pipetta) è del 1952? Oggi che nei giornali si legge di clonazioni, di embrioni «transgenici», di Progetto Genoma, le inseminazioni artificiali, ormai eseguite decine di migliaia di volte, ogni anno, negli allevamenti di tutto il mondo, ci sembrano scontate e banali, eppure non è passato che mezzo secolo. Queste prime «manipolazioni» non coinvolgono certamente il DNA, ma solo le cellule seminali, che vengono trattate in vari modi per renderle più produttive. Con lo sperma di uno stesso toro di razza si possono così fecondare molte mucche. Non solo: poiché viene congelato, si può trasportare dovunque e quindi vendere.

Fecondazione artificiale

Il DNA, la molecola che dirige tutti i «lavori» cellulari, è stato scoperto nel 1953 da due geniali scienziati, James Watson e Francis Crick. A partire da questo momento, quando ancora erano lontane le manipolazioni, le ricerche e le sperimentazioni a livello cellulare non hanno conosciuto sosta. Soltanto l'anno dopo, nel 1954, due biologi americani riescono, per la prima volta, a far incontrare con successo «in vitro», cioè in un piattino da laboratorio, uno spermatozoo e un ovulo di coniglio. Le due cellule si fecondano: è la prima «fecondazione artificiale» della storia. La tecnica, conosciuta come FIV, ovviamente modificata e perfezionata, viene oggi applicata anche a uomini e donne.

La rana fotocopia

Ma i giochi di prestigio biologici con le cellule non sono finiti. I ricercatori fanno ricrescere un'intera pianta da una sua singola cellula. E, cosa che forse ci potrà sembrare strana visto il clamore suscitato dalla recente clonazione della pecora Dolly, nel lontano 1962 viene clonata una rana a partire dal nucleo di una cellula intestinale (cioè quello che è stato fatto con Dolly 35 anni dopo, ma Dolly è una pecora e con i mammiferi le cose sono molto più complicate).

Vale la pena di approfondire questo esperimento che John Gourdon condusse tanti anni fa. Un ovulo di rana viene isolato e, con uno strumento straordinariamente preciso, gli viene tolto il nucleo; al suo posto viene inserito il nucleo estratto da una cellula intestinale di un'altra rana. Ebbene, da questa cellula ovulo con un nuovo nucleo si è sviluppato un embrione, poi trasformatosi in una rana geneticamente identica, cioè gemella, a quella da cui era stato prelevato il nucleo della cellula intestinale.

Verso l'ingegneria genetica

Le imprese dei «manipolatori» della vita, almeno a livello delle cellule, proseguono con successo. Nel 1972 nasce il primo topo proveniente da un embrione congelato. L'anno dopo è il turno di un vitello, il cui embrione, congelato per diverse settimane, viene poi reimpiantato in una mucca che conduce regolarmente a termine la gravidanza. È quasi superfluo ricordare che queste tecniche ormai sono applicate anche a embrioni umani.

Ma in questi anni prende il via una nuova e più sorprendente rivoluzione: la manipolazione del DNA, cioè del codice genetico. La porta della stanza dei bottoni, la plancia di comando della vita, si sta aprendo. La scoperta chiave per poter cominciare questa nuova avventura della conoscenza, tuttora in corso, è quella dei cosiddetti «enzimi di restrizione». Questi enzimi, prodotti dai batteri, sono capaci di identificare e di tagliare la lunga molecola del DNA in particolari punti: cioè dove è scritta una particolare sequenza delle quattro basi (che come sappiamo sono Timina, Guanina, Citosina e Adenina). La specifica sequenza di queste basi funziona per l'enzima come la combinazione di una cassaforte. Quando la combinazione viene riconosciuta l'enzima «taglia» la molecola del DNA proprio in quel punto. Si conoscono circa cento enzimi di restrizione; ognuno «scatta» con una combinazione diversa da tutti gli altri. Per i biologi molecolari ciò ha significato avere a disposizione un precisissimo «bisturi molecolare».

Naturalmente, i batteri non producono enzimi di restrizione per metterli a disposizione dei biologi molecolari. Il loro scopo è in realtà quello di difendersi da particolari virus che iniettano all'interno del batterio il loro DNA. Se il batterio non riesce a neutralizzare quel DNA, la sua macchina cellulare verrà costretta a «fotocopiare» il virus migliaia di volte e poi a scoppiare, liberando le fotocopie virali e morendo. Gli enzimi di restrizione, capaci di fare a pezzi il DNA, sono quindi una difesa vitale per i batteri.

Batteri e plasmidi

Grazie a questi preziosi bisturi molecolari i ricercatori riescono a tagliare il DNA in punti precisi. Il passo successivo è prendere questo frammento di DNA, che può per esempio essere un gene costituito da migliaia di basi, e inserirlo nel DNA di un altro organismo vivente. All'inizio tutte queste esperienze avvengono sui batteri, e sono proprio tali esseri microscopici a fornire nuovamente ai ricercatori l'idea e il mezzo per questo straordinario trasferimento: con i cosiddetti «plasmidi».

Che cosa sono questi plasmidi? Possiamo considerarli come «lettere» di materiale genetico che i batteri si scambiano per tenersi al corrente su cose molto importanti per la loro sopravvivenza. Si è visto, per esempio, che batteri messi in un ambiente saturo di antibiotico – per loro letale – possono diventare resistenti a quel farmaco scambiandosi plasmidi. Che cosa contiene il plasmide? Un gene, cioè un tratto di DNA che codifica la resistenza all'antibiotico. Dunque, se un batterio ha questa resistenza, può trasmetterla agli altri con queste lettere genetiche: i plasmidi. Ricevuta la «lettera», il batterio prende la preziosa informazione e la integra nel suo DNA: da quel momento sarà in grado di sintetizzare l'antidoto a quel terribile veleno che per lui è un antibiotico.

Affari d'oro

Che cosa hanno pensato i ricercatori? Riuscendo a inserire in un plasmide un gene prescelto (isolato con il «bisturi molecolare»), si poteva farlo entrare all'interno di una nuova cellula, usando il plasmide come «navetta». Con questa strategia diventano così possibili «scambi» genetici fino ad allora impensabili, cioè fra specie completamente diverse. Per esempio, si può prendere un gene umano, isolarlo, inserirlo in un plasmide e farlo entrare in una cellula batterica, dove quel gene continuerebbe a produrre la proteina che prima produceva nella cellula umana. Ovviamente le cose non sono così semplici, gli ostacoli sono stati numerosissimi e, del resto, la biologia molecolare è straordinariamente complicata. Ma la strada è aperta. Infatti nel 1976 per la prima volta viene isolato e replicato (clonato) un gene umano, che l'anno successivo viene inserito in un batterio. È il primo organismo «transgenico» mai costruito.

Le grandi scoperte di biologia molecolare degli anni Settanta non rappresentano soltanto un grande passo dell'umanità nel cammino della conoscenza. La manipolazione della vita a livelli così profondi, come quelli del DNA, si rivela un affare d'oro. I batteri possono infatti essere trasformati in vere e proprie fabbriche di sostanze preziose per l'organismo umano. Naturalmente, bisogna esser capaci di identificare il gene umano che codifica quella preziosa sostanza, bisogna isolarlo e trasferirlo in un batterio. Ma ormai, alla fine di questo irripetibile decennio, tutto ciò è possibile.

Il gene è quello dell'insulina e il suo trasferimento in un batterio avviene nel 1979. In quello stesso anno comincia la produzione di insulina umana nei fermentatori, dove miliardi di batteri «transgenici» eseguono minuziosamente gli ordini scritti nel loro DNA «ricombinato» dall'uomo. Del resto, almeno negli Stati Uniti, questi nuovi organismi «transgenici» si possono brevettare come un congegno elettronico o una formula chimica: le imprese biotecnologiche sono pronte al decollo.

Manipolatori cellulari

Anche gli esperti di manipolazioni cellulari, cioè senza scendere nelle profondità del DNA, hanno nel frattempo fatto molti progressi. Nel 1978 nasce in Inghilterra la prima bambina concepita in vitro. Le cellule seminali dei genitori, invece di incontrarsi nel corpo della madre, sono state fecondate in un piattino da laboratorio. L'embrione così ottenuto è stato poi reimpiantato nell'utero materno. La bambina si chiama Louise Brown ed è sanissima.

I progressi non si fermano. Dopo lo sperma, viene trovato il sistema per congelare anche gli embrioni umani, e risolvere così il problema di quelli in soprannumero. Infatti, un intervento di fecondazione artificiale prevede l'estrazione di circa 10 ovuli dalla donna e la fecondazione di 6. Dei 6 embrioni in media solo 4 sono adatti al reinserimento nell'utero. Poiché la percentuale di successo di questo metodo, almeno agli inizi, è solo del 16%, i 3 embrioni congelati vengono conservati per ulteriori tentativi. La nascita del primo bambino da un embrione congelato avviene nel 1984.

Gemelli a volontà

Un'altra straordinaria impresa viene condotta sull'embrione di un agnello nel 1979. Con strumenti chirurgici microscopici i ricercatori riescono a dividere in due l'embrione. Com'è noto, nelle prime fasi di crescita le cellule di un embrione sono «totipotenti»: cioè non si sono ancora differenziate e possono svilupparsi in un individuo completo. E infatti dalle due parti dell'embrione (reimpiantati poi nella pecora madre) nascono due agnellini in tutto e per tutto simili: due gemelli «monozigoti» artificiali. Una specie di «clonazione» ottenuta per una via diversa da quella che abbiamo visto per la rana o che verrà ripetuta con la pecora Dolly. Nel caso infatti della rana – o di Dolly – a un ovulo viene tolto il nucleo e sostituito con un altro nucleo proveniente dalla cellula di un individuo adulto. In questo modo si ottiene sì un «gemello» o clone, ma sfasato nel tempo: la fotocopia è più giovane dell'originale.

Con la tecnica della suddivisione degli embrioni si ottengono invece cloni della stessa età, come avviene naturalmente. Il fatto straordinario è che, ripetendo il processo di suddivisione dell'embrione più volte, si può ottenere un numero incredibile di animali tutti uguali, cioè di gemelli identici.

L'ormone della crescita

Abbiamo lasciato gli ingegneri genetici alle prese con i batteri transgenici, nel cui DNA era stato inserito un gene umano: quello dell'insulina. L'exploit viene ripetuto anche con l'ormone umano della crescita e con altre sostanze. Adesso miliardi di batteri transgenici possono sintetizzare quest'ormone che prima veniva estratto dalle ipofisi dei cadaveri.

È uno straordinario passo avanti. L'ormone derivato dalle ipofisi in certi casi era contaminato da agenti infettivi capaci di provocare gravissime malattie degenerative del cervello. Con la produzione dell'ormone affidata ai batteri questo rischio scompare completamente. Ma i ricercatori si accorgono che i batteri non sono in grado di produrre tutte le sostanze: alcune sono troppo complicate per la loro macchina cellulare. Per esempio, il fattore VIII per la coagulazione del sangue o il vaccino dell'epatite B sono al di là delle capacità di un batterio, anche se il suo DNA è stato adeguatamente «ricombinato».

Virus messaggeri

In questi casi è necessario usare cellule «eucariote», cioè simili a quelle di piante e animali, che possiedono infatti un macchinario cellulare più complesso. Ma come inserire le istruzioni in queste cellule più complicate? I plasmidi non sempre funzionano. Vengono messi a punto nuovi sorprendenti metodi per inserire nel DNA delle cellule eucariote le informazioni genetiche capaci di ordinare la produzione della sostanza desiderata.

Uno di questi metodi, veramente inedito, consiste nell'uso dei virus. Viene cioè sfruttata la capacità di questi microscopici agenti infettivi di entrare nella stanza dei bottoni cellulare per inviarvi le informazioni volute. Ovviamente il virus viene opportunamente modificato in modo che svolga solo il ruolo di messaggero, senza fare danni.

Animali transgenici

Queste e molte altre scoperte hanno aperto la strada per modificare il DNA non solo dei batteri, ma anche di animali che consideriamo «superiori», come topi, pecore, capre, mucche. Il titolo di primo mammifero «transgenico» della storia spetta a un topo, nel cui DNA i ricercatori riescono a inserire un piccolo tratto di DNA estraneo: è il 1981.

Ma i successi dell'ingegneria genetica si susseguono rapidamente. Poco tempo dopo i ricercatori inseriscono nel DNA di un topo di laboratorio il gene che codifica l'ormone della crescita nel ratto (una specie di dimensioni più grandi). Il risultato è straordinario: il topolino transgenico diventa un gigante. Naturalmente queste imprese non servono a creare dei «mostri», ma a scoprire metodi efficaci per migliorare la qualità degli animali da latte e da carne o, cosa ancor più sorprendente, a trovare nuovi mezzi per la produzione di farmaci e di altre sostanze utili alla salute umana.

Nasce così l'idea di inserire nel DNA di pecore, mucche e capre non solo il gene che contiene l'informazione per produrre una certa proteina, ma anche l'ordine per indicare all'organismo dove produrre questa proteina. In altre parole, accanto al gene che codifica la proteina desiderata, gli scienziati aggiungono un'ulteriore informazione genetica (il promotore) che specifica come e dove questa sostanza deve essere prodotta. Nel caso di pecore, capre e mucche questa informazione aggiuntiva fa sì che la proteina sia secreta nel latte. In questo modo gli animali domestici transgenici si trasformano in fabbriche di prodotti farmaceutici.

Oggi composti come il TPA (Tissue Plasminogen Activator, un anticoagulante), il fattore IX del sangue o l'alfa-I antitripsina sono estratti dal latte di animali transgenici, che possono rivelarsi molto utili anche nel campo della ricerca medica. Per esempio, un topolino transgenico possiede nel suo DNA il cosiddetto «oncogene» umano del cancro alla mammella. Cioè la sequenza di DNA che, in certe condizioni, provoca questa grave malattia. Il topolino transgenico è diventato così il «modello» di una malattia umana per sperimentare farmaci, trattamenti e terapie, e per capire più a fondo questo tumore molto diffuso.

Sistemi diagnostici

Uno dei vantaggi dell'accumularsi di tutte queste conoscenze sui meccanismi di base della vita è stato di poter mettere a punto sistemi diagnostici sempre più precisi e precoci. Ve ne sono di moltissimi tipi, ma uno dei più interessanti è quello che usa i cosiddetti «anticorpi monoclonali». Com'è noto, gli anticorpi sono proteine-proiettile che alcune cellule del sistema immunitario «sparano» sugli intrusi, per esempio virus e batteri, per neutralizzarli. Questi anticorpi sono estremamente specifici, cioè possono attaccare un solo tipo di nemico che riconoscono dalle caratteristiche del suo rivestimento esterno. Poiché ogni tipo di intruso ha il suo rivestimento esterno, gli anticorpi vengono costruiti ad hoc, di volta in volta, proprio per riconoscere i nemici di turno.

Grazie alla capacità di manipolare le cellule è stato possibile «fondere» i linfociti (le cellule che producono anticorpi) con una linea di cellule tumorali. L'ibrido, o ibridoma come viene chiamato, è una nuova cellula che si riproduce molto rapidamente e sforna anticorpi a grande velocità. Questi anticorpi, estremamente specifici, vengono utilizzati per riconoscere molte malattie, come i tumori, per i test di gravidanza, per individuare i diversi tipi di sangue o per caratterizzare i tessuti nelle operazioni di trapianto.

Le prime piante transgeniche

E le piante, così importanti nell'alimentazione umana, hanno anch'esse ricevuto le attenzioni degli ingegneri del gene? Certamente. Qui i ricercatori si sono imbattuti in un «ingegnere genetico» naturale che ha, in un certo senso, mostrato loro la via da seguire. Questo ingegnere naturale è un batterio, l'*Agrobacterium tumefaciens*, che spedisce i suoi plasmidi all'interno delle cellule vegetali (in genere nella zona fra il fusto e la radice) e le costringe a proliferare velocemente in modo da produrre un tessuto di aspetto tumorale (la cosiddetta «galla del colletto»). Tali cellule tumorali, che contengono nel loro DNA le informazioni «pirata» trasmesse dal batterio, producono una sostanza che la pianta, senza questo trattamento, non si sarebbe mai sognata di sintetizzare: le «opine», ovviamente utilizzate dagli agrobatteri come nutrimento.

È possibile, si sono chiesti i ricercatori, seguire il copione scritto così minuziosamente dall'*Agrobacterium tumefaciens*, per inserire non le informazioni che interessano al batterio, ma altre che ci stanno a cuore? Fra molti ostacoli e difficoltà, la strada si è rivelata percorribile, e così sono nate le prime piante transgeniche. Quali sono stati i primi geni estranei trasferiti in una pianta? Ebbene l'idea è stata di trasferire a una pianta, quella del tabacco, la capacità di secernere una proteina insetticida solitamente prodotta da un batterio, il *Bacillus thuringensis*. Il gene che codifica questa proteina è stato isolato con i bisturi molecolari e poi inserito nel plasmide dell'agrobatterio. La pianta è stata così «infettata» e nel suo DNA è stata inserita l'informazione per produrre la proteina insetticida. Cosa che la pianta ha puntualmente fatto. Grazie a queste nuove piante transgeniche è possibile usare minori quantità di pesticidi chimici e quindi ridurre l'inquinamento. Naturalmente, questi inserimenti vengono condotti su poche cellule vegetali, dalle quali poi viene fatta ricrescere un'intera pianta.

Nuove capacità

Una volta dimostrata la straordinaria possibilità di dotare le piante di nuove e utilissime capacità, trasferendo nel loro DNA l'informazione genetica necessaria, i ricercatori hanno subito applicato questa scoperta. Al tabacco e anche al pomodoro è stata, per esempio, trasferita la capacità di resistere a un erbicida: il glifosato. In questo modo le piante transgeniche non vengono danneggiate da trattamenti che eliminano le erbacce parassite. Un altro gene ha conferito, sempre al tabacco e al pomodoro, la resistenza al virus del mosaico, un aggressivo agente infettivo in grado di distruggere intere piantagioni. Altre qualità aggiunte con lo stesso metodo riguardano la resistenza a climi aridi o a suoli con un tasso elevato di salinità.

Nei laboratori le ricerche esplorano nuovi orizzonti. Molta attenzione viene dedicata alle modificazioni genetiche che permettano al frutto di conservarsi più a lungo. Pomodori, che resistono freschi sugli scaffali dei supermercati per periodi più lunghi, sono già stati brevettati. Mentre sono in corso numerose ricerche per utilizzare le piante come economiche «fabbriche» di farmaci. Negli Stati Uniti si sperimentano coltivazioni di mais e tabacco che producono «planticorpi», cioè anticorpi sintetizzati da una pianta, grazie ai geni umani inseriti nel suo DNA. Questi planticorpi potrebbero rivelarsi utili per combattere diverse malattie infettive e anche nella sintesi di vaccini. Forse un'idea per i fabbricanti di sigarette per riconvertire le loro piantagioni.

La lettura del DNA

Lo studio e la decodifica, lettera per lettera, del DNA animale, vegetale e batterico sono cominciati negli anni Settanta. All'inizio si è trattato di un lavoro molto lungo e faticoso. Infatti, per poter leggere una certa sequenza di DNA, isolata con il bisturi molecolare (gli enzimi di restrizione), bisognava replicarla molte volte, cioè clonarla: un processo macchinoso, che richiedeva diverso tempo.

Nel 1985, uno scienziato americano, Kary B. Mullis, ha inventato un metodo per moltiplicare le sequenze di DNA in modo molto rapido: si chiama PCR (Polimerase Chain Reaction) e riesce a «fotocopiare» il tratto di DNA migliaia di volte. Il segreto di questa reazione a catena è un enzima, la polimerasi. Grazie a questa nuova tecnica in grado di amplificare anche quantità minime di DNA, si sono aperte nuove straordinarie possibilità. Una di queste, per esempio, è la famosa prova del DNA usata per attribuire con certezza la paternità o per smascherare un assassino grazie al sangue o altri liquidi corporei lasciati sulla scena del delitto. Ma grazie a questa nuova tecnica sono stati anche messi a punto nuovi test diagnostici, estremamente sensibili, capaci di individuare malattie genetiche e diversi tipi di tumore, prima ancora che si manifestino i sintomi.

Il Progetto Genoma

L'ingegneria genetica è una scienza piuttosto giovane, la cui data di nascita viene fissata nei primi anni Settanta, e in questo breve periodo ha compiuto, come abbiamo visto, passi da gigante. Dalle prime incerte manipolazioni del DNA e dalle prime decodifiche di alcuni suoi tratti oggi si è arrivati alla conclusione di un progetto molto più ambizioso e sistematico: la lettura del DNA umano. L'annuncio dell'avvenuta lettura è stato dato dai due gruppi concorrenti, quello pubblico del Progetto Genoma e quello privato del Celera Genomics il 26 giugno del 2000 alla presenza del presidente degli Stati Uniti Bill Clinton. Si è trattato di un'impresa colossale e alcuni dati ci fanno capire perché. Il genoma umano, cioè la molecola di DNA, è lungo circa 2 metri e composto da 3 miliardi di nucleotidi, cioè di basi (le quattro lettere dell'alfabeto biochimico che abbiamo già incontrato).

Questa lunga molecola è suddivisa in 23 coppie di cromosomi, particolarmente evidenti quando la cellula si divide. Questa enorme quantità di DNA contiene meno geni, cioè tratti che codificano un'informazione importante, di quanto ci si aspettasse: 38-40.000 (contro i 100.000 previsti).

Nel corso degli anni Ottanta, molti ricercatori, fra i quali il premio Nobel italiano Renato Dulbecco, avevano segnalato l'importanza di conoscere per intero la sequenza del DNA umano, sia per migliorare le conoscenze in campo biologico sia per capire più a fondo le malattie genetiche, le cui cause sono nascoste fra le decine di migliaia di geni che compongono il genoma umano. Questa iniziativa (il Progetto Genoma), finanziata dai fondi pubblici di numerosi paesi, è cominciata nel 1990, ma la vera accelerazione nella codifica si è avuta nel 1999 con l'ingresso in campo di un gruppo privato, la Celera Genomics, fondata da Craig Venter, l'inventore di un metodo di lettura del DNA (detto Whole Genome Shotgun) molto più rapido ed efficiente. La concorrenza fra le due imprese ha accelerato i tempi. Invece di terminare nel 2005, come previsto, già nel giugno del 2000, come detto, veniva annunciata la conclusione della prima fase della lettura del DNA. Naturalmente, adesso che tutti questi geni sono stati decodificati, si tratta di capire esattamente quale sia la loro funzione, cioè quali proteine producano, e questo lavoro richiederà ancora diverso tempo.

Terapia genica

Intanto, è stata tentata una rivoluzionaria forma di terapia per curare alcune rare malattie genetiche. Queste malattie sono a volte causate da un solo gene difettoso o assente. Con quel gene fuori uso, enzimi o altre proteine molto importanti non vengono prodotti o lo sono nella forma sbagliata, con gravi menomazioni o addirittura seri rischi per la sopravvivenza. Per esempio, in una di queste malattie, conosciuta come ADA, i globuli bianchi non producono, a causa di un difetto genetico, un particolare enzima, compromettendo l'intero sistema immunitario. Gli individui affetti – che in genere non arrivano all'età adulta – sono esposti a ogni genere di infezione e devono vivere in ambienti quasi sterili e isolati il più possibile dall'esterno. Quando vogliono uscire devono indossare tute speciali, come fossero astronauti sulla Luna, e respirare dalle bombole per non rimanere contaminati dalle migliaia di microrganismi che vivono normalmente nell'ambiente esterno.

Ebbene, l'idea per tentare di curare questa malattia genetica (fino a oggi incurabile) è stata quella di inserire, in alcuni globuli bianchi difettosi, il gene mancante. In questo caso la «navetta» non era costituita dai plasmidi, ma da virus «ricombinati». In seguito questi globuli bianchi più efficienti sono stati iniettati nuovamente nei piccoli pazienti. I risultati finora non sono entusiasmanti, ma i primi passi nella terapia genica sono stati compiuti.

Un trattamento simile è stato provato anche per i malati di talassemia, una forma molto grave di anemia causata da un gene che altera la forma dei globuli rossi. Naturalmente c'è la speranza che le conoscenze raggiunte con il Progetto Genoma possano rendere, nei prossimi anni, queste terapie molto più comuni ed efficaci.

La pecora Dolly

La ricerca, che procede ormai in ogni direzione, talora raggiunge anche le prime pagine dei giornali, scatenando polemiche e paure. È successo con Dolly, la prima pecora clonata a partire non da un embrione (era già accaduto, come abbiamo visto, molti anni fa), ma da un ovulo – cui è stato tolto il nucleo – e dal nucleo di una cellula mammaria appartenente a un'altra pecora. Il procedimento è stato simile, nelle sue linee generali, a quello per la clonazione della rana. Soltanto che nei mammiferi le cose sono molto più complicate. All'ovulo è stato tolto il nucleo e al suo posto è stato inserito quello della cellula mammaria dell'altra pecora. La cellula così ottenuta è stata sottoposta a deboli impulsi elettrici e ciò ha generato il processo di crescita embrionale. L'embrione è stato poi impiantato in una terza pecora (che non aveva donato né l'ovulo, né il nucleo della cellula mammaria). Alla fine è nata Dolly, una pecora che è la copia esatta di quella che aveva donato il nucleo della cellula mammaria. Il DNA contenuto all'interno di quel nucleo ha diretto lo sviluppo di un gemello «tardivo» assolutamente identico.

Altri progressi dell'ingegneria genetica

Ma anche senza raggiungere le prime pagine dei giornali e occuparle per diversi giorni, le novità nel campo dell'ingegneria della vita, in questi ultimi anni, sono state numerose. Vediamo le più importanti. Nel 1996 viene impiantato su un babbuino il cuore di un maiale «transgenico», nel cui DNA era stato inserito un gene che codifica la resistenza al rigetto. Il babbuino con il cuore di maiale è sopravvissuto per due mesi. È un primo passo verso lo xenotrapianto, cioè il trapianto fra specie diverse, una strada che potrebbe mettere a disposizione molti organi, eliminando le lunghe liste di attesa attuali. Maiali transgenici con geni umani in grado di frenare la risposta immunitaria potrebbero infatti rappresentare la soluzione alla cronica mancanza di organi.

Anche le tecniche della fecondazione artificiale hanno fatto passi da gigante. Intanto, nel 1993, si è trovato un metodo per congelare gli ovuli femminili: un passo che consente di ridurre il numero di embrioni soprannumerati e i problemi bioetici collegati. Infine, si è scoperto come iniettare gli spermatozoi direttamente nell'ovulo (la tecnica si chiama ICSI), rendendo più probabile la fecondazione in vitro. La fecondazione con questa tecnica di iniezione «intracitoplasmatica» è stata ottenuta, nel 1995, persino con uno spermatozoo non ancora maturo. Nel 1997 è stata realizzata, per la prima volta, la clonazione di primati (scimmie superiori, molto simili all'uomo) con la tecnica della divisione dell'embrione in due parti. E recentemente è stato persino sintetizzato un cromosoma «artificiale» che, inserito in una cellula, si è comportato molto bene replicandosi senza difficoltà per molte generazioni cellulari.

E per il futuro? La prossima tappa secondo gli esperti sono i cloni transgenici. Qui Dolly ha già preparato la strada. Una volta che si è riusciti a realizzare un animale transgenico, che possiede cioè nel suo DNA un gene estraneo inserito dall'uomo, e che crea, per esempio, una proteina utile alla produzione di un farmaco, non ci sono altre vie per ottenere animali con lo stesso gene se non clonarlo. Infatti, la via naturale, a causa degli scambi e della riorganizzazione nel DNA delle cellule germinali, rischierebbe di eliminare il prezioso gene faticosamente inserito. Per riuscire ad avere una schiera di animali transgenici, la via migliore sembra quella di prelevare dal «capostipite transgenico» i nuclei di varie cellule somatiche. Poi di prendere questi nuclei e inserirli in ovuli ai quali è stato estratto il nucleo. A questo punto basterà mettere in moto il processo di sviluppo embrionale per ottenere un animale transgenico che in ogni sua cellula ha una copia del gene inserito dall'uomo. Dunque non un gemello del donatore del nucleo cellulare, ma un individuo leggermente modificato dal gene innestato dall'uomo. Nel caso dei maiali transgenici per organi da trapianto, questa potrebbe essere, per esempio, la via migliore per moltiplicarli. Altri metodi – compreso quello naturale – potrebbero eliminare il prezioso gene inserito artificialmente per evitare il rigetto.

L'ingegneria genetica è dunque in piena evoluzione. Nel novembre del 2001 una ditta americana ha annunciato addirittura la clonazione del primo embrione umano che, però, si è arrestato nelle primissime fasi di sviluppo, quando era costituito da sole sei cellule. E, comunque, questa clonazione non era stata tentata per ottenere un individuo completo, ma per estrarre le cellule staminali: cellule che, grazie alla loro capacità di differenziarsi nei più diversi tessuti del corpo umano, possono rappresentare una terapia efficace in numerose e gravi malattie. Certo è un campo complesso e difficile, il cui sviluppo farà sorgere numerosi problemi etici e morali nei quali però non vogliamo ora addentrarci. Ci accontenteremo di porre qualche interrogativo: se l'ingegneria genetica mettesse a disposizione una tecnica per curare il diabete, quanti si opporrebbero? E se si trovasse il metodo di «vaccinare» geneticamente un individuo contro la carie; o di migliorare il patrimonio genetico per ridurre la vulnerabilità ai rumori; oppure rendere la memoria più resistente all'invecchiamento? È chiaro che si arriverebbe – tecnologie genetiche permettendo – a una progressiva manipolazione dell'individuo. Ed è davvero possibile che, gradualmente, qualche tipo di selezione artificiale possa svilupparsi davvero in futuro, nonostante le difficoltà tecniche ed etiche che oggi si intravedono? E che l'uomo, senza cedere alla tentazione di decidere quali siano i programmi genetici «giusti», corregga perlomeno certe conseguenze dell'interruzione della selezione naturale da lui stesso provocata?

IV

L'educazione e i lavori che cambiano

Una delle grandi preoccupazioni di oggi, per i giovani (e anche per i loro genitori), è quella di trovare un lavoro, possibilmente un'occupazione fissa, cioè un «posto». In modo da poter avere una sicurezza per l'avvenire, un reddito e magari una carriera. Purtroppo quest'aspirazione, per molti giovani, è spesso un miraggio. Fanno richiesta d'assunzione nelle industrie, partecipano ai concorsi statali, si mettono in lista negli uffici di collocamento. Ma il posto non arriva. Anzi, il numero dei disoccupati aumenta. Molti lavoratori che già avevano un'occupazione l'hanno perduta o sono stati messi in cassa integrazione o in prepensionamento. Come fare per rimediare a questa situazione?

Due canali chiusi

Per rispondere a una domanda del genere bisogna cercare di capire il quadro attuale, che è completamente cambiato rispetto al passato. In un passato non molto lontano, esistevano infatti due grandi sbocchi per l'occupazione: la pubblica amministrazione e le industrie private. Nei circa quarant'anni che hanno seguito il dopoguerra, più precisamente dal 1950 al 1988, in Italia i posti di lavoro, in questi due ambiti, sono aumentati da 6,9 a 10,8 milioni, dando lavoro complessivamente a oltre metà degli occupati. Oggi però questi settori sono saturi.

Per quanto riguarda la pubblica amministrazione, la spesa non potrà andare molto oltre, senza il rischio di far affondare il sistema nel suo insieme; del resto, i parametri europei lo impedirebbero. Lo Stato quindi non potrà offrire posti di lavoro alla massa dei giovani che premono alle porte. Lo dimostra il fatto che per 50 posti di lavoro a un concorso oggi si presentano spesso 10.000 candidati. In gran parte raccomandati, del resto; ma neanche la raccomandazione serve più. Non c'è dunque futuro per i giovani, soprattutto per quelli che non posseggono una specializzazione moderna; perché, in realtà, alcuni concorsi vanno deserti, in quanto mancano i candidati dotati delle competenze necessarie.

Il giro di boa nell'industria

E nelle aziende private? Qui è in corso un cambiamento storico. Per capirlo basta pensare all'agricoltura. Un secolo fa in Italia oltre il 60% della gente lavorava nei campi; oggi, il 5%. Questo perché la meccanizzazione, i fertilizzanti e le varie tecnologie hanno permesso di produrre la stessa quantità di cibo (anzi molto di più) con un numero inferiore di persone. La stessa cosa sta avvenendo nell'industria: con l'automazione occorrono meno persone per produrre di più. Inoltre, a prezzi più competitivi e con prodotti più tecnologici. E così, dopo essere aumentato per tanto tempo, il numero degli addetti nell'industria ha cominciato a scendere, a favore dei servizi.

Negli Stati Uniti il giro di boa è avvenuto nel 1950, in Gran Bretagna e in Germania nel 1955, in Francia nel 1965 e in Italia nel 1970. È un fatto ormai considerato irreversibile, dovuto all'automazione (così com'è stato per l'agricoltura con la meccanizzazione). Le imprese che non si adeguano a queste trasformazioni entrano in crisi e rischiano di non sopravvivere. Questo movimento si è accelerato agli inizi degli anni Ottanta, con la diffusione crescente della microelettronica e dei robot.

I mestieri del domani

Tutto ciò comporta enormi cambiamenti, ma anche nuove opportunità. La fabbrica richiede e richiederà sempre più nuove professionalità. Gli operai avranno soprattutto compiti di controllo delle macchine. Anche tra gli impiegati sta avvenendo una cosa analoga. L'elettronica sta creando nuove mansioni, profondamente diverse dalle tradizionali, e viene a cadere, in definitiva, la classica distinzione tra operai e impiegati. E aumentano d'importanza le mansioni di controllo, di coordinamento, di ricerca, di progettazione, di marketing, di vendite, e più in generale di gestione strategica.

Anche i dirigenti, del resto, devono rinnovare e potenziare continuamente nuove capacità. Per esempio, diventa sempre più importante (in un sistema complesso) occuparsi di collegamenti tra le varie parti, di cose nuove da fare e di nuovi modi di fare le cose vecchie. E ciò richiede non solo delle qualità manageriali generiche, ma anche quello che americani e giapponesi chiamano il «management del cambiamento tecnologico». Cioè il saper cogliere al volo le novità che circolano e adottarle, se sono utili. Questo vale non solo per le imprese private, ma anche per le amministrazioni statali. Anch'esse, infatti, hanno e avranno sempre più bisogno di persone specializzate per i compiti nuovi da svolgere. Il mondo del lavoro, in altre parole, offre e offrirà nuove opportunità di occupazione soprattutto a individui in possesso di determinate capacità professionali.

Esistono in proposito elenchi di nuovi mestieri del domani che descrivono in dettaglio le nuove professioni emergenti, che spaziano dal campo dell'informatica alla robotica, dalle biotecnologie al laser, dai nuovi materiali all'energia. Non solo, ma anche all'agricoltura, all'ambiente, ai sistemi diagnostici, alle bioprotesi, ai beni culturali ecc. Del resto, anche lo sviluppo crescente del settore della comunicazione, dell'informazione, dello spettacolo (oltre che della ricerca e della conoscenza) aprirà nuovi spazi a chi saprà entrarvi in modo creativo. Certi esperti ritengono che i giovani che si affacciano oggi al mondo del lavoro dovranno cambiare attività cinque o sei volte nel corso della vita.

È finito, insomma, il tempo in cui si andava a scuola (magari sino all'università) e si imparava un mestiere che si poteva esercitare poi per tutta la vita, sia pure con qualche aggiustamento. C'è già, oggi, una sfasatura tra domanda e offerta di lavoro. D'altro canto, ci sono offerte di lavori poco gratificanti che i giovani, soprattutto quelli con titoli di studio, non vogliono più fare e che vengono svolti, invece, dagli immigrati extracomunitari, i quali stanno entrando massicciamente nel nostro paese senza una seria politica di inserimento.

Investire nell'educazione

Bisogna anche dire che i robot e la microelettronica possono fare solo alcune cose. Per esempio, sono totalmente incapaci di svolgere certe attività ed esaudire richieste sempre più avanzate, non solo riguardo a servizi personali e assistenza di vario tipo, ma anche circa il desiderio di viaggiare, informarsi, divertirsi, imparare, fare dello sport, curarsi. Ecco allora che molte opportunità si apriranno per coloro che, invece di cercare un problematico «posto fisso» in un'industria o in un'amministrazione dello Stato (mettendosi in coda), sapranno crearsi una propria attività, con spirito imprenditoriale, per rispondere a questa nuova richiesta di servizi. E lavorando (e studiando) sodo, perché solo un impegno personale molto duro e severo può dare i frutti sperati.

È evidente che questo terremoto nel mondo del lavoro non può non comportarne un altro: quello nel campo dell'educazione. La conoscenza è infatti il vero potere, sia per un individuo sia per un paese. Il miglior investimento è quindi l'educazione: più che investire i soldi in Bot, in Borsa, in un appartamento o in un quadro d'autore, conviene metterli nel cervello dei figli, per lo sviluppo della loro intelligenza, delle loro capacità di essere creativi, competenti, adatti al nuovo mondo che si sta aprendo. Anche perché in questo modo potranno essi stessi essere in grado di comperarsi eventualmente dei Bot o una casa... Il problema è che cosa bisogna insegnare ai giovani oggi; che tipi di studi sono più utili per il loro avvenire? Ne parleremo, naturalmente, senza la pretesa di dare delle risposte assolute, ma cercando di capire meglio in termini attuali il problema, poiché le cose sono molto diverse dal passato.

Che cosa insegnare

Quando mio padre prestò servizio militare, nel 1901, ecco qual era la situazione. Il 33% delle reclute erano analfabete, cioè 1 giovane su 3 non sapeva leggere né scrivere. Una percentuale assai alta, se paragonata agli altri paesi europei: 12% in Belgio, 4% in Francia, 2,3% in Olanda e 0,05% in Germania. Queste cifre, da sole, mostrano già la difficile linea di partenza del nostro paese all'inizio del XX secolo. A quel tempo il problema era soprattutto quello di combattere l'analfabetismo e di insegnare la lingua italiana che molti ignoravano; e inoltre di diffondere quei valori che derivavano dall'unità nazionale e dalla sua storia. I programmi scolastici avevano quindi (perlomeno a livello minimo) una finalità e dei principi guida scelti dall'alto e accettati da tutti. Ma si riferivano a una società assai diversa, pressoché stabile, anche se i fermenti della società industriale cominciavano a manifestarsi. In altre parole, in passato era più facile sapere cosa insegnare, esistevano delle certezze.

Attualmente, invece, il processo formativo si basa sulle incertezze. Intanto perché manca un «chiodo», per così dire, cui appendere appunto delle verità solide, così come avveniva una volta; oggi la gente vuol prima capire, poi scegliere (magari a modo suo). E, inoltre, perché c'è effettivamente una grande difficoltà nel sapere esattamente cosa insegnare ai giovani per prepararli al mondo di domani.

Cosa deve fare la scuola? Il problema è che gran parte delle professioni di domani non sono neppure ben definite.

Secondo un'indagine del MIT (Massachusetts Institute of Technology), il 50% delle professioni che svolgeranno i ragazzi che oggi entrano a scuola non sono ancora prevedibili. Naturalmente ciò non vuol dire che la scuola non debba tutt'oggi preparare a una professione; questo è sempre avvenuto (basta pensare alle università) e continuerà ad avvenire anche in futuro. Oggi, però, occorrono tessiture culturali meglio adatte ai cambiamenti rapidi.

Di che tipo? Qualcuno una volta ha detto, paradossalmente, che la cultura è ciò che rimane quando si è dimenticato tutto quello che si è imparato. E in un certo senso è vero, perché alla fine rimane l'essenziale, cioè il quadro di riferimento, le grandi linee di forza, il modo in cui le cose si muovono ed evolvono. È questo che dà all'uomo la capacità di interpretare e giudicare il proprio tempo e la propria storia, e di muoversi nelle società. Il fatto è che i cambiamenti oggi sono rapidissimi. Quali insegnamenti dovranno dunque imprimersi nella nostra mente per affrontare in modo intelligente il mondo di domani?

Adeguarsi ai grandi cambiamenti

Ebbene, questo mondo nuovo che sta emergendo (anche se non è ancora del tutto visibile e ne scorgiamo solo una parte) con ogni probabilità sarà dominato e caratterizzato da un certo numero di grandi cambiamenti. Sarà, per esempio, sempre più: 1) internazionale, 2) tecnologico, 3) in rapida trasformazione, 4) pieno di comunicazioni, 5) con regole che cambiano, 6) denso di nuovi spunti, 7) meno garantista per il lavoro, ma 8) con numerose opportunità e 9) con più tempo libero. Vediamo quali conseguenze comportano queste varie tendenze.

Se il mondo diventa sempre più tecnologico bisogna allora capire anche qui i quadri di riferimento, il modo in cui le cose si formano ed evolvono: le linee di forza. Cioè occorre capire i collegamenti di un sistema complesso, e anche le incompatibilità. Se è un mondo di offerte multiple (in cui si dovrà cambiar lavoro cinque o sei volte nel corso della vita), bisogna allora essere allenati a cogliere le nuove opportunità, a mettere insieme nuove combinazioni creative. E a costruirsi dei percorsi personalizzati. Se è un mondo sempre più internazionale, bisogna imparare le lingue, soprattutto l'inglese (bene), che è ormai la lingua franca del momento, senza la quale si soffrirà di un pesante analfabetismo. E occorre poi imparare anche le logiche diverse che guidano le relazioni tra paesi lontani. Se è un mondo dominato dai processi economici, bisogna allora avere chiari certi meccanismi di base dell'economia, capire l'organizzazione dei sistemi, i fattori che li condizionano. Se è un mondo che offre all'individuo meno possibilità di impiego fisso, e richiede invece più iniziativa individuale, è indispensabile allora sviluppare una maggior capacità personale di organizzare dei progetti, e anche una maggior propensione al rischio. Se è un mondo in trasformazione continua, bisogna allora imparare a essere flessibili, a risolvere i problemi con pragmatismo, ad aggiornarsi di continuo, per adattarsi ai cambiamenti e cogliere le nuove opportunità che si presentano.

Tutto ciò significa possedere una formazione e una cultura assai diverse da quelle cui spesso siamo abituati, che sono piuttosto rivolte al passato anziché al futuro e che guardano più alle nostre grandi tradizioni letterarie, storiche, artistiche di ieri, che alle sfide tecnologiche, economiche e culturali presenti e future. I due approcci sono entrambi necessari e debbono coesistere in un individuo che voglia coltivare le proprie radici, ma anche «ramificarsi» verso il futuro. In concreto, cosa vuol dire tutto ciò? Molta gente si sta cimentando per tradurre questi principi in insegnamenti e programmi.

La capacità permanente di apprendere

Naturalmente è molto difficile definire dei contenuti precisi, proprio perché i processi formativi sono molto complessi, e mancano le certezze del passato. Ma qualcuno propone almeno delle conoscenze minime che vengano dispensate a tutti nella scuola, che siano indispensabili per entrare nel mondo del lavoro: conoscere le basi dell'economia, raggiungere un livello adeguato nella lingua inglese e imparare a usare un calcolatore, dal momento che è utilizzato ormai come il telefono o l'automobile. Ma al di là dei contenuti, il nocciolo del problema rimane soprattutto quello dei metodi, della «capacità di apprendere». Vale a dire la capacità mentale di adattarsi e di riciclarsi.

Le aziende propongono, in proposito, di collegarsi direttamente col mondo della scuola, per aiutare l'innovazione. Tale bisogno di interscambio è evidente, del resto, a tutti i livelli, anche a quelli più alti, come l'università.

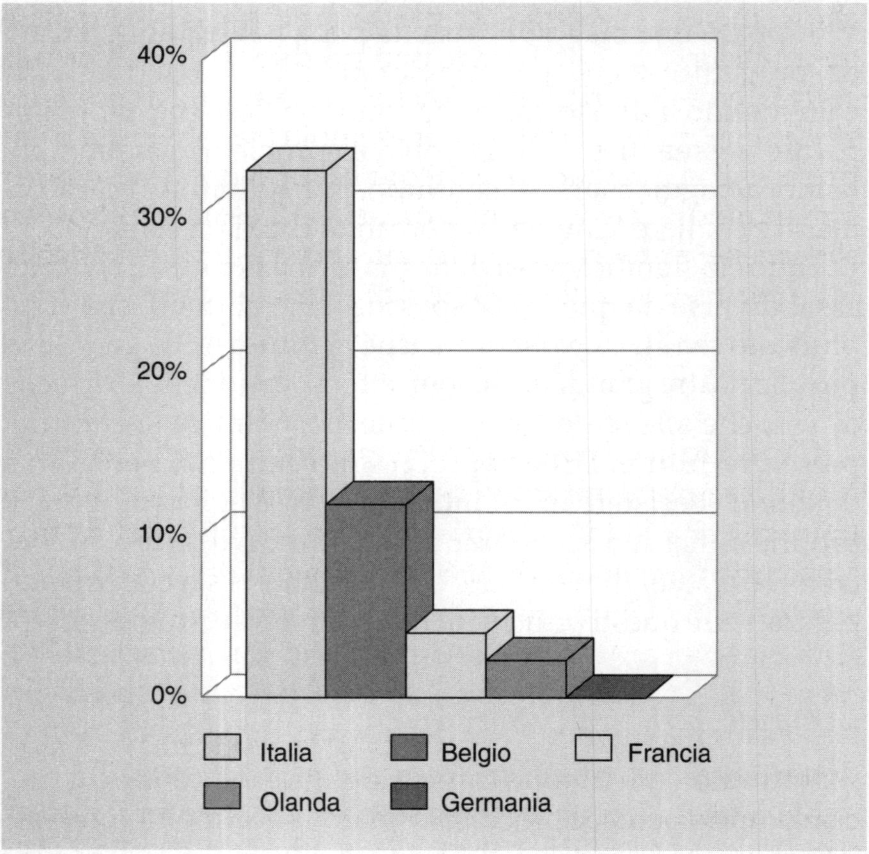

L'analfabetismo in Italia e in alcuni paesi europei all'inizio del XX secolo. Circa un terzo dei giovani italiani non sapeva né leggere né scrivere.

Restituire l'energia consumata

In definitiva, i giovani mantenuti agli studi dalla collettività per 20 o 25 anni, consumando energia, cibo, aule, riscaldamento, libri, trasporti, abiti e usufruendo del lavoro di diversi insegnanti, devono poi essere in grado di restituire alla collettività (attraverso un forte impegno nello studio) intelligenza, idee, capacità creativa o organizzativa ecc. Col risultato di agire efficacemente nel sistema e creare, a loro volta, nuove e più ricche risorse (grazie all'acquisizione di un'alta professionalità), un po' come un seme restituisce molti chicchi, compensando ciò che ha consumato in fertilizzanti, acqua, lavoro del contadino ecc. Invece sappiamo che le università, da un lato, spesso generano disoccupazione intellettuale e, dall'altro, non producono a sufficienza certi talenti oggi richiesti. Anche qui manca il dialogo tra studio e mondo del lavoro: per esempio tra università e imprese, che in altri paesi è assai più sviluppato. Non solo per fare in modo che i giovani laureati (o i ricercatori) trovino sbocchi nel mondo del lavoro, ma anche per far beneficiare le imprese – e quindi la collettività – dei loro talenti.

La necessità di una nuova cultura

C'è del resto, anche un problema culturale più generale. Molti insegnamenti universitari sembrano anche qui più orientati allo studio del passato che a quello del futuro. Qualcuno ha contato ben 136 insegnamenti di diversi tipi di storia. E ciò è molto importante, soprattutto se tale studio riesce a spiegare le forze che guidano i cambiamenti (Epimenide di Creta soleva dire che «profetizzava nel passato», nel senso che la conoscenza della storia gli permetteva di riflettere sugli avvenimenti e capirne i meccanismi).

Ma manca oggi un analogo sforzo culturale per il futuro. Cioè l'attuale insegnamento sembra rivolto più alle radici che alle ramificazioni. Lo sforzo per introdurre nell'insegnamento il mondo moderno è necessario non soltanto per la formazione di adeguate professionalità, ma anche per diffondere una nuova cultura, che consenta ai giovani di capire come sta cambiando il mondo e, per esempio, di comprendere il ruolo profondo della scienza e della tecnologia.

Oggi infatti la scienza, sia nelle scuole sia nelle università, è vista in pratica come una serie di «lezioni» specialistiche (si insegna cos'è la chimica, o la fisica, o la biologia): cioè tante bottigliette, separate nei loro scaffali. Mentre la scienza, come abbiamo già avuto modo di dire, è anche – e forse soprattutto – filosofia, nel senso che cerca di rispondere in modo moderno alle antiche domande dei filosofi (che cos'è l'Universo? com'è nata la vita? come ha avuto origine l'uomo? che cos'è il pensiero? come si spiega il comportamento umano?...). E cerca di affrontare questi problemi attraverso un metodo, che in qualche secolo ha permesso di rivoluzionare le conoscenze sulla natura e sull'uomo.

Anche la tecnologia è vista solitamente come una serie di tecniche, di invenzioni, di marchingegni (satelliti, mietitrebbiatrici, calcolatori...). Anche qui tante bottigliette con tante etichette; mentre la tecnologia è anche – e forse soprattutto – economia. Cioè uno strumento capace di amplificare il gesto umano (per costruire o anche per distruggere), e quindi un motore dei cambiamenti, con tutte le implicazioni che abbiamo visto nelle pagine precedenti. Manca, in sostanza, una cultura industriale, oltre a quei «centri di eccellenza» che in altri paesi costituiscono un po' i monasteri del sapere. Dove attraverso una seria selezione si preparano i futuri dirigenti, ricercatori, amministratori, esperti (così come si allenano gli atleti più dotati per le Olimpiadi), in modo che contribuiscano al successo d'insieme del paese, conquistando punti preziosi per il medagliere.

Ventiquattromila ore libere

Rimane da dire, naturalmente, che il compito di formare e di educare non appartiene più soltanto alla scuola o all'università perché, come si diceva all'inizio, l'apprendimento deve continuare per tutta la vita. E sono sempre più necessarie nuove forme di insegnamento. L'informazione – giornali, riviste, libri, radio e televisione, cd-rom, Internet, videocassette – svolge del resto un ruolo fondamentale, anche per la scuola.

Qualcuno ha fatto, in proposito, un curioso calcolo. In un giorno ci sono 24 ore, in un anno 365 giorni. Moltiplicando 24 x 365 si arriva a una cifra di poco inferiore alle 8800 ore l'anno. Di queste noi ne spendiamo la metà (circa 12 ore su 24 al giorno) per dormire e mangiare. Ce ne avanzano quindi 4400. Uno studente passa a scuola circa 1000 ore l'anno. Supponiamo che altre 1000 le impieghi per i trasporti e per fare i compiti: ne rimangono 2400. Ciò significa che in 10 anni (tra i 15 e i 25 anni) un giovane ha a disposizione 24.000 ore libere. Cosa deve fare di questo «monte ore» (oltre ad andare a spasso e a divertirsi)? È infatti proprio in questi spazi che può preparare e coltivare la sua flessibilità mentale.

Un calcolo analogo si potrebbe fare per chi lavora: anche perché la diminuzione degli orari lascerà un crescente tempo libero per l'aggiornamento. E bisognerà prepararsi a gestire questi nuovi spazi in cui, in certi casi, il lavoro manuale potrà integrarsi con quello intellettuale: nel senso che alcune cose, probabilmente, bisognerà imparare a farsele da sé. Insomma, per un paese che vuole entrare in modo intelligente in questo mondo nuovo che si sta aprendo, il sistema educativo dovrà essere qualcosa di assai diverso da com'è oggi.

Un grave danno per il paese

Ma si può chiedere tutto questo alla scuola italiana, e in tempi così brevi; soprattutto quando le riforme (ammesso che funzionino) vengono portate avanti molto a lungo e sono tagliate rigidamente dall'alto, come un abito unico che deve andar bene per tutti?

I vari progetti di riforma che si alternano da anni, al di là dei loro meriti o demeriti, riguardavano e riguardano molto la struttura dell'ordinamento scolastico (i cicli, i programmi, il dibattito pubblico-privato ecc.). Tutte cose importanti. Ma riguardano poco l'efficienza dell'insegnamento e l'eccellenza dei risultati, per sviluppare nei giovani creatività, capacità di apprendimento, curiosità, talento nel gestire un problema, nell'organizzare un progetto ecc. Un ulteriore ritardo nel dare alla scuola l'efficienza di cui avrebbe bisogno danneggerà soprattutto coloro che non hanno alle spalle un contesto familiare ed economico capace di sopperire a queste carenze scolastiche.

E danneggerà anche il paese nel suo insieme, dal momento che non sviluppare le competenze e le professionalità di cui una società moderna ha bisogno significa deprimerla in quello che ha di più prezioso: il potenziale intellettuale. Poiché il cervello rimane pur sempre il migliore degli investimenti. Anche per lo Stato.

V

Le sfide dell'economia

Se all'epoca in cui nacque mio padre, cioè nel 1875, qualcuno avesse sostenuto che in Italia era possibile sentire un sospiro dall'Australia, o che si potevano vedere direttamente le cascate del Niagara, o che si poteva conversare con un passeggero in navigazione nell'Oceano Indiano, questo individuo sarebbe stato preso per matto. Invece, nell'arco di una generazione, da quella di mio padre alla mia, non solo si sono inventati il telefono, la radio e la televisione, ma si è sviluppata una quantità di sistemi e di tecnologie che hanno ricoperto il pianeta con una vera e propria ragnatela di comunicazioni e telecomunicazioni.

Ed è aumentata così a dismisura la circolazione delle informazioni, degli individui, delle merci, delle idee, delle valute, trasformando sempre più la nostra Terra in un villaggio globale. Non soltanto ci arriva quasi in tempo reale quello che si dice e si fa a Washington, o a Tokyo, ma le decisioni economiche, le trasformazioni industriali e le innovazioni tecnologiche che avvengono in un qualsiasi punto del mondo finiscono rapidamente per farsi sentire anche nei nostri sistemi, così come accade negli scacchi, in cui ogni passaggio (direttamente o indirettamente) è collegato a ogni altro. È la famosa – o famigerata – «globalizzazione». Per capire meglio cosa sta accadendo, cominciamo proprio dalle vecchie società contadine.

Dall'autosufficienza alla dipendenza

Un contadino, in passato, era quasi autosufficiente. Produceva il proprio cibo da solo, spesso si costruiva la casa, si procurava l'energia per riscaldarsi e per cucinare, e tesseva persino molti dei suoi indumenti. Gli avvenimenti che si svolgevano in altre parti del mondo raramente lo raggiungevano, o avevano comunque un'influenza molto limitata sulla sua vita.

Noi che invece viviamo in una società industriale diventiamo sempre più dipendenti dagli altri. Nessuno di noi, infatti, è capace di procurarsi il cibo da solo, o di costruire uno qualsiasi degli oggetti che usa quotidianamente: non solo un'automobile, ma neppure un paio di scarpe o un bottone. Persino un foglio di carta è un oggetto difficilissimo da riprodurre, e così una penna. Per non parlare di una lampadina, di un telefono o di un computer. Tutti gli oggetti che usiamo – dal più semplice al più complesso – derivano da una catena di tecnologie, di imprese, di commerci, di trasporti che costituiscono la società industriale in cui viviamo. A loro volta queste tecnologie, queste imprese, questi commerci, questi trasporti dipendono da una più vasta rete di servizi che li circonda. Per svolgere infatti le loro attività (cioè fabbricare, commerciare, trasportare) essi hanno bisogno di energia, materie prime, sistemi di comunicazione, progettazione ecc. E queste cose hanno bisogno a loro volta di altre tecnologie, imprese, trasporti, commerci e così via. È insomma una sorta di ramificazione a catena che non ha mai fine, e ciò crea un sistema in cui tutto circola e si trasforma, con una serie di aggregazioni e strutture in continua evoluzione.

Cadono le barriere

Ora, il fatto è che, in passato, i sistemi erano in larga misura ripiegati su se stessi. Vale a dire che una nazione viveva in larga parte delle cose che essa stessa produceva; i suoi scambi erano molto limitati anche al suo interno, tra le sue aree geografiche; le comunicazioni erano difficoltose, i trasporti lenti e costosi. Oggi queste barriere stanno invece cadendo a una velocità crescente: viviamo in un mondo ormai aperto a una circolazione planetaria di merci, tecnologie, capitali, idee, prodotti.

Una crisi in Medio Oriente per esempio, oggi – diversamente dal passato –, provoca effetti a grande distanza. E così un'oscillazione del dollaro. Cioè il sistema, come un organismo biologico, reagisce ormai a tutto quello che avviene anche in luoghi lontani; perché tutti i punti sono ora collegati dalla circolazione interna non solo di persone e di materiali, ma anche di segnali e informazioni.

Il campionato del mondo

È evidente che in un sistema di questo tipo la rivoluzione tecnologica stia provocando delle conseguenze – e aprendo delle prospettive – di enorme portata. Le imprese non vivono più nel loro piccolo «villaggio» di una volta. Il campo si è aperto: da un lato le opportunità di mercato si sono allargate al mondo intero (grazie alla facilità dei trasporti e alle economie di scala); dall'altro emergono nuovi concorrenti dai quali occorre difendersi. È come una squadra di atletica che deve confrontarsi non più solo con le squadre di casa, ma con quelle di tutto il mondo.

I problemi della competitività sono infatti cresciuti enormemente proprio a causa dell'aumentare dei commerci mondiali. Quando si esportava o importava poco, le eventuali sconfitte «in trasferta» erano più sopportabili, perché la maggior parte delle attività si svolgeva nei confini nazionali. Cioè era il commercio domestico a contare. Oggi invece è come se il campionato di calcio italiano comprendesse anche le squadre estere: la classifica ne risulterebbe completamente cambiata, e anche i rischi di retrocessione in serie B aumenterebbero. Per tenersi a galla, le squadre «aziendali» devono trovare soluzioni sempre diverse, adatte a questa nuova dimensione internazionale. In altre parole, non è più possibile essere efficienti in un solo mercato, bisogna essere presenti sui principali mercati, imparando a giocare in trasferta in modo vincente.

Le radici, il tronco e i frutti

Qualcuno ha proposto un esempio eloquente per mostrare come l'impresa debba modificarsi per far fronte a questo nuovo mondo: essa può essere vista come un albero, con le sue radici, il suo tronco, i rami e i frutti. Il tronco rappresenta l'impresa, o meglio la sua capacità di creare cose, il suo «potenziale», come si suol dire. Essa affonda le sue radici nella tecnologia, ne assorbe i succhi, e li utilizza allo scopo di elaborare linee di prodotti e anche modi di produzione innovativi. Attraverso i suoi rami (cioè i vari settori), nascono così via via i prodotti e i servizi da vendere sul mercato.

Per la verità, in passato questo processo avveniva in pratica allo stesso modo, ma molto lentamente. L'accelerazione tecnologica ha ora cambiato profondamente tutto questo. Sotto la spinta delle nuove tecnologie il mercato è oggi in rapidissimo movimento, e i frutti devono continuamente rispondere alle richieste e agli stimoli nuovi che provengono dall'esterno. Questo può portare l'azienda a spostarsi verso nuove linee di prodotti o addirittura verso nuovi settori; quello che conta è la capacità del tronco di elaborare in continuazione le nuove tecnologie per rispondere alle esigenze del mercato.

Risorse e tecnologie un tempo impensabili

Infatti, nelle radici, fertilizzate dal grande sviluppo scientifico, sono comparse risorse prima impensabili: microelettronica, biotecnologie, nuovi materiali, intelligenze artificiali ecc. Le aziende si sono così trovate – e si trovano – di fronte a una sfida competitiva, ma anche a immense opportunità. Queste nuove tecnologie, utilizzate in modo creativo, possono ora permettere sia nuovi prodotti o servizi sia metodi di produzione mai impiegati prima. Non solo, ma possono collegarsi tra loro in modi pressoché illimitati. Per esempio, le biotecnologie possono combinarsi con i nuovi materiali per la creazione di tessuti, e con la chimica fine per la produzione di farmaci. Tali materiali possono poi combinarsi con l'elettronica per creare fibre ottiche, o con le tecnologie spaziali per creare nuove strutture aeree; o tutte e tre possono combinarsi insieme per innovare il settore dell'automobile, e così via.

Tutto ciò, com'è ovvio, pone problemi completamente nuovi – di direzione e di gestione – nel tronco, vale a dire nell'impresa, che diventa sempre più un centro di elaborazione di innovazioni e di strategie. Può darsi che, in questa situazione di grande fermento, certi rami debbano essere del tutto abbandonati, o che certi frutti debbano essere sostituiti con altri. E che magari nascano linee di sviluppo impreviste. Può anche succedere che le nuove tecnologie rappresentino una straordinaria iniezione di ringiovanimento per settori considerati ormai tecnologicamente obsoleti. Lo si è visto nel campo degli elettrodomestici, delle automobili, delle materie plastiche, dell'alimentazione, dei tessili. Questi settori, che sembravano ormai destinati soltanto ai paesi in via di industrializzazione, con manodopera meno cara, stanno tornando verso i paesi industriali avanzati. Qualcuno, in proposito, ha scritto la storia della camicia.

La camicia: andata e ritorno

Nelle società contadine, pretecnologiche, le camicie erano fatte a mano. I compensi per le cucitrici erano bassi, e il prezzo delle camicie era comunque relativamente elevato, in rapporto al potere d'acquisto dei clienti del tempo. Poi in alcuni paesi vennero le tessiture e le confezioni meccaniche, e nacque la possibilità di fabbricare camicie in grande serie: i prezzi unitari scesero, ma salirono a mano a mano i salari degli operai. A un certo punto alcuni fabbricanti pensarono che diventava ormai più conveniente trasferire le macchine nei paesi in cui la manodopera era meno cara. E le camicie cominciarono a essere fabbricate (a prezzi concorrenziali) in alcuni paesi emergenti del Terzo Mondo, dove si pensava dovesse rimanere questo tipo di industria.

Con la microelettronica, i processi di fabbricazione automatica permettono invece ora di aumentare notevolmente la produttività e di diminuire il numero degli operai. Ecco quindi che torna a essere conveniente fabbricare le camicie nei paesi industrialmente avanzati, migliorando la qualità e diminuendo i prezzi.

Un rimescolamento di carte

È insomma un completo rimescolamento di carte quello cui stiamo assistendo, in cui persino la tradizionale divisione verticale delle aziende per settori specifici è sempre meno vera, poiché in definitiva il serbatoio di tecnologie cui esse attingono è spesso comune, e cioè crea, come abbiamo visto, incroci e collegamenti di tipo orizzontale. Per questa ragione certe aziende estendono sempre più la loro presenza in altri campi, e stringono accordi con aziende che operano in settori diversi, partecipando a intraprese comuni.

Questa grande mobilità e flessibilità può portare a dei casi limite: per esempio a quello di un'azienda che addirittura cambia completamente attività. Una delle caratteristiche, infatti, della crescita economica – come del resto anche di quella biologica – è il cosiddetto «ciclo di vita». Un settore cresce dapprima lentamente, poi sempre più rapidamente, e infine tende a rallentare e a stabilizzarsi. O magari a entrare in crisi. C'è quasi una vocazione naturale all'estinzione di un certo prodotto o servizio, così come un individuo a un certo punto invecchia e muore. Ciò vale, del resto, anche per una tecnologia.

Una carrozza, per esempio, funzionava bene nell'Ottocento perché rispondeva alla richiesta di viaggiare, con la migliore tecnologia dell'epoca. Ma cambiando la tecnologia e modificandosi le esigenze dei viaggiatori, il prodotto (cioè la carrozza) non è più adeguato. Un'industria che avesse voluto far sopravvivere il prodotto-carrozza oltre i suoi limiti sarebbe andata rapidamente in fallimento. E con essa sarebbero rimasti senza lavoro tutti i suoi dipendenti. Quello che è semplice da capire per una carrozza lo è meno per i sistemi industriali moderni; la regola però è la stessa.

Secondo quest'ottica, non ha più importanza l'oggetto che si produce, o il modo in cui si produce, o dove e a chi si vende: nessuna di queste cose è prioritaria. L'importante è che il sistema funzioni bene. Al limite, un'azienda può mantenere o rilanciare persino dei prodotti vecchissimi, come un certo vermouth o i biscottini della nonna, ma l'importante è come fare queste cose, cioè rinnovare continuamente i processi produttivi.

Intrecci e scambi di informazione

Per quanto riguarda le nuove tecnologie (spesso molto costose) e la ricerca connessa, le aziende, anche le più grandi, cercano oggi di unire i loro sforzi con quelli di altre imprese straniere (magari non proprio simili ma complementari). Nascono così intrecci, integrazioni, relazioni che non hanno niente a che vedere con le tradizionali forme di espansione del passato, che erano basate esclusivamente sulle proprie forze interne.

In questo senso sta cambiando anche il concetto di impresa multinazionale: in passato si trattava di aziende di dimensioni gigantesche, che al loro interno possedevano tutto: ricerca, capitali, produzione, marketing. Oggi il problema non è più di crescere di dimensione, ma di accedere a nuove tecnologie, in modo da poter ripartire i costi e i rischi e avere sbocchi su nuovi mercati. Si sviluppa così uno scambio non più di merci, ma di risorse immateriali, come appunto ricerca e informazione. E queste nuove risorse immateriali bisogna andarsele quindi a cercare ovunque esistano, offrendo le proprie e inglobando quelle altrui. E cercando di costruire insieme, appunto, una combinazione vincente. Non si tratta più di un gioco di Monopoli, in cui il più grande compra il più piccolo, e se lo inghiotte. È piuttosto una strategia in cui ognuno dei partner cerca di rafforzarsi con un approccio più internazionale (o «globale»).

Il ritardo dell'Italia

Il panorama nel nostro paese è assai vario, ma molte imprese italiane, e non solo tra le grandi, hanno imboccato con decisione la strada dell'internazionalità. Perché hanno capito che per mantenere le loro posizioni – e quindi anche l'occupazione in Italia – devono investire all'estero. In queste alleanze, naturalmente, ogni impresa deve portare qualcosa: una nuova tecnologia, una buona posizione nel mercato, e così via. È quindi essenziale avere le carte in regola per candidarsi a operazioni del genere.

Ma il problema non si limita alle singole imprese. I conti, infatti, si devono poi sempre fare sui grandi numeri, cioè a livello di un intero paese. E qui il discorso, per noi, è molto meno brillante. Perché quello che un paese esprime, in definitiva, è ciò che esce dalle sue strutture d'insieme, dai suoi laboratori, dalle sue scuole, dalle sue politiche. Ebbene, in un mondo in cui la ricerca e lo sviluppo tecnico-scientifico sono diventati la risorsa più preziosa, l'Italia (che pure dispone di ricercatori di altissimo livello in tutti i campi) spende nella ricerca meno della metà rispetto agli altri paesi industrializzati come percentuale del prodotto nazionale lordo. Il problema, del resto, non è soltanto di denaro. La ricerca non va vista come un settore a parte, corporativo, da soddisfare aumentando gli stipendi: essa deve essere collegata col paese. Cioè deve essere come un rubinetto dal quale esce un flusso che pervade e fertilizza la società.

Un dato significativo, in proposito, è proprio quello della cosiddetta «bilancia tecnologica». Noi acquistiamo dall'estero molti brevetti e licenze: un chiaro segno che c'è fame di tecnologia, e anche volontà di innovare. Ma a nostra volta vendiamo pochi brevetti e licenze: un segno altrettanto chiaro che in questo campo abbiamo poca creatività. Questi dati mostrano che, nella corsa per essere competitivi sulla scena internazionale, noi abbiamo un fardello maggiore da portare sulle spalle. Che è quello, in definitiva, di un ritardo storico nell'ingresso nel mondo industriale, unito a un ritardo nella cultura tecnico-scientifica.

Nuove chiavi per nuove serrature

L'evoluzione tecnologica è stata così rapida, dall'inizio del XX secolo, che è come se, guardando dalla finestra, un uomo nell'arco della sua vita vedesse l'ambiente passare dal Giurassico al Cretaceo, dal Pleistocene all'epoca moderna. E infatti, nel corso di una generazione si è passati dalla candela al laser, dalla zappa alle stazioni spaziali, dall'analfabetismo ai calcolatori.

L'attuale rivoluzione tecnologica, in pieno sviluppo, sta distruggendo e creando anche posti di lavoro, prodotti, organizzazioni, tipi di imprese. Come in un gioco di montaggio, in un certo senso, la tecnologia mette a disposizione dell'uomo un enorme numero di pezzi nuovi con i quali diventa possibile costruire nuove strutture, mettendo insieme i vari elementi in modo originale. E trovando anche soluzioni di costo migliori delle precedenti. Le combinazioni possibili, così come avviene in un gioco di carte, o con le note musicali, sono in definitiva il frutto della capacità inventiva di un individuo, di un'impresa, o di una società umana.

L'economia moderna è infatti combinatoria. Nel senso che, combinando insieme in modo intelligente gli elementi in circolazione, si possono creare innovazioni non solo tecnologiche, ma organizzative, finanziarie, manageriali, che corrispondano sia all'obiettivo del massimo rendimento col minimo costo, sia alle esigenze di un mondo in continuo progresso. Tentando ogni volta di costruire le chiavi giuste per delle serrature in continua trasformazione; se si cercasse di forzare le nuove serrature con le vecchie chiavi, non si riuscirebbe mai ad aprire la porta. Occorre molta flessibilità di fronte ai cambiamenti.

Intelligenza e flessibilità

Alcuni anni fa, parlando con uno studioso dell'evoluzione umana, gli chiesi quale fosse la sua definizione di intelligenza. Ci pensò un po' su, e poi mi rispose: «Flessibilità». È una definizione un po' insolita, ma che effettivamente apre il campo a una bella serie di riflessioni, anche per quanto riguarda l'economia. Perché di fronte a una concorrenza internazionale agguerrita, in continua trasformazione, quello di sapersi adattare è il solo modo per riuscire a vincere la competizione sui prezzi e sui prodotti. Infatti, le aziende oggi considerate più forti sono proprio quelle che hanno valorizzato al massimo questa capacità di adattamento, che sanno evitare scelte e soluzioni che sembrano vantaggiose sul momento ma che si rivelano poi rigide di fronte ai problemi da affrontare.

Oggi per un'impresa è necessario acquisire flessibilità in tutte le sue parti. Nei prodotti, con la capacità di rinnovare continuamente la propria merce (o servizi), seguendo i mutamenti delle esigenze, dei bisogni, dei gusti – anzi precorrendo i cambiamenti –, creando magari prodotti e servizi completamente nuovi; chi gioca d'anticipo ha enormi vantaggi. Nel modo di vendere, cercando anche nuove formule come accordi con terzi, che consentano di migliorare i risultati, per esempio grazie a reti esterne di distribuzione. Nelle soluzioni produttive, rendendole più agili e indipendenti per evitare, quando è possibile, entità giganti e megaconcentrazioni. Creando impianti magari con rendimenti leggermente inferiori, ma flessibili o addirittura delegando anche in questo caso certe produzioni ad aziende esterne.

Questa ricerca della flessibilità deve naturalmente estendersi a tutte le parti di un'impresa: agli acquisti, alle applicazioni delle nuove tecnologie dell'informazione, all'assistenza tecnica commerciale, alla progettazione ecc. E utilizzare magari – come sta avvenendo in maniera sempre maggiore – delle competenze esterne: cioè dei professionisti che, quando occorre, apportino di volta in volta la loro esperienza specifica. Flessibilità nei prezzi, perché molti dei problemi di un'impresa nascono proprio da un'insufficiente flessibilità di questi ultimi. Risultano infatti vincenti sui mercati quelle imprese che riescono a combinare meglio, al loro interno, le varie componenti che determinano poi i prezzi di vendita (lavoro, capitali, tecniche, materie prime).

L'importanza del fattore uomo

A questo punto è necessario, naturalmente, parlare di un altro aspetto importante della flessibilità, e passare dalle cose agli uomini. L'adattabilità delle imprese, infatti, è in realtà quella dei cervelli che si trovano al loro interno. Le aziende sono soltanto edifici, stabilimenti, uffici: cioè mattoni, cemento, vetro; ciò che conta sono gli uomini che vi lavorano, che prendono le decisioni. E in particolare coloro che sono responsabili della direzione e degli orientamenti generali. Nel contesto in cui si muove oggi un'impresa, dirigere non vuol dire semplicemente gestire, ma significa ridefinire ogni volta gli obiettivi. Cioè spostare continuamente la mira su bersagli in movimento. Tenendo presente che spesso, come avviene per le missioni spaziali, bisogna puntare là dove, magari, il bersaglio non è ancora entrato nel campo visivo, dando così prova di lungimiranza, competenza e immaginazione.

È qui che l'individuo prende il sopravvento sulla macchina, mostrando tutta l'importanza dell'investimento umano. Perché se è necessario evitare che i macchinari invecchino, è altrettanto e ancor più importante per gli uomini.

Il petrolio non è l'unica risorsa

Ciò vale, del resto, non solo per chi dirige un'azienda, ma anche per chi deve dirigere, ai vari livelli, un paese (cioè un'azienda molto più grande e complessa). Anch'esso, infatti, esprime ciò che ha al suo interno: le sue capacità umane e culturali di trasformare la realtà. Non contano solo le risorse e le tecniche, ma anche gli uomini e le idee. Anche perché le risorse, in pratica, sono in gran parte proprio il frutto dell'invenzione umana.

Il petrolio, per esempio, per millenni non è mai stato una fonte di energia, fino a quando qualcuno non ha inventato il motore a scoppio (e ne ha reso economico l'uso). Se un giorno mancherà il petrolio non resteremo senza energia, perché nel frattempo altri uomini avranno inventato – e trovato il modo economico di sfruttare – altre risorse energetiche, partendo da materiali prima considerati inutili e inerti: l'uranio per le centrali a fissione; il silicio per le cellule solari; l'acqua per le centrali a fusione.

Le risorse le crea il cervello

Anche qui, cioè, vale quel gioco di montaggio di cui parlavamo prima che, combinando insieme gli elementi disponibili nell'ambiente, crea strutture adatte alle nuove esigenze. Detto in altri termini, le risorse vengono create dagli uomini, con il loro cervello, con la loro capacità di organizzarle, di trasformarle. E anche di abbandonarle.

Il bacino carbonifero della Ruhr, in Germania, cinquant'anni fa era un grande centro di potere industriale: oggi è una zona depressa. Il canale di Suez, quando fu chiuso, generò una guerra tanto era indispensabile per il rifornimento del petrolio. Ben presto, però, si costruirono delle superpetroliere che facevano il giro dell'Africa; quando il canale fu riaperto, non suscitava più lo stesso interesse di prima. Perché le grandi navi avevano ormai dimensioni e «pescaggio» non più adatti alle caratteristiche del canale.

In altre parole, tutto è utile, ma niente è indispensabile (a condizione, naturalmente, di saper combinare insieme i vari elementi per costruire nuove strutture, ricche di possibilità). Molti paesi hanno oggi difficoltà a fare propria questa rivoluzione tecnologica. A volte questa difficoltà nasce da una vera e propria arretratezza storica, come nel caso di molti paesi del Terzo Mondo; altre volte da una carenza di flessibilità mentale e culturale che si ripercuote poi su quei famosi «veicoli lenti» – nel nostro paese certi servizi pubblici essenziali ma molto arretrati e in perenne ritardo – che rallentano la marcia dell'intero sistema. Fatto grave per un paese che voglia partecipare alla competizione internazionale ormai partita a tutta velocità e che richiede diverse nuove qualità e anche molta flessibilità mentale, o – come direbbe il nostro paleoantropologo – intelligenza.

La Terra sta diventando infatti un solo immenso villaggio, percorso in tutti i sensi da merci, idee, comunicazioni, capitali, tecnologie; è questa ormai la dimensione con cui dobbiamo fare i conti.

VI

I meccanismi della comunicazione

Alcuni anni fa mi trovavo in un'università americana e assistetti, nel dipartimento di Psicologia, a un curioso esperimento. Un volontario stava leggendo una rivista seduto comodamente su una poltrona, ma sul suo corpo erano stati applicati vari elettrodi, per misurare l'aumento del battito cardiaco, la tensione muscolare, l'umidità della pelle e altri parametri. Un poligrafo registrava su un rullo di carta le variazioni che intervenivano nel corso della lettura. Mi spiegarono che con questo esperimento – ripetuto parecchie volte con vari testi e diversi volontari – si cercava di capire quale fosse l'interesse che suscitava la lettura.

In altre parole, se il pennino si muoveva in modo più intenso significava che il volontario era maggiormente colpito nelle sue emozioni e di conseguenza più concentrato su ciò che leggeva. Era insomma una macchina per misurare il livello di attenzione e, indirettamente, anche l'interesse che il testo suscitava.

Quotidiani e settimanali

Ovviamente, erano gli argomenti più «forti» a colpire maggiormente: violenza e sesso, in particolare. Ma lo scopo di queste prove era soprattutto di capire quali fossero le differenze tra i diversi tipi di scrittura. Per esempio, un quotidiano (con grossi titoli «sparati» a tutta pagina) aveva un effetto notevole sul livello di attenzione, dovuto anche alla novità della notizia. Un settimanale invece, arrivando inevitabilmente in ritardo sull'avvenimento, non poteva sfruttare questo effetto «novità», recuperando però nello «stile». Infatti, mentre il quotidiano si limitava a dare la semplice notizia, il settimanale l'approfondiva, arricchendola di dettagli e di retroscena. Non solo, ma raccontava i fatti in modo più avvincente, adottando un taglio narrativo. Questi test consentivano quindi di rilevare anche la bravura del giornalista nel coinvolgere il lettore. Il pennino sul poligrafo misurava, in un certo senso, l'«indice di gradimento» o di coinvolgimento.

La centralina dell'attenzione

Ho pensato varie volte a questo esperimento, perché il lavoro dei giornalisti (ma di chiunque lavora nel mondo della comunicazione: scrittori, cineasti, pubblicitari, autori televisivi ecc.) deve fare i conti con questo meccanismo dell'attenzione: se non riesce a suscitarla e a mantenerla, il giornalista non funziona, lo scrittore non viene più letto, il cineasta non più seguito dal suo pubblico e il pubblicitario abbandonato dai suoi committenti.

Gli psicobiologi hanno studiato a lungo i meccanismi cerebrali collegati all'attenzione. Molte cose rimangono ancora da chiarire, ma si è capito che la «centralina» che presiede all'attenzione è il sistema limbico, cioè quella struttura arcaica situata nella parte interna del cervello, dove prendono origine i comportamenti emotivi. Sesso, violenza, affettività, paura, gioia e tanti altri stati emotivi affondano le radici in questa zona cerebrale.

Una struttura arcaica

Non è casuale che sia proprio una struttura arcaica a regolarli, in quanto essi sono collegati direttamente ai problemi primari di sopravvivenza. Infatti, si è scoperto che è proprio questa zona del cervello che, sotto l'influsso dell'emozione, libera sostanze chimiche che vanno a irrorare i neuroni della corteccia, favorendo così il fissaggio dei ricordi. Tutti i nostri ricordi più importanti e più vividi sono legati a esperienze emotivamente forti e significative: amori, delusioni, successi, insuccessi, incidenti, divertimenti, lutti, vacanze, liti, promozioni, pericoli ecc.

Il sistema limbico, agendo sulla chimica del cervello per favorire il fissaggio di questi avvenimenti emotivi (e permettere così all'individuo di ricordarsi di certe esperienze, migliorando così i suoi futuri comportamenti di sopravvivenza), praticamente funziona come un dispositivo di allarme. Questo sistema di allarme (che scatta ogni volta che ci troviamo di fronte a una situazione che può comportare un premio o una punizione) è proprio quello che genera l'attenzione. Essere attenti vuol dire, sostanzialmente, essere coinvolti emotivamente in qualche cosa: perché è una cosa che ci interessa, ci tocca da vicino, oppure perché ci diverte, ci eccita, ci stupisce, ci spaventa. O magari perché è utile da conoscere.

Ebbene, l'attenzione è anche il vero canale attraverso il quale passa la comunicazione; in particolare, la comunicazione di massa.

Sfogliando i giornali

Basta aprire un giornale per rendersene conto. Le informazioni sono sempre legate a successi e insuccessi, applausi e fischi, onori e disonori, guadagni e perdite, vittorie e sconfitte, nomine e arresti. Ma quelle cui viene dato più rilievo – e che interessano maggiormente il pubblico – sono le notizie a forte contenuto emotivo, legate, direttamente o indirettamente, al grande tema della sopravvivenza. Per esempio, notizie di crisi (di una coppia, di un'azienda, di un governo, di una squadra di calcio, o la crisi cardiaca di un personaggio noto); e ancor più notizie di «morte» (divorzio di una coppia, fallimento di un'azienda, caduta di un governo, retrocessione di una squadra di calcio, decesso di un personaggio noto). Se le morti sono molte e contemporanee fanno più scalpore. Non interessano i 6000 morti l'anno sulle autostrade, perché sono troppo sparpagliati, ma suscitano maggiore curiosità i 6 morti in un solo incidente. Quindi i grandi titoli non sono per i 20.000 morti l'anno dovuti all'alcool, ma per i 16 morti in un incidente ferroviario, i 39 morti in un incidente aereo, i 50 morti in un terremoto. Interessano i morti vicini, non quelli lontani (mentre meritano solo un trafiletto i 1000 morti in un'inondazione nel Bangladesh).

Interessa molto la violenza, specialmente se compiuta verso persone deboli (donne stuprate, bambini seviziati, vecchie pensionate accoltellate). Quanto più è odiosa la violenza, tanto più spazio ha nei titoli. Tutte queste cose richiamano l'attenzione e fanno aumentare la tiratura e l'ascolto.

Violenza visiva e verbale in Tv

Anche in televisione, infatti, la violenza crea ascolto. A parte i film e i telefilm «forti» (di guerra, d'azione, thriller, catastrofici ecc.) «tirano» anche i dibattiti in cui c'è violenza verbale. Non per nulla certi talk show sono architettati per mettere faccia a faccia antagonisti che, si spera, cominceranno a litigare. E si invitano certi personaggi proprio per la loro irruenza, come micce per innescare qualche vivace scontro (e ottenere così una buona audience).

Lo spettatore si trova così nella situazione di una persona che, in casa, sente in strada una forte frenata seguita da un urto. Si affaccia per capire cos'è successo e vede due auto ammaccate. I due guidatori stanno scendendo; uno si tiene un fazzoletto sulla fronte. Lo spettatore rimane a guardare per vedere cosa ne seguirà; i due cominciano a litigare. Il tono del litigio è sempre più acceso; uno dei due urla, l'altro gli dà uno spintone. Lo spettatore è sempre più attento. Entrano in campo altre persone che cercano di dividere i contendenti. Intanto tutti si sono affacciati alle finestre e rimangono a guardare: questa è l'audience...

Anche la letteratura e il cinema attingono a piene mani ai filoni emotivi. Violenza, certo, ma anche amore, comicità, erotismo, commozione. Tutto ciò, insomma, che fa secernere il sistema limbico creando attenzione, divertimento, eccitazione... e quindi tirature e incassi. Anche i grandi capolavori utilizzano queste leve emotive: non potrebbe essere diversamente, del resto. Se si vuole raggiungere «il cuore» del pubblico, è lì che bisogna mirare.

Ma torniamo ai titoli dei giornali. Non sono soltanto le notizie di «punizioni» a fare titolo, ma anche quelle di «premi». Non solo premi in senso stretto (Nobel, vincite alle lotterie, concorsi cinematografici o di bellezza ecc.) ma scoperte di nuove terapie, matrimoni di personaggi celebri, aumenti nel listino di Borsa, notizie sportive di ogni genere. Per non parlare delle storie commoventi, in particolare di quelle in cui il lettore – o il telespettatore – può identificarsi. Il problema è che, in questa mareggiata di notizie emotive, molti eventi e dibattiti importanti sono marginalizzati. Perché rimane più impressa la sciagura di un'autobotte che sbanda e si incendia che non una notizia economica, o scientifica, o culturale. Questo fa sì che, in un momento in cui sarebbe importantissimo diffondere idee che aiutino a capire il nostro tempo, si parte perdenti. Una parte della colpa (non indifferente) è però dovuta a coloro che non sono capaci di creare interesse nei loro interlocutori, in particolare nel grande pubblico.

La cultura, infatti, per gran parte della gente è sinonimo di noia, perché, il più delle volte, non «accende» la loro attenzione. Troppo spesso chi dovrebbe diffonderla non riesce a stimolare il sistema limbico dei lettori, o dei telespettatori. Se venissero applicati a questi lettori o telespettatori gli elettrodi usati per quei volontari di cui parlavamo all'inizio, il tracciato del pennino risulterebbe piatto. Ecco perché hanno successo programmi televisivi in cui c'è amore a palate, oppure emozioni e thrilling, oppure grandi incontri sportivi, oppure divertimento e canzoni. Oppure notizie su quello che è successo.

I più alti punteggi nell'audience sono infatti ottenuti dai telegiornali, dalle telenovelas, dal calcio, dal varietà, da film in cui ci sono inseguimenti, o risate, o grandi amori. O storie commoventi. Ma è possibile, allora, confrontarsi con questi primatisti d'ascolto, e riuscire a far «passare» altri messaggi suscitando attenzione?

Quando un comunicatore crea interesse

Il problema è che bisogna pur sempre passare attraverso il sistema limbico, cioè attraverso un meccanismo che si basa sull'emotività. L'emotività, fortunatamente, può essere suscitata non solo con sesso, amore o violenza, ma con una cosa che spesso viene dimenticata, e che si chiama semplicemente «interesse». Creare interesse per quello che si vuole comunicare è possibile, e i risultati possono essere sorprendenti, se si adotta un linguaggio adeguato. Ognuno di noi può essere interessato persino da argomenti difficili, se vengono spiegati in modo semplice e piacevole. La chiave della comunicazione è proprio qui: usare parole che la gente capisce, raccontare le cose in modo creativo e accattivante. E far apprezzare certe cose interessanti, che solitamente rimangono avvolte nella nebbia dei gerghi specialistici. Se si adottano queste precauzioni, ecco che il pennino comincia a muoversi.

È incredibile la contraddizione che esiste nelle nostre società: esse si basano sulla comunicazione, ma si preoccupano molto poco di formare dei comunicatori. La comunicazione, infatti, pervade ormai gran parte dei sistemi umani, non solo quello specifico dell'informazione. Basti pensare all'immenso mondo della scuola, o alla politica, o alla cultura, o all'economia. La scuola, per prima, dovrebbe creare dei veri comunicatori, cioè dei docenti che siano in grado di trasmettere nel migliore dei modi il sapere ai loro allievi. Non basta, infatti, essere laureati in fisica per insegnare fisica o essere laureati in lettere per far amare gli autori classici, occorre anche una preparazione pedagogica. Le cose invece vanno in modo diverso. Sono rimasto allibito quando una studentessa di pedagogia mi ha detto che i suoi due esami principali (Pedagogia I e Pedagogia II), sui quali avrebbero dovuto basarsi le sue conoscenze pedagogiche, consistevano nella lettura di una quindicina di libri di D'Annunzio e di Nietzsche!... La libertà di insegnamento è una bella cosa, ma non «insegnare a insegnare» mi pare una follia senza giustificazioni. Anche perché i danni in questo modo si perpetuano, di generazione in generazione.

Cultura e comunicazione

Gli stessi danni, gravissimi, sono provocati dall'assenza di un'adeguata comunicazione nel campo culturale. Quando si lamenta il poco amore per la cultura, i bassi indici di lettura e gradimento dei programmi culturali in tv, ci si dimentica che generalmente gli uomini di cultura non sono dei buoni comunicatori: di solito – malgrado le lodevoli eccezioni – si rivolgono a un'élite già colta e non a coloro che avrebbero invece bisogno di una mano tesa per essere issati a bordo. Pensano ai colleghi, agli amici, ai critici, magari ai loro studenti, ma molto poco alla grande platea televisiva. Il risultato è che coloro per i quali il mezzo televisivo è stato creato (la televisione non è fatta per pochi, ma per molti) vengono di fatto espulsi dal circuito. La cultura «classica» (dalla letteratura alla musica, alle arti figurative) è solitamente a circuito chiuso: da pochi per pochi. Per gli altri: pennino fermo; anzi, encefalogramma piatto.

La mia esperienza nel campo della comunicazione scientifica mi ha invece convinto che è possibile raggiungere un grande pubblico anche con cose difficili. Usando un linguaggio, appunto, chiaro, accattivante e creativo e sfruttando una «nobile» emotività, quella legata per esempio all'umorismo, oppure alla curiosità di seguire una storia, un racconto, o di scoprire chi è l'assassino, così come avviene in un film giallo. Queste e altre tecniche permettono di accendere i cervelli in ascolto e creare quell'attenzione che consente alla corteccia di memorizzare... e di arricchirsi.

Lo diceva, del resto, un celebre biologo, il premio Nobel Peter Medawar, in un libro destinato ai giovani biologi: «Quando scrivete, o quando parlate, evitate ai vostri interlocutori di dover affondare nel fango fino a mezza gamba, o di dover percorrere a piedi nudi una distesa di vetri rotti». Non è solo un problema di buona educazione: il fatto è che senza una comunicazione efficace il messaggio non passa; è come annunciare una notizia importante in giapponese o in malgascio che, per quanti sforzi si facciano, non si riesce a capire.

Il «reddito culturale»

Viviamo in una società dominata da cambiamenti rapidissimi, in ogni campo. La vita media si allunga, ma non si può vivere fino a 80 anni con il solo bagaglio scolastico dei primi 20. L'aggiornamento continuo avviene attraverso vari tipi di comunicazione: sul luogo di lavoro, naturalmente, per quel che riguarda la professione, ma soprattutto attraverso i cosiddetti mass media per quel che riguarda il resto (libri, giornali, radio e televisione). Si calcola che la tv sia ormai la cosa alla quale gli individui dedichino più tempo nella vita, dopo il lavoro e il sonno. È incredibile la quantità di informazioni e di conoscenze che sarebbe possibile trasmettere attraverso i grandi mezzi di comunicazione, in particolare la televisione, se si usasse il linguaggio giusto. Non farlo – o non saperlo fare – significa impedire al cervello di milioni di persone di arricchirsi adeguatamente. È in pratica una sottrazione di ricchezza, un furto neurologico; un reato, insomma.

Credo che non si sia mai riflettuto sufficientemente su questo punto: si dibatte e si litiga sulla distribuzione del reddito, ma non sulla distribuzione del reddito culturale. È come se fosse un plusvalore, un optional, lasciato alle scelte individuali come il colore della carrozzeria o il tettuccio apribile di un'auto. Non ci si rende abbastanza conto quanto il diritto alla cultura e alla conoscenza sia importante nell'esistenza di un individuo: perché gli consente di sviluppare quelle qualità che sono tipiche dell'uomo (e che possono, tra l'altro, aiutarlo molto anche nel lavoro). La televisione potrebbe aprire nuove finestre e approfondire in modo personale certi argomenti.

La possibilità di conoscere e capire di più, infatti, arricchisce la vita, facendo apprezzare e gustare tutto ciò che di interessante è stato creato e continua a essere creato nel campo intellettuale. Mi diceva un neurofisiologo che le persone le quali nel corso della loro esistenza hanno avuto molti stimoli culturali invecchiano meglio; rimangono più attive, cerebralmente più vive, più «giovani». La loro memoria e intelligenza funzionano meglio, continuano ad avere interessi e spesso a mantenere certe attività lavorative. In sostanza, si godono di più la vita. Del resto, la diffusione della conoscenza arricchisce non soltanto l'individuo, ma anche la collettività: oggi la ricchezza di un paese non si conta più in tonnellate di carbone o di rame, oppure nel numero delle baionette, ma nel livello educativo dei suoi cittadini. Conta la qualità, insomma, più della quantità.

La materia prima più pregiata è infatti il cervello, cioè la conoscenza. Tutto questo mostra bene non solo l'importanza cruciale della scuola, che rimane ovviamente il luogo deputato alla formazione educativa (e ben poco si sta facendo per dare una forte accelerata nella qualità dell'insegnamento e dell'apprendimento), ma anche dei grandi mezzi di comunicazione che dovrebbero aiutare questo innalzamento del livello di conoscenze.

Il ruolo della tv

Ciò non significa che la televisione debba fare scuola, insegnando a modo suo le varie materie. Significa piuttosto che dovrebbe fornire delle «chiavi di lettura», dei cambiamenti che si stanno producendo: accendere delle lampadine mentali, stimolare degli interessi, evidenziare dei punti essenziali sui quali riflettere (e agire). Ricordando anche principi semplici, oggi sempre meno visibili, a causa di una complessità crescente dei sistemi.

Per esempio, che ogni volta che si vuole un vantaggio, bisogna dichiarare quale svantaggio si è disposti ad accertare. Così come quando si compra qualcosa in un negozio si deve passare alla cassa, analogamente quando si vuole un qualunque beneficio bisogna sapere che in qualche modo esso va pagato. Altrimenti si crea uno scompenso da qualche altra parte, che ci costerà ancora più caro. «No free lunch», dicono gli americani: non c'è mai un pasto gratuito. Analogamente, non si possono richiedere cose in contraddizione tra loro. O scaricare sul futuro le conseguenze di scelte immediate. Per esempio, l'emotività, in politica, tende solitamente a premiare il breve termine, a scapito del lungo termine.

Un caso tipico è quello del traffico cittadino. I problemi del traffico e del parcheggio non sono una conseguenza dell'invenzione dell'automobile, ma dell'imprevidenza politica. O per meglio dire, dell'assenza di politiche. Bastava saper contare sulla punta delle dita, infatti, per capire che le auto, in numero sempre più crescente, avrebbero intasato le città. E che quindi bisognava investire in metropolitane, parcheggi di scambio, parking sotterranei ecc. Tutte cose costose, naturalmente. Ma nessun sindaco sarebbe stato eletto se avesse chiesto ai cittadini delle tasse destinate a risolvere il problema del traffico in prospettiva futura. Il domani non interessa, perché non si vede, non si tocca, a differenza dell'oggi.

Quante voci si sono alzate per spiegare queste semplici cose? Quanta «comunicazione» è stata fatta per aiutare la comprensione di certi elementari principi di impenetrabilità dei corpi? Purtroppo la comunicazione emotiva, anche in questo caso, ha prevalso. Attenta più ai bisogni dell'immediato che alla dinamica dei sistemi.

LA DIVULGAZIONE COME «TRADUZIONE»

L'ambiente in cui oggi viviamo è pieno di linguaggi che non comprendiamo riguardanti il mondo dell'economia, della tecnologia, dell'arte, della politica, della scienza e così via. La difficoltà, molto spesso, non è nei concetti, ma nel modo in cui sono espressi. Con un buon «traduttore» noi siamo in grado di ridere alla barzelletta giapponese o di gustare il romanzo finlandese: analogamente diventiamo capaci di capire l'economia, la tecnologia, l'arte, la politica, la scienza. Il problema è quello, in sostanza, di trasformare dei rumori in segnali. Il mondo della comunicazione è infatti composto di brusii incomprensibili: utilizzando un codice adatto, diventa possibile convertirli in linguaggi udibili e chiari. Il problema della divulgazione è tutto qui; essa significa semplicemente tradurre dall'italiano in italiano, cioè dire la stessa cosa con altre parole. Tutto può essere tradotto e trasferito: informazioni, apprendimenti, cultura. Ma a una condizione, che il ricevente capisca, altrimenti non c'è più comunicazione: le parole vanno perse, e non riescono più a evocare negli altri quelle percezioni mentali che permettono la comprensione. A quel punto, non ci si capisce più.

Normalmente un individuo riesce a trovare i livelli giusti di comunicazione, adattando il proprio linguaggio ai vari interlocutori. Un medico, per esempio, parla in modo diverso a seconda che si rivolga a un collega o a un paziente. Questo adattamento è quasi spontaneo; c'è la tendenza a mettersi nei panni degli altri, come si suol dire.

Sono stati fatti vari esperimenti in proposito. Per esempio, un individuo fingeva di chiedere informazioni stradali; se lo faceva con aria sicura la risposta era breve, ma se assumeva un'aria smarrita e parlava con un accento straniero la risposta era molto più lunga, e accompagnata da gesti chiarificatori. In altri esperimenti si è visto che questa capacità di adattamento è minore nei bambini: essi hanno difficoltà nell'adeguare il loro linguaggio per renderlo comprensibile agli altri. La capacità di adottare le parole alle circostanze – e in particolare al nostro interlocutore – richiede infatti un sufficiente sviluppo mentale. Varie ricerche hanno dimostrato che la capacità di «decentramento» (cioè di mettersi nei panni degli altri) cresce con l'età. Ma spesso non è sviluppata a sufficienza neppure nelle persone adulte. Per riuscire a essere chiari e comprensibili occorre insomma una certa maturazione intellettuale; e questa maturazione, ovviamente, deve crescere a mano a mano che aumenta la complessità dei sistemi e delle idee che si devono trasmettere. Altrimenti si finisce per non essere più all'altezza del compito.

Emotività e razionalità

Per queste varie cose, in fondo, non è neppure necessario scomodare la scienza e il suo metodo: basta usare il buon senso. Quello che la scienza ci offre è un modo di ragionare basato sulla razionalità e sull'intelligenza. Razionalità e intelligenza possono essere usate in qualunque tipo di attività umana (quando ciò si rivela utile o necessario). Naturalmente, nella vita possiamo comportarci in modo romantico, emotivo, passionale, e persino irrazionale: ciò fa parte della nostra natura. Ma a condizione che ciò avvenga in un contesto «innocuo», per così dire. Un pilota d'aereo, infatti, non può permettersi di guidare in modo romantico, emotivo, passionale o irrazionale.

Ciò è vero anche per la comunicazione: seguire il pubblico nella sua emotività, anzi precederlo, può essere una tecnica, non un obiettivo. Si può stimolare il sistema limbico cerebrale per accendere l'interesse e l'attenzione, e veicolare così informazioni utili, o magari importanti, ma non usare l'emotività soltanto per aumentare la tiratura e l'audience. Certo, è più difficile, è un tipo di comunicazione che richiede più immaginazione, più talento, e anche più fatica. Ma è forse l'unica strada percorribile. L'alternativa è che la comunicazione culturale e il trasferimento di conoscenza circolino solo in un ambito ristretto, riservato a piccoli gruppi. E che gli altri rimangano con il loro pennino del poligrafo inesorabilmente immobile.

VII

Verso il futuro

L'accelerazione tecnologica e culturale degli ultimi secoli, e soprattutto degli ultimi decenni, è impressionante. Il futuro che si apre è così pieno di strade possibili, e di eventi imprevedibili, che nessuno è in grado di dire dove porterà l'attuale sviluppo. Si può tutt'al più fare qualche ragionamento basato sulle osservazioni e sulle conoscenze disponibili oggi. Cercheremo in questo capitolo conclusivo di parlare di vari tipi di futuro, con scadenze diverse: a breve termine, a medio, a lunghissimo termine.

Da un lato vediamo la Terra, che rappresenta il nostro presente, dall'altro l'Universo, dal quale siamo venuti e che rappresenta al tempo stesso il nostro più remoto passato e il nostro lontanissimo futuro. La Terra, infatti, è solo un minuscolo granello vagante nel buio e la sua evoluzione sarà legata all'evoluzione futura dell'Universo nel suo insieme. Ma cominciamo dalla Terra e dal suo presente. Qualcuno ha detto che vi sono due modi per guardare la battaglia di Waterloo. Uno è quello di Stendhal, che descrive i pochi metri quadrati in cui gli uomini combattono, muoiono, imprecano; pochi metri quadrati intrisi di polvere, sangue, sudore e risuonanti di grida; l'altro è quello di Victor Hugo, che dalle alture descrive i movimenti delle truppe, gli assalti dei soldati, le cariche della cavalleria, dando una visione della battaglia più lontana e distaccata, in cui svaniscono i volti dei combattenti e i loro drammi individuali. Sono due modi diversi di considerare lo stesso evento, ma che si integrano a vicenda, fornendo differenti livelli di informazione.

Il nostro punto di vista è in questo momento proprio quello dalle «alture». Quassù non arrivano le grida dei contendenti, né ci accorgiamo del loro sudore e delle loro lacrime; possiamo solo percepire i «movimenti delle truppe», cioè le grandi tendenze e le direzioni di certi sviluppi. Quali linee emergono in questa visione d'insieme?

La forbice fra tecnologia e cultura

Ce n'è una, a nostro avviso, che domina tutte le altre: la diversa velocità di crescita della cultura e della tecnologia. È probabilmente questo il fattore più destabilizzante per il prossimo futuro delle società umane. La ricerca ha infatti prodotto, in brevissimo tempo, un arsenale incredibile di tecnologie, che si stanno diffondendo ovunque senza che vi sia stata una parallela crescita culturale per gestirle in modo adeguato. Gli inquinamenti, le crisi di risorse, la sovrappopolazione, i rischi nucleari sono alcuni dei principali sottoprodotti di questa «forbice» fra tecnologia e cultura, una forbice che continua a divaricarsi. In altre parole, non meritiamo (mediamente) le tecnologie di cui disponiamo. Perché una società industriale – o postindustriale – non può essere costituita solo da macchine, da fertilizzanti, da centrali elettriche, da antibiotici, da elettronica, da ruspe ecc. Deve essere obbligatoriamente costituita anche e soprattutto da educazione diffusa, capacità di controllo e di gestione, politiche adeguate, «anticorpi» di vario tipo (ecologici, etici, comportamentali, giuridici), «centri di eccellenza», comprensione delle conseguenze dei vari interventi, capacità continua di autocorrezione, rapidità nel riequilibrare le distorsioni, o eventualmente nel modificare la rotta ecc.

Crescita demografica e disponibilità di risorse

Senza tutte queste cose (e molte altre), le tecnologie, anche le più utili, possono rapidamente trasformarsi in veleni e in strumenti di degrado per il pianeta nel suo insieme.

Ecco il vero rischio che l'evoluzione umana corre nel breve termine. Basta pensare all'esplosione demografica, resa possibile in qualche decennio dalla diffusione della tecnologia nel mondo. Attualmente la popolazione della Terra aumenta di quasi 80 milioni di abitanti l'anno (è come se, ogni tre anni, si aggiungesse al pianeta una popolazione superiore a quella degli Stati Uniti...). La cosa sconcertante è che in tutte le attività umane esistono dei limiti di sicurezza (in un ascensore non può entrare più di un certo numero di persone, e così in un cinema, in un'automobile ecc.), ma per il pianeta non abbiamo dimostrato la saggezza di stabilirne. Paradossalmente, se l'attuale crescita della popolazione continuasse per i prossimi 500 anni, la Terra sarebbe costretta a ospitare un essere umano ogni metro quadrato (compresi i deserti del Sahara e del Gobi, le vette dell'Himalaya, l'Amazzonia, l'Antartide e le steppe della Siberia).

Le proiezioni demografiche indicano che la popolazione mondiale si stabilizzerà automaticamente intorno ai 10-12 miliardi di abitanti fra 50 o 60 anni. Il che vuol dire che i ragazzi di oggi assisteranno a un raddoppio della popolazione nel corso della loro esistenza. Cioè vedranno aggiungersi al pianeta una popolazione equivalente a 20 volte quella degli Stati Uniti...

Se questi nuovi abitanti (assieme a quelli vecchi) volessero raggiungere un livello di vita analogo a quello occidentale (anche solo delle regioni più povere dell'Occidente), ciò significherebbe case, posti di lavoro, ospedali, strade, scuole, cibo, risorse, trasporti, industrie, energia in tale quantità da mettere in crisi l'ecosistema terrestre. Soprattutto in assenza di un contesto capace del controllo e della gestione di un tale sviluppo. Ogni abitante, infatti, porta con sé un'enorme «colonna» di consumi diretti e indiretti (basti pensare a quanta energia, risorse, materie prime ecc. consuma uno studente per vent'anni, senza fornire niente in cambio). Non è quindi soltanto un problema di spazi fisici, come in un cinema, ma di equilibri.

Che tipo di mondo sarà?

Non stiamo lasciando un'eredità molto brillante ai nostri figli: stiamo consegnando loro un mondo non soltanto sovraffollato di abitanti, ma pieno di tecnologie (straordinarie, se usate con saggezza) che possono rivelarsi terribilmente distruttive se usate in modo improprio.

La domanda di fondo è: il mondo verso cui le società umane, nel loro insieme, si stanno avviando è davvero fatto di educazione diffusa, di capacità di controllo e di gestione, di «anticorpi» ecologici, etici, comportamentali, giuridici, di «centri di eccellenza», di capacità continua di autocorrezione, di rapidità nel riequilibrare le distorsioni...? O non è piuttosto un mondo dotato di macchine sempre più potenti, ma culturalmente arcaico, pretecnologico e prescientifico, e per giunta carico di tensioni, di conflitti, di fanatismi armati, di povertà e di inquinamenti?

Il problema della «forbice» tra produzione e utilizzo di tecnologia sembra difficilmente risolvibile. Non è infatti praticamente possibile fermare lo sviluppo tecnologico, o la sua diffusione. La sola strada percorribile è quella di realizzare forti «iniezioni» di educazione nei sistemi umani, utilizzando nel modo più creativo tutti gli strumenti disponibili. A una tale prospettiva si oppone però un'allarmante inerzia e indifferenza, sia nei paesi ricchi sia in quelli poveri. Su tutto questo incombe, naturalmente, il rischio delle armi – e del terrorismo – atomiche. Quale futuro si profila, dunque, a breve scadenza, cioè nei prossimi 50 o 100 anni?

L'ipotesi ottimistica, alla quale vogliamo associarci, è quella di un lento assestamento e adattamento dei sistemi umani a questo «trauma» tecnologico (sia pure con periodi difficili); e la speranza che nuove tecnologie «mirate» (di tipo energetico, produttivo, ecologico e anche educativo) riescano ad ammorbidire la transizione. Un'ulteriore ipotesi è quella di aggiustamenti raggiunti in maniera molto più drammatica, dopo gravi crisi ambientali, conflitti, periodi di scarsità, tensioni e «arroccamenti». C'è infine anche l'ipotesi pessimistica, spesso evocata, dell'ecatombe nucleare, o addirittura della scomparsa dell'uomo. Ci sembra un'eventualità molto poco probabile. L'uomo ormai è peggiore – o migliore – dei batteri: è diventato difficilissimo da estirpare dal pianeta, anche in caso di catastrofe nucleare (che oggi, fortunatamente, appare assai meno incombente che in passato).

E se la nostra specie si estinguesse?

Ma se una tale estinzione dovesse verificarsi, se cioè tutti gli uomini – come tutti i dinosauri – dovessero davvero scomparire, le conseguenze non sarebbero poi così drammatiche per la Terra. Essa infatti è vissuta benissimo senza l'uomo per un tempo estremamente lungo, e potrebbe tranquillamente fare a meno della nostra presenza anche in futuro. Per miliardi di anni, senza che l'uomo fosse presente, vi sono stati splendidi tramonti e albe, la Luna ha rischiarato torrenti e cascate, gli animali si sono rincorsi e si sono accoppiati, gli alberi sono cresciuti, i fiori hanno sparso al vento i loro profumi. La natura quindi potrà benissimo continuare a fare tutto ciò senza di noi; nessuno si accorgerà della nostra scomparsa.

Non è detto, del resto, che in assenza dell'uomo l'evoluzione biologica non possa far nascere, lentamente, altre specie intelligenti, capaci un giorno di prendere il nostro posto (un paleontologo mi diceva che il suo candidato, in tal caso, sarebbe il procione, l'orsetto lavatore, un animaletto molto intelligente, con mani prensili e visione frontale; tempo evolutivo prevedibile: quaranta o cinquanta milioni di anni fa).

Tuttavia, come dicevamo, ci sembra molto improbabile che la specie umana, malgrado le crisi che dovrà affrontare, possa venir estirpata completamente dal pianeta in breve tempo. Dopo qualche secolo di squilibri e tensioni, le cose dovrebbero migliorare. Se quindi l'uomo continuerà a rimanere in circolazione, come si presenterà il suo futuro?

Il futuro: secoli, millenni o milioni di anni?

Quando si parla di futuro, solitamente si pensa al Tremila, o al massimo ai prossimi millenni: cioè a tempi ridicolmente vicini, se considerati nel contesto della scala evolutiva. Non solo, ma l'accelerazione culturale moltiplicherebbe in modo smisurato tali tempi.

Oggi si calcola che il «parco» delle conoscenze raddoppi ogni 10 o 20 anni (nell'ultimo secolo si sono scoperte più cose che nei 10.000 anni precedenti): anche se questo ritmo non continuasse in modo così vertiginoso, i millenni varrebbero forse milioni di anni, e i milioni varrebbero miliardi di anni. Di fronte a questa scala di tempi, è ovvio, la mente si perde completamente. Oggi non siamo in grado di prevedere gli sviluppi a lungo termine, ma neanche di capire vagamente in quali direzioni si muoveranno. Quello che oggi possiamo intravedere sono soltanto alcune strade che si stanno aprendo e che certamente si svilupperanno in modo straordinario: lo spazio, naturalmente, l'ingegneria genetica, i sistemi di intelligenza artificiale (con applicazioni nuove e sorprendenti: basta pensare alle cosiddette «realtà virtuali», che promettono di immergerci in mondi artificiali, illusori, ma sempre più veri per i nostri sensi).

Una rivoluzione educativa

Altre «rivoluzioni» possono essere prevedibili: quella per esempio dell'alimentazione (oggi ci nutriamo ancora come cacciatori-raccoglitori), o quella di un migliore invecchiamento (per utilizzare nel modo più sano il tempo di vita che ci è assegnato dall'orologio genetico); ma soprattutto la rivoluzione dell'educazione. C'è consenso nel ritenere che l'uomo del Neolitico fosse uguale a noi dal punto di vista cerebrale: ogni bambino che nasce oggi, in un certo senso, è un bambino del Neolitico. Ma attraverso l'educazione riesce a diventare rapidamente un uomo del suo tempo.

Analogamente, un'adeguata educazione potrebbe azzerare, in tempi relativamente brevi, le profonde disparità che esistono tra i vari gruppi umani. La prima è infatti quella della conoscenza, cioè del livello educativo, che determina in pratica gran parte delle altre differenze tra gli uomini e anche tra i vari paesi. Solo una rivoluzione educativa di questa natura (e permanente) potrà permettere all'umanità di avere uno sviluppo equilibrato, in modo che la cultura e la tecnologia possano fertilizzarsi a vicenda in modo proficuo.

Sviluppo e limiti della manipolazione genetica

Si preannunciano anche «rivoluzioni» che porranno problemi più complessi, come per esempio di un prolungamento della durata della vita, o di una modifica di certe caratteristiche dell'uomo. Oggi, com'è noto, nei comitati di bioetica la regola generale è di opporsi a qualunque manipolazione dei geni che modifichi in modo ereditario la discendenza dell'uomo (di opporsi cioè a interventi che modifichino direttamente o indirettamente spermatozoi e ovuli, e quindi la specie). Invece, per quanto riguarda interventi sulle cellule somatiche – cioè che riguardino il singolo individuo, ma non la discendenza – c'è un'apertura, sia pure molto prudente; alcune terapie mediche infatti, per malattie molto gravi, potranno avvalersi sempre più di queste nuove tecniche. Ma di fronte a uno sviluppo esplosivo delle conoscenze e delle tecniche di ingegneria genetica, come vedranno le cose i comitati di bioetica fra 50 o 100 anni (o fra 6000 anni)?

Società di centenari

Appena ci si affaccia su un futuro un po' più lontano ci si rende conto che i problemi cambiano improvvisamente di prospettiva e che i nostri valori potrebbero non essere più validi in contesti diversi (così come i nostri valori attuali ci impedirebbero di abbandonare in una foresta o in una distesa di ghiaccio i vecchi inabili, cosa che invece faceva parte del codice di comportamento dei gruppi di cacciatori nomadi, eschimesi e pellirosse inclusi). Se, come appare più plausibile, a un certo punto si potrà modificare l'«orologio biologico» umano, consentendo una vita sana, gli esperti di bioetica dovranno forse porsi un problema del tutto nuovo: cioè impedire che l'uomo, pur avendone la possibilità, viva troppo a lungo. Una società di centenari, infatti, sarebbe un grossissimo guaio. Perché la vita (e la cultura) hanno bisogno di ricambio, di rinnovamento continuo. A meno che i cervelli a un certo punto diventino qualcosa di completamente diverso da ciò che conosciamo oggi. E qui si pone, appunto, un altro problema: l'uomo dovrà rimanere sempre così com'è oggi?

Nella stanza dei bottoni

Istintivamente, abbiamo molta difficoltà ad accettare che l'uomo in futuro cambi, che diventi qualcosa di diverso (magari di molto diverso). Ma se consideriamo il nostro passato non possiamo non riconoscere che oggi siamo molto diversi dai nostri progenitori di 200.000 anni fa, o di 1 milione di anni fa, o di 10 milioni di anni fa (a quell'epoca i nostri antenati erano scimmie non ancora bipedi). Cosa avverrà nei prossimi 10 milioni di anni?

Paradossalmente, per rimanere uguali, dovremmo intervenire sull'evoluzione, «stabilizzandola». In realtà noi stiamo già intervenendo sull'evoluzione, in modo tutt'altro che lieve, nel senso che abbiamo già alterato le regole della selezione naturale. Basti guardare quanto abbiamo modificato le piante, con incroci e selezioni. E così pure gli animali; non solo i cani (arrivando a produrre, da una sola specie di partenza, cani così diversi come l'alano e il bassotto, il sanbernardo e il pechinese), ma anche animali come le mucche: ci sono oggi mucche da latte, selezionate per vivere in stalle automatizzate, che non riuscirebbero più a vivere allo stato brado.

Anche per quanto riguarda l'uomo, stiamo alterando la selezione naturale: oggi infatti viene tenuta in vita la maggior parte dei neonati che in passato sarebbero stati eliminati dalla natura, anche quelli con gravi infermità e tare genetiche, molte delle quali entrano nel ciclo riproduttivo. La selezione naturale non opera più neppure a livello cerebrale: se in passato si sono via via affermati i gruppi umani con un cervello più sviluppato, diffondendosi e sostituendosi a mano a mano agli altri (e permettendo così l'emergere dell'*Homo sapiens sapiens*), oggi la selezione sulla base dell'intelligenza è finita; non c'è da aspettarsi che l'evoluzione verso cervelli più sviluppati continui, come in passato, in modo naturale. Ecco però che, proprio nello stesso momento in cui la società dell'uomo si esprime attraverso valori di solidarietà, eliminando la brutale selezione del passato (ma eliminando al tempo stesso anche i valori positivi della selezione), diventa possibile riequilibrare la bilancia in modo diverso.

L'uomo infatti sta entrando nella «stanza dei bottoni» della propria biologia: c'è da aspettarsi che a un certo punto comincerà a pigiarne alcuni, ridando per esempio più salute a coloro che ha salvato.

Dal semplice al complesso

Quello che sembra certo, comunque, è che se l'uomo continuerà a essere sulla «plancia di comando» del pianeta, l'evoluzione non potrà più continuare come nei precedenti 4 miliardi di anni: né per le piante, né per gli animali, né per lo stesso uomo. Le società umane del futuro potranno eventualmente scegliere un modello «stazionario», conservativo, mantenendo la natura e l'uomo così come sono (ma ciò richiederà comunque un intervento nei meccanismi dell'evoluzione, che sui tempi lunghi tenderebbe invece a procedere in altre direzioni). Tra l'altro, è concepibile che una società evoluta ridia spazio anche alla natura, ripristinando ecosistemi distrutti dalle generazioni precedenti: foreste, boschi, lagune, e magari anche paludi, con tutti i loro animali. Il sovraffollamento della popolazione mondiale, poi, potrebbe essere risolto nell'arco di un tempo relativamente breve da una serie di generazioni che scegliessero il controllo delle nascite (mediamente solo un figlio per coppia). Ma è difficile che, su tempi lunghi, tutto rimanga come oggi: è forse più probabile che l'evoluzione prenda una strada completamente diversa da quella che possiamo immaginare. Ma quale strada; che tipo di evoluzione potrebbe avvenire sulla Terra?

Forse, per tentare di immaginare un futuro così lontano, dovremmo guardare indietro, nel passato. Cos'è avvenuto, in pratica, nei 4 miliardi di anni di evoluzione? Ha avuto luogo – ne abbiamo parlato spesso nei capitoli precedenti – un progressivo «montaggio» dal semplice verso il complesso. Cioè certe linee evolutive, per far fronte ai problemi di adattamento all'ambiente, sono diventate via via più complesse e articolate, mentre altre sono rimaste più semplici. Iniziando dagli atomi, si è passati alle molecole, poi a macromolecole come il DNA e le proteine, contenute in sferule. Si è arrivati così a cellule di tipo batterico, poi a cellule nucleate (derivate probabilmente, almeno in parte, da un'associazione di batteri), poi a colonie di cellule, poi a esseri pluricellulari, poi a società di esseri pluricellulari. Qual è stato, nel corso dell'evoluzione, il fulcro, l'elemento centrale di questo montaggio? Difficile dirlo. Un giorno qualcuno suggerì che la gallina non è altro che lo stratagemma adottato da un uovo per produrre un altro uovo. Analogamente, si potrebbe dire che una cellula non è altro che uno stratagemma adottato dai primi batteri per sopravvivere e riprodursi. Oppure che i primitivi batteri non sono altro che uno stratagemma adottato dai geni per riprodurre altri geni. E altrettanto si potrebbe dire dei geni nei confronti del DNA.

Forse la risposta va cercata in un'altra direzione. L'elemento centrale del montaggio... è il montaggio, cioè la struttura. A mano a mano che sale il livello di organizzazione della struttura, gli elementi che la compongono perdono infatti la capacità di progetti individuali, proprio perché si trovano inseriti in un sistema integrato, che si muove con altre logiche. Questo insieme, questa struttura diventa cioè qualcosa di diverso rispetto alla somma dei singoli elementi che la compongono.

Così come nel linguaggio le lettere, le sillabe, le parole assumono ruoli e significati diversi a seconda della struttura del discorso in cui vengono usate. Se il montaggio – cioè la sempre maggiore complessità – è, in definitiva, il meccanismo di base che ha caratterizzato 4 miliardi di anni di evoluzione, non è irragionevole pensare che esso continui anche nei prossimi miliardi di anni. Ma come continuerà; con quali «pezzi»? Qui si può solo tentare di immaginarlo.

Nuovi pezzi si aggiungono

Già oggi noi vediamo che l'uomo ha inserito nei suoi montaggi evolutivi alcuni pezzi del tutto nuovi rispetto all'evoluzione biologica precedente. Intanto ha creato qualcosa che ha già superato il cervello: l'insieme dei cervelli, vale a dire la cultura. In questo modo, l'uomo ha già creato una «superstruttura» cerebrale, che supera di gran lunga il livello delle prestazioni individuali. Si potrebbe dire che un simile passaggio al «pluricerebrale» è l'equivalente del passaggio dall'essere unicellulare all'essere pluricellulare. Questa rete di cervelli, questo tessuto di sistemi nervosi, ha permesso la costruzione di una nuova struttura, più complessa, che ha reso possibile l'esplosione delle conoscenze. E che ha provocato, in definitiva, una svolta nell'evoluzione.

Come conseguenza di questo nuovo tipo di montaggio, si sta profilando un'altra svolta: l'associazione di macchine al sistema nervoso umano. È la prima volta che un essere vivente amplifica le sue prestazioni naturali associandole a strutture artificiali. Oggi, infatti, con l'ausilio delle macchine, l'uomo può superare in forza e in velocità qualunque animale, può volare, può scendere negli abissi marini, può vedere gli anelli di Saturno, può comunicare istantaneamente da un capo all'altro della Terra ecc. La macchina, come «protesi» esterna, consente anche di vedere per la prima volta i protozoi e i batteri, permette di far collidere tra loro delle particelle, di effettuare calcoli che nessun cervello – e neppure nessun insieme di cervelli – sarebbe mai in grado di portare a termine. Un sistema vivente ha quindi cominciato a crearsi dei «prolungamenti» artificiali; e anche a creare macchine che iniziano a imitare i suoi stessi processi cerebrali, o a imitare i suoi movimenti (i robot), o addirittura macchine che usano nelle loro strutture di calcolo dei principi biologici (i bio-chips).

Forse è questo il tipo di montaggio che si svilupperà nell'evoluzione prossima ventura, con modalità, strumenti, livelli di integrazione che oggi non siamo in grado di immaginare. Nel futuro remoto, probabilmente seguiranno altri tipi di montaggi, con pezzi che oggi non riusciamo neanche a concepire.

La Terra distrutta dal Sole

Cosa succederà tra 1, 2, 3, 4 miliardi di anni e oltre? In questo senso si può fare una previsione che – stando alle nostre conoscenze attuali – è abbastanza precisa: fra circa 4,5 miliardi di anni la Terra verrà bruciata dal Sole. Infatti, una volta esaurito il suo carburante, l'idrogeno, il Sole entrerà in una nuova fase che lo porterà a diventare una gigante rossa, cioè una stella morente che, prima di ridursi a una nana bianca, irradierà una quantità immensa di luce e calore che investirà la Terra. Gli oceani, a quel punto, bolliranno ed evaporeranno, distruggendo l'atmosfera; il calore sarà tale che le rocce fonderanno, e tutto verrà distrutto. Scompariranno non solo ogni forma di vita, ma anche tutte le testimonianze della cultura umana custodite sulla Terra: architetture, opere d'arte, archivi, città, resti archeologici, paesaggi, e naturalmente ogni tipo di forma vivente (ma, anche qui, siamo incapaci di immaginare qualche sarebbe la risposta della vita intelligente).

È comunque molto probabile che, a quel punto, l'umanità non sarà più presente sul pianeta. Ben prima di questa scadenza, l'uomo (o una sua irriconoscibile discendenza) avrà traslocato altrove, ammesso naturalmente che non sia già scomparso da miliardi di anni. Pertanto, l'evoluzione cosmica condizionerà ancora una volta pesantemente l'evoluzione della Terra. Nato con la formazione del Sistema solare, il nostro pianeta verrà distrutto da quella stessa stella che per miliardi di anni ha reso possibile il suo sviluppo e l'evoluzione della sua vita.

E poi, cosa succederà? Le attuali conoscenze portano a credere che tutti i soli, cioè tutte le stelle, subiranno una sorte analoga, in tutte le galassie. Sia pure con tempi diversi. Alla fine, quindi, l'Universo, continuando nella sua espansione, sarà un po' come uno di quei bellissimi fuochi d'artificio che, dopo l'esplosione colorata di «stelline» luminose, pian piano si spengono, lasciando nuovamente il buio dietro di sé. Le stelle cioè si spegneranno, a una a una, come luci di teatro, e forse i protoni stessi (cioè la materia) decadranno, disintegrandosi. Non ci saranno più posti in cui andare, malgrado le più straordinarie tecnologie. Perché sarà ben difficile vincere il secondo principio della termodinamica, che prevede un annullamento finale del potenziale energetico. A meno che...

Il futuro dell'Universo

A meno che nell'Universo ci siano abbastanza neutrini (o altre particelle più «esotiche»): la loro «massa nascosta» potrebbe farlo ricadere su se stesso (come una manciata di ghiaia lanciata in aria che ricade a terra grazie a un sufficiente tiro gravitazionale). In tal caso nessuno può immaginare cosa potrebbe succedere. Qualcuno ipotizza che, collassando su se stesso, l'Universo finirebbe per concentrarsi nuovamente in una condizione di altissima densità e temperatura, forse dando luogo a un'altra esplosione, a un altro Big Bang. Ricominciando così nuovamente a espandersi. È solo un'ipotesi, ma ovviamente molto più attraente della prima. L'Universo, un po' come una Fenice, potrebbe cioè rinascere dalle sue ceneri, e ripartire per una nuova avventura. In tal caso un nuovo cielo potrebbe ricominciare con nuove galassie, nuovi soli e nuovi pianeti. E ci piacerebbe molto che su uno di questi pianeti un giorno due ipotetici viaggiatori potessero atterrare per raccontare la storia di una nuova nascita della vita, e della sua lenta, ma straordinaria evoluzione.

Ma c'è ancora una terza ipotesi: che la massa dell'Universo sia esattamente quella «critica», cioè a metà strada tra le due situazioni sopra descritte (e sembra sia proprio questa la condizione che i cosmologi stanno riscontrando). In tal caso il futuro dell'Universo sarebbe quello di un'espansione sempre più rallentata, che tende a fermarsi, senza però mai collassare. Una notte che diventa sempre più buia, dunque, in mezzo a una distesa di galassie morte o disintegrate, che vanno alla deriva nello spazio. E la cui luce, debole e remota, continuerà a viaggiare nel Cosmo per tempi lunghissimi.

Ritorno alle origini

Il nostro viaggio finisce qui, ripensando a come vede il nostro pianeta un astronauta a bordo dello *Space Shuttle*. Da un lato appare il Sole, splendente, su un fondo nero tempestato di stelle: un Universo profondo che conserva ancora molti dei suoi segreti, e che sarà forse testimone di una nuova fase dell'evoluzione umana. Dall'altro lato la Terra, con i suoi azzurri e i suoi bianchi e con il suo prezioso carico di vita nascosto sotto il velo dell'atmosfera. È là sotto, in quegli oceani, che 4 miliardi di anni fa è cominciato il cammino che ha portato all'emergere di piante, animali e uomini, attraverso una lunga evoluzione.

Quali che siano i problemi attuali e futuri della Terra, la fase di transizione che stiamo attraversando rappresenta solo un microsecondo dell'orologio evolutivo, e tante arroganze appaiono ridicole, collocate in queste dimensioni. Può forse consolare l'idea che tante cose, situazioni e personaggi, che oggi ci affliggono e ci irritano, saranno inesorabilmente spazzati via insieme a tutto il resto. È sconfortante però vedere come si rischi di compromettere la qualità di questo sviluppo, e di innescare tante crisi che potrebbero essere evitate attraverso una gestione più intelligente e creativa della tecnologia e grazie a un maggiore sforzo educativo, capace di accompagnare (anzi, di precedere) la velocità dei cambiamenti. Perché tutto sommato è questo il tempo in cui noi dobbiamo vivere.

«Viaggio nella scienza»
di Piero Angela
Oscar bestsellers
Arnoldo Mondadori Editore

Questo volume è stato stampato
presso Mondadori Printing S.p.A.
Stabilimento NSM - Cles (TN)
Stampato in Italia - Printed in Italy